高等学校教材

机电产品系统可靠性设计

徐颖强　编著

西北工业大学出版社

西安

【内容简介】 本书主要介绍机电产品可靠性设计的知识和理论方法,内容包括机电产品可靠性概论、可靠性中的概率表征与大数据关键技术、系统可靠性分配与预计、可靠性分析方法及其应用、维修性设计、产品系统的机械可靠性设计、可靠性试验、可靠性控制工程、产品六性分析技术。本书将传统可靠性设计方法与大数据、智能制造相结合,各章配套相应习题及工程软件实战,具有针对性强、理论方法新、实用价值高等特点。

本书可作为高等学校机械专业本科、研究生的教材,也可供从事产品设计的工程技术人员和研究人员参考使用。

图书在版编目(CIP)数据

机电产品系统可靠性设计 / 徐颖强编著. -- 西安：西北工业大学出版社，2024.11. -- ISBN 978 - 7 - 5612 - 9651 - 6

Ⅰ. TH122

中国国家版本馆 CIP 数据核字第 20244FY361 号

JIDIAN CHANPIN XITONG KEKAOXING SHEJI

机 电 产 品 系 统 可 靠 性 设 计

徐颖强　编著

责任编辑：成　瑶　张　潼		策划编辑：杨　军	
责任校对：李阿盟		装帧设计：高永斌　李　飞	

出版发行：西北工业大学出版社

通信地址：西安市友谊西路 127 号　　　　　邮编：710072

电　　话：(029)88491757，88493844

网　　址：www.nwpup.com

印 刷 者：陕西天意印务有限责任公司

开　　本：787 mm×1 092 mm　　　　1/16

印　　张：18.5

字　　数：462 千字

版　　次：2024 年 11 月第 1 版　　　　2024 年 11 月第 1 次印刷

书　　号：ISBN 978 - 7 - 5612 - 9651 - 6

定　　价：69.00 元

前　言

　　可靠性反映了产品在使用过程中的动态质量,是机电产品与系统的重要质量指标之一。可靠性工程作为研究产品各类可靠性指标的一门新兴的交叉学科,涉及统计学、管理学与基础技术科学等诸多学科,并在机械、车辆、航空与电子产品等方面均有广泛的应用。

　　随着科学技术的发展,各种产品及系统日趋复杂,对其可靠性的要求也越来越高,因此人们对可靠性的相关研究也愈发关注。国家"十四五"重大研发计划、五部门(住房城乡建设部、财政部、自然资源部、中国人民银行和国家金融监督管理总局)联发的《制造业可靠性提升实施意见》等均把机电产品可靠性提升作为长期的发展重点。提高产品可靠性不仅能够保证产品质量,提高产品竞争力,还能避免重要系统故障带来的人员伤亡、经济损失等严重后果。因此,对产品与系统可靠性的研究具有重要的现实意义。

　　本书以机电产品系统可靠性为主线,系统地介绍了可靠性设计与分析的基本知识与方法以及在此基础上面向军民的不同需求,针对国防产品六性要求与各类可靠性商用软件分别作了具体的介绍,同时介绍了可靠性的大数据分析方法与产品制造加工中的可靠性控制流程。全书共9章:第1章介绍了机电产品可靠性概论;第2章介绍了可靠性中的概率表征与大数据关键技术;第3章介绍了系统可靠性分配与预计;第4章介绍了可靠性分析方法及其应用;第5章介绍了维修性设计;第6章介绍了产品系统的机械可靠性设计;第7章介绍了可靠性试验;第8章介绍了可靠性控制工程;第9章介绍了产品六性分析技术。

　　本书是笔者结合长期相关课程的教学经验撰写而成的。课题组研究生参与了本书编著,其中王兆昊、夏叶磊参与撰写了第1、3、4、5章,李昊霖、陈杨参与撰写了第2、7章,杨旭岗、谭长鹏参与撰写了第6、9章,郭甲元参与撰写了第8章。

　　在撰写本书的过程中,笔者得到了课题组研究生的协助,特别是王兆昊、夏叶磊、李昊霖、陈杨、杨旭岗、谭长鹏和郭甲元,在此一并表示感谢。笔者在撰写本书的过程中参考了一些技术论著和相关教材,在此向其作者表示感谢!

　　由于笔者水平有限,书中难免会存在不足之处,敬请广大读者批评指正。

编著者

2024 年 5 月

目　　录

第1章 机电产品可靠性概论

1.1 可靠性基本概念

1.1.1 可靠性的发展与现状

站在历史的角度上,可靠性作为衡量产品质量的一个重要指标,对于人类来说并不是一个新鲜的概念。有日本学者曾幽默地说道,在石器时代,人类把石斧做好后套在木柄上,再检查是否牢固的过程,就是最原始的可靠性试验。但是,人类真正把可靠性作为一门学科进行深入研究的历史,仅仅不过百年。

可靠性科学技术是第二次世界大战(简称二战)时期发展起来的一门年轻、富有生命力的学科。二战期间,美军的军用电子设备在恶劣环境下运输、储存后,有约 60% 不能正常工作。为此,1943 年,美国成立了电子管研究委员会,专门研究电子管的可靠性问题。1950 年,美国成立了电子设备可靠性专门委员会,后在该委员会的建议下,美国国防部于 1952 年 8 月 21 日成立了电子设备可靠性咨询组(AGREE)。1957 年 6 月,AGREE 发表了题为《军用电子设备可靠性》的研究报告,系统性地阐述了可靠性设计、试验等方法和程序。这标志着可靠性已然成为一门独立的学科,为未来的可靠性研究奠定了基础。

20 世纪 60 年代以来,随着空间科学和宇航技术的发展,可靠性工程进入了一个全面发展的阶段。对可靠性的研究,已经由电子、航空、宇航等尖端工业部门扩展到电机、机械、土木等一般产业部门,由最初的军用需求转向了更广泛的民用需求,涉及工业产品的各个领域。日本在 1956 年从美国引进可靠性技术,并将可靠性技术推广应用到民用工业部门,取得了很大成功。英国于 1962 年出版了《可靠性与微电子学》(*Reliability and Microelectronics*)杂志。法国也于同年成立了"可靠性中心",进行可靠性研究与分析,并于次年出版了《可靠性》杂志。1964 年,苏联与其他东欧国家在匈牙利召开了第一届可靠性学术会议。

我国的可靠性研究工作最早是由电子工业部开展的,在 20 世纪 60 年代初进行了有关可靠性评估的开拓性工作。20 世纪 70 年代初,航天部门首次提出了电子元器件必须经过严格的环境应力筛选试验。1985 年 10 月,国防科学工业技术委员会颁发的《航空技术装备寿命和可靠性工作暂行规定》,标志着我国航空工业可靠性工程全面进入工程实践和系统发展阶段。1987 年 5 月,国务院、中央军委颁发《军工产品质量管理条例》,明确了在产品研制的过程中要运用可靠性技术。1987 年 12 月和 1988 年 3 月先后颁发的国家军用标准《装备维修性通用规范》(GJB 368—1987)和《装备研制与生产的可靠性通用大纲》(GJB 450—1988),可以说是目前我国军工产品可靠性技术具有代表性的基础标准。目前,我国的机械工程学会、航空学会、宇航学会、电子学会、仪器仪表学会、兵工学会等一级学会都设立了相应的可靠性工程分会。

当今,提高产品的可靠性已经成为提高产品质量的关键。不同领域、不同对象的可靠性问题不尽相同。人的可靠性问题与设备的可靠性问题不同,软件的可靠性问题与硬件的可靠性问题不同,机械系统的可靠性问题与电子系统的可靠性问题也有明显的差异。随着可靠性理论应用范围的扩大,一些问题也随之而来。可靠性理论是研究零件与系统失效概率特性的工程学科,不同系统、不同失效机理需要不同的模型甚至不同的概念和不同的定义。如果不加区别地直接应用传统的方法与模型,或隐含地做出不合理的假设,都会导致可靠性设计、分析、评价失去应用价值,甚至导致错误的结论。

1.1.2　可靠性的定义

可靠性的定义:产品在规定的条件下和规定的时间内完成规定功能的能力。如果用"概率"来度量这一"能力",就是可靠度,可靠度用 $R(t)$ 表示。

可靠性的定义包含了五个要点:

(1)产品:包括零件、设备和系统,可以从一个零件到庞大的机电一体化系统。此外,包括操作人员的人机系统也可以看作产品,这里的系统也包括了人的因素。除了"硬件"产品,"软件"产品也有可靠性问题,故可靠性定义中的产品是包括软件的。带软件的硬件,其可靠性还要同时考虑其所带软件的可靠性。

(2)规定条件:主要是指环境条件,如压力、温度、湿度、腐蚀、辐射、冲击、噪声,还包括使用和维修条件、动力和载荷条件、操作员的技术水平等。规定条件不同,产品的可靠性也不同。规定条件是可靠性定义中最重要而又最容易被忽略的条件,因此在使用说明中应对产品使用条件加以规定。

(3)规定时间:规定产品完成规定功能的时间。这是产品可靠性定义的核心,将可靠性用时间直接或间接地描述出来。一般来说,产品的可靠性会随着时间的增长而下降,不同质量的产品,其可靠性下降的速度不同。规定时间的单位一般是以小时、年为单位的,但根据产品的不同,有时对某些特定产品给出相当于时间的一些其他指标可能会更明确、更恰当,比如车辆行驶的里程数、转数、工作循环次数、动作次数等。

(4)规定功能:通常是指产品的工作性能,可靠性可以针对产品全部性能的综合,也可针对某一具体性能。研究可靠性要明确产品的规定功能的内容。通常,所谓"完成规定功能",是指在规定的使用条件下能维持所规定的正常工作而不发生"故障"或失效。产品如能完成规定功能,则产品可靠;产品丧失规定功能,称产品发生"故障"或失效。判断产品是否具有完成规定功能的能力时,必须规定明确的失效判据(Failure Criterion)或故障判据。有些产品的失效判据很容易确定,如灯泡在规定条件下,规定的功能就是发光,失效就是不发光。有些判据则复杂一些,如大型设备的保护装置,如果响应缓慢就会导致主体设备的损坏。

(5)概率:"可靠度"是可靠性的概率表示。概率是可以度量的,其值在 $0\sim1$,即 $0\leqslant R(t)\leqslant1$。产品从 0 开始工作了时间 t_1 之后的可靠度为 $R(t=t_1)$;产品从时间 t_1 开始工作了时间 t_2 之后的可靠度为 $R(t_1,t_2)$。其中 $R(t_1,t_2)$ 为条件可信度。

如上所述,讨论产品的可靠性问题时,必须明确产品、规定条件、规定时间、规定功能等因素,而用概率来度量产品的可靠性时就是产品的可靠度。可靠性定量表示的特点是随机性。因此,广泛采用概率论和数理统计方法来对产品的可靠性进行定量计算。

1.1.3 产品质量与可靠性

人们习惯将符合技术特性要求的产品视为质量好的产品,即合格品,将不符合技术特性要求的产品称为次品或不合格品。实践证明,符合技术特性要求的合格品,在使用一段时间后,还会出现这样或那样的质量问题,有时甚至不能再使用。这就是说,对用户来说,不仅要关心产品指标的先进性和产品出厂时能否符合这些指标,而且更要关心产品在今后的使用中能否始终保持良好的状态。具体来说,评价一种机电产品质量的好坏,可以从技术性能、可靠性或有效性等方面来考虑。

关于质量的定义有多种,质量体系标准(ISO9000)给出质量的定义为"一组固有特性满足要求的程度",进而可以理解为质量是产品或服务项目要求或规定的固有特性总和,质量工作要保证产品的技术性能、可靠性、经济性、安全性等。产品的可靠性描述了在规定的时间间隔和规定的工作及环境条件下完成规定功能的能力,可见产品的可靠性与时间、条件、功能三大要素相关,可靠性工作离不开产品的使用条件、使用时间、用户要求的性能与技术指标。产品质量是综合指标,可靠性是质量的一个子集,体现了产品在使用期间的质量,是产品质量的核心内容,又是质量的发展和深化。

产品质量与可靠性有着密不可分的关系,如图 1-1 所示。产品质量主要由产品功能和产品功能的有效性决定。产品在设计阶段便确定了产品的功能,而设计好的产品在经过生产、销售、维护等环节后确定了其固有可靠性,固有可靠性在经过可靠性验证后形成产品的可靠性,安全性、可靠性、维修性又组成了产品功能的有效性,最终决定了产品的质量。

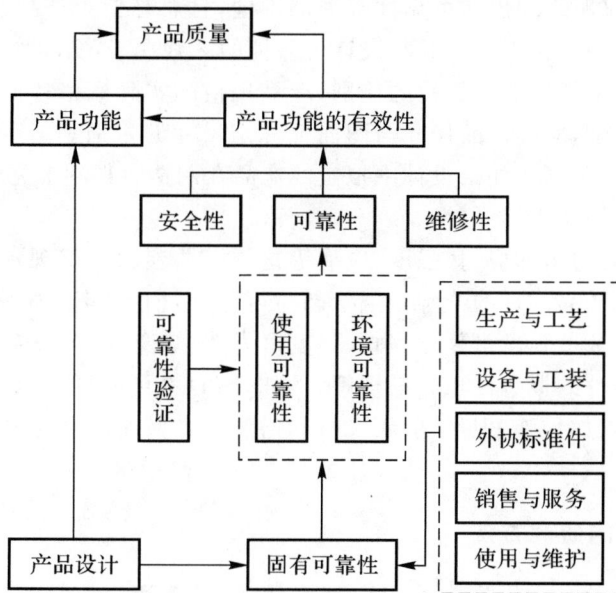

图 1-1 产品质量与可靠性的关系

1.1.4 可靠性的分类

可靠性的分类方法有很多,经常用到的分类方法有以下几种。

产品的可靠性主要可分为固有可靠性、使用可靠性两种。

(1)固有可靠性。固有可靠性是指产品早在设计阶段确定的,并在生产过程中的各个阶段得以确定的可靠性,它是产品本身具有的属性。影响产品固有可靠性的因素很多,主要有产品设计方案的选择,零部件的材料、结构和性能,制造工艺等。

(2)使用可靠性。使用可靠性是指产品在使用过程中,因受环境条件、维修方式及人为因素的影响所能达到的可靠性。显然,使用可靠性是低于固有可靠性的,并且随着时间的增长,使用可靠性将逐渐降低。

除了以上产品可靠性的分类,根据产品失效方式,可靠性可分为设计可靠性、过程可靠性、参数可靠性等。

(1)设计可靠性。在产品设计阶段,根据可靠性的基本计算公式,由分析计算预计出的产品可靠性称为设计可靠性,有时也称为固有可靠性。在进行这种可靠性的分析计算时,既要考虑到产品未来工作的实际情况,又要考虑到它的生产制造和使用维修等条件。但在分析计算时所考虑的只是客观真实现象的一种简化模式,真实情况要比设想的复杂。用数学公式表达的简化模式会给分析计算带来误差。

在设计阶段,分析计算中所用的一部分数据是根据过去类似产品所确定的,这种数据与设计中的产品的真实数据会有差别,这也不可避免地导致计算误差。因此,设计可靠性只是未来所实现产品的可靠性的一种近似表达。

(2)过程可靠性。过程可靠性有时也称为制造可靠性,与设计可靠性不同,设计规范相同的产品在不同的生产线上制造,受制于制造过程中人、机、料、法、环、测等多方面耦合异常因素的影响,产品最终所表现出的可靠性水平都不同,且总是低于产品设计可靠性指标,表现出明显的量产可靠性退化现象。其与设计可靠性的区别在于:实际加工、装配和运输过程产生的可靠性与计划中拟定的可靠性的差别,产品规格的实际概率特征与设计时分析计算所用的概率特征的差别,实际产品尺寸与图面上标定尺寸的差别等。在评估产品过程可靠性时,应充分考虑这些差别。如果设计中拟定的产品在制造时得到了完全的实现,则过程可靠性与设计可靠性相同。

(3)参数可靠性。与诸如应力、强度、应变等这样一些参数的实现水平有关的可靠性称为参数可靠性。根据产品出现的某种极限状态对可靠性进行命名的有强度可靠性、刚度可靠性、稳定性可靠性、疲劳强度可靠性、耐久强度可靠性、蠕变可靠性、声强度可靠性、密封性可靠性等。这些可靠性的概念比较容易理解,例如,密封性可靠性可以理解为,一些对密封性要求特别高的产品(如导弹、卫星、航天飞机和潜艇等),其密封性遭到破坏会影响到整个产品的安全性。

1.1.5 可靠性的研究方法

可靠性分析是指综合运用概率论与数理统计学、材料和结构学、故障物理学等学科知识,研究和度量机械产品在规定时间内和规定条件下完成规定功能的能力的整个过程。通过可靠性分析可以预计机械产品期望的可靠性,可以进行比较研究,找出并排除薄弱环节。可靠性分析和计算方法种类繁多,大体上可以分为定量计算和定性分析两类。

在早期研究过程中,人们对"可靠性"这一概念仅仅从定性方面去理解,而没有定量计算。为了更深入地开展可靠性分析研究,应该对其使用定量的方法来衡量。随着可靠性学科的飞速发展,国内外学者提出了多种不同的定量计算可靠性的方法,这些方法各有优势,但最终可归结为两种:数学模型法和物理原因法。

数学模型法是指把可靠性看作时间范畴的量,即可靠性随时间按某种规律变化。数学模型法把可靠性视为某些偶然因素的结果,失效是由于不希望出现的偶然因素的发生而引起的,因此可靠度作为随机事件发生的概率来计算。物理原因法是指应力-强度模型法以及相应的扩展方法,把可靠度定义为随机过程或随机场不超出规定任务水平的概率。

运用数学模型法进行可靠性计算时,要设想可靠性的变化遵从由实验确定的统计规律,这种方法发展成两个方向。一个方向是把可靠性看作时间范畴的量,即可靠性随时间按某种规律变化。这种方法在研究产品的疲劳寿命时经常采用,这是因为零部件以及整个系统的耗损限制了其使用寿命。这种方法得出的结果能够与实验事实很好地吻合。另一个方向是把可靠性视为某些偶然因素的结果,失效是由于不希望出现的偶然因素的发生而引起的,因而可靠度作为随机事件发生的概率来计算。这种方法多用于瞬时一次使用的产品。在这种情况下,实际上不可能运用可靠性的时间特征。数学模型法的缺点是,它没有阐明失效产生的原因,并且也没有指出消除失效的可能性。目前这种方法在电子系统和机电系统中应用较为广泛。

物理原因法同样有两个方向。其一是应力-强度模型法以及相应的扩展方法,作为这种方法的最初发展,它认为施加于产品上的应力和产品的强度均为随机变量,服从一定的概率分布。产品的可靠度是产品强度大于施加于产品上应力的概率。在这种情况下,计算可靠度所用的初始数据也是由统计得到的,但不是可靠性本身的特征量,而是产品材料的强度特性、材料规格的几何参数、作用于产品上的外载荷这样一些特征量的统计资料。其二是把可靠度定义为随机过程或随机场不超出规定任务水平的概率。为了计算产品可靠度,同样需要一定的初始统计资料,从而导出随机过程或随机场的参数,但这种参数的得出要比应力-强度模型所用统计参数的得出困难得多。

1.2　可靠性指标

对于可靠性这样的重要问题,只有定性的定义或说明是远远不够的,只有将其定量化,才能对各种产品的可靠性提出明确、统一的要求,即产品的各类可靠性指标。根据可靠性指标,就可以在论证、设计和制造产品时,利用各种数理统计方法分析,预计和分配它们的可靠性。在产品研制出来后,厂方才可按一定的试验方法鉴定它们的可靠性或者比较各种产品的可靠性。用户在使用中进行可靠性检验,并分清责任,向厂方反馈可靠性信息。

度量可靠性的常用指标有可靠度与不可靠度、失效率、平均寿命、寿命方差和寿命均方差、可靠寿命、维修性等。

维修度、有效度等将在第 5 章中介绍,下面主要介绍其他几种特征量的概念和计算方法。

1.2.1　可靠度与不可靠度

可靠度(Reliability)的定义为产品在规定的条件下和规定的时间内,完成规定的功能的概率,通常以 R 表示。产品的可靠度是时间的函数,因此,其又可表示为 $R=R(t)$,称为产品的可靠度函数。就概率分布而言,可靠度函数又表示在规定的使用条件下和规定的时间内,无故障地发挥规定功能而工作的产品占全部工作产品(累计起来)的百分比,它是一种累积分布函数。因此,可靠度函数又被称为可靠度分布函数。可靠度 R 或者 $R(t)$ 的取值范围是

$$0 \leqslant R(t) \leqslant 1 \tag{1-1}$$

与可靠度相对应的有不可靠度,表示产品在规定的条件下和规定的时间内不能完成规定功能的概率,因此又称为失效概率,记为 F。失效概率 F 也是时间 t 的函数,故又称为失效概率函数或不可靠度函数,记为 $F(t)$。它也是累积分布函数,故又称为累积失效概率函数。显然,它与可靠度呈互补关系,即

$$R(t)+F(t)=1 \tag{1-2}$$

对于不可修复的产品,其可靠度的观测值是指在规定的时间范围内,能完成规定功能的产品数与开始时刻投入工作的产品数之比,即

$$R(t) \approx \frac{N-n(t)}{N} \tag{1-3}$$

$$F(t) \approx \frac{n(t)}{N} \tag{1-4}$$

式中　N——开始时刻投入工作的产品数;

$n(t)$——N 个产品工作到 t 时刻的失效数。

对于可修复产品,其可靠度的观测值是指一个或多个产品的无故障工作时间达到或超过规定时间的次数与规定时间内无故障工作的总次数之比,即

$$R(t)=\frac{n}{N} \tag{1-5}$$

式中　N——若干个产品在规定时间内,总计无故障的工作次数;

n——其中无故障工作时间达到或超过规定时间 t 的次数。

产品开始工作($t=0$)时,都是无故障的,故有 $n(t)=n(0)=0$,$R(t)=R(0)=1$,$F(t)=F(0)=0$。随着工作时间的增加,产品的失效数不断增多,可靠度就相应地降低。当产品的工作时间 t 趋于无穷大时,所有产品总要失效的。因此,$n(t)=n(\infty)=N$,故 $R(t)=R(\infty)=0$,$F(t)=F(\infty)=1$,如图 1-2(a)所示。

对不可靠度 $F(t)$ 求导,则得失效密度函数 $f(t)$,即

$$f(t)=\frac{\mathrm{d}F(t)}{\mathrm{d}t}=-\frac{\mathrm{d}R(t)}{\mathrm{d}t} \tag{1-6}$$

失效密度函数又称为故障密度函数。在可靠度函数与不可靠度函数[见图 1-2(a)]的情况下,失效密度函数 $f(t)$ 如图 1-2(b)所示。

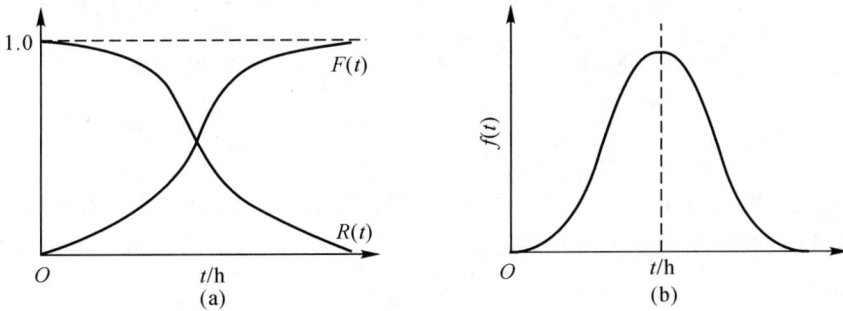

图 1-2　可靠度函数、失效密度函数随时间变化关系图

由式(1-6)可得

$$F(t) = \int_0^t f(t)\mathrm{d}t \qquad (1-7)$$

将式(1-7)代入式(1-2)得

$$R(t) = 1 - F(t) = 1 - \int_0^t f(t)\mathrm{d}t = \int_t^\infty f(t)\mathrm{d}t \qquad (1-8)$$

1.2.2　失效率

对于可修复的产品,失效(Failure)通常称为故障,其定义为产品丧失规定的功能。用概率的形式进行表征失效,就是失效率。

失效率(Failure Rate)又称为故障率,是工作到某时刻 t 尚未失效的产品,在该时刻后一个单位时间内失效的概率,记为 $\lambda(t)$,其数学表达式为

$$\lambda(t) = \lim_{\Delta t \to 0} \frac{n(t+\Delta t) - n(t)}{[N - n(t)]\Delta t} = \frac{\mathrm{d}n(t)}{[N - n(t)]\mathrm{d}t} \qquad (1-9)$$

式中　N——产品总数;

$n(t)$——N 个产品工作到 t 时刻的失效数;

$n(t+\Delta t)$——N 个产品工作到 $t+\Delta t$ 时刻的失效数。

其中,定义产品在 $[t, t+\Delta t]$ 时间区间内的平均失效率为

$$\bar{\lambda}(t) = \frac{n(t+\Delta t) - n(t)}{[N - n(t)]\Delta t} \approx \frac{\Delta n(t)}{(N - n(t))\Delta t} \qquad (1-10)$$

失效率的简化定义:产品在时刻 t 的失效率等于产品工作到 t 时刻后,单位时间内发生失效的概率,即失效率的观测值等于产品在 t 时刻后的一个单位时间内的失效数 $\Delta n(t)/\Delta t$ 在时刻 t 尚在工作的产品数(也称残存产品数)$N - n(t)$ 的比,即

$$\lambda(t) = \frac{\Delta n(t)\Delta t}{N - n(t)} = \frac{n(t+\Delta t) - n(t)}{[N - n(t)]\Delta t} \qquad (1-11)$$

失效率愈低,则可靠度愈高,$\lambda(t)$ 也称为失效率函数。

对于低失效率、高可靠性的产品,常用菲特(Fit)来表示,$1\,\mathrm{Fit} = 10^{-9}/\mathrm{h}$。

例 1-1　设有 $N = 100$ 个产品,从 $t = 0$ 开始运行,在 50 h 内无失效,在 50～51 h 内发生一个失效,在 51～52 h 内发生 3 个失效,求该批产品在 50～51 h 的失效率。

解：$N=100$，$n(50)=0$，$n(50+1)=1$，$n(51+1)=4$，$\Delta t=1$，所以，由式（1-9）得

$$\lambda(51)=\frac{n(51+1)-n(51)}{[N-n(51)]}=\frac{4-1}{100-1}\ \mathrm{h}^{-1}=3.03\%\ \mathrm{h}^{-1}$$

$$\lambda(50)=\frac{n(50+1)-n(50)}{[N-n(50)]}=\frac{1-0}{100-0}\ \mathrm{h}^{-1}=1\%\ \mathrm{h}^{-1}$$

一种产品（特别是电子产品），经过大量的使用和试验结果表明，其失效率与时间的关系曲线的特征是两端高、中间低，它的形状似浴盆，故一般称为"浴盆曲线"（Bathtub Curve），也称为寿命特性曲线，如图1-3所示。

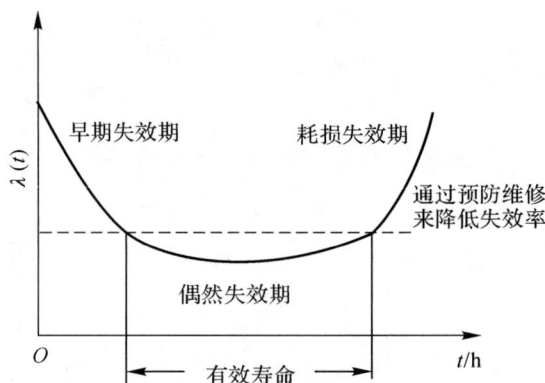

图1-3　寿命特性曲线

（1）早期失效（Early Failure）期：出现在产品投入使用的初期，其特点是开始时失效，但随着使用时间的增加失效率将较快地下降，呈递减型，这个时期的失效或故障是由于设计上的疏忽、材料缺陷、工艺质量问题、检验差错而混进了不合格品以及不适应外部环境等缺点，或设备中寿命短的部件等因素引起的。这一时期的长短随设备或系统的规模和上述情况的不同而异。为了缩短这一阶段的时间，产品应在投入运行前进行试运行，以便及早发现、修正和排除缺陷，或通过试验进行筛选，剔除不合格品。

（2）偶然失效（Random Failure）期：在早期失效的后期，早期失效的产品暴露无遗，失效率就会大体趋于稳定状态并降至最低，且在相当一段时间内大致维持不变，呈恒定型。这一时期故障的发生是偶然的或随机的，故称为偶然失效期。偶然失效期是设备、系统等产品的最佳状态时期，在规定的失效率下其持续时间称为使用寿命或有效寿命。人们总是希望延长这一时期，即希望在容许的费用内延长使用寿命。台架寿命试验、可靠性试验，一般都是在消除了早期故障之后针对偶然失效期而进行的。

（3）耗损失效（Wear-out Failure）期：耗损失效期出现在设备、系统等产品投入使用的后期，其特点是失效率随工作时间的增加而上升，呈递增型。这是因为构成设备、系统的某些零件已经过度磨损、疲劳、老化、寿命衰竭所致。若能预计到耗损失效期到来的时间，并在这一时间之前将要损坏的零件更换下来，就可以把本来将会上升的失效率降下来，延长可维护的设备或系统的使用寿命。当然，是否值得采用这种措施需要权衡，因为有时报废这些产品反而更为划算。

为了提高产品的可靠性,掌握产品的失效规律是非常重要的。只有对产品的失效规律有全面了解,才能采取有效的措施,提高产品的可靠性。

1.2.3　平均寿命

平均寿命简单地说是指一批产品(系统或零部件)寿命的算术平均值。这个词对于不可修复(指失效后无法修复或不给予修复,仅进行更换)的产品和可修复(指发生故障后经修理或更换零件即恢复功能)的产品,含义是有区别的。

对于不可修复的产品,其寿命是指它失效前的工作时间。因此,它的平均寿命就是指该产品从开始使用到失效前工作时间(或工作次数)的平均值,或称为失效前平均时间(Mean Time To Failure,MTTF)。

对于可修复的产品,其寿命是指相邻两次故障间的工作时间。因此,它的平均寿命即为平均无故障工作时间或称平均故障间隔(Mean Time Between Failures,MTBF)。

把 MTTF、MTBF 统称为平均寿命,记为 θ,其计算公式为

$$\theta = \frac{1}{N}\sum_{i=1}^{N} t_i \tag{1-12}$$

式中　N——对于不可修复产品,为测试的产品总数,对于可修复产品,为总故障次数;

　　　t_i——对于不可修复产品,为第 i 个产品失效前的工作时间,对于可修复产品,为第 i 次故障前的无故障工作时间,单位为 h。

θ 也可以用下式表达

$$\theta = \frac{\text{所有产品总的工作时间}}{\text{总的故障数}} \tag{1-13}$$

例 1-2　有一批齿轮共 15 个,从开始使用到发生失效的时间数据如下:220,410,500,790,980,1 420,1 600,2 000,2 050,2 850,2 850,3 700,4 600,4 900,5 900(时间单位为 h),试求这批齿轮的平均寿命。

解:

$$\text{MTTF} = \theta = \frac{1}{N}\sum_{i=1}^{N} t_i = \frac{1}{15}(220 + 410 + 500 + \cdots + 4\ 900 + 5\ 900)\text{h} = 2\ 318\ \text{h}$$

这批齿轮的平均工作时间为 2 318 h。

1.2.4　寿命方差和寿命均方差(标准差)

平均寿命是一批产品中各个产品寿命的算术平均值,它只能反映这批产品寿命分布的中心位置,而不能反映各产品的寿命 $t_1,t_2,t_3,\cdots,t_N$ 与此中心位置的偏离程度。寿命方差和均方差(或称标准差、标准离差、标准偏差)就是用来反应产品寿命离散程度的特征值。

寿命方差 $D(t)$ 表征个体寿命与母体(产品)寿命均值的平均偏离程度,或一批产品寿命的分散程度,由下式计算

$$D(t) = [\sigma(t)]^2 = \frac{1}{N}\sum_{i=1}^{N}(t_i - \theta)^2 \tag{1-14}$$

标准差 σ 是方差的算术平方根

$$\sigma = \sqrt{\sigma^2} \qquad\qquad (1-15)$$

式中　N——该母体取值的总次数，$N \to \infty$ 或是相当大的数；

　　　θ——测试产品的平均寿命，单位为 h；

　　　t_i——第 i 个测试产品的实际寿命，单位为 h。

寿命标准差与寿命量纲相同。

1.2.5　可靠寿命

可靠寿命（可靠度寿命）就是指可靠度等于给定值 ρ 时所对应的时间（产品寿命），记为 t_ρ，其中 ρ 称为可靠性水平。这时只要利用可靠度函数就可以解出 t_ρ：

$$t_\rho = R^{-1}(\rho) \qquad\qquad (1-16)$$

式中　R^{-1}——R 的反函数；

　　　t_ρ——可靠度 $R = \rho$ 的可靠寿命。

由上述指标可以看出，可靠性的定量表示有 3 个显著特点：一是它很难只用一个量来完全代表。可靠度可以作为表示产品可靠性的一个定量指标，但并不是任何场合都适宜用可靠度来衡量产品的可靠性。在实际工作中，往往应针对具体情况，使用不同的可靠性指标。例如对零部件来说，人们比较关心它从开始使用到丧失规定功能这段时间的长短，这就可用失效前平均工作时间（MTTF）来表示；对一个可以修复的设备或系统，人们关心的是它在两次故障间的工作时间有多长，这就可用平均无故障工作时间（MTBF）来表示；有时候人们又主要关心产品（如电子产品）在某一个瞬时或在某段时间内发生故障的故障率（失效率）有多大等，关于这一点，将在第 3 章中详述。二是它具有抽样统计特性。产品的可靠性是一种随机现象，故表征可靠性的各种特征是具有随机抽样统计的特性，可以通过大量观测或试验数据的分析计算确定其概率分布，进而求得相应的可靠性特征量。三是它常用时间函数表示。对于一个产品，人们关心它的寿命，由于产品的寿命长短可以通过观测或试验得到，故常用时间（寿命）作为变量来反映产品的可靠性水平。

1.2.6　维修性

产品的维修性用"维修度"来衡量。如果用概率来表示和度量这种能力，就是维修度，记为 $M(t)$。

维修性的指标还有修复率 $\mu(t)$ 和维修时间的密度函数 $m(t)$ 等。

修复率 $\mu(t)$ 是指在产品修复过程中，修复时间已达到某个时刻 t 时未修复的产品，在该时刻 t 后的单位时间内完成修理的概率。

维修时间密度函数 $m(t)$ 的工程意义是单位时间内产品预期完成维修的概率，即单位时间内修复数与送修总数之比。

关于产品维修性设计的讲解主要在第 5 章。

习　　题

1. 有 200 台设备,工作到 1 000 h 时有 20 台发生故障,工作到 2 000 h 时,共有 44 台发生故障,求此设备分别在 1 000 h 和 2 000 h 时的可靠度与不可靠度。

2. 设有 300 个某种器件,工作 5 年失效 10 件,工作 6 年失效 16 件,求工作 5 年时的失效率(时间单位为 a)。

3. 某批产品有 N_0 个,其中已有 88 个正常工作到 2 400 h,再继续工作 800 h,这时还有 66 个正常工作,问在这 800 h 里该产品的可靠度是多少?

第 2 章　可靠性中的概率表征与大数据关键技术

从上一章了解到,判断一系列产品可靠与否需要靠产品是否发生故障这一随机现象中得出的概率参数来衡量,可靠度、失效率以及平均寿命等均是这一随机现象中不同的概率参数。因此,评价产品可靠性的指标都具有一定的概率性质。为了描述这些随机现象并进行定量估计,本章将简要介绍部分可靠性工程涉及的概率论及数理统计知识。

2.1　概率及其运算法则

概率论是研究随机现象规律的科学,它通过对各种随机现象建模,并运用各种数学工具进行求解。概率与统计的方法与理念渗透在各个领域,其在自然科学、医学甚至人文科学中都有广泛的应用。

2.1.1　概率的基本概念

2.1.1.1　随机试验与随机事件

对随机现象的观测和试验称为随机试验,其具有以下 3 大特点。

(1)可重复性:试验可在相同的条件下重复进行。

(2)可观测性:试验的所有结果可事先预知且不止一个。

(3)不确定性:不能事先确定试验的结果是哪一个。

举几个随机试验的例子,如:

(1)抛掷一枚硬币,记录硬币正面在上还是反面在上;

(2)抛掷两枚硬币 3 次,记录硬币正面朝上的总次数;

(3)投掷飞镖 5 次,记录飞镖落点与靶心的距离。

随机现象的结果称为随机事件,一个随机试验中必然发生的事件称为必然事件,必然不发生的事件称为不可能事件,随机试验中的每一个可能的结果称为基本事件。

例如:

(1)抛掷一枚硬币 3 次,其中正面朝上与反面朝上的次数之和为 3 次;

(2)在袋中放入 1 个红球、2 个白球,从中任取 2 个球,结果全为红色;

(3)投掷一枚骰子,点数为 3;

以上 3 个事件分别为必然事件、不可能事件和一个基本事件。

2.1.1.2　事件的关系与运算法则

在可靠性工程中,往往要同时研究好几个随机事件,为了表征这些事件间的关系,下面介绍几种事件的主要关系与运算,几种事件典型关系图示如图 2-1 所示。

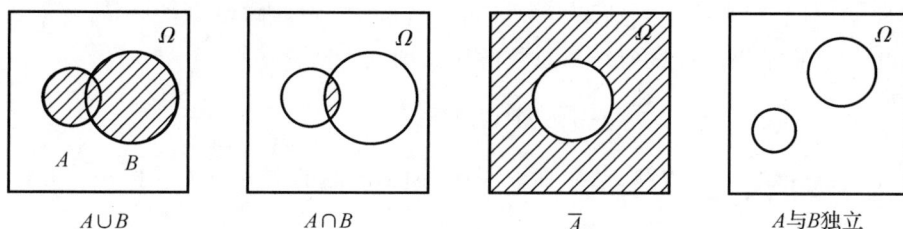

图 2-1　几种事件典型关系图示

（1）事件和:记事件 C 为"事件 A 与 B 至少有一个发生",称事件 C 为事件 A 与事件 B 的和事件,记为 $C=A\bigcup B$ 或 $C=A+B$。

（2）事件积:记事件 C 为"事件 A 与 B 同时发生",称事件 C 为事件 A 与 B 之积,记为 $C=A\bigcap B$ 或 $C=A\cdot B$。

（3）互斥事件:若事件 A 与 B 不能同时发生,则称事件 A 和 B 是互斥事件。

（4）对立事件:如果事件 A 与 B 必有一个发生且仅发生一个,则称事件 B 为事件 A 的对立事件,记为 $A=\overline{B}$ 或 $B=\overline{A}$,即事件 A 等于事件 B 的逆。

（5）独立事件:若事件 A 的出现与否和事件 B 的出现与否无关,则称事件 A 对事件 B 是独立事件。如 10 个产品中有 1 个次品,做不放回抽样试验,每次抽 1 个,共抽两次。若第一次抽到次品的事件记为 A,第二次抽到次品的事件记为 B,显然事件 A 发生与否与 B 无关,而 B 的发生与否与 A 的发生与否有关,这时称 A 对 B 独立,而 B 对 A 是不独立事件。

2.1.1.3　随机变量

随机变量是随机试验结果的实值函数。常用大写字母 X、Y 等表示,其取值用小写字母 x,y 等表示。如 n 个产品中的失效数为 $(0,1,\cdots,n)$,失效数 X 就是一个随机变量。

随机变量可分为离散型和连续型两种。离散型随机变量即其在一定区间内的取值为有限个,例如某地区某年出生人口数量、死亡人口数量等。这种情况都可以用离散型随机变量来描述。连续型随机变量即其在一定区间内的取值为无穷个,例如某地区男性的身高或体重。

2.1.2　事件的概率

事件的概率表示一随机事件发生的可能性大小,把事件 A 发生的概率记为 $P(A)$,其具有以下性质:

（1）非负性:$0\leqslant P(A)\leqslant 1$;

（2）规范性:$P(\Omega)=1$ 其中 Ω 为该试验中所有事件的和事件。

（3）有限可加性：对于一组两两不相容的事件 $A_1, A_2, \cdots, A_n$，有

$$P\left(\sum_{i=1}^{\infty} A_i\right) = \sum_{i=1}^{\infty} P(A_i) \qquad (2-1)$$

即事件的概率和等于事件和的概率。

1. 直接计算法

如果一随机试验，各个试验结果发生的可能性相等，则一随机事件 A 的概率等于事件 A 可能发生的试验结果数和试验结果总数的比。即

$$P(A) = \frac{m}{n} \qquad (2-2)$$

例如 10 件产品有 1 个次品，从中抽取一次，抽到次品的概率为 $P = 1/10 = 0.1$。

2. 统计法

当各个试验的结果不具有等可能性或不确定时，若试验次数足够多时，则可以用事件 A 发生的频率 P^* 作为事件 A 的概率，这就是概率计算的统计法，表示为

$$P^*(A) = P(A) = \frac{m}{n} \qquad (2-3)$$

例如，某批产品存在若干件次品，从中抽取 100 个样本，其中次品有 6 件，则该产品次品率约为

$$P(A) = P^*(A) = \frac{6}{100} = 6\% $$

2.1.3　概率运算的基本法则

2.1.3.1　事件积的概率

事件 A 与事件 B 同时出现的概率，用 $P(AB)$ 表示。

（1）若事件 A、B 为独立事件，则有

$$P(AB) = P(A) \cdot P(B) \qquad (2-4)$$

即两个独立事件同时发生的概率等于两个事件分别发生概率的乘积。

（2）若事件 A 与事件 B 不相互独立时，则有

$$P(AB) = P(A) \cdot P(B|A) = P(B) \cdot P(A|B) \qquad (2-5)$$

即事件 A 与事件 B 同时发生的概率等于事件 B 发生的概率乘以事件 B 发生条件下事件 A 发生的概率，反之亦然。

2.1.3.2　条件概率

事件 B 发生的条件下事件 A 发生的概率就是一种条件概率，记为 $P(A|B)$。同样可以理解 $P(B|A)$ 的含义。

（1）若事件 A、B 相互独立时，有

$$P(AB) = P(A|\overline{B}) = P(A) \qquad (2-6)$$

$$P(BA) = P(B|\overline{A}) = P(B) \qquad (2-7)$$

即两事件相互独立时,各事件发生概率与另一事件是否发生无关。

（2）若事件 A、B 不相互独立时,由式（2-5）得

$$P(B|A) = \frac{P(AB)}{P(A)} \tag{2-8}$$

或由式（2-5）可得

$$P(A|B) = \frac{P(A) \cdot P(B|A)}{P(B)} \tag{2-9}$$

这就是贝叶斯（Bayes）定理的一种简单形式。一般通式为

$$P(A_i|B) = \frac{P(A_i) \cdot P(B|A_i)}{\sum\limits_{i=1}^{n} P(A_i) \cdot P(B|A_i)} \tag{2-10}$$

式中　A_i——n 个互不相容事件中的第 i 个事件。

2.1.3.3　事件和的概率

对于任意两个事件 A、B,有

$$P(A+B) = P(A) + P(B) - P(AB) \tag{2-11}$$

（1）若事件 A、B 相互独立,则有

$$P(A+B) = P(A) + P(B) - P(A) \cdot P(B) \tag{2-12}$$

（2）若事件 A 与事件 B 互斥,即事件 A 与事件 B 不能同时发生,$P(AB)=0$

$$P(A+B) = P(A) + P(B) \tag{2-13}$$

推广到 n 个事件 $A_1, A_2, \cdots, A_n$ 有

$$P(A_1 + A_2 + \cdots + A_n) = \sum_{i=1}^{n} P(A_i) - \sum_{1 \leqslant i \leqslant j \leqslant k \leqslant n} P(A_i A_j A_k) - \cdots +$$
$$(-1)^{n-1} P(A_1 A_2 \cdots A_n) \tag{2-14}$$

2.1.3.4　全概率公式

设事件 A 只有在互不相容的事件 $B_1, B_2, \cdots, B_n$ 中任意一个事件发生时才能发生,已知事件 B_i 概率为 $P(B_i)$ 及事件 A 在事件 B_i 已发生的条件下的条件概率为 $P(A|B_i)$,则事件 A 的发生概率为全概率,表示为

$$P(A) = \sum_{i=1}^{n} P(A|B_i) \cdot P(B_i) \tag{2-15}$$

例 2-1　两功能相同的电子元件并联,两元件的可靠度分别为 0.85、0.9,求该系统的可靠度。

解：设两元件不发生失效为事件 A、B,则

$$P(A) = 0.85$$
$$P(B) = 0.9$$
$$P(\overline{A}) = 1 - P(A) = 0.15$$
$$P(\overline{B}) = 1 - P(B) = 0.1$$

则至少一元件不失效的概率为

$$P(X)=1-P(\overline{A}\times\overline{B})=1-P(\overline{A})\times P(\overline{B})=0.985$$

或

$$P(X)=P(AB)+P(A\cdot\overline{B})+P(\overline{A})$$
$$=P(A)\cdot P(B)+P(A)\cdot P(\overline{B})+P(\overline{A})\cdot P(B)$$
$$=0.985$$

2.2 随机变量的概率分布及其数字特征

概率分布是表示随机变量 X 所有可能的取值 x_i 及其对应的概率 $P(X=x_i)$ 的关系，按照随机变量可能取值的不同，其可以分为两种概率分布，即离散型随机变量和连续型随机变量的概率分布。

2.2.1 离散型随机变量的概率分布

设 X 为一随机变量，X 全部可能取值为有限个或可列无穷多个 $x_1,x_2,\cdots,x_n$，则称随机变量 X 为离散型随机变量，其对应的概率 $P(X=x_i)=p_i(i=1,2,3,\cdots,n)$。

将这一组概率称为 X 的分布律，可用表 2-1 反映离散型随机变量取可能值 x_i 对应的概率。

表 2-1 离散型随机变量的分布律

x_1	x_2	$\cdots$	x_k	$\cdots$	x_n
p_1	p_2	$\cdots$	p_k	$\cdots$	p_n

概率分布律具有以下两个性质：

(1)非负性：随机变量取任何可能值时，均有

$$P(X=x_i)=p_i\geqslant 0 \tag{2-16}$$

(2)规范性：概率分布律中随机变量 X 所取的一切可能值的概率和等于 1，即

$$\sum_{i=1}^{n}p_i=1 \tag{2-17}$$

2.2.2 连续性随机变量的概率分布

设 X 是随机变量，x 是任意实数，称函数

$$F(x)=P(X\leqslant x)=\int_{-\infty}^{x}f(x)\mathrm{d}x \tag{2-18}$$

为随机变量 X 的分布函数。其中 $f(x)$ 表示随机变量 X 在点 x 处的概率密度函数，它的含义是随机变量 X 落在点 x 附近的一个极小区间内的概率，即

$$f(x)=\lim_{\Delta x\to 0}\frac{P(x<X<x+\Delta x)}{\Delta x} \tag{2-19}$$

在可靠性问题中,随机变量就是失效时间 t,此时称 $f(t)$ 为失效概率密度函数,简称失效密度函数;称 $F(t)$ 为累积失效概率分布函数,简称失效分布函数,它对应在时间 t_i 内的概率 $F(t_i)$ 称为累积失效概率,简称失效概率,就是产品的不可靠度。

随机变量 X 的取值范围一般为 $(-\infty,+\infty)$,但在可靠性问题中由于随机变量为失效时间 t,故取值范围为 $[0,+\infty)$。

从图 2-2 中可以看出,失效分布函数 $F(t)$ 的几何意义为 $0\sim t$ 之间失效密度函数 $f(t)$ 曲线下阴影部分的面积,表示产品在 t 时间内失效的概率;可靠度 $R(t)$ 为 $t\sim\infty$ 区间曲线下的面积;$f(t)$ 表示产品在 t 时间附近的一个极小区间内发生失效的概率。

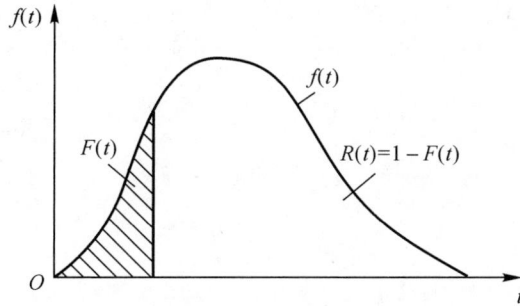

图 2-2　$f(t)$、$F(t)$、$R(t)$ 的关系

2.2.3　随机变量的数字特征

上面所述的概率分布能完整地描述随机变量的统计规律,但在实际问题中,可能不容易求出分布规律,也可能并不需要知道随机变量的分布规律,而只要知道它的某些数字特征就够了,如在测量某零件的长度时,由于种种因素的影响,测量到的长度是一个随机变量,一般关心的是这个零件的平均长度及测量结果的精确程度,即要知道测量长度的平均值与离散程度,因此就需要引进一些用来表示平均值和离散程度的量,把描述随机变量某些特征的量称为随机变量的数字特征,以下介绍几种可靠性技术中常用的数字特征。

2.2.3.1　数学期望 $E(x)$

数学期望是表示概率分布的集中趋势的特征量。总体的数学期望 $E(x)$ 定义如下:

对于连续随机变量

$$\mu = E(x) = \int_{-\infty}^{+\infty} x f(x) \mathrm{d}x \tag{2-20}$$

对于离散随机变量

$$\mu = E(x) = \sum_{i=1}^{n} x_i P(x_i) \tag{2-21}$$

样本的均值,即算数平均值为

$$\bar{x} = \frac{1}{n} \sum_{i=1}^{n} x_i \tag{2-22}$$

均值的性质如下:

$$E(cx)=cE(x) \\ E(x\pm y)=E(x)\pm E(y) \\ E(xy)=E(x)E(y) \qquad (2-23)$$

在可靠性设计中，$E(x)$ 可表示平均强度、平均应力、平均寿命等概念。

2.2.3.2 方差 $D(x)$ 与标准差 σ

方差与标准差是表示概率分布的离散程度的特征量。

对于连续随机变量

$$D(x)=\sigma^2=E[(x-\mu)]=\int_{-\infty}^{+\infty}(x-\mu)^2 f(x)\mathrm{d}x \qquad (2-24)$$

对于离散随机变量

$$D(x)=\sigma^2=E[(x-\mu)^2]=\sum_{i=1}^{n}(x-\mu)^2 P(x_i) \qquad (2-25)$$

样本的标准差

$$\sigma=\sqrt{\frac{\sum_{i=1}^{n}(x_i-\bar{x})^2}{n-1}} \qquad (2-26)$$

方差的性质如下：

$$D(c)=0 \\ D(cx)=c^2 D(x) \\ D(x\pm y)=D(x)+D(y) \qquad (2-27)$$

2.2.3.3 变异系数

变异系数 V 是一个无量纲的量，表示了随机变量的相对分散程度，表 2-2 所示为钢材的变异系数。

$$V=\frac{\sigma}{\mu} \qquad (2-28)$$

表 2-2 钢材的变异系数（参考）

力学性能指标	变异系数
强度极限 σ_B	0.05
屈服极限 σ_S	0.07
疲劳极限 σ_{-1}	0.08
布氏硬度 HB	0.05
断裂韧性 K_{IC}	0.07

2.2.3.4 偏度

偏度 S_k 是统计数据分布非对称程度的数字特征。其计算公式如下：

$$S_k = \frac{1}{[D(x)]^{3/2}} \int_{-\infty}^{+\infty} [x - E(x)]^3 f(x) \mathrm{d}x = \frac{E[x - E(x)]^3}{\sigma_x^3}$$

其中当偏度 $S_k = 0$ 时,为对称分度,大致图像如图 2-3(a)所示;

当偏度 $S_k > 0$ 时,为正偏分度,大致图像如图 2-3(b)所示;

当偏度 $S_k < 0$ 时,为负偏分度,大致图像如图 2-3(c)所示;

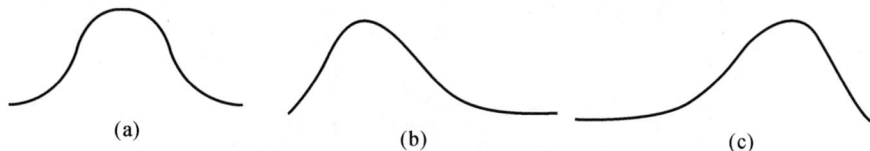

(a)　　　　　　　(b)　　　　　　　(c)

图 2-3　不同偏度的大致图像

(a)$S_k = 0$;　(b)$S_k > 0$;　(c)$S_k < 0$

2.3　可靠性工程中常用的几种概率分布

在可靠性工程中,可靠性设计必须通过研究随机变量的概率分布得到相应分布的数字特征来进行计算与分析。因此必须运用概率论与数理统计的方法来从大量的观测与试验数据中得到随机变量的分布类型与数字特征,本节将介绍几种在可靠性工程中常用的概率分布。

2.3.1　二项分布

在相同条件下重复进行某一随机试验 n 次,且该试验仅有两种互为逆的结果 A 和 $\overline{A}$,则这种试验所呈现的结果就是二项分布。二项分布适用于试验只有两种互斥结果的情形,如产品的合格与否,实验的通过与否,零件的可靠与否等。

如果在 n 次试验中,事件 A 出现的概率为 p,事件 $\overline{A}$ 出现的概率为 $q = 1 - p$,则事件 A 在 n 次试验中发生 r 次的概率为

$$P(r) = C_n^r p^r q^{n-r} \tag{2-29}$$

其累积分布函数为

$$P(X \leqslant r) = \sum_{x=0}^{r} C_n^x p^r q^{n-r} \tag{2-30}$$

取事件 A 为产品不失效,$\overline{A}$ 为产品失效,则有 $p = F(t)$,$q = R(t) = 1 - F(t)$。式(2-30)改写为

$$P(X \leqslant r) = \sum_{x=0}^{r} C_n^r [F(t)]^x [R(t)]^{n-x} \tag{2-31}$$

2.3.2　泊松分布

使用二项分布时,如果遇到试验次数 n 很大,而每次试验中事件 A 发生的概率 p 很小的情况,可以使用泊松分布来近似求解。工程上适用于泊松分布的情况很多,例如铸件表面

缺陷的数量,电路板焊点脱落的次数,电梯某段时间内的总乘客数,等等,此类随机现象的共同点是随机事件发生的概率仅与经过时间的长短有关,而与从哪一时间点开始统计无关。

泊松分布的表达式为

$$P(x=r)=\frac{(np)^r \cdot e^{-np}}{r!}=\frac{m^r \cdot e^{-m}}{r!} \tag{2-32}$$

式中 m——事件 A 发生次数的均值,$m=np$。

其累积分布函数为

$$P(x \leqslant r)=\sum_{x=0}^{r} \frac{m^x \cdot e^{-m}}{x!} \tag{2-33}$$

2.3.3　正态分布

正态分布是最广泛的一种分布,无论在自然科学还是人文科学中都有很多随机变量的概率可以用这种分布来描述,例如某材料的导电率,某地区男性的患癌率,等等。在工程上许多问题也可以用正态分布来表示,如某零件的加工误差,某材料的强度等。由中心极限定理可知,如果一个变量由许多的微小随机变量共同影响,那么就可以认为这个变量服从正态分布。

正态分布的概率密度函数为

$$f(x)=\frac{1}{\sqrt{2\pi}\sigma}e^{-\frac{(x-\mu)^2}{2\sigma^2}}, -\infty \leqslant x \leqslant +\infty \tag{2-34}$$

累积分布函数为

$$F(x)=P(X \leqslant x)=\frac{1}{\sqrt{2\pi}\sigma}\int_{-\infty}^{x} e^{-\frac{(x-\mu)^2}{2\sigma^2}} dx \tag{2-35}$$

由图 2-4 可以看出随着参数 μ,σ 的改变,相应的概率密度函数也会发生变化。

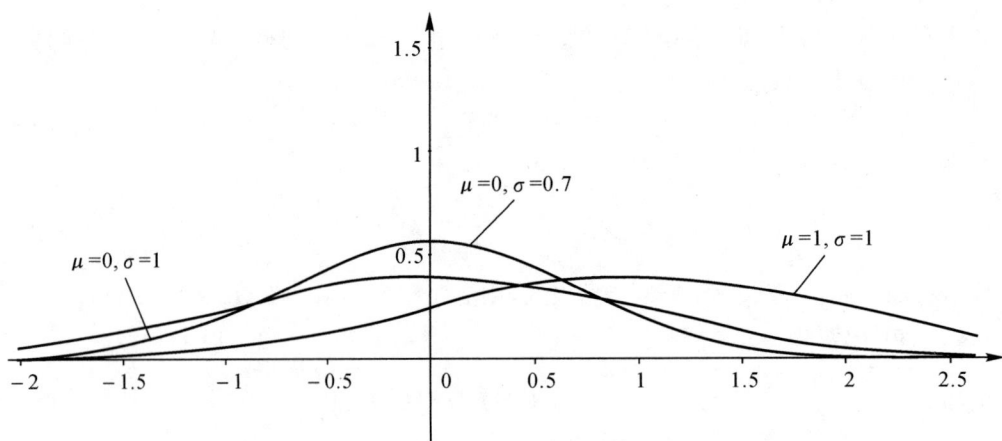

图 2-4　正态分布

正态分布的函数求解通常较为复杂,因此常用正态分布表来近似求解,而由于正态分布的两个参数 μ、σ 针对每个问题都有所不同,因此定义参数 $\mu=0,\sigma=1$ 的正态分布为标准正态分布,并通过将其他正态分布转化为标准正态分布以方便从标准正态分布表中查取函数的近似值。

标准正态分布的概率密度函数和累积分布函数分别用 $\varphi(z)$、$\Phi(z)$ 表示,即

$$\varphi(z) = \frac{1}{\sqrt{2\pi}} e^{-\frac{z^2}{2}} \tag{2-36}$$

$$\Phi(z) = \int_{-\infty}^{z} \varphi(z) \mathrm{d}z = -\frac{1}{\sqrt{2\pi}} \int_{-\infty}^{z} e^{-\frac{x^2}{2}} \mathrm{d}z \tag{2-37}$$

累积分布函数的几何意义如图 2-5 所示。

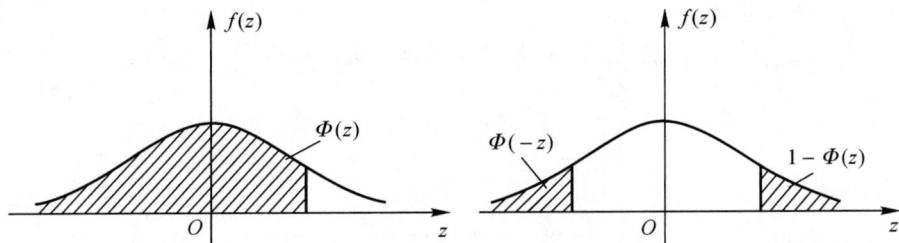

图 2-5　累积分布函数的几何意义

对于任意正态分布 $N(\mu, \sigma^2)$,将随机变量 X 作变换使得变量 $Z = \dfrac{X-\mu}{\sigma}$ 并代入式 (2-35),有

$$F(x) = \frac{1}{\sqrt{2\pi}} \int_{-\infty}^{Z} e^{-\frac{z^2}{2}} \mathrm{d}z = \Phi\left(\frac{x-\mu}{\sigma}\right) = \Phi(Z) \tag{2-38}$$

例 2-2　为求得某材料的抗拉强度,对 100 个样品进行试验,已知材料强度符合正态分布,且样本均值为 600 MPa,标准差为 50 MPa,试求材料强度的累积分布函数,以及强度处于 500～600 MPa 区间内的概率。

解:易得材料强度 X 的累积分布函数为

$$F(x) = \frac{1}{50\sqrt{2\pi}} \int_{-\infty}^{x} e^{-\frac{(x-600)^2}{5\,000}} \mathrm{d}x$$

对强度 X 作变换 $Z = \dfrac{X-600}{50}$ 并代入上式有

$$F(x) = \frac{1}{\sqrt{2\pi}} \int_{-\infty}^{z} e^{-\frac{z^2}{2}} \mathrm{d}z = \Phi(Z)$$

将区间 $500 \leqslant x \leqslant 600$ 变换为 $-2 \leqslant \dfrac{x-600}{50} = 0$,从而有

$$P(500 \leqslant X \leqslant 600) = P(2 \leqslant Z \leqslant 0) = \Phi(0) - \Phi(-2)$$
$$= 0.5 - 0.022\,8 = 0.477\,2 = 47.72\%$$

因此材料强度处于 500～600 MPa 区间内的概率为 47.72%。

2.3.4　对数正态分布

如果随机变量 X 的自然对数 $\ln X$ 服从正态分布,则随机变量称为服从对数正态分布,

记为 $\ln(\mu,\sigma2)$，如图 $2-6$ 所示，对数正态分布通常用于描述材料的寿命和疲劳强度。对数正态分布的概率密度函数和累积分布函数如下：

$$f(x)=\frac{1}{\sigma x\sqrt{2\pi}}e^{-\frac{(\ln x-\mu)^2}{2\sigma^2}}, \quad x>0 \qquad (2-39)$$

$$F(x)=\frac{1}{\sigma\sqrt{2\pi}}\int_0^x\frac{e^{-\frac{(\ln x-\mu)^2}{2\sigma^2}}}{x}\mathrm{d}x, \quad x>0 \qquad (2-40)$$

式中 μ——随机变量 $\ln X$ 的均值；

σ——随机变量 $\ln X$ 的方差。

对数正态分布的计算方法与正态分布类似，只需将随机变量 x 变换为 $\ln X$ 即可。

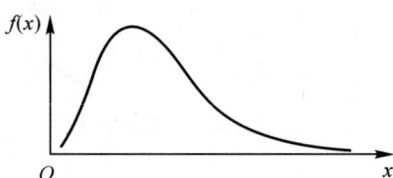

图 $2-6$ 对数正态分布函数

例 $2-3$ 已知某品牌鼠标可点击次数服从对数正态分布，均值为 $\ln(10^6)\approx13.815$，方差为 0.1，试求点击 1.2×10^6 次后鼠标不失效的概率，以及若要保证可靠度大于 99%，点击次数应小于多少？

解：将变量 $Z=\dfrac{\ln x-13.815}{0.1}$ 带入点击次数 X 的累积分布函数有

$$F(x)=\frac{1}{0.1\sqrt{2\pi}}\int_0^x\frac{e^{-\frac{(\ln x-13.815)^2}{0.02}}}{x}\mathrm{d}x=\varphi(Z)$$

因此点击 1.2×10^6 次鼠标不失效的概率为

$$P(x\leqslant1.2\times10^6)=F(1.2\times10^6)=\varphi(\ln1.2)\approx57.21\%$$

若要保证可靠度大于 99%，设点击次数为 n，则

$$F(x)=P(x\leqslant n)=\varphi(Z)=99\%$$

查表得 $Z=\dfrac{\ln n-13.815}{0.1}\approx-2.326, n\approx7.92\times10^5$。

2.3.5 威布尔分布与指数分布

威布尔分布是一种在可靠性工程中广泛应用的分布，由于其函数式具有 3 个参数，同时具有相当多形式的概率密度曲线。因此，通过调整不同参数，可以用它来表征产品寿命周期的多个阶段。例如在拟合产品失效曲线时，可以通过改变形状参数 β，得到 $\beta<1$、$\beta=1$ 和 $\beta>1$ 三种概率密度曲线，从而有效地分别描述出经典的浴盆曲线中的早期失效期、偶然失效期以及损耗老化期。

威布尔分布的失效概率密度函数和累积失效概率分布函数、可靠度函数分别为

$$f(x) = \frac{\beta(x-\gamma)^{\beta-1}}{\alpha^{\beta}} e^{-\left(\frac{x-\gamma}{\alpha}\right)^{\beta}}$$
$$F(x) = 1 - e^{-\left(\frac{x-\gamma}{\alpha}\right)^{\beta}}$$
$$R(x) = 1 - F(x) = e^{-\left(\frac{x-\gamma}{\alpha}\right)^{\beta}}$$
$$\text{(2-41)}$$

式中　β——形状参数,决定概率密度函数曲线形状(当形状参数 $\beta = 3.313$ 时,指数分布可近似为正态分布);

　　γ——位置参数,又叫起始参数,决定曲线与坐标轴的相对位置;

　　α——尺度参数,起到放大或缩小标尺的作用,但不影响分布的形状。

(1)若描述寿命 t 的分布规律,由于零件一开始就存在着失效的可能,此时 $\gamma = 0$,故得两参数的威布尔分布的概率密度函数、累积分布函数、可靠度函数、失效率函数分别为

$$f(x) = \frac{\beta}{a} x^{\beta} e^{-\left(\frac{x}{\alpha}\right)^{\beta}}$$
$$F(x) = 1 - e^{-\left(\frac{x}{\alpha}\right)^{\beta}}$$
$$R(x) = e^{-\left(\frac{x}{\alpha}\right)^{\beta}}$$
$$\lambda(x) = \frac{\beta x^{\beta-1}}{\alpha^{\beta}}$$
$$\text{(2-42)}$$

(2)指数分布是威布尔分布的一种特殊形式,当 $\gamma = 0, \beta = 1$ 时,威布尔分布变成指数分布,常用于描述电子产品的寿命分布,其概率密度函数与累积分布函数分别为

$$f(x) = \frac{1}{\alpha} e^{-\frac{x}{\alpha}} = \lambda e^{-\lambda x} \tag{2-43}$$

$$F(x) = 1 - e^{-\lambda x} \tag{2-44}$$

式中　λ——指数分布的失效率,$\lambda = \dfrac{1}{\alpha}$。

指数分布有以下特殊的性质:

1)指数分布的失效率 λ 等于常数。

2)指数分布的平均寿命 θ 与失效率 λ 互为倒数。

3)指数分布具有"无记忆性"。无记忆性是指在产品使用了 t 时间之后,如仍正常,则在 t 以后的剩余寿命与新寿命一样服从指数分布。

例 2 - 4　已知某电子元件服从 $\gamma = 0$ 的两参数威布尔分布,另外两分布参数为 $\beta = 2$,$\alpha = 100$ h,试求工作 200 h 时该元件的可靠度和最大失效率;若 $\gamma = 50$ 可靠度又为多少。

解:(1)当 $\gamma = 0$ 时,将上述参数带入式(2-42),可靠度与最人失效率为

$$R(200) = e^{-\left(\frac{200}{1\,000}\right)^2} \approx 0.961$$

$$\lambda(\max) = \lambda(200) = \frac{2 \times 200^{2-1}}{1\,000^2} = 4 \times 10^{-4}$$

(2)当 $\gamma = 50$ 时,将上述参数带入式(2-42),此时可靠度为

$$R(x) = e^{-\left(\frac{200-50}{1\,000}\right)^2} \approx 0.977$$

常用分布及其期望与方差如表 2-3 所示。

表 2-3　常用分布及其期望与方差

分布名称	概率密度函数	数学期望	方　差
二项分布 $b(n,p)$	$C_n^r p^r q^{n-r}$	p	$p(1-p)$
泊松分布 $p(m)$	$\dfrac{(np)^r \cdot e^{-np}}{r!}$	m	m
正态分布 $N(\mu,\sigma^2)$	$\dfrac{1}{\sqrt{2\pi}\sigma} e^{-\frac{(x-\mu)^2}{2\sigma^2}}$	μ	σ^2
对数正态分布 $LN(\mu,\sigma^2)$	$\dfrac{1}{\sqrt{2\pi}\sigma x} e^{-\frac{(\ln x-\mu)^2}{2\sigma^2}}$	$e^{\mu+\frac{\sigma^2}{2}}$	$e^{2\mu+\sigma^2}(e^{\sigma^2}-1)$
威布尔分布 $W(\beta,\gamma,\alpha)$	$\dfrac{\beta(x-\gamma)^{\beta-1}}{\alpha^\beta} \cdot e^{-\left(\frac{x-\gamma}{\alpha}\right)^\beta}$	$\gamma+\alpha\Gamma\left(1+\dfrac{1}{\beta}\right)$	$\alpha^2\left[\Gamma\left(1+\dfrac{2}{\beta}\right)-\Gamma^2\left(1+\dfrac{1}{\beta}\right)\right]$
指数分布 $Exp(\lambda)$	$\lambda e^{-\lambda x}$	$\dfrac{1}{\lambda}$	$\dfrac{1}{\lambda^2}$

2.4　数理统计基础

上一节介绍了几种可靠性工程中常用的概率分布,但在面对具体的工程问题时,确定随机变量的概率分布并不容易,由于对研究对象的总体进行试验难度过大,所以只能在随机抽取的子样本中进行观测或试验,通过参数估计与假设检验,能够从样本参数中推断出随机变量的概率分布,从而解决相应的实际问题。

2.4.2　参数估计

分布参数的估计就是根据子样本的试验数据来估计总体分布函数中的未知参数。参数估计分为点估计和区间估计,其中点估计指从母体中抽取一组样本的统计量作为母体未知参数的估计量,但其只能作为母体参数的近似值;而区间估计通过给出母体参数处于某一区间内的概率来作估计,反映了估计本身的可信程度。

2.4.2.1　分布参数的点估计

下面介绍通过样本的矩来估计母体参数的方法。

对于随机变量 x,称 $E(x)$ 为 x 的一阶原点矩,$E[x-E(x)]^2$ 为 x 的二阶中心矩。

设有 n 个样本(n 相当大)$x_1,x_2,\cdots,x_n$,样本均值和样本方差分别为 $\bar{x},S^2$。则有

$$E(\bar{x})=E\left(\frac{1}{n}\sum_{i=1}^{n}x_i\right)=\frac{1}{n}E\left(\sum_{i=1}^{n}x_i\right)=\frac{1}{n}\sum_{i=1}^{n}E(x_i)=\mu \tag{2-45}$$

$$E\left[\mathrm{x} - E(\mathrm{x})\right]^2 = \frac{1}{n}\sum_{i=1}^{n}(x_i - \bar{x})^2 = S^2 = \frac{1}{n-1}\sum_{i=1}^{n}(x_i - \mu)^2 \qquad (2-46)$$

$$E(S^2) = E\left[\frac{1}{n-1}\sum_{i=1}^{n}(x_i - \bar{x})^2\right] = \frac{1}{n-1}E\left[\sum_{i=1}^{n}(x_i - \mu + \mu - \bar{x})^2\right]$$

$$= \frac{1}{n-1}E\left[\sum_{i=1}^{n}(x_i - \mu)^2 - 2\sum_{i=1}^{n}(x_i - \mu)(\bar{x} - \mu) + \sum_{i=1}^{n}(\bar{x} - \mu)^2\right]$$

$$= \frac{1}{n-1}\left\{\sum_{i=1}^{n}E\left[(x_i - \mu)^2 - nE(\bar{x} - \mu)^2\right]\right\} = \frac{1}{n-1}\left(n\sigma^2 - n\frac{\sigma^2}{n}\right)$$

$$= \sigma^2 \qquad (2-47)$$

即可以通过样本的均值与方差来近似估计总体随机变量的数学期望与方差。

点估计的有效程度通常由以下几个方面表征。

1. 无偏性

设 $\hat{\theta}$ 是参数 θ 的一个估计，如果对一切 θ 有

$$E(\hat{\theta}) = \theta \qquad (2-48)$$

那么称 $\hat{\theta}$ 为参数 θ 的一个无偏估计。

2. 有效性

设 $\hat{\theta}_1$ 与 $\hat{\theta}_2$ 均为参数 θ 的一个无偏估计，如果对一切 θ 有

$$E\left[\hat{\theta}_1 - E(\hat{\theta}_1)\right]^2 \leqslant E\left[\hat{\theta}_2 - E(\hat{\theta}_2)\right]^2 \qquad (2-49)$$

即变量 $\hat{\theta}_1$ 的方差比 $\hat{\theta}_2$ 的更小，那么称估计 $\hat{\theta}_1$ 比 $\hat{\theta}_2$ 更有效。

3. 均方误差准则

设 $\hat{\theta}_1$ 与 $\hat{\theta}_2$ 均为参数 θ 的一个无偏估计，如果对一切 θ 有

$$E\left[\hat{\theta}_1 - \theta\right]^2 \leqslant E\left[\hat{\theta}_2 - \theta\right]^2 \qquad (2-50)$$

那么称估计 $\hat{\theta}_1$ 比 $\hat{\theta}_2$ 更有效。

4. 相和性

设 $\hat{\theta}$ 为 n（n 足够大）个样本下参数 θ 的一个估计，若对一切任意 $\varepsilon > 0$ 有

$$P(|\hat{\theta} - \theta| >) \rightarrow 0 \qquad (2-51)$$

那么称估计 $\hat{\theta}$ 为参数 θ 的相合估计。

2.4.2.2　区间估计

在实际问题中，点估计缺少对估计本身可信程度的量化表达，因此，首先估计出一个范围，并给出这个范围内包含目标参数实际值的可信程度，这种形式的估计称为区间估计。

设从 n 个样本中有对参数 θ 的估计量 θ_1、θ_r，如果对一切 θ 有

$$P(\theta_1 < \theta < \theta_r) = 1 - \alpha, \quad 0 < \alpha < 1 \qquad (2-52)$$

那么称区间 $\{\theta_1, \theta_r\}$ 为参数 θ 的置信度为 $1-\alpha$ 的置信区间。其中 θ_1 与 θ_r 分别称为置信上限与置信下限，置信度中的 α 又称为风险系数或显著性水平。由式（2-52）可以知道，置信度就是被估计参数落在置信区间内的概率。

解决实际问题时,可以找出参数需要的某置信度所对应的置信区间,并从中取一个值来估计该参数,常用的寻找 $1-\alpha$ 置信区间的方法为构造一个中间函数 $G(\theta,\hat{\theta})$,并使函数 G 的概率分布已知。从而对给定的风险系数 α,取区间 $\{c,d\}$ 使得

$$P(c<G(\theta,\hat{\theta})<d)=1-\alpha \qquad (2-53)$$

然后将函数 G 的 $1-\alpha$ 置信区间改写为关于参数 θ 的 $1-\alpha$ 置信区间,有

$$P(\theta_1<\theta<\theta_r)=1-\alpha \qquad (2-54)$$

就得到了参数 θ 的置信度为 $1-\alpha$ 的置信区间 $\{\theta_1,\theta_r\}$。

表 2-4 给出了求正态函数 $1-\alpha$ 置信区间的几种中间函数形式。

表 2-4　正态分布的区间估计

参数 θ	条　件	中间函数	$1-\alpha$ 置信区间
μ	σ 已知	$G=\dfrac{\bar{x}-\mu}{\sigma/\sqrt{n}}$	$\bar{x}\pm G_{1-\alpha/2}\dfrac{\sigma}{\sqrt{n}}$
μ	σ 未知	$G=\dfrac{\bar{x}-\mu}{s/\sqrt{n}}$	$\bar{x}\pm G_{1-\alpha/2}(n-1)\dfrac{s}{\sqrt{n}}$
σ^2	μ 未知	$G=\dfrac{(n-1)s^2}{\sigma^2}$	$\left[\dfrac{(n-1)s^2}{G_{1-\alpha/2}(n-1)},\dfrac{(n-1)s^2}{G_{\alpha/2}(n-1)}\right]$
σ	μ 未知	$G=\dfrac{(n-1)s^2}{\sigma^2}$	$\left[\dfrac{\sqrt{n-1}\,s}{\sqrt{G_{1-\alpha/2}(n-1)}},\dfrac{\sqrt{n-1}\,s}{\sqrt{G_{\alpha/2}(n-1)}}\right]$

2.4.3　假设检验

在对一组实验数据进行处理时,常要将其拟合成一条曲线并与推测的某种假设理论分布相比较以验证其是否符合该分布,因此常将拟合曲线与理论曲线的偏差值构造成一个统计量,并根据这个统计量的范围来检验所假设的分布。

假定构造的偏差统计量为 β,且已知 β 的 α 分位点为 β_α,如果对足够小的 α 有

$$P(\beta\geqslant\beta_\alpha)=\alpha \qquad (2-55)$$

那么 α 和 β_α 就反映了参数拟合曲线与理论的偏差大小,显然,α 和 β_α 越小,拟合效果就越好。下面介绍两种工程上常用的检验方法。

2.4.3.1　皮尔逊检验

皮尔逊检验又称 χ^2 检验,是在总体分布未知的情况下通过对样本进行处理来检验关于总体分布是否符合假设分布的一种检验方法,具体分为以下几个步骤。

(1)将总体 X 的所有取值可能分为 n 个相邻的半开区间,记为

$$A_1=(a_0,a_1],A_2=(a_1,a_2],\cdots,A_n=(a_{n-1},a_n]$$

(2)在容量为 k 的样本中,记录落入第 i 个区间 A_i 的样本个数 n_i。

(3)求得总体 X 落入区间 A_i 的概率 $p_i=P(a_{i-1}<X<a_i)$,总体 X 落入区间 A_i 的频数 kp_i。

（4）采用统计量 χ^2 作为偏差统计量 β，有

$$\chi^2 = \sum_{i=1}^{n} \frac{(n_i - np_i)^2}{kp_i} \tag{2-56}$$

由概率论的知识可以知道，当 k 足够大时，式（2-56）近似服从 χ^2 分布。

（5）对于给定的显著性水平 α 查 χ^2 分布表得到其 α 分位点为 χ_α^2，使得

$$P(\chi^2 \geqslant \chi_\alpha^2) = \alpha \tag{2-57}$$

将步骤（4）中得到的统计量 χ^2 与 α 分位点 χ_α^2 相比较，当统计量 $\chi^2 \leqslant \chi_\alpha^2$ 时，即可接受假设分布符合样本，当统计量 $\chi^2 > \chi_\alpha^2$ 时，假设分布不符合样本。

皮尔逊检验方法通常应用在样本容量足够大的情况下，且无论总体 X 是离散分布还是连续分布，参数是否已知，该方法都能较好地检验假设的可信程度。

2.4.3.2　柯尔莫哥洛夫-斯米尔诺夫检验

柯尔莫哥洛夫-斯米尔诺夫（K-S）检验，简称柯式检验，常用于检验样本数据是否来自于某一具体理论分布，相较于皮尔逊检验，它适用于样本容量较小的情况，但其检验的总体分布必须为连续型分布，其具体步骤如下。

（1）设来自总体 X 的样本为 $x_1, x_2, \cdots, x_n$，且其下标按大小排序，得到样本的分布函数

$$F_n(x) = \begin{cases} 0, & x < x_1 \\ \dfrac{i}{n}, & x_i \leqslant x < x_{i+1} \\ 1, & x \geqslant x_n \end{cases} \tag{2-58}$$

（2）采用统计量 D_n 为偏差统计量，有

$$D_n = \max |F_n(x_i) - F(x_j)| \tag{2-59}$$

式中　$F(x)$——总体 X 的分布函数；

　　　i, j——区间 $[0, n]$ 内任意的整数。

（3）对于给定的显著性水平 α，查 D_n 分布表得到临界值 $D_{n\alpha}$，使得

$$P(D_n \geqslant D_{n\alpha}) = \alpha \tag{2-60}$$

将步骤（2）中得到的统计量 D_n 与 α 临界值 $D_{n\alpha}$ 相比较，当统计量 $D_n \leqslant D_{n\alpha}$ 时，即可接受假设分布符合样本，当统计量 $D_n > D_{n\alpha}$ 时，假设分布不符合样本。

2.4.4　小样本相容性检验

在工程实际中，小样本数据的相容性检验问题是会经常碰到的，尤其在可靠性工程当中，而小样本数据的相容性检验问题实际上是根据数据的已知分布类型，检验这些小样本数据是否为同一总体的假设检验问题。

假设总体 $X \sim N(\mu, \sigma^2)$，$x_1, x_2, \cdots, x_n$ 是的一个样本，将 $x_1, x_2, \cdots, x_n$ 从小到大排列，得到次序统计量 $x(1), x(2), \cdots, x(n)$，这个分布中不含有任何未知参数，但首先要求出它的分布，用 K_{ijk} 作为检验统计量，是一种变尺度测量的方法，以 $X(k) - X(i)$ 为尺度，测量 $X(i), X(j)$ 之间的差异，随着尺度的变化，去寻找它们的差异，若没有差异，则数据是相容的，下面给出正态分布的小样本相容性检验方法。

假设有试验结果 $x_1, x_2, \cdots, x_n$，要求检验它们服从于同一正态分布，为此引入统计假设：

$$H_0 : x_1, x_2, \cdots, x_n \in (\mu x, \sigma_x^2)$$

将试验结果 $x_1, x_2, \cdots, x_n$ 进行排序，得

$$x_1 \leqslant x_2 \leqslant \cdots \leqslant x_n$$

假设 H_0 成立，则作统计量

$$K_{ijk} = \frac{X_j - X_j}{X_k - X_i}, \quad 1 \leqslant i < j < k \leqslant n+1 \tag{2-61}$$

则有 C_{n+1}^3 个统计量 K_{ijk}，可以证明其分布函数为

$$\left.\begin{aligned}
F_1(K) &= \frac{4}{\pi} \arctan \frac{K}{\sqrt{k^2 - 2k + 2}} \\
F_2(K_1, K_2) &= \int_0^{K_1} \int_0^{K_2} f_2(k_1, k_2) \mathrm{d}k_1 \mathrm{d}k_2 \\
F_3(K_1, K_2, K_3) &= \int_0^{K_1} \int_0^{K_2} \int_0^{K_3} f_3(k_1, k_2, k_3) \mathrm{d}k_1 \mathrm{d}k_2 \mathrm{d}k_3
\end{aligned}\right\} \tag{2-62}$$

式中各参数如下：

$$\left.\begin{aligned}
f_2(k_1, k_2) &= \frac{12}{\pi c_N^{(2)} \sqrt{3} (k_1^2 - 2k_1 + A) \sqrt{k_1^2 + Bk_1 + A_1}} \\
f_3(k_1, k_2, k_3) &= \frac{40}{\pi^{2.5} c_N^{(3)}} \frac{k_1 (32D^2 - 112DD_1)}{3(4D - D_1^2)^2} \\
A &= k_2^2 - 2k_2 + 3 \\
B &= -\frac{2}{3}(1 + k_2), A_1 \\
A_1 &= k_2^2 - \frac{2}{3} k_2 + 1 \\
D &= \frac{2k_2 k_1 + 2k_3 k_1 - 8k_1 + 2k_1^2}{k_1^2 - 2k_1 - 2k_2 - 2k_3 + k_2^2 + 4} \\
c_N^{(2)} &= \int_0^1 \int_0^1 f_2(k_1, k_2) \mathrm{d}k_1 \mathrm{d}k_2 \\
D_1 &= \frac{5k_1^2}{k_1^2 - 2k_1 - 2k_2 - k_3 + k_3^2 + k_2^2 + 4} \\
c_N^{(3)} &= \int_0^1 \int_0^1 \int_0^1 f_3(k_1, k_2, k_3) \mathrm{d}k_1 \mathrm{d}k_2 \mathrm{d}k_3
\end{aligned}\right\} \tag{2-63}$$

下面给出例子来更好地理解小样本相容性检验。

例 2-5 有试验落点纵向偏差 $x_1 = 16, x_2 = 20, x_3 = 25$，要求检验这 3 个数据 x_1, x_2, x_3 相容，并服从于同一正态分布 $N(\mu, \sigma^2), \mu, \sigma^2$ 未知。

解： 首先对 x_1, x_2, x_3 排序，有 $x_1 < x_2 < x_3$

$$k = \frac{x_2 - x_1}{x_3 - x_1} = 0.5$$

$$S_P = F(k) = F(0.5) = \frac{4}{\pi} \arctan \frac{0.5}{\sqrt{0.25-1+2}} = 0.535$$

对于给定的 $\alpha = 0.1$，因 $S_P > 0.1$，则以 90% 的概率认为试验落点偏差 x_1, x_2, x_3 相容，即认为 x_1, x_2, x_3 服从同一正态分布 $N(\mu, \sigma^2)$。

2.5　大数据关键技术

随着互联网、物联网等的快速兴起与普及，当前社会数据的增长速度比以往任何时期都要迅猛。数据规模呈井喷式增长，数据种类日渐丰富，数据结构愈加复杂。2015 年，国务院印发了《促进大数据发展行动纲要》，明确表示数据是国家的基础性战略资源，并引导和鼓励各个领域在大数据分析方法及关键应用技术等方面开展探索研究。可靠性设计作为研究产品失效模式、提高系统可靠性能的科学更是建立在对大量试验数据的统计分析上，因此大数据技术的发展也为提高产品可靠性带来了新的方法。

在机械电子领域，风力发电设备、航空发动机、高档数控机床等大型机械装备以及高集成处理器、医用 CT 等精密电子设备正在朝着高精、高效方向发展。由于需要诊断的装备群规模大、每台装备安装的测点多、数据采样的频率高、装备从开始服役到寿命终止的数据收集历时长，所以获取了海量的数据，推动故障诊断领域进入了"大数据"时代。机电大数据不仅具有大数据的共性，更有本领域的特性：①大容量，数据量达到太字节（TB）级以上，依靠诊断专家和专业技术人员手动分析很不现实，需要新理论与新方法进行自动分析；②低密度，机械装备在服役过程中长期处于正常工作状态，导致监测数据蕴含的信息重复性大，数据价值密度低，需要数据提纯；③多样性，数据涵盖了多种装备不同工况下多物理源辐射出的大量信息，信息之间相互耦合，导致故障信息表征十分困难；④时效性，机械装备各部分紧密关联，微小故障就可能快速引起连锁反应，导致装备受损，需要保证数据处理的时效性，高效诊断故障并及时预警。

要在可靠性科学上运用大数据通常需要 3 个阶段：首先，是对数据的采集与存储，将多种形式的产品运行数据传输到数据分析中心为下一步的数据分析作准备；其次，是对采集到的数据进行处理，包括特征识别、时频域分析、信号降噪等多种处理方法；最后，运用预处理过的数据对产品的可靠性表征进行分析，既可以通过一些数理统计方法从海量的数据中找出产品可靠性指标与其他参数的隐含规律，也可以通过大数据强大的分析计算能力对传统可靠性方法如故障树等进行拓展以简化计算流程。下面将简要介绍这 3 个步骤。

2.5.1　数据采集与存储

2.5.1.1　数据采集

数据采集的目的就是利用先进的传感技术获取响应信号表征产品与系统的运行状态，是故障诊断的前提。对于机电装备其故障信息常常表现在动力学、声学、摩擦学、热力学等多物理场，这方面的数据通常由设备上的各种传感器实时传递。下面列举几种常见物理信号的采集方法。

1. 速度信号

对速度与加速度的测量通常分为线速度和角速度两种,两者采用的传感器也不同。对瞬时线速度的直接测量通常采用磁电式速度传感器,通过在被测物体上安装磁性体,当被测物体带动磁性体穿过传感器上的带电线圈时就会产生磁感电动势,通过测量线圈的感应电势就能得到物体的瞬时速度。角速度的测量一般采用间接的方式,常用的测量方式有磁电式和光电式两种,前者利用转轴上的磁性体旋转产生电脉冲来记录转速,后者常在回转件上安装开有小孔的遮光盘,每当被测物体经过小孔时就会被传感器中的光敏元件采集信号,从而得到角速度。

线加速度的测量通常采用惯性式加速度计,其原理图如图 2-7 所示。惯性式加速度计包含一个由质量块、弹簧和阻尼组成的二阶惯性系统,其外壳与被测物体相连。当被测物体加速运动时,质量块受惯性力拉伸或压缩弹簧,通过测量质量块的位移或惯性力即可测得加速度。对于角加速度通常将两个加速度计对称安装在回转轴上,这样安装即可消除传感器自重和法向惯性力的影响。

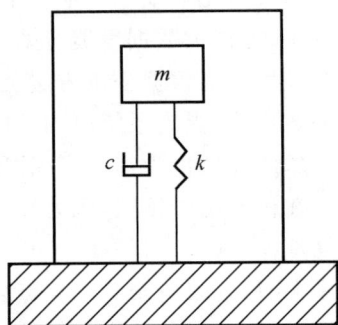

图 2-7 惯性式加速度计原理图

2. 力学信号

测量力的传感器种类很多,按工作原理可分为弹性式、电阻应变式、电感式、电容式、压电式和磁电式等。其中电阻应变式和压电式传感器应用较为广泛。

电阻应变式传感器是将应变片安装在弹性元件上,当外力作用在弹性元件上产生应变时就会引起电阻的变化,通过安装多个应变片组成电桥即可准确反映电阻变化引起的电压变化,从而得到力的大小。电阻应变式测力仪具有精度高、频率响应好、测力范围宽、简便等优点。

压电式传感器常用于动态力的测量,图 2-8 所示为三向压电式测力传感器,它将 3 个方向不同的压电晶体组合在一起并连接三套测量电路,即可实现对 x,y,z 三个方向作用力的分别测量。

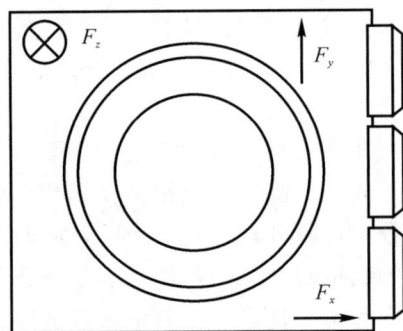

图 2-8 三向压电式测力传感器

3. 振动信号

振动信号通常通过振动传感器将振动信号转化为电压和电流信号,并经过预处理放大为标准模拟信号,再通过模拟信号/数字信号(A/D)转换后变为可供计算机识别的数字信号。根据被测参数不同,振动传感器可分为速度传感器、加速度传感器和位移传感器。

从力学原理上,振动传感器又可分为绝对式传感器和相对式传感器。绝对式传感器测量振动物体的绝对运动,这时需将振动传感器基座固定在振动体待测点上。绝对式振动传感器的主要力学组件是一个惯性质量块和支承弹簧,质量块经弹簧与传感器基座相连,在一定频率范围内,质量块相对基座的运动(位移、速度和加速度)与作为基础的振动物体的振动(位移、速度、加速度)成正比,传感器敏感组件再把质量块与基座的相对运动转变为与之成正比的电信号,从而实现绝对式振动测量。相对式传感器测量振动体待测点与固定基准的相对运动,这时,由传感器敏感组件直接将此相对运动(振动体的运动)转变为电信号。从现场振动测量的便利条件和应用方便而言,绝对式传感器使用的最多。但在某些场合,无法或不允许将传感器直接固定在试件上(如旋转轴、轻小结构件等),必须采用相对式传感器。

2.5.1.2　数据存储

要对一个产品或系统进行全面的健康检测所需要采集的数据量是相当庞大的,且这些数据往往种类繁多,数据格式也并不统一,因此对于这种大容量多维数据通常将其构造成四元的数据立方体来分类存储,即

$$N = \{D, H, M, \Gamma\}$$

其中,$D = \{D_1, D_2, \cdots, D_n\}$ 是数据立方体的维,如时间、设备标识等,每一个维与一个维向量相关联,$D_i = \{d_{i1}, d_{i2}, d_{i3}, \cdots, d_{in}\}$,$d_{ik}$ 是维 D_i 的一个具体值;$H = \{H_1, H_2, \cdots, H_n\}$ 是维的层次关系集合,其中是 H_i 维 D_i 对应的概念层次,如年月日、位置等;$M = \{M_1, M_2, \cdots, M_n\}$ 是数据立方体事实度量,它是一组数值函数,如故障数量、平均故障间隔等;$\Gamma = \{F_1(M), F_2(M), \cdots, F_n(M)\}$ 是事实度量的聚集函数,如求和、求对数等运算,根据目的的不同可对每一度量设置不同的聚集函数。

通过构建上述数据立方体,就能将海量的数据分门别类并在数据库中存储备用。

2.5.2　数据预处理与特征提取

2.5.2.1　数据预处理

在完成数据采集之后要对数据进行预处理,数据预处理是数据分析或数据挖掘前的准备工作,也是数据分析或数据挖掘中必不可少的一环。它主要通过一系列的方法来处理"脏"数据,精准地抽取数据,调整数据的格式,从而得到一组符合准确、完整、简洁等标准的高质量数据,保证该数据能更好地服务于数据挖掘或数据分析工作,还可以用于挖掘深度数据,提取数据特征。下面介绍几种对原始数据的处理方法。

1. 缺失项补充

采集数据过程中可能会由于传感器失灵、服务器网络波动等多种原因导致某一个采样周期内缺失若干项数据,此时可采用手动插值或拉格朗日等插值方法补充缺失项。下面介绍拉格朗日插值与埃尔米特(Hermite)插值的基本原理。

设从传感器采集到的数据为 $f(x_1), f(x_2), \cdots, f(x_n)$,引入拉格朗日基函数 $l_i(x)$,使其满足条件

$$\left. \begin{aligned} l_i(x_i) &= 1 \\ l_i(x_j) &= 0, \quad j = 1, \cdots, i-1, i+1, \cdots, n \end{aligned} \right\} \tag{2-64}$$

可以构造出一组满足上述条件的多项式

$$l_i(x) = \frac{(x-x_1)(x-x_2)\cdots(x-x_{i-1})(x-x_{i+1})\cdots(x-x_n)}{(x_i-x_1)(x_i-x_2)\cdots(x_i-x_{i-1})(x_i-x_{i+1})\cdots(x_i-x_n)} \quad (2-65)$$

利用上述基函数即可建立拉格朗日插值函数

$$L(x) = \sum_{i=1}^{n} f(x_i) l_i(x) \quad (2-66)$$

有时对数据的拟合不仅需要保证其节点处函数值相同,还希望插值多项式与每个对应节点处的导数相同,这时候就可以通过埃尔米特插值方法来实现。

类似于拉格朗日插值,对于 n 个数据 $f(x_1),f(x_2),\cdots,f(x_n)$,同样建立埃尔米特插值基函数

$$\left.\begin{array}{l} \alpha_i(x_j) = \delta_{ij} \\ \alpha_i'(x_j) = 0 \\ \beta_i(x_j) = \delta_{ij} \\ \beta_i'(x_j) = 0 \end{array}\right\} \quad (2-67)$$

式中

$$\left.\begin{array}{l} \delta_{ij} = 1 \quad (i=j) \\ \delta_{ij} = 0 \quad (i \neq j) \end{array}\right\} \quad (2-68)$$

得到埃尔米特插值多项式为

$$H(x) = \sum_{i=1}^{n} f(x_i)\alpha_i(x) + \sum_{i=1}^{n} f'(x_i)\beta_i(x) \quad (2-69)$$

根据 $\alpha_i(x)$ 与 $\beta_i(x)$ 的定义可以通过数学方法得到它们的表达式为

$$\left.\begin{array}{l} \alpha_i(x) = \left(1 - 2(x-x_i)\sum_{\substack{k=1 \\ k \neq i}}^{n} \frac{1}{x_i - x_k}\right) l_i^2(x) \\ \beta_i(x) = (x-x_i) l_i^2(x) \end{array}\right\} \quad (2-70)$$

例 2 - 6 某力传感器记录某部件在不同工作时刻 x_i(h)所受载荷 $f(x_i)$(kN),现有 3 个节点数据 $f(0)=0,f(1)=1.5,f(2)=4$,试采用拉格朗日插值法对上述 3 个节点进行插值计算,并估计工作时间 $x=3$ h 时,该部件所受载荷 $f(3)$ 的大小。

解: 建立拉格朗日基函数有

$$l_1(x) = \frac{(x-1)(x-2)}{(0-1)(0-2)} = \frac{1}{2}x^2 - \frac{3}{2}x + 1$$

$$l_2(x) = \frac{(x-0)(x-2)}{(1-0)(1-2)} = 2x - x^2$$

$$l_3(x) = \frac{(x-0)(x-1)}{(2-0)(2-1)} = \frac{1}{2}x^2 - \frac{1}{2}x$$

从而得到拉格朗日插值多项式为

$$L(x) = f(0)l_1(x) + f(1)l_2(x) + f(2)l_3(x)$$

当 $x=3$ 时,有 $L(3)=10.5$,即载荷 $f(3)$ 的估计值为 10.5。

2. **数据降噪**

传感器因机床运行过程中的温升以及环境温度的变化等,会产生零点漂移,从而导致传

感器的数据偏离基线。信号中的趋势项会极大地影响特征值和预测结果的准确性,因此应该首先将其消除。下面介绍通过平均法实现数据降噪的过程。

首先介绍多项式最小二乘法曲线拟合方法。

设从传感器采集到的数据为 $y_1,y_2,\cdots,y_n$,同时设采样数据的拟合曲线为

$$\hat{y}_i = \sum_{k=1}^{n} a_k x_i^k = a_n x_i^n + a_{n-1} x_i^{n-1} + \cdots + a_1 x_i^1 + a_0 \tag{2-71}$$

表示为矩阵形式 $\boldsymbol{Y} = \boldsymbol{X}_0 \boldsymbol{A}$,其中

$$\boldsymbol{Y} = \begin{bmatrix} \hat{y}_1 & \hat{y}_2 & \cdots & \hat{y}_n \end{bmatrix}^{\mathrm{T}} \tag{2-72}$$

$$\boldsymbol{X}_0 = \begin{bmatrix} x_1^n & x_1^{n-1} & \cdots & 1 \\ x_2^n & x_2^{n-1} & \cdots & 1 \\ \cdots & \cdots & & 1 \\ x_k^n & x_k^{n-1} & \cdots & 1 \end{bmatrix} \tag{2-73}$$

$$\boldsymbol{A} = \begin{bmatrix} a_n & a_{n-1} & \cdots & a_1 \end{bmatrix}^{\mathrm{T}} \tag{2-74}$$

为了尽可能地拟合采样数据,需要满足误差的平方和 $E = \sum_{i=1}^{m} (\hat{y}_i - y_i)^2$ 最小。只需要将采样数据 $y_1,y_2,\cdots,y_n$ 带入 $\boldsymbol{Y}$ 中,求得的列向量 $\boldsymbol{A}$ 就是满足最小二乘解的拟合曲线的系数。

基于最小二乘原理,平均法的基本公式为

$$y_i = \sum_{n=-N}^{N} h_n x_{i-n}, \quad i = 1,2,\cdots,m \tag{2-75}$$

式中　x——采样原始数据共 m 个;

　　　y——平滑降噪数据;

$2N+1$——平均数据个数;

　　　h——平滑处理的加权因子,常取 $2N+1=5$ 作 5 点平均加权,得到基本计算公式为

$$\left. \begin{aligned} y_1 &= \frac{1}{5}(3x_1 + 2x_2 + x_3 - x_4) \\ y_2 &= \frac{1}{10}(4x_1 + 3x_2 + 2x_3 + x_4) \\ &\cdots\cdots \\ y_i &= \frac{1}{5}(x_{i-2} + x_{i-1} + x_{i+1} - x_{i+2}) \\ &\cdots\cdots \\ y_{m-1} &= \frac{1}{10}(x_{m-3} + 2x_{m-2} + 3_{m-1} + 4x_m) \\ y_m &= \frac{1}{5}(-x_{m-3} + x_{m-2} + 2x_{m-1} + 3x_m) \end{aligned} \right\} \tag{2-76}$$

3. 数据归一化

有时,采集到的数据会用于训练人工智能模型以预测需要的各参数,为了方便模型的训

练,需要对一些数据进行归一化处理,即将数据转化为[0,1]间的数值,常用的转换公式如下:

$$y_i = \frac{(x_i - x_{\min})}{(x_{\max} - x_{\min})} \tag{2-77}$$

2.5.2.2 特征提取

1. 时频域特征提取

对数据的时域处理是根据其时域幅值波形进行一些分析,通常提取的特征为有效值 X_{rms}、峰值 $X_{\max}$、歪度 α 和峭度 β,其计算公式如下:

$$\left.\begin{array}{l} X_{\text{rms}} = \dfrac{1}{N}\sqrt{\displaystyle\sum_{i=1}^{N} x_i^2} \\[3mm] \alpha = \dfrac{1}{N}\displaystyle\sum_{i=1}^{N} x_i^3 \\[3mm] \beta = \dfrac{1}{N}\displaystyle\sum_{i=1}^{N} x_i^4 \end{array}\right\} \tag{2-78}$$

其中有效值反映的是信号中的能量,设备退化过程中破坏越大,检测到的波动信号的有效值越大;峰值反映各种零部件中的冲击应力,可以较好地监测早期的性能故障与退化;歪度表示的是采集时间序列数据的不对中性,且随着设备性能退化与故障加剧而增大;峭度是信号的 4 次方,可以很好地捕捉设备故障信号中的较大突变。

有时设备故障的准确信息难以从时域特征中提取,这时就需要提取数据的频域特征来翻译产品故障的严重程度与位置,频域特征提取主要通过对采集的离散信号进行傅里叶变换得到其频谱信息。

2. 标准相关系数

标准相关系数通过计算变量的均值、方差和协方差等来表述两信号之间的相关性,其计算公式为

$$r(X, Y) = \frac{\displaystyle\sum_{i=1}^{n}(X_i - \overline{X})(Y_i - \overline{Y})}{\sqrt{\displaystyle\sum_{i=1}^{n}(X_i - \overline{X})^2}\ \sqrt{\displaystyle\sum_{i=1}^{n}(Y_i - \overline{Y})^2}} \tag{2-79}$$

式(2-79)表示变量 X 和 Y 之间的相关性,其中 $\overline{X}$ 和 $\overline{Y}$ 为变量的平均值,$\displaystyle\sum_{i=1}^{n}(X_i - \overline{X})(Y_i - \overline{Y})$ 表示变量的协方差,$\sqrt{\displaystyle\sum_{i=1}^{n}(X_i - \overline{X})^2}\ \sqrt{\displaystyle\sum_{i=1}^{n}(Y_i - \overline{Y})^2}$ 分别表示 X 和 Y 的方差。

相关系数具有如下性质:

(1) $|r(X, Y)| \leqslant 1$;

(2) $|r(X, Y)| = 1$ 的充要条件是存在常数 a, b,使得 $P\{Y = a + bX\} = 1$。

相关系数刻画了变量之间的相关程度,$|r(X, Y)|$ 越大,变量间的相关程度也就越大。

当 $r(X,Y)>0$ 时，X 和 Y 正相关；当 $r(X,Y)<0$ 时，X 和 Y 负相关；当 $r(X,Y)=0$ 时，X 和 Y 不相关，但并不能说明 X 和 Y 相互独立，如 $X^2+Y^2=1$，X 和 Y 不存在线性关系，但两者并不独立。

例 2 - 7　记录得到某轴承在一段时间内的振幅为 $0,0.06,0.11,0.17,0.12,0.21$ (mm)；所受扭矩为 $0,0.7,1,1.1,0.9,1.2$ (N·m)。试计算轴承振幅的有效值、歪度和峭度，并分析轴承振幅的绝对值与扭矩的相关性。

解：将测得数据带入式(2 - 78)得

$$X_{rms}=\frac{1}{N}\sqrt{\sum_{i=1}^{N}x_i^2}=\frac{\sqrt{0+0.06^2+0.11^2+0.17^2+0.12^2+0.21^2}}{6}\approx 0.053\ 52$$

$$\alpha=\frac{1}{N}\sum_{i=1}^{N}x_i^3=\frac{0+0.06^3+0.11^3+0.17^3-0.12^3-0.21^3}{6}\approx -0.000\ 75$$

$$\beta=\frac{1}{N}\sum_{i=1}^{N}x_i^4=\frac{0+0.06^4+0.11^4+0.17^4-0.12^4-0.21^4}{6}\approx -0.000\ 19$$

带入式(2 - 79)计算相关系数有

$$r(X,Y)=\frac{\sum_{i=1}^{n}(X_i-\overline{X})(Y_i-\overline{Y})}{\sqrt{\sum_{i=1}^{n}(X_i-\overline{X})^2}\sqrt{\sum_{i=1}^{n}(Y_i-\overline{Y})^2}}\approx\frac{0.03}{0.032\ 35}\approx 0.927\ 1$$

因此，可以认为该轴承振幅与其所受扭矩强正相关。

2.5.3　贝叶斯网络

贝叶斯网络也称为置信网或因果网，是概率论与图形理论相结合的产物，作为一种不确定性推理方法，它具有严格的概率理论基础，通过提供图形化的方法来表示变量间的关系。条件概率表示随机变量之间影响的程度，非常适合解决不确定性的知识表达和推理问题。将贝叶斯网络技术应用于系统的可靠性评估能很好地弥补传统可靠性评估方法的不足。

2.5.3.1　贝叶斯网络的定义

贝叶斯网络是一个有向无环图，它由代表变量的节点及连接这些节点的有向边构成。其中节点代表论域中的变量，有向边代表变量间的关系(即影响概率)。通过图形表达不确定性知识，通过条件概率分布的注释，可以在模型中表达局部条件的依赖性。按照贝叶斯公式给出的条件概率定义

$$P(A\mid B)=\frac{P(B\mid A)P(A)}{P(B)} \tag{2-80}$$

式中　$P(B)$——先验概率；

　$P(A\mid B)$——后验概率；

　$P(B\mid A)$——似然率。

假设 A 是一个变量，存在 n 个状态 $a_1,a_2,\cdots,a_n$，则由全概率公式可以得出

$$P(B)=\sum P(B\mid A=a_i)P(A=a_i) \tag{2-81}$$

从而根据贝叶斯公式算出后验概率 $P(A\mid B)$。贝叶斯网络不但可以实现正向推理,由先验概率推导出后验概率,即由原因导出结果,还可利用公式由后验概率推导出先验概率,即由结果导出原因。

一个简单的贝叶斯网络模型如图 2-9 所示。图 2-9 中的 4 个变量 s,c,b 和 d 分别代表吸烟、肺癌、支气管炎和呼吸困难。变量值取 1 或 0 表示变量代表的事件为真或假。如变量 s 为真的概率为 0.5,用 $P(s=1)=0.5$ 表示。条件概率用来表示节点间的影响大小,条件独立关系定义了贝叶斯网络的结构。如图 2-9 所示,$P(d=1\mid c=1,b=0)=0.90$ 表示患者在患上肺癌而不是支气管炎的情况下呼吸困难的概率为 0.90。$P(d=1\mid c=1,b=1)=0.99$ 表示患者在同时患上肺癌和支气管炎的情况下呼吸困难的概率为 0.99。

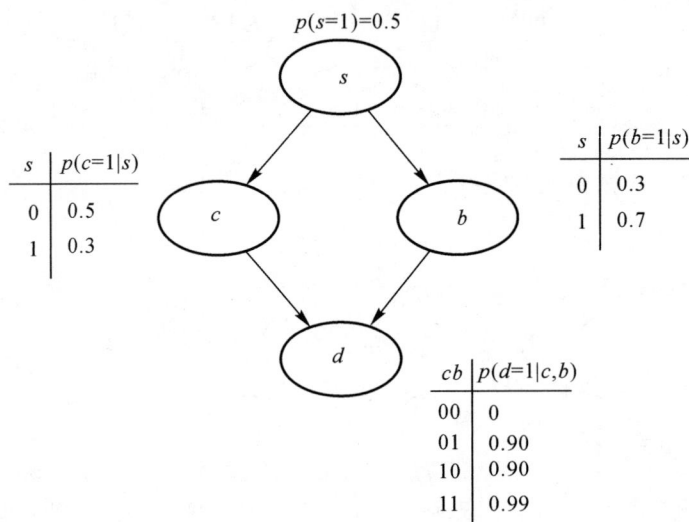

图 2-9　贝叶斯网络模型

2.5.3.2　重要度分析

在故障树分析中,系统失效与部件失效之间的关系通过 3 种重要度来表达。它们从不同的角度反映了部件对系统影响的重要程度。概率重要度的物理意义是当且仅当元件 X_i 失效时系统失效的概率,它反映了某个元件状态发生的微小变化导致系统发生变化的程度,它为计算结构重要度和关键重要度提供必要的中间特征量。结构重要度是概率重要度的一种特殊条件下的结果,主要用于可靠度分配。关键重要度反映了某个元件故障概率的变化率所引起的系统故障概率的变化率,主要用于系统可靠性参数设计以及排列诊断检查顺序表。3 种重要度的计算方式如下

概率重要度

$$I_i^{\mathrm{Pr}}=P(T=1\mid X_i=1)-P(T=1\mid X_i=0) \tag{2-82}$$

结构重要度

$$\left.\begin{aligned}I_i^{\mathrm{St}}=&P(T=1\mid X_i=1,P(X_j=1)=0.5,\ 1\leqslant j\neq i\leqslant N\\&-P(T=1\mid X_i=0,P(X_j=1)=0.5,\ 1\leqslant j\neq i\leqslant N\end{aligned}\right\} \tag{2-83}$$

关键重要度

$$I_i^{\mathrm{Cr}} = \frac{P(X_j=1)P(T=1 \mid X_i=1) - P(T=1 \mid X_i=0)}{P(T=1)} \qquad (2-84)$$

式中　X_i——原因事件；

　　　T——结果事件；

　　0,1——事件是否发生。

现举例说明贝叶斯网络 3 种重要度指标在故障排查时的应用与分析流程。系统简图如图 2-10 所示,设系统与元件仅有正常与故障两种状态,元件 X_1,X_2,X_3,X_4 发生故障的概率分别为 0.15,0.20,0.20,0.10。

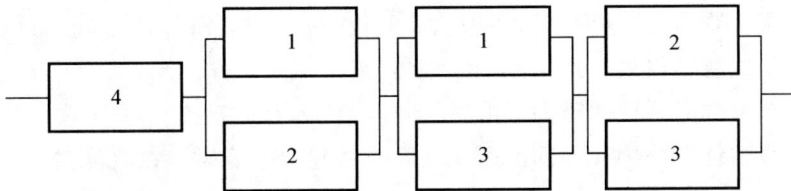

图 2-10　系统简图

计算得到各元件的 3 种重要度以及 P_{is}（元件 X_i 故障时系统故障的概率）、P_{si}（系统故障时元件 X_i 故障的概率）如表 2-5 所示。

表 2-5　系统重要度分析结果

元件 X_i	X_1	X_2	X_3	X_4
概率重要度	0.335 2	0.295 1	0.295 1	0.903 3
关键重要度	0.268 8	0.315 5	0.315 5	0.482 9
结构重要度	0.250 0	0.250 0	0.250 0	0.500 0
P_{is}	0.712 0	0.694 0	0.694 0	1.000 0
P_{si}	0.181 1	0.235 4	0.235 4	0.169 6

由表 2-5 可以看出,结构重要度只与元件在结构中的地位有关,和元件概率大小无关,由于元件 X_1,X_2,X_3 位置相同,因此它们的结构重要度也相同;元件故障后系统故障的条件概率排序结果和元件的概率重要度排序结果相同。

系统故障后元件故障的条件概率的排序结果更加合理。虽然元件 X_1,X_2,X_3 的位置相同,但是由于元件 X_1 的故障概率低,元件 X_2,X_3 的故障概率高,因此提高元件 X_2,X_3 的可靠性更为迫切。元件 X_2,X_3 系统故障的影响要高于元件 X_1。虽然元件 X_4 的结构重要度最高。但由于它的故障概率低、可靠性高,因此经过计算,在系统故障后 X_4 故障的条件概率最低也是合理的。系统故障后元件故障的条件概率从故障诊断的角度反映了元件在系统中的重要性大小,指明了引起系统故障的最可能原因,特别适合于识别系统薄弱环节。这一指标要比 3 种重要度反映的更为合理、可靠。

2.5.3.3　基于 FTA 的贝叶斯网络

故障树分析方法(FTA)是机械系统可靠性常用的评估方法之一,由于它是一种图形方法,故形象直观。又由于它是故障事件在一定条件下的逻辑方法,因此可以围绕一个或一些特定的失效状态进行层层追踪分析,在清晰的故障树图示下能了解故障事件的内在联系及单元故障与系统故障间的逻辑关系。故障树有许多优点:有利于弄清系统的故障模式;提高系统可靠性的分析精度;能进行定性、定量分析计算;求出复杂系统的失效概率和其他的可靠性特征值;为改进和评估系统的可靠性提供定量依据。

但是故障树分析方法也有一定的局限性,如故障树只能考虑系统二态,即工作或失效,而考虑多态时很困难;系统事件之间要做独立假设,对于相关事件难于处理;应用故障树进行故障诊断分析时要求得最小路集或最小割集;采用不交化方法计算量大;如要计算系统中某一部件或多个部件对系统故障的影响时计算难度大,有时甚至无法计算。而贝叶斯网络技术的应用可以根据系统中元件间的逻辑关系直接建立故障树。在故障树已有的情况下也可以直接基于故障树生成贝叶斯网络,并可以简单地处理上述故障树难于解决的难题,下面就在故障树基础上直接建立贝叶斯网络并做详细的分析。

故障树分析在第 4 章会有详细的介绍,这里仅简要说明其组成。系统的故障树由顶事件、中间事件、基本事件以及逻辑门构成,各事件通过折线连接到逻辑门以表达事件之间的逻辑关系,其中顶事件指故障分析中主要研究的事件,如对于电机,电机过热和电机卡死可以作为故障树的顶事件;中间事件介于顶事件和基本事件之间,例如,取电机过热为顶事件,则电机卡死和电机电流过大均是可能导致顶事件发生的中间事件;基本事件又称底事件,位于故障树底部且不能进一步分解,如保险丝熔断就是电机电流过大的一个基本事件;常用的逻辑门包括与门、或门、非门和异或门等,其用于表达各种事件之间的逻辑关系。在故障树建模过程中,常用方框表示顶事件和中间事件,圆圈表示基本事件,逻辑门也有各自不同的符号,读者可以在第 4 章 4.2 节详细了解。

下面给出例子以演示如何建立系统故障树与对应的贝叶斯网络。

例 2 - 8　对于如图 2 - 11(a)所示的系统(系统由 V_1,V_2,V_3 这 3 个阀组成,系统功能定义为从 A 到 B 流体通道畅通),其故障树如图 2 - 11(b)所示,t 表示系统故障事件,x_i 表示部件 V_i 的状态,m 为一中间状态事件,得到如图 2 - 11(c)所示的贝叶斯网络模型,条件概率表中,1 表示故障,0 表示正常。试根据贝叶斯网络模型求系统故障概率。

解:建立贝叶斯网络模型后即可得到系统故障的概率为

$$P(t=1) = \sum_{x_1,x_2,x_3,m} P(x_1,x_2,x_3,m,t)$$

$$= \sum_{x_3,m} P(t=1 \mid m,x_3) \sum_{x_1,x_2} P(m \mid x_1,x_2) \cdot p(x_1)p(x_2)$$

$$= \sum_{x_3,m} P(t=1 \mid m,x_3) \cdot p(x_1=1)p(x_2=1)$$

$$= 1 - [1 - p(x_1=1) \cdot p(x_2=1)]p(x_3=0)$$

当部件 V_1，V_2，V_3 的故障概率已知时，即可通过上式得到系统故障的概率。

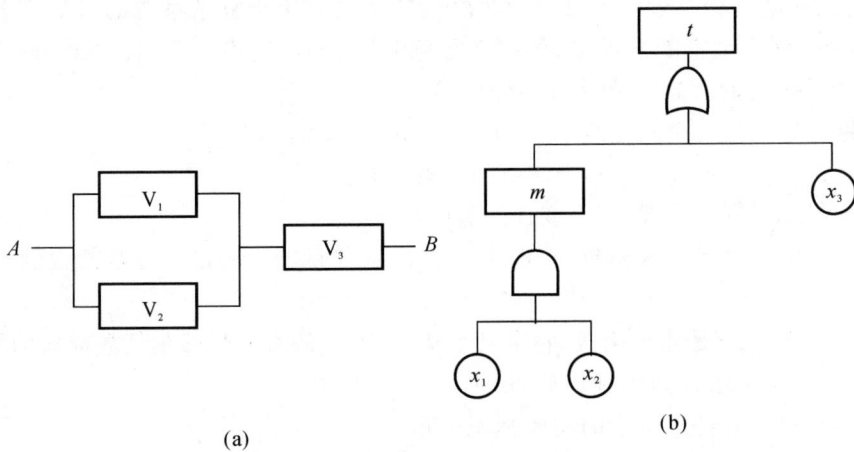

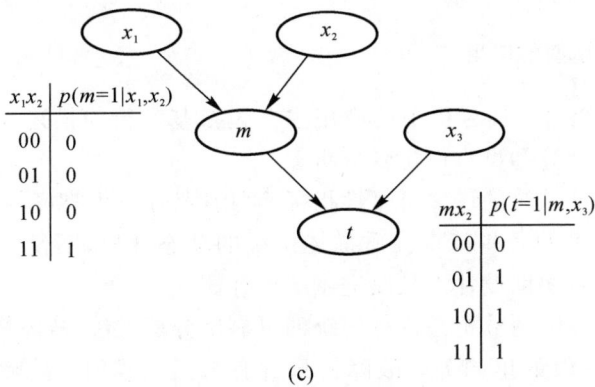

(a)

(b)

(c)

图 2-11　系统简图
(a)系统简图；　(b)故障树简图；　(c)贝叶斯网络模型图

2.5.4　Petri 网模型

Petri 网模型是由德国 Bonn 大学的 Petri 博士于 1962 年提出的，作为网状结构的信息流模型，它是一种系统描述、模拟的数学和图形分析工具，可以表达系统的静态结构和动态变化。Petri 网模型是一种网络信息流模型，包括条件和事件两类节点，在以条件和事件为节点的有向二分图的基础上添加了表示状态信息的托肯分布，并按引发规则使事件驱动状态演变，从而反映系统动态运行过程。

通常情况下，用小矩形表示事件（称作变迁）节点，用小圆形表示条件（称作位置）节点。变迁节点之间、位置节点之间不能有有向弧，变迁节点与位置节点连接有向弧，由此构成的有向二分图称作网。网的某些位置节点中标上若干黑点，从而构成 Petri 网。

Petri 网理论已形成系统的、独立的学科分支，在计算机科学技术、自动化科学技术、机械设计与制造等许多科学技术领域得到了广泛应用。Petri 网模型作为一种数学和图形的描述分析工具，能够较好地描述复杂系统中常见的同步、分布、冲突、资源共享等现象，可用于分布式系统、信息系统、离散事件系统和柔性制造系统等，是进行离散事件动态系统建模、分析和设计的有效途径。近年来，Petri 网模型广泛地应用于复杂系统的可靠性分析中，各种改进的 Petri 网模型不断被提出，如广义有色随机 Petri 网模型、混合 Petri 网模型、模糊 Petri 网模型及扩展的面向对象 Petri 网模型等。

Petri 网的定义是一个六元组 $N=(P,T,I,O,M,M_0)$，其中：

(1)$P=(p_1,p_2,\cdots,p_n)$ 是 n 个库所的有限集合。

(2)$T=(t_1,t_2,\cdots,t_m)$ 是 m 个变迁的有限集合。

(3)$I:P\times T\to N$ 是输入函数，它定义了从 P 到 T 的有向弧的重复数或权的集合，N 为非负整数集。

(4)$O:T\times P\to N$ 是输出函数，它定义了从 T 到 P 的有向弧的重复数或权的集合。

(5)$M:P\to N$ 是各库所的标识分布。

(6)$M_0:P\to N$ 是各库所中的初始标识分布。

用图的方式描述 Petri 网模型需要用圆圈代表"库所"，横线代表"变迁"，用点或数字代表"标记"，用箭头代表输入和输出。

2.5.4.1　Petri 网模型的应用

Petri 网模型在系统可靠性分析中的应用主要包括基本行为描述、故障树简化、故障诊断、可靠性指标的解析计算和可靠性仿真分析。

(1)基本行为描述。系统的许多可靠性指标(可用度、任务可靠度等)与系统的动态性质相关。根据 Petri 网模型的一些基本性质描述系统的动态性质，不仅便于防止影响系统可靠性情况的发生，而且可协助设计人员改进系统设计。

(2)故障树简化。故障树分析是一种传统的可靠性分析方法，故障树可以看作系统中故障传播的逻辑关系。一般的单调关联故障树只含有与门和或门。故障树可以很方便地用 Petri 网表示，如与门采用多输入变迁代替，或门采用两个变迁代替。

(3)故障诊断。基本 Petri 网模型是最简单的一种 Petri 网模型，其库所(place)中至多含有一个标记。利用这种特性，系统根据库所中是否存在标记来判断相应的状态是否发生，如果故障状态拥有标记，则表示相应的故障发生。Petri 网模型可以很好地描述系统中可能发生的各种状态变化和变化间的因果关系，所以很容易通过反向推理得到故障发生的原因，从而实现故障诊断过程。

(4)可靠性指标的解析计算。随机 Petri 网(Stochastic Petri Net，SPN)模型由 Molloy 首先提出，并在可靠性分析及性能分析中得到广泛应用。一般的可靠性模型仅给出了计算某些参数的方法，不具备反映中间过程的能力，而随机 Petri 网模型清晰地描述了系统状态之间的动态转移过程。该方法的优点是利用一般随机 Petri 网的有关理论，通过计算机可以自动进行马尔可夫过程的状态分析，通过状态方程得到系统相关的可靠性指标。该方法是复杂系统可靠性分析的有力工具。

(5)可靠性仿真分析。用 Petri 网模型进行建模，能形象地描述系统的动态行为。利用随机 Petri 网模型的分析方法分为解析法和仿真法。解析法将 SPN 的可达树图映射成最小割集(Minimal Cut Sets，MCS)的状态转移矩阵，然后用经典的 MCS 方法分析。Petri 网动态仿真可以处理各种可能分布的随机事件。两者结合可以为解决系统可靠性问题提供一种新的思路和方法。

2.5.4.2　故障树的 Petri 网模型表示

根据故障树分析可知,对大型复杂系统的故障树求最小割集时,会产生"组合爆炸",导致计算困难。Petri 网作为一种特殊的有向网,既有静态的部分,又同时具有动态特性,能反映系统的状态变化和事件发展,它被认为是一种可以取代故障树分析的方法。静态部分由库所、变迁和弧三个基本图元构成,而动态部分则由图元的标记和各种有效变迁来表示,通过标记在 Petri 网中的流动来反映系统中可能发生的各种状态变化及变化间的因果关系。

应用 Petri 网模型分析系统故障,是将系统所不希望发生的事件作为顶库所,逐级找出导致这一事件发生的所有可能因素,作为中间库所和底库所。图 2-12 所示为故障树逻辑门与对应的 Petri 网模型。可以看出,用 Petri 网的基本元素库所和变迁的不同连接可以表示故障树的逻辑关系,可以充分利用图论的方法来解决故障的诊断推理问题。将故障树中的顶事件、中间事件、底事件用 Petri 网中的库所来表示,故障树中的与门、或门用 Petri 网中的库所、变迁、弧表示。

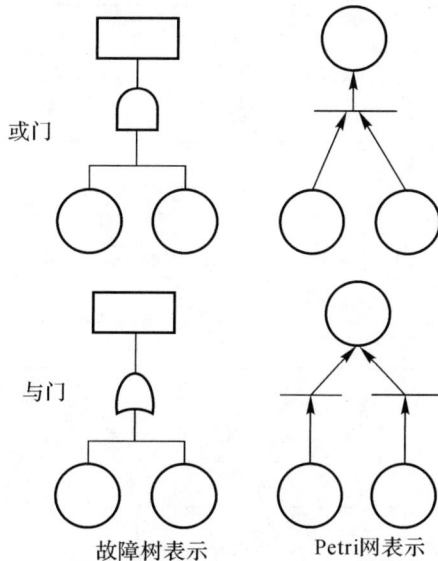

图 2-12　故障树逻辑门与对应的 Petri 网模型表示

2.5.4.3　最小割集的关联矩阵法

关联矩阵法是 Petri 网模型的主要分析方法之一。Petri 网的结构可以用一个矩阵来表示。若从库所 P 到变迁 t 的输入函数取值为非负整数 ω,记为 $I(P,t)=\omega$,则用从 P 到 t 的一有向弧并旁注 ω 表示;若从变迁 t 到库所 P 的输出函数取值为非负整数 ω,记为 $O(P,t)=\omega$,则用从 t 到 P 的一有向弧并旁注 ω 表示。若 $\omega=1$,则不必标注;若 $I(P,t)=0$,则不必画弧。I 与 O 均可表示为 $n\times m$ 非负整数矩阵,I 与 O 之差 $A=O-I$ 称为关联矩阵。对于规范网 $\omega=1$。

建立关联矩阵后,求 Petri 网的最小割集步骤如下:

(1)找出关联矩阵中只有 1 和 0,没有 -1 的行,则该行对应为顶库所(只有输入库所,没有输出库所),由此库所开始寻找(在此关联矩阵中为最后一行)。

(2)由顶库所对应行的 1 出发按列寻找到 -1,此 -1 所对应行代表的库所为顶库所的一个输入库所,如果该列有多个 -1,则说明对应同变迁有多个输入库所,并且输入的库所为"相与"关系。

(3)由步骤(2)中找到的 -1,按行寻找 1。如果有 1 说明该库所为中间库所,则按步骤(2)循环查找,直到所在行没有 1 为止;如果没有 1,则说明该库所是一个底库所;如果该行有多个 1,则这些 1 对应的库所为"相或"关系。

(4)按步骤(2)、步骤(3)继续查找,直到查找到最底层库所。

(5)按照前面的"相与""相或"关系将底库所展开,则得到所有割集。

(6)按照布尔吸收律或素数法得到最小割集。

例 2-9 某舰艇防空系统代号及相应故障如表 2-6 所示,其故障树如图 2-13 所示,试用关联矩阵法求该防空系统故障的最小割集。

表 2-6 某舰艇防空系统代号及相应故障

代号	故障	代号	故障
C_1	导弹指挥仪故障	C_8	决策失误
C_2	发生控制故障	P_1	导弹防空失败
C_3	控制系统故障	P_2	舰艇防空失败
C_4	指挥仪故障	P_3	预警失效
C_5	预警机故障	P_4	防御失败
C_6	预警雷达故障	T	舰艇防空系统失败
C_7	通信故障		

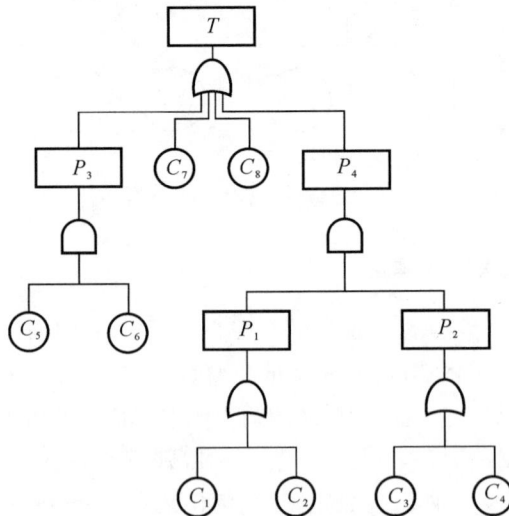

图 2-13 某舰艇防空系统故障树

解： 根据故障树建立 Petri 网模型如下

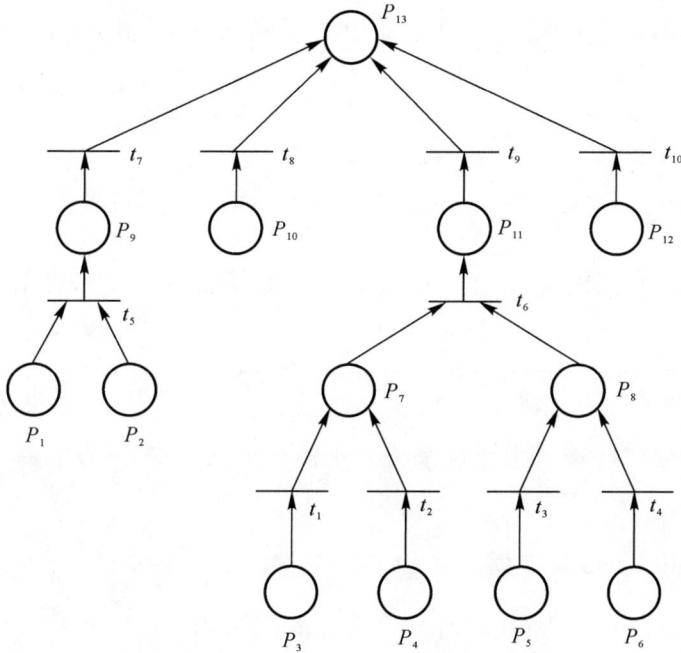

图 2-14　舰艇防空系统 Petri 网模型

得到关联矩阵为

$$
\boldsymbol{A} =
\begin{bmatrix}
0 & 0 & 0 & 0 & -1 & 0 & 0 & 0 & 0 & 0 \\
0 & 0 & 0 & 0 & -1 & 0 & 0 & 0 & 0 & 0 \\
-1 & 0 & 0 & 0 & 0 & 0 & 0 & 0 & 0 & 0 \\
0 & -1 & 0 & 0 & 0 & 0 & 0 & 0 & 0 & 0 \\
0 & 0 & -1 & 0 & 0 & 0 & 0 & 0 & 0 & 0 \\
0 & 0 & 0 & -1 & 0 & 0 & 0 & 0 & 0 & 0 \\
1 & 1 & 0 & 0 & 0 & -1 & 0 & 0 & 0 & 0 \\
0 & 0 & 1 & 1 & 0 & -1 & 0 & 0 & 0 & 0 \\
0 & 0 & 0 & 0 & 1 & 0 & -1 & 0 & 0 & 0 \\
0 & 0 & 0 & 0 & 0 & 0 & 0 & -1 & 0 & 0 \\
0 & 0 & 0 & 0 & 0 & 0 & 1 & 0 & -1 & 0 \\
0 & 0 & 0 & 0 & 0 & 0 & 0 & 0 & 0 & -1 \\
0 & 0 & 0 & 0 & 0 & 0 & 1 & 1 & 1 & 1 \\
\end{bmatrix}
$$

按照之前介绍的步骤对关联矩阵进行分析：

（1）搜索关联矩阵，找出没有 -1 所在的行，即顶库所所在行——第 13 行，记录下每个 1 所在的列，分别为第 7、8、9、10 列。

（2）从第 7 列出发，搜索此列并记录下这一列中－1 所在的行，即第 9 行。

（3）继续搜索第 9 行，记录下这一行中 1 所在的列，即第 5 列，并且第 5 列中有两个－1，则说明这两个－1 所对应的库所 P_1、P_2 同为 P_9 的输入库所，则 P_1、P_2 为"相与"关系，即 $P_9 = P_1 \times P_2$。

（4）从第 8 列出发，重复步骤（2）、步骤（3），即搜索第 10 行，得出只有一个底库所为 P_{10}。

（5）从第 9 列出发，重复步骤（2）、步骤（3），即搜索第 11 行，可得 $P_{11} = P_7 \times P_8 = (P_3 + P_4) \times (P_5 + P_6)$。

（6）从第 10 列出发，重复步骤（2）、步骤（3），即搜索第 12 行，得出只有一个底库所为 P_{12}。

（7）根据上述步骤，有 $P_{13} = P_9 + P_{10} + P_{11} + P_{12} = P_1 \times P_2 + P_{10} + (P_3 + P_4) \times (P_5 + P_6) + P_{12}$。

（8）再应用布尔吸收率或素数法求得最小割集为 $\{P_1, P_2\}$，$\{P_{10}\}$，$\{P_{12}\}$，$\{P_3, P_5\}$，$\{P_4, P_5\}$，$\{P_3, P_6\}$，$\{P_4, P_6\}$。

2.5.5　Monte Carlo 数字模拟

蒙特卡罗方法（Monte Carlo method）（简称 Monte Carlo 法）也称统计模拟法，是一种思想或者方法的统称，而不是严格意义上的算法。Monte Carlo 法起源于 1777 年，由法国数学家布丰提出的用投针实验方法求圆周率，20 世纪 40 年代中期，由于计算机的发明结合概率统计理论的指导，从而正式将该方法总结为一种数值计算方法。本节将介绍 Monte Carlo 法的基本思想，求解可靠性问题的步骤等。

2.5.5.1　Monte Carlo 法基本思想

根据概率论中的大数定律，若有来自同一母体且有相同分布的 n 个相互独立的随机样本 $x_1, x_2, \cdots, x_n$，它们具有相同的有限均值 μ 和方差 σ^2，则对于任意的 $\varepsilon > 0$，有

$$\lim_{n \to \infty} P \left\{ \left| \frac{1}{n} \sum_{i=1}^{n} x_i - \mu \right| < \varepsilon \right\} = 1 \qquad (2-85)$$

式（2-85）表明样本均值是依概率收敛于母体的均值 μ 的。

设随机事件 A 发生的概率为 $P(A)$，在 n 次独立试验中，事件 A 发生的频数为 m，则随机事件 A 发生的概率 $W(A) = \dfrac{m}{n}$，对于任意的 $\varepsilon > 0$，有

$$\lim_{n \to \infty} P \left\{ \left| \frac{m}{n} - P(A) \right| < \varepsilon \right\} = 1 \qquad (2-86)$$

式（2-86）表明事件发生的频率是依概率收敛于事件发生的概率的。

Monte Carlo 法用于可靠性分析的理论依据就是上述两条大数定律，样本均值依概率收敛于母体均值，以及事件发生的频率依概率收敛于事件发生的概率。采用 Monte Carlo 法进行可靠性分析时，首先要将求解的问题转化为某个概率模型的期望值，然后对概率模型进行随机抽样，在计算机上进行模拟试验，抽取足够的随机数并对需求解的问题进行统计分

析,求解后结果还应对所得结果的方差进行必要估计,因为所得的估计结果的理论依据是大数定律,而大数定律精确成立要求样本趋于无穷多,这在现实操作中是达不到的,因此由 Monte Carlo 法得出的值并不是一个精确值,而是一个近似值。

Monte Carlo 法一般分为 3 个步骤,即构造随机的概率过程,从已知概率分布抽样,求解估计量。

1. 构造随机的概率过程

对于本身就具有随机性质的问题,要正确描述和模拟这个概率过程。对于本来不是随机性质的确定性问题,比如计算定积分,就必须事先构造一个人为的概率过程了。它的某些参数正好是所要求的问题的解,即要将不具有随机性质的问题转化为随机性质的问题。如本节中求圆周率的问题,是一个确定性的问题,需要事先构造一个概率过程,将其转化为随机性问题。

2. 从已知概率分布抽样

由于各种概率模型都可以看作是由各种各样的概率分布构成的,因此产生已知概率分布的随机变量,就成为实现 Monte Carlo 法模拟试验的基本手段,随机数是实现 Monte Carlo 法数字模拟的基本工具。

3. 求解估计量

实现模拟实验后,要确定一个随机变量,作为所要求问题的解,即无偏估计。建立估计量相当于对实验结果进行考查,从而得到问题的解。

2.5.5.2　Monte Carlo 法可靠性分析的原理和计算公式

Monte Carlo 法求解失效概率估计值的计算公式如下。

设结构的功能函数为

$$Z = g(x) = g(x_1, x_2, \cdots, x_n) \tag{2-87}$$

则极限状态方程 $g(x_1, x_2, \cdots, x_n) = 0$ 将结构的基本变量空间分为失效区域和可靠区域两部分,失效概率 P_f 可表示为

$$P_f = \int \cdots \int_{g(x) \leqslant 0} f_x(x_1, x_2, \cdots, x_n) \mathrm{d}x_1 \mathrm{d}x_2 \cdots \mathrm{d}x_n \tag{2-88}$$

式中　$f_x(x_1, x_2, \cdots, x_n)$——基本随机变量 $\boldsymbol{x} = \begin{bmatrix} x_1 & x_2 & \cdots & x_n \end{bmatrix}^{\mathrm{T}}$ 的联合概率密度函数。

若各基本变量是相互独立的,则有

$$P_f = \int \cdots \int_{g(x) \leqslant 0} f_{x1}(x_1) f_{x2}(x_2) \cdots f_{xn}(x_n) \mathrm{d}x_1 \mathrm{d}x_2 \cdots \mathrm{d}x_n \tag{2-89}$$

式中　$f_{xi}(x_i)$, $i = 1, 2, \cdots, n$——随机变量 x_i 的概率密度函数。

通常,式(2-88)和式(2-89)只在极其特殊的情况(如线性极限状态方程和正态基本变量)能够得出解析的积分结果,对于一般的多维数问题及复杂积分域或隐式积分域问题,失效概率的积分式是没有解析解的,此时可采用 Monte Carlo 法来解决这个问题,只要基本变量样本量足够大,就能保证 Monte Carlo 可靠性分析具有足够的精度。

Monte Carlo 法求解失效概率 P_f 的思路:由基本随机变量的联合概率密度函数 $f_x(x)$ 产生 N 个基本变量的随机样本 $x_j(j=1,2,\cdots,N)$,将这 N 个随机样本代入功能函数 $g(x)$,统计落入失效域 $F=\{x:g(x)\leqslant 0\}$ 的样本点数 N_i,用失效发生的频率 N_f/N 近似代替失效概率 P_i,就可以近似得出失效概率估计值 $\hat{P}_f$,该思路可以解释如下。

失效概率的精确表达式为基本变量的联合概率密度函数在失效域中的积分,它可以改写为下式所示的指示函数 $I_F(x)$ 的数学期望形式:

$$
\begin{aligned}
P_f &= \int\cdots\int_{g(x)\leqslant 0} f_x(x_1,x_2,\cdots,x_n)\mathrm{d}x_1\mathrm{d}x_2\cdots\mathrm{d}x_n \\
&= \int\cdots\int_{R^n} f_x(x_1,x_2,\cdots,x_n)\mathrm{d}x_1\mathrm{d}x_2\cdots\mathrm{d}x_n \\
&= E[I_F(X)]
\end{aligned}
\tag{2-90}
$$

式中　　$I_F(x)$——失效域的指示函数, $I_F(x)=\begin{cases}1,x\notin F\\0,x\in F\end{cases}$;

　　　　R^n——n 维变量空间;

　　　　$E[\cdot]$——数学期望算子。

式(2-90)表明,失效概率为失效域指示函数的数学期望,依据大数定律,失效域指示函数的数学期望可以由失效域指示函数的样本均值来近似。

以随机变量的联合概率密度函数 $f_x(x)$ 抽取 N 个样本 $x_j(j=1,2,\cdots,N)$,落入失效域 F 内样本点的个数 N_f 与总样本点的个数 N 之比即为失效概率的估计值 $\hat{P}_f$,即

$$
\hat{P}_f = \frac{1}{N}\sum_{j=1}^{N} I_F(x_i) = \frac{N_f}{n}
\tag{2-91}
$$

2.5.5.3　Monte Carlo 失效概率估计值的方差分析

由式(2-91)可以看出,失效概率估计值 $\hat{P}_f$ 为随机样本 $x_j(j=1,2,\cdots,N)$ 的函数,因此 $\hat{P}_f$ 也是一个随机变量。为了对计算出的 $\hat{P}_f$ 值的收敛性有一个清楚的认识,有必要对 $\hat{P}_f$ 的方差进行分析。以下将首先求 $\hat{P}_f$ 的数学期望,然后再分析 $\hat{P}_f$ 的方差。

对式(2-90)两边求数学期望,可得失效概率估计值 $\hat{P}_f$ 的期望

$$
E[\hat{P}_f] = E\left[\frac{1}{N}\sum_{j=1}^{N} I_F(X_j)\right]
\tag{2-92}
$$

由于样本与母体独立同分布,所以有

$$
E[\hat{P}_f] = \frac{1}{N}\sum_{j=1}^{N} E[I_F(X_j)] = E[I_F(x)] = p_f
\tag{2-93}
$$

由式(2-93)可知,$E[\hat{P}_f]=P_f$,即 $\hat{P}_f$ 为 P_f 的无偏估计。

在数字模拟的过程中,以指示函数 $I_F(x)$ 的样本均值 $\bar{I}_F$ 近似代替 $E[I_F(x)]$,则失效概率估计值 $\hat{P}_f$ 的期望可近似表达为

$$
E[\hat{P}_f] \approx \bar{I}_F = \frac{1}{N}\sum_{j=1}^{N} I_F(X_j) = \hat{P}_f
\tag{2-94}
$$

失效概率估计值 $\hat{P}_f$ 的方差 $\mathrm{Var}[\hat{P}_f]$ 可通过对式(2-90)等号两边求方差求得

$$\mathrm{Var}[\hat{P}_f] = \mathrm{Var}\left[\frac{1}{N}\sum_{j=1}^{N} I_F(X_j)\right] = \frac{1}{N^2}\sum_{j=1}^{N}\mathrm{Var}[I_F(X_j)] \qquad (2-95)$$

由于样本 x_j 与母体 x 独立同分布,所以有

$$\mathrm{Var}[\hat{P}_f] = \frac{1}{N}\mathrm{Var}[I_F(x_j)] = \frac{1}{N}\mathrm{Var}[I_F(x)] \qquad (2-96)$$

又由于样本方差依概率收敛于母体的方差,所以可用 $I_F(x)$ 的样本方差 $S^2 = \frac{1}{N-1}(\sum_{j=1}^{2} I_F^2(x_j) - N\bar{I}_F^2)$ 代替变量方差 $\mathrm{Var}[I_F(x)]$,即有

$$\begin{aligned}
\mathrm{Var}[I_F(x)] &\approx \frac{1}{N-1}\left(\sum_{j=1}^{n} I_F^2(x_j) - N\bar{I}_F^2\right) \\
&= \frac{N}{N-1}\left[\frac{1}{N}\sum_{j=1}^{N} I_F^2(x_j) - \left(\frac{1}{N}\sum_{k=1}^{N} I_F(x_k)\right)^2\right] \\
&= \frac{N}{N-1}\left(\frac{1}{N}\sum_{k=1}^{N} I_F(x_J) - \hat{P}_f^2\right) = \frac{N(\hat{p}_f - \hat{P}_f^2)}{N-1} \qquad (2-97)
\end{aligned}$$

将式(2-97)代入式(2-95),可得到失效概率估计值的方差估计为

$$\mathrm{Var}[\hat{p}_f] \approx \frac{1}{N-1}(\hat{p}_f - \hat{p}_f^2) \qquad (2-98)$$

进而得到估计值 $\hat{p}_f^2$ 的变异系数 $\mathrm{Cov}[\hat{p}_f^2]$ 为

$$\mathrm{Cov}[\hat{P}_f^2] = \frac{\sqrt{\mathrm{Var}[\hat{p}_f]}}{E[\hat{P}_f^2]} = \sqrt{\frac{1-\hat{p}_f}{(N-1)\hat{p}_f}} \qquad (2-99)$$

2.5.5.4　多个失效模式情况下可靠性分析的 Monte Carlo 法

多模式情况下系统失效概率 $P_f^{(s)}$ 的精确表达式为基本变量的联合概率密度函数在多模式系统失效域 $F^{(s)}$ 中的积分,即

$$\begin{aligned}
P_f^{(s)} &= \int\cdots\int_{F^{(s)}} f_x(x_1,x_2,\cdots,x_n)\mathrm{d}x_1\mathrm{d}x_2\cdots\mathrm{d}x_n \\
&= \int\cdots\int_{R^n} I_{F^{(s)}}(x) f_x(x_1,x_2,\cdots,x_n)\mathrm{d}x_1\mathrm{d}x_2\cdots\mathrm{d}x_n \\
&= E[I_{F^{(s)}}(x)] \qquad (2-100)
\end{aligned}$$

式中　$I_{F^{(s)}}(x)$——系统失效域 $F^{(s)}$ 的指示函数,$I_{F^{(s)}}(x) = \begin{cases} 1, & x \in F^{(s)} \\ 0, & x \notin F^{(s)} \end{cases}$。

多模式情况下可靠性分析的 Monte Carlo 法与单模式情况下的类似,只是多模式情况下系统的失效域 $F^{(s)}$ 是由多个模式共同决定的。设系统有 l 个失效模式,对应的功能函数分别为 $g_k(x)(k=1,2,\cdots,l)$,则在串联和并联两种模式情况下系统的失效域 $F^{(s)}$ 为

$$F^{(s)} = \begin{cases} \bigcup_{k=1}^{l} F_k = \bigcup_{k=1}^{l}\{x:g_k(x)\leqslant 0\}, & \text{串联} \\ \bigcap_{k=1}^{l} F_k = \bigcap_{k=1}^{l}\{x:g_k(x)\leqslant 0\}, & \text{并联} \end{cases} \qquad (2-101)$$

对于其他的混联情况,也可以根据单失效模式与系统失效的关系,写出系统失效域与单

失效模式失效域的逻辑关系。

在给出了多模式系统失效域后,可以采用与单模式类似的 Monte Carlo 法来求解多模式的失效概率,并对多模式的失效概率估计值进行方差分析。根据系统失效概率计算的积分表达式,采用 Monte Carlo 数字模拟法进行多模式系统可靠性分析的过程:依据随机变量的联合概率密度函数 $f_x(x)$ 抽取 N 个随机样本点 $x_j(j=1,2,\cdots,N)$,依据多模式系统失效域的定义,判断样本点 x_j 是否落在系统失效域 $F^{(s)}$,统计得出 N 个样本点落入系统失效域内的样本点数 N_f,以系统失效的频率 N_f/N 代替失效的概率,可得到多模式系统失效概率 $P_f^{(s)}$ 的估计值如下:

$$\hat{P}_f^{(s)} = \frac{1}{N}\sum_{j=1}^{N} I_{F^{(s)}}(x_j) = \frac{N_f}{N} \qquad (2-102)$$

与单模式情况类似,多模式系统失效概率估计值 $\hat{P}_f^{(s)}$ 的数学期望 $E[\hat{P}_f^{(s)}]$、方差 $\mathrm{Var}[\hat{P}_f^{(s)}]$ 和变异系数 $\mathrm{Cov}[\hat{P}_f^{(s)}]$ 近似如下:

$$\left.\begin{array}{l} E[\hat{P}_f^{(s)}] = \dfrac{1}{N}\displaystyle\sum_{j=1}^{N} E[I_{F^{(s)}}(x_j)] = E[I_{F^{(s)}}(x_j)] = P_f \\[3mm] \mathrm{Var}[\hat{P}_f^{(s)}] \approx \dfrac{1}{N-1}[\hat{P}_f^{(s)} - (\hat{P}_f^{(s)})^2] \\[3mm] \mathrm{Cov}[\hat{P}_f^{(s)}] = \dfrac{\sqrt{\mathrm{Var}[\hat{P}_f^{(s)}]}}{E[\hat{P}_f^{(s)}]} \approx \sqrt{\dfrac{1-\hat{P}_f^{(s)}}{(N-1)\hat{P}_f^{(s)}}} \end{array}\right\} \qquad (2-103)$$

2.5.5.5　Monte Carlo 可靠性分析方法的计算步骤

Monte Carlo 可靠性分析方法的计算步骤如下:

(1)依据随机变量的分布形式和参数,由随机样本的产生方法产生 N 组随机向量的样本 $x_j = (x_{j1}, x_{j2}, \cdots, x_{jn})(j=1,2,\cdots,N)$。

(2)将随机向量样本 x_j 代入极限状态方程,并根据状态指示函数 $I_F(x_j)$ 或 $I_{F^{(s)}}(x_j)$ 进行累加。

(3)按式(2-91)或式(2-102)求得失效概率估计值 $\hat{p}_f$ 或 $\hat{P}_f^{(s)}$。

(4)由式(2-98)和式(2-99)估计失效概率估计值 $\hat{p}_f$ 的方差及变异系数,或者由式(2-103)估计系统失效概率估计值 $\hat{P}_f^{(s)}$ 的方差及变异系数。

Monte Carlo 法是可靠性分析最基本、适用范围最广的数字模拟方法。该方法对于功能函数的形式和维数、基本变量的维数及其分布形式均无特殊要求,而且十分易于编程实现。只要随机抽取的样本足够大,就能保证失效概率估计的高精度。然而,对于工程上常见的小概率事件,一般失效概率 P_f 均较小,必须采用大量的抽样样本点才能得到收敛的失效概率估计值[一般样本量需达到 $N=(10^2 \sim 10^4)P_f$],因而直接 Monte Carlo 可靠性分析法的计算工作量巨大,在实际工程问题的分析中很难接受该方法的计算工作量。但在理论研究中,Monte Carlo 法的解通常作为标准解来检验其他新方法的解。采用 Monte Carlo 法求解失效概率估计值时,一般需要估计值的变异系数达到 10^{-2} 量级才能够得到收敛的解。

习　　题

1. 某批零件经过 3 道工序加工,3 道工序的废品率分别为 0.1,0.15,0.2,若各工序相互独立,求该零件的总废品率。

2. 设某电子元件寿命服从参数 $\lambda = 0.001$ 的指数分布,从中抽取 6 个元件,试求下列事件的概率:

(1)工作到 1 000 h 时只有两个元件失效;

(2)工作到 3 000 h 时所有元件均失效。

3. 设某产品的寿命服从 $\mu = 5, \sigma = 1$ 的对数正态分布,试求 $t = 200$ h 的可靠度与失效率。

4. 设某轴承在 t 时间内发生故障的次数为 $N(t)$,其服从参数为 λt 的泊松分布,试求相邻两次故障时间间隔 T 的概率分布。

5. 已知某批轮胎的寿命 T 服从正态分布,现从中抽取 10 个样本得到寿命分别为 64 000,61 400,70 200,65 760,72 300,71 000,67 100,67 400,64 650,65 600。试采用矩估计的方法近似得到 T 的概率分布。

6. 某钢材抗拉强度服从正态分布 $N(\mu, 1)$,试求期望 μ 的 95% 置信度的置信区间。

第3章 系统可靠性分配与预计

系统可靠性设计(Reliability Design)是指通过建模、分配、预计、分析、改进等一系列可靠性计算和可靠性工程活动,把定量的可靠性目标值设计到技术文件和图纸中去,形成系统的固有可靠性。

可靠性分配(Reliability Allocation)是把工程设计规定的系统可靠性指标合理地分配给组成该系统的各单元,确定系统各组成单元的可靠性定量要求,从而使整个系统可靠性指标得以保证的过程。

可靠性预计(Reliability Prediction)就是根据系统的可靠性框图和使用环境,用以往试验或现场使用所得到的被系统所选用的元器件的可靠性数据,来预计产品在规定的使用环境下可能达到的可靠性。

3.1 系统的基本概念与建模

3.1.1 常用系统类型

系统是由若干单元(零件、部件、装置和设备等)组成并能完成某些特定功能的组合体。

系统的概念很宽泛,航空运输系统、城市供电系统等属于广义的系统;而一般的机械、电子系统属于狭义的系统;系统可以是一条生产线、一个车间,也可以是一台机器、一个复杂零部件。系统和单元的含义是相对而言的,根据研究的对象而定。例如,把一条生产线作为一个系统时,组成生产线的各个作业部分或单机就是单元;把一台机器作为一个系统时,它的各个部件或零件就是单元。因此,单元可以是子系统、机器、零部件等,具有独立的功能参数。

系统按可修复与否分为可修复系统与不可修复系统。通过维修可以使其恢复功能的系统,称为可修复系统。而由于技术上无法修复或者不值得修复的系统,称为不可修复系统。

绝大多数机械系统都属于可修复系统,但从研究方法来说,不可修复系统的分析方法是研究可修复系统的基础。而且,对机械系统进行可靠性的预计和分配时,大多都简化为不可修复系统来处理。

3.1.2 系统可靠性模型

系统可靠性模型(Reliability Model)是对系统及其组成单元之间的可靠性或故障逻辑关系的描述。

建立可靠性模型从新产品研发的方案论证开始,随着设计的细化和改动,应不断修改完善。可靠性建模的一般程序包括明确产品定义、绘制可靠性框图、建立可靠性数学模型等步骤。

可靠性模型分为非储备模型、储备模型和复杂模型三类,如图 3-1 所示。其中,复杂模型不属于常用类型。常用的可靠性模型包括串联模型、并联模型、混联模型、表决模型和旁联模型等。

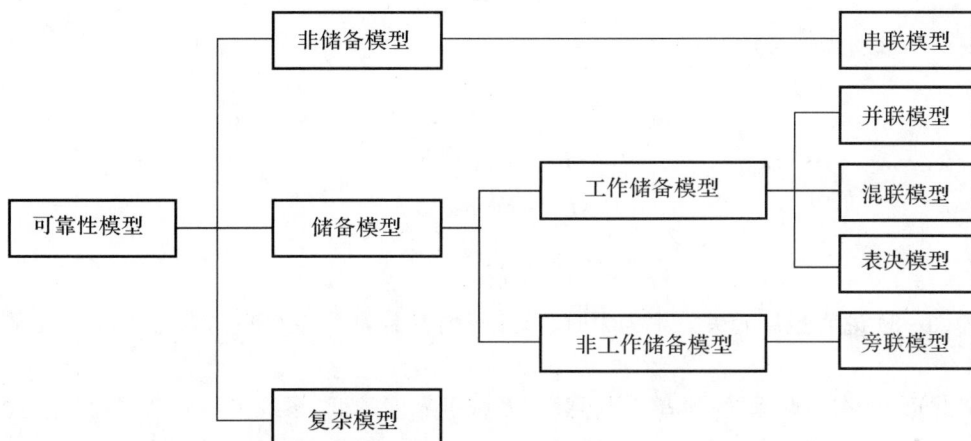

图 3-1　可靠性模型分类

3.1.2.1　串联系统可靠性模型

在组成一个系统的单元中,只要有一个单元失效,则系统就失效,这种系统称为串联系统(Series System)。图 3-4 所示为 n 个单元组成的串联系统逻辑框图。

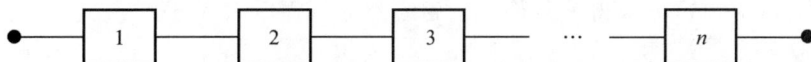

图 3-2　串联系统逻辑框图

若令事件 A 为系统处于正常工作状态,事件 $A_i(i=1,2,\cdots,n)$ 为单元 i 处于正常工作状态,则由串联系统特征可以得到

$$A = \bigcap_{i=1}^{n} A_i \tag{3-1}$$

而不同 A_i 之间相互独立,故有

$$P(A) = \prod_{i=1}^{n} P(A_i) \tag{3-2}$$

即系统可靠度 $R_s(t)$ 与单元可靠度 $R_i(t)$ 的关系为

$$R_s(t) = \prod_{i=1}^{n} R_i(t) \tag{3-3}$$

式(3-3)说明串联系统可靠度等于各独立单元可靠度的连乘积。

若各单元寿命分布为指数分布,令单元失效率为 λ_i,其可靠度为 $R_i(t)=\mathrm{e}^{-\lambda_i t}$,则系统可靠度为

$$R_s(t) = \prod_{i=1}^{n} e^{-\lambda_i t} = \exp\left(-\sum_{i=1}^{n} \lambda_i t\right) = e^{-\lambda_s t} \tag{3-4}$$

式(3-4)说明串联系统的寿命也服从指数分布,则系统失效率λ_i也为常数,且为各单元失效率之和,即

$$\lambda_i = \sum_{i=1}^{n} \lambda_i \tag{3-5}$$

串联系统的平均寿命θ_s为

$$\theta_s = \frac{1}{\lambda_s} \tag{3-6}$$

若$\lambda_1 = \lambda_2 = \cdots = \lambda_n = \lambda = 1/\theta$,则$\lambda_s = n\lambda$,即有

$$R_s(t) = R^n(t) = e^{-n\lambda t} \tag{3-7}$$

$$\theta_s = \frac{1}{n\lambda} = \frac{\theta}{n} \tag{3-8}$$

式(3-8)说明当单元失效率为λ时,单元平均寿命为θ,系统平均寿命θ_s是单元平均寿命的$1/n$。

由此可见,在串联系统中,单元数越多,系统可靠度越低,系统平均寿命越短。为提高串联系统的可靠度,应主要注意提高串联系统中可靠度最低的单元的可靠度。

例3-1 混合式步进电动机的失效主要表现为绕组失效和轴承失效两个方面,且两者为串联关系。在一定条件下,绕组励磁线圈工作失效率$\lambda_p = 0.003 \times 10^{-6}$ h^{-1};轴承寿命服从威布尔分布,可靠度为$R(t) = \exp\left[-\left(\dfrac{t}{1.214 \times 10^7}\right)^{10/9}\right]$。求该条件下电机工作时间20 000 h的总可靠度。

解:根据式(3-4),可求得该条件下励磁线圈的可靠度$R_1(t)$

$$R_1(t) = e^{-\lambda_p t} = e^{-0.003 \times 10^6 \times 20\,000} = 0.999\,94$$

再根据式(3-3),可求出绕组线圈以及一对轴承组成的系统总可靠度$R_s(t)$

$$R_s(t) = R_1(t)R_2(t)R_2(t) = 0.999\,94 \times \exp\left[-2\left(\frac{20\,000}{1.214 \times 10^7}\right)^{10/9}\right] = 0.998\,32$$

3.1.2.2 并联系统可靠性模型

构成系统的单元,只有在全部发生故障后,整个系统才不能工作,这种系统称为并联系统(Parallel System)。并联系统逻辑图如图3-5所示。

令事件A为系统正常,$\overline{A}$为系统失效,A_i及$\overline{A}_i$($i = 1, 2, \cdots, n$)为第i个单元正常及失效,则由并联系统特征可写出

$$\overline{A} = \bigcap_{i=1}^{n} \overline{A}_i$$

假设各单元状态相互独立,则可以得到系统的不可靠度$F_s(t)$为

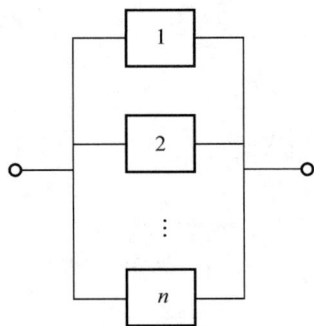

图3-5 并联系统逻辑图

$$F_s(t) = P(\overline{A}) = \prod_{i=1}^{n} P(\overline{A}_i) = \prod_{i=1}^{n} F_i(t) \tag{3-9}$$

由互补定理得系统可靠度 $R_s(t)$ 为

$$R_s(t) = 1 - F_s(t) = 1 - \prod_{i=1}^{n} F_i(t) = 1 - \prod_{i=1}^{n} [1 - R_i(t)] \tag{3-10}$$

若单元寿命分布均是失效率为常数 λ_i 的指数分布,则

$$R_s(t) = 1 - \prod_{i=1}^{n} (1 - e^{-\lambda_i t}) \tag{3-11}$$

把式(3-11)展开得

$$R_s(t) = \sum_{i=1}^{n} e^{-\lambda_i t} - \sum_{1 \leqslant i < j \leqslant n} e^{-(\lambda_i + \lambda_j)t} + \cdots + (-1)^{n-1} \exp\left(\sum_{i=1}^{n} \lambda_i t\right) \tag{3-12}$$

系统的平均寿命为

$$\theta_s = \int_0^{+\infty} R_s(t)\,dt = \sum_{i=1}^{n} \frac{1}{\lambda_i} - \sum_{1 \leqslant i < j \leqslant n} \frac{1}{\lambda_i + \lambda_j} + \cdots + (-1)^{n-1} \frac{1}{\sum_{i=1}^{n} \lambda_i} \tag{3-13}$$

当 $n = 2$ 时,系统的可靠度、平均寿命为别为

$$R_s(t) = e^{-\lambda_1 t} + e^{-\lambda_2 t} - e^{-(\lambda_1 + \lambda_2)t} = R_1(t) + R_2(t) - R_1(t)R_2(t) \tag{3-14}$$

$$\theta_s = \frac{1}{\lambda_1} + \frac{1}{\lambda_2} - \frac{1}{\lambda_1 + \lambda_2} \tag{3-15}$$

当 $n = 3$ 时,系统的可靠度、平均寿命为别为

$$R_s(t) = e^{-\lambda_1 t} + e^{-\lambda_2 t} + e^{-\lambda_3 t} - e^{-(\lambda_1 + \lambda_2)t} - e^{-(\lambda_1 + \lambda_3)t} - e^{-(\lambda_2 + \lambda_3)t} + e^{-(\lambda_1 + \lambda_2 + \lambda_3)t}$$
$$= R_1(t) + R_2(t) + R_3(t) - R_1(t)R_2(t) - R_1(t)R_3(t) - R_2(t)R_3(t) +$$
$$R_1(t)R_2(t)R_3(t) \tag{3-16}$$

$$\theta_s = \frac{1}{\lambda_1} + \frac{1}{\lambda_2} + \frac{1}{\lambda_3} - \frac{1}{\lambda_1 + \lambda_2} - \frac{1}{\lambda_1 + \lambda_3} - \frac{1}{\lambda_2 + \lambda_3} + \frac{1}{\lambda_1 + \lambda_2 + \lambda_3} \tag{3-17}$$

可以看出,并联系统可靠度 $R_s(t)$ 大于单元可靠度的最大值,n 越大,$R_s(t)$ 越高。机械系统中一般采用的并联单元数不多,例如在动力装置、安全装置、制动装置中采用并联时,常取 $n = 2, 3$。

例 3-2　由三个零件单元组成的并联系统,三个单元的可靠度分别为 $R_A = 0.95$,$R_B = 0.9$,$R_C = 0.85$,求该系统的可靠度 R_s。

解: 根据式(3-9),系统可靠度

$$R_s = 1 - \prod_{i=1}^{n} [1 - R_i(t)] = 1 - (1 - 0.95) \times (1 - 0.9) \times (1 - 0.85) = 0.999\,25$$

即系统的可靠度为 99.925%。与例 3-1 的结果比较可知,并联系统大大提高了系统的可靠性。

3.1.2.3　混联系统可靠性模型

混联系统是一种串联系统和并联系统组合起来的系统,常见的混联系统有串并联系统和并串联系统两种。

对于一般混联系统[见图 3-6(a)]，可用串联和并联原理，将混联系统中的串联和并联部分简化成等效单元——子系统[见图 3-6(a)和图 3-6(c)]。先利用串联和并联系统可靠性特征量计算公式求出子系统的可靠性特征量，再把每一个子系统作为一个等效单元，得到一个与混联系统等效的串联或并联系统，即可求得全系统的可靠性特征量。如图 3-6(a)所示为一般混联系统，可得

$$
\left.\begin{aligned}
R_{s_1}(t) &= R_1(t)R_2(t)R_3(t) \\
R_{s_2}(t) &= R_4(t)R_5(t) \\
R_{s_3}(t) &= 1 - [1 - R_{s1}(t)][1 - R_{s_2}(t)] \\
&= R_{s_1}(t) + R_{s_2}(t) - R_{s_1}(t)R_{s_2}(t) \\
&= R_1(t)R_2(t)R_3(t) - R_4(t)R_5(t) - R_1(t)R_2(t)R_3(t)R_4(t)R_5(t) \\
R_{s_4}(t) &= 1 - [1 - R_6(t)][1 - R_7(t)] = R_6(t) + R_7(t) - R_6(t)R_7(t)
\end{aligned}\right\} \quad (3-18)
$$

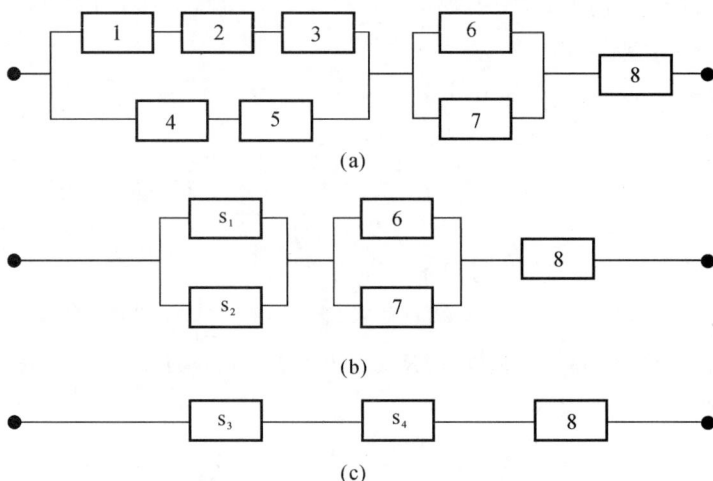

图 3-6 混联系统及其等效框图

全系统可靠度及平均寿命分别为

$$
\begin{aligned}
R_s(t) &= R_{s_3}(t)R_{s_4}(t)R_8(t) \\
&= [R_1(t)R_2(t)R_3(t) + R_4(t)R_5(t) - R_1(t)R_2(t)R_3(t)R_4(t)R_5(t)] \times \\
&\quad [R_6(t) + R_7(t) - R_6(t)R_7(t)]R_8(t)
\end{aligned}
\quad (3-19)
$$

$$
\lambda_s(t) = -\frac{R'_s(t)}{R_s(t)} \quad (3-20)
$$

$$
\theta_s = \int_0^{+\infty} R_s(t)\,\mathrm{d}t \quad (3-21)
$$

1. 串-并联系统

图 3-7 所示是由 m 个并联子系统构成的串联结构(简称串-并联系统)逻辑框图。计算串-并联系统的可靠度时，可以将并联子系统看作一个等效单元，并将整个系统当作一个串联系统来对待。

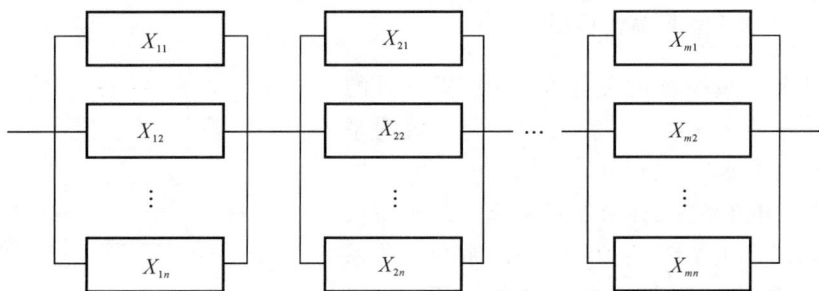

图 3-7　串-并联系统逻辑框图

设有 m 个子系统,第 i 个子系统由 n_i 个单元并联组成。第 i 个子系统中的第 j 个单元的可靠度为 $R_{ij}(i=1,2,\cdots,m,j=1,2,\cdots,n_i)$。假设各单元的失效是相互独立的,则可得串-并联系统的可靠度为

$$R_s = \prod_{i=1}^{m}\left[1-\prod_{j=i}^{n_i}(1-R_{ij})\right] \tag{3-22}$$

若各子系统中所包含的单元数相同,即 $n_i=n$,且对任意的 i,j,有 $R_{ij}=R$,这样的串-并联系统的可靠度为

$$R_s = \left[1-(1-R)^n\right]^m \tag{3-23}$$

2. 并-串联系统

并-串系统逻辑框图如图 3-8 所示。计算并-串联系统可靠度的方法是首先将每一个串联子系统转化为一个等效单元,然后把整个系统看作是并联系统。

假设有 m 个子系统,第 i 个子系统有 n_i 个单元,第 i 个子系统中的第 j 个单元的可靠度为 $R_{ij}(i=1,2,\cdots,m,j=1,2,\cdots,n_i)$,且各单元的失效相互独立,则并-串联系统的可靠度为

$$R_s = 1-\prod_{i=1}^{m}\left(1-\prod_{j=i}^{n_i}R_{ij}\right) \tag{3-24}$$

若 $n_i=n(i=1,2,\cdots,m),R_{ij}=R(i=1,2,\cdots,m,j=1,2,\cdots,n_i)$,这样的并-串联系统的可靠度为

$$R_s = 1-(1-R^n)^m \tag{3-25}$$

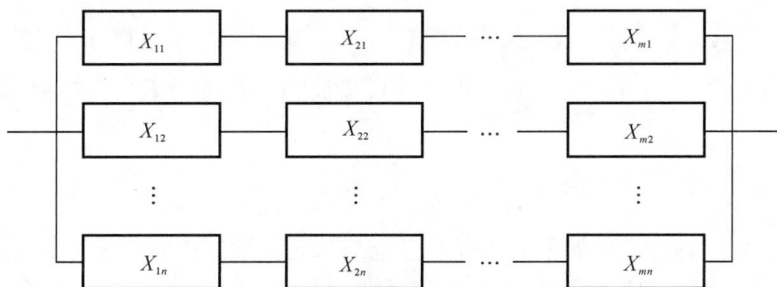

图 3-8　并-串联系统逻辑框图

3.1.2.4 表决系统可靠性模型

表决系统是组成系统的 n 个单元中,不失效的单元不少于 r 个($1 \leqslant r \leqslant n$),系统就不会失效的系统,又称为 r/n 系统,其逻辑框图如图 3-9 所示。

机械系统、电路系统、自动控制系统等常采用最简单的三中取二表决系统,记为 $2/3(G)$ 系统。若系统的单元为 $1,2,3$,此系统要求失效单元不多于 1 个单元,故有 4 种成功的工作情况:即全部单元没有失效;单元 1 失效(即只有 2,3 支路通);单元 2 失效(即只有 1,3 支路通);单元 3 失效(即只有 1,2 支路通)。若每个单元可靠度为 $R_i(t)$,第 i 个单元处于正常工作状态的事件为 A_i,系统处于正常工作状态的事件为 A,则

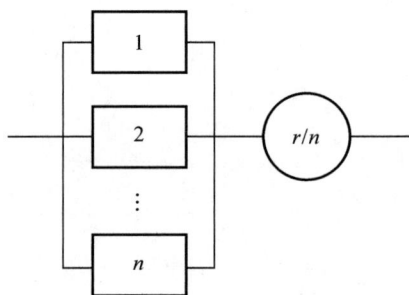

图 3-9 表决系统逻辑框图

$$R_i(t) = P(A_i), \quad i = 1, 2, 3$$

$$A = (A_1 \cap A_2) \cup (A_1 \cap A_3) \cup (A_2 \cap A_3)$$

设系统中各单元之间工作相互独立,$(A_1 \cap A_2)$,$(A_1 \cap A_3)$,$(A_2 \cap A_3)$ 相容,则系统可靠度为

$$
\begin{aligned}
R_s(t) = P(A) = & P(A_1 \cap A_2) + P(A_1 \cap A_3) + P(A_2 \cap A_3) - \\
& P(A_1 \cap A_2 \cap A_1 \cap A_3) - P(A_1 \cap A_2 \cap A_2 \cap A_3) - \\
& P(A_1 \cap A_3 \cap A_2 \cap A_3) + P(A_1 \cap A_2 \cap A_1 \cap A_3 \cap A_2 \cap A_3) \\
= & P(A_1 \cap A_2) + P(A_1 \cap A_3) + P(A_2 \cap A_3) - 2P(A_1 \cap A_2 \cap A_3) \\
= & R_1(t_1)R_2(t_2) + R_1(t_1)R_3(t_3) + R_2(t_2)R_3(t_3) - 2R_1(t_1)R_2(t_2)R_3(t_3)
\end{aligned}
\tag{3-26}
$$

如果单元及系统工作时间均为 t 时,那么有

$$R_s(t) = R_1(t)R_2(t) + R_1(t)R_3(t) + R_2(t)R_3(t) - 2R_1(t)R_2(t)R_3(t) \tag{3-27}$$

若各单元可靠度均为 $R_i(t)$,则

$$R_s(t) = 3R^2(t) - 2R^3(t) \tag{3-28}$$

如果各单元寿命服从指数分布,即 $R_i(t) = e^{-\lambda_i t}$,那么

$$R_s(t) = e^{-(\lambda_1 + \lambda_2)t} + e^{-(\lambda_1 + \lambda_3)t} + e^{-(\lambda_2 + \lambda_3)t} - 2e^{-(\lambda_1 + \lambda_2 + \lambda_3)t} \tag{3-29}$$

系统的平均寿命

$$\theta_s = \int_0^{+\infty} R_s(t)\,\mathrm{d}t = \frac{1}{\lambda_1 + \lambda_2} + \frac{1}{\lambda_1 + \lambda_3} + \frac{1}{\lambda_2 + \lambda_3} - \frac{2}{\lambda_1 + \lambda_2 + \lambda_3} \tag{3-30}$$

一般来说,对于 $r/n(G)$ 系统,当各单元的可靠度相同且都为 $R(t)$ 时,由二项分布可知,表决系统可靠度为

$$R_s(t) = \sum_{i=r}^{n} \left\{ C_n^i \cdot R^i(t) \left[1 - R(t)\right]^{n-i} \right\} \tag{3-31}$$

式(3-31)为一般公式。如果 $r = n$,即当全部单元正常工作时系统才能正常工作,则得到 $R_s(t) = R_n(t)$,此为串联系统可靠度计算公式。如果 $r = 1$,即至少一个单元正常系统就能正常工作,则为并联系统。

例 3 - 3　设每个单元的可靠度 $R = \mathrm{e}^{-\lambda t}$，$\lambda = 0.001 \ \mathrm{h}^{-1}$，$t = 100 \ \mathrm{h}$，求三单元并联系统和 $2/3(G)$ 系统的可靠度 $R_s(t)$。

解： 已知 $t = 100 \ \mathrm{h}$，则每个单元可靠度为

$$R(100) = \mathrm{e}^{-0.001 \times 100} = 0.905$$

三单元并联系统 $n = 3$

$$R_s(t) = 1 - \prod_{i=1}^{n} [1 - R_i(t)] = 1 - (1 - R)^3 = 1 - (1 - 0.905)^3 = 0.999$$

$2/3(G)$ 系统

$$R_s(t) = 3R^2 - 2R^3 = 0.975$$

此例说明，由于表决系统要求 n 个单元中 r 个同时正常工作，其可靠度比一般并联系统的可靠度要低一些。

3.1.2.5　旁联系统可靠性模型

旁联系统是组成系统的 n 个单元中只有 k 个单元工作，当工作单元失效时，通过失效监测装置和转换装置接到另一个单元进行工作的系统。旁联系统逻辑图如图 3 - 10 所示。

旁联系统中储备单元常有两种情况：一是储备单元在储备期间失效率为零；二是储备单元在储备期间也可能失效。

这里主要对第一种情况做详细介绍。

首先考虑转换装置完全可靠的、由两个单元组成的工作储备系统。系统要能工作到规定时间 t 或者是第一单元单独工作到规定时间 t_1，第二单元接着工作到规定时间 t。由复合事件概率的计算方法可得系统的可靠度为

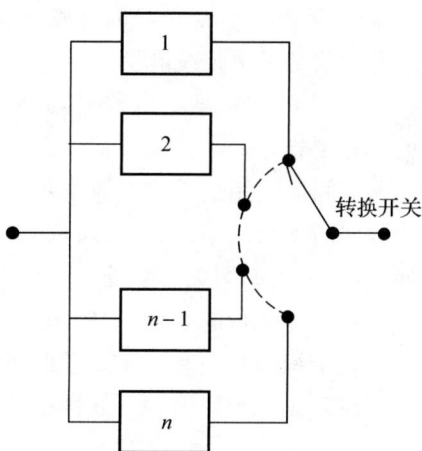

图 3 - 10　旁联系统逻辑图

$$R_s(t) = R_1(t) + \int_0^t R_2(t - t_1) f_1(t_1) \mathrm{d}t_1 \qquad (3 - 32)$$

当两个单元的失效率为常数 λ 时，式（3 - 32）可变为

$$R_s(t) = \mathrm{e}^{-\lambda t}(1 + \lambda t) \qquad (3 - 33)$$

此时系统的平均寿命为

$$\theta_s = \int_0^{+\infty} R_s(t) \mathrm{d}t = \int_0^{+\infty} \mathrm{e}^{-\lambda t} \mathrm{d}t + \int_0^{+\infty} \lambda t \, \mathrm{e}^{-\lambda t} \mathrm{d}t = \frac{2}{\lambda} \qquad (3 - 34)$$

当系统由 n 个单元组成，单元的寿命均为指数分布，其失效率为 $\lambda_i (i = 1, 2, \cdots, n)$，且两两相互独立时，可利用数学归纳法证明系统可靠度和平均寿命分别为

$$R_s(t) = \sum_{k=1}^{n} \left(\prod_{n} \frac{\lambda_i}{\lambda_i - \lambda_k} \mathrm{e}^{-\lambda_k t} \right) \qquad (3 - 35)$$

$$\theta_s = \sum_{i=1}^{n} \theta_i = \sum_{i=1}^{n} \frac{1}{\lambda_i} \qquad (3 - 36)$$

如果考虑转换装置的可靠度为 $R_0 \neq 1$ 时(假设转换装置不使用时失效率为零,需要使用时的可靠度为常数),两单元失效率均为 λ,则经推导可得系统可靠度为

$$R_s(t) = e^{-\lambda t}(1 + \lambda R_0 t) \tag{3-37}$$

例 3-4 两单元的旁联系统,各单元失效率均为 $\lambda = 0.000\ 1\ h^{-1}$,$R_0 = 0.99$,求该系统工作 2 000 h 的可靠度。

解: 根据式(3-25),系统的可靠度

$$R_s(t) = e^{-\lambda t}(1 + \lambda R_0 t) = e^{-0.000\ 1 \times 2\ 000} \times (1 + 0.000\ 1 \times 0.99 \times 2\ 000) = 0.980\ 8$$

3.1.3 可靠性指标的确定

可靠性是评价产品(或系统)的最基本的指标之一,因此,在产品设计开始,就首先要制定产品的可靠性指标,对某一产品(或系统)应采用哪种或哪几种可靠性指标描述其可靠性或维修性,必须针对产品的特殊性、使用目的来考虑。同时,还与产品的使用时间连续或间断及失效的后果情况有关。

对不可修复(或难以修复)的系统,如卫星、导弹、灯泡等,主要考核的是在规定工作期间的可靠度指标。

对间断使用的系统主要是考核可靠度、平均无故障工作时间、有效度等。例如,电台、雷达等间断使用的系统,主要选取可靠度和平均无故障工作时间。又如测量仪器、汽车等间断使用设备,人们则关心它的有效度。

对连续运行的系统,如广播、通信设备等,主要可靠性指标是可靠度、有效度。

对于维修时间有一定要求的产品,则应侧重考核维修度与修复率。

在确定了应用何种可靠性指标来描述产品之后,接下来就要确定这种指标应该处于何种水平。

(1)要根据用户对产品的可靠性要求、使用目的及功能来确定可靠性指标。

(2)可靠性指标要有一定的先进性,即与国内外同类产品相比要略高一筹。

(3)要考虑到生产方研制工作的可靠性水平,注意指标要求的可行性。

(4)对于会涉及人身生命安全情况的产品,一般要采用长寿命、低失效概率的设计。如果不涉及人身生命安全情况的产品,通常可把设计的总费用降至最低,同时又满足功能及可靠性要求。

(5)对于复杂的系统或需要采用先进工艺的产品,在设计时可靠性一般不宜要求过高;已经通过考验的产品,可靠性要求可以高些。

(6)一些产品也可以根据当时的技术水平和使用要求,制定出大致的可靠性指标,然后随着研制工作的进展,不断加以修正,最后形成合理的可靠性指标。

可靠性指标的确定工作的中心思想是需要对产品(或系统)的功能、目的、时间、质量、空间、维修性、人员安全、可行性、先进性、经验性等因素做全面衡量分析,由各有关方面的人员审查、判断后才能提出合理的指标。

同时,也可以从产品失效的后果分析,根据失效后果的严重程度来粗略估计产品的可靠度。为了判断系统和零部件的重要性及可靠性的质量指标,通常将可靠度分成 6 个等级,如

表 3－1 所示。0 级是不重要的零部件,其故障后果是不严重的;1～4 级相当于可靠性要求较高的零件,最末一级(5 级)为高可靠性产品,在规定使用时期内是不允许发生故障的。

表 3－1　可靠度等级表

可靠度等级	0	1	2	3	4	5
$R(t)$允许值	<0.9	$\geqslant 0.9$	$\geqslant 0.99$	$\geqslant 0.999$	$\geqslant 0.999\,9$	1

3.2　系统可靠性分配

可靠性分配实际上是最优化问题。因此,要进行可靠性分配,就必须明确目标函数与约束条件。目标函数和约束条件不同,可靠性分配的方法也随之而不同。有的以可靠性指标为约束条件,给出系统要达到的可靠度值,以在这一限制下使质量、成本、体积等其他的参数尽可能小作为目标函数;有的则以成本、质量等为约束条件,要求作出使系统可靠度尽可能高的分配,如人造卫星、宇宙飞船就采用这种分配;还有的是以研制周期为约束条件,要求成本尽量低,可靠性尽量高。一般应根据系统的用途,视哪一些参数应予优先考虑来选定设计方法。

进行可靠度分配,应考虑以下几点:

(1)随着单元可靠度的技术水平的提高,所分配的可靠度也相应增大;

(2)单元在系统中的重要性愈高,分配给的可靠度就愈高;

(3)对具有相同重要性和工作周期的单元,应分配给相同的可靠度。此外,还应考虑单元结构的复杂程度、故障时修理的难易程度、环境条件、投资和技术难易程度等。

本节将介绍几种常用的可靠性分配方法。

3.2.1　等分配法

等分配法(Equal Apportionment Technique),一种最简单的分配方法。它是对系统中全部单元分配以相等的可靠度。

如果系统中 n 个单元的复杂程度与重要性以及制造成本都比较接近,当把它们串联起来工作时,系统的可靠度则为 R_s,各单元分配的可靠度为 R,那么

$$R_s = \prod_{i=1}^{n} R_i = R^n$$

$$R_i = R = (R_s)^{\frac{1}{n}}, \ i = 1,2,\cdots,n \tag{3-38}$$

当系统可靠度要求很高,而选用现有的元件又不能满足要求时,往往选用 n 个相同元件并联的系统,这时系统可靠度 R_s 与单元可靠度 R 的关系为

$$R_s = 1-(1-R)^n$$

$$R = 1-(1-R_s)^{\frac{1}{n}}, \ i=1,2,\cdots,n \tag{3-39}$$

例 3－5　一个由 3 个相同元件构成的并联系统,其可靠度为 $R_s = 0.995\,6$,求每个元件的可靠度。

解：

$$R = 1 - (1 - R_s)^{\frac{1}{n}} = 1 - \sqrt{1 - 0.9956} = 0.8361$$

每个元件的可靠度为 0.836 1。

等分配法的最大不足之处是不能考虑单元的重要性、结构的复杂程度以及修理的难易程度。

3.2.2 按相对失效率来分配可靠度

其基本出发点：使每个单元的允许失效率正比于预计的失效率。这种方法适用于失效率为常数的串联系统，并且系统任务时间与各单元任务时间相同的情况。

对于串联系统，设单元的工作时间与系统的工作时间相等，系统失效率指标（即容许失效率）为 λ_s，第 i 个单元分配到的失效率为 λ_i，第 i 个单元预计的失效率为 λ'_i，并视为常数。

因为

$$R_s = \prod_{i=1}^{n} R_i$$

即

$$e^{-\lambda_s t} = e^{-\lambda_1 t} e^{-\lambda_2 t} \cdots e^{-\lambda_n t}$$

可得

$$\lambda_1 t + \lambda_2 t + \cdots + \lambda_n t = \lambda_s t$$

即

$$\sum_{i=1}^{n} \lambda_i = \lambda_s \tag{3-40}$$

式(3-40)反映了单元与系统失效率之间的关系。由此可得这种方法分配的具体步骤如下：

(1)根据统计数据或现场使用经验得到各单元的预计失效率 λ'_i；

(2)由单元预计失效率计算出每一单元分配出的权系数 W_i

$$W_i = \frac{\lambda'_i}{\sum\limits_{i=1}^{n} \lambda'_i}, \quad i = 1, 2, \cdots, n \tag{3-41}$$

显然 $\sum\limits_{i=1}^{n} W_i = 1$（系统中所有单元的权系数总和等于1）；

(3)用下式计算各单元的容许失效率（即分配到单元的失效率）λ_i

$$\lambda_i = W_i \lambda_s, \quad i = 1, 2, \cdots, n \tag{3-42}$$

例 3-6 飞行员救生电台由发射机、收讯机、信标机、低频放电器 4 个子系统组成串联系统。预计 4 个子系统的失效率分别为 0.003, 0.002, 0.002, 0.001(h^{-1})，取工作时间为 40 h，要求系统的可靠度为 0.96，按相对失效率分配，求各子系统的失效率。

解： 由题意知各子系统预计失效率为

$$\lambda'_1 = 0.003 \text{ h}^{-1}, \quad \lambda'_2 = 0.002 \text{ h}^{-1}, \quad \lambda'_3 = 0.002 \text{ h}^{-1}, \quad \lambda'_4 = 0.001 \text{ h}^{-1}$$

按式(3 – 41)计算权系数 W_i

$$W_1 = \frac{\lambda'_1}{\sum\limits_{i=1}^{4}\lambda'_i} = \frac{0.003}{0.003 + 0.002 + 0.002 + 0.001} = \frac{0.003}{0.008} = 0.375$$

$$W_2 = \frac{0.002}{0.008} = 0.25$$

$$W_3 = \frac{0.002}{0.008} = 0.25$$

$$W_4 = \frac{0.001}{0.008} = 0.125$$

计算各子系统的分配失效率 λ_i，由 $R_s(40) = e^{-\lambda_s \cdot 40} = 0.96$ 得 $\lambda_s = 0.001\ 02\ \mathrm{h}^{-1}$，代入式(3 – 42)得

$$\lambda_1 = W_1\lambda_s = 0.375 \times 0.001\ 02\ \mathrm{h}^{-1} = 0.000\ 382\ 5\ \mathrm{h}^{-1}$$

$$\lambda_2 = W_2\lambda_s = 0.25 \times 0.001\ 02\ \mathrm{h}^{-1} = 0.000\ 255\ \mathrm{h}^{-1}$$

$$\lambda_3 = W_3\lambda_s = 0.25 \times 0.001\ 02\ \mathrm{h}^{-1} = 0.000\ 255\ \mathrm{h}^{-1}$$

$$\lambda_4 = W_4\lambda_s = 0.125 \times 0.001\ 02\ \mathrm{h}^{-1} = 0.000\ 127\ 5\ \mathrm{h}^{-1}$$

相对失效率分配法考虑了各子系统原来失效率的水平，但还没有考虑不同子系统降低失效率的难易程度。

3.2.3　按单元的复杂程度及重要程度来分配可靠度(AGREE 法)

这种方法由美国电子设备可靠性咨询组提出，是一种比较完善的综合方法。它考虑了系统的各单元的复杂度、重要度、工作时间以及它们与系统之间的失效关系。它适用于指数分布的串联系统。

该系统由 n 个单元(子系统)串联组成，且各单元均相互独立，同时均服从指数分布。

单元的复杂度定义：串联单元中所含的重要零部件数(其失效会导致该单元失效)N_i $(i=1,2,\cdots,n)$ 与系统中重要的零部件总数 N 之比，即第 i 个单元的复杂度为

$$\frac{N_i}{N} = \frac{N_i}{\sum\limits_{i=1}^{n} N_i}, \quad i = 1,2,\cdots,n \tag{3 – 43}$$

单元的重要度定义：因该单元失效而引起系统失效的概率。按照 AGREE 法，系统中第 i 个单元分配的失效率 λ_i 和分配的可靠性指标 $R_i(t)$ 分别为

$$\lambda_i = \frac{N_i[-\ln R_s(T)]}{NE_i t_i}, \quad i = 1,2,\cdots,n \tag{3 – 44}$$

$$R_i(t_i) = 1 - \frac{1 - [R_s(T)]^{N_i/N}}{E_i}, \quad i = 1,2,\cdots,n \tag{3 – 45}$$

式中　N_i——单元 i 的重要零部件数；

　$R_s(T)$——系统工作时间 T 时的可靠度；

　t_i——T 时间内单元 i 的工作时间，$0 < t_i \leqslant T$。

E_i——单元 i 的重要度；

N——系统重要零部件总数，$N = \sum_{i=1}^{n} N_i$。

$$E_i = \frac{\text{由于第 } i \text{ 个单元的失效而造成的系统失效的次数}}{\text{第 } i \text{ 个单元的失效次数}}$$

例 3-7 一个由 4 个单元组成的串联系统，要求在连续工作 24 h 内具有 0.96 的可靠度。各单元重要度为 $E_1 = E_3 = 1, E_2 = 0.90, E_4 = 0.85$。各单元工作时间为 $t_1 = t_3 = 24$ h，$t_2 = 10$ h，$t_4 = 12$ h。各单元所含的重要零件数 N_i 分别为 $10, 20, 90, 50$。试用 AGREE 法分配可靠度和失效率。

解：系统的总组件数为

$$N = \sum_{i=1}^{4} N_i = 10 + 20 + 90 + 50 = 170$$

由式(3-44)可得各单元分配的失效率为

$$\lambda_1 = \frac{N_1 [-\ln R_s(T)]}{N E_1 t_1} = \frac{10(-\ln 0.96)}{170 \times 1 \times 24} = 0.000\ 1 \text{ h}^{-1}$$

$$\lambda_2 = \frac{20(-\ln 0.96)}{170 \times 0.9 \times 10} = 0.000\ 543 \text{ h}^{-1}$$

$$\lambda_3 = \frac{90(-\ln 0.96)}{170 \times 0.9 \times 24} = 0.000\ 9 \text{ h}^{-1}$$

$$\lambda_4 = \frac{50(-\ln 0.96)}{170 \times 0.85 \times 12} = 0.001\ 177 \text{ h}^{-1}$$

由式(3-45)可得各单元分配的可靠度为

$$R_1(24) = 1 - \frac{1 - 0.96^{10/170}}{1} = 0.997\ 6$$

$$R_2(10) = 1 - \frac{1 - 0.96^{20/170}}{0.9} = 0.994\ 67$$

$$R_3(24) = 1 - \frac{1 - 0.96^{90/170}}{1} = 0.978\ 6$$

$$R_4(12) = 1 - \frac{1 - 0.96^{50/170}}{0.85} = 0.985\ 96$$

系统可靠度为

$$R_s = 0.997\ 6 \times 0.994\ 67 \times 0.978\ 6 \times 0.985\ 96 = 0.957\ 4$$

此值比要求的可靠度 0.96 略低，这是由于公式的近似和单元 2、4 的重要度小于 1 的缘故。

3.2.4 用拉格朗日乘数法来分配可靠度

这种分配方法的实质，是在一定的约束条件下，用拉格朗日乘数法求函数的极值，以达到可靠度分配的优化。

首先说明拉格朗日乘数法。欲求 n 元函数 $F(x_1, x_2, \cdots, x_n)$，在 m 个附加条件

$$G_i(x_1, x_2, \cdots, x_n) = 0, \ i = 1, 2, \cdots, m, m < n \qquad (3-46)$$

下的可能极值点，可以用常数 $1, \lambda_1, \lambda_2, \cdots, \lambda_m$ 顺次乘 $F, G_1, G_2, \cdots, G_m$，把结果加起来，构造一个新函数：

$$H(x_1, x_2, \cdots, x_n) = F(x_1, x_2, \cdots, x_n) + \sum_{i=1}^{m} \lambda_i G_i(x_1, x_2, \cdots, x_n) \qquad (3-47)$$

于是求多元函数 $F(x_1, x_2, \cdots, x_n)$ 的条件极值转化为求函数 $H(x_1, x_2, \cdots, x_n)$ 的无条件极值。根据求极值的必要条件

$$\frac{\partial H}{\partial x_i} = 0, \ i = 1, 2, \cdots, n \qquad (3-48)$$

解式（3-45）和式（3-48）联立方程可以求得 $x_1, x_2, \cdots, x_n$ 和 $\lambda_1, \lambda_2, \cdots, \lambda_n$。

例 3-8　某系统由 2 个子系统串联而成，子系统的可靠度与研制成本之间的关系为

$$R_i = 1 - e^{-\alpha_i(x_i - \beta_i)}, \ i = 1, 2$$

且 $\alpha_1 = 0.8, \beta_1 = 3.0, \alpha_2 = 0.4, \beta_2 = 6.0$，系统可靠度指标 $R_0 = 0.9$。试用拉格朗日乘数法分配单元的可靠度。

解： 引入拉格朗日乘数，构造拉格朗日函数。

$$H = \sum_{i=1}^{n} x_i + \lambda \left(\prod_{i=1}^{n} R_i - R_0 \right)$$

根据已知求得

$$x_i = \beta_i - \frac{\ln(1 - R_i)}{\alpha_i}$$

代入得

$$H = \left[\beta_1 - \frac{\ln(1 - R_1)}{\alpha_1} \right] + \left[\beta_2 - \frac{\ln(1 - R_2)}{\alpha_2} \right] - \lambda R_0 + \lambda R_1 R_2$$

求导

$$\frac{\partial H}{\partial R_1} = \frac{1}{\alpha_1(1 - R_1)} + \lambda R_2 = 0, \frac{\partial H}{\partial R_2} = \frac{1}{\alpha_2(1 - R_2)} + \lambda R_1 = 0, \frac{\partial H}{\partial \lambda} = -R_0 + R_1 R_2 = 0$$

$$\begin{cases} -\lambda = \dfrac{R_1}{R_0} \cdot \dfrac{1}{\alpha_1(1 - R_1)} = \dfrac{R_2}{R_0} \cdot \dfrac{1}{\alpha_2(1 - R_2)} \\ R_0 = R_1 R_2 \end{cases}$$

代入数据，则有 $\begin{cases} \dfrac{R_1}{0.9 \times 0.8 \times (1 - R_1)} = \dfrac{R_2}{0.9 \times 0.4 \times (1 - R_2)} \\ R_1 R_2 = 0.9 \end{cases}$

解得 $\begin{cases} R_1 = 0.965 \\ R_2 = 0.933 \end{cases}$

拉格朗日乘数法适用于单一约束，对于多约束的情况，需不断改变拉格朗日乘数的值进行调整，这样增加了运算的复杂性。因此，在工程中常将拉格朗日乘数法与其他算法相结合，可取得满意的可靠度分配结果。

3.3 可靠性预计

可靠性预计:根据系统、部件、元件的功能、工作环境及其有关资料,推测该系统将具有的可靠度。

可靠性预计是在产品设计方案初步确定之后的方案论证阶段,在可靠性试验之前,根据一定的使用环境条件并考虑到产品(或系统)的设计功能结构,按组成产品的组件、元器件、零部件的观察数据或外推的可靠性数据来预计产品可能达到的可靠性。这种对产品可靠性的初步预计,可向设计人员提供从理论上可以实现的可靠性估计值。因此,可靠性预计是可靠性设计工作的一个重要组成部分。

可靠性预计的目的和意义:

(1)在设计的早期阶段,可靠性预计可以通过预计作定量评判,了解设计任务所提出的可靠性指标是否能满足,是否已满足。

(2)可靠性预计可以发现哪些零部件或子系统是造成系统失效的主要因素,以找出薄弱环节,采取必要的改进措施。

(3)作为可靠性分配的基础,可靠性预计为系统可靠性指标分配提供依据和顺序。

(4)若通过设计证明按一般设计和选用元器件、零部件能达到可靠性要求,则可省掉许多不必要的关于可靠性方面的费用。

(5)用可靠性预计的结果来评估庞大系统,尤其是那些不可能做使用条件下的试验的系统(如人造卫星、导弹等),其预计的意义就更大了。

可靠性预计的一般步骤:首先确定元器件、零部件的可靠性;其次根据结构模型预计组件(或单元)的可靠性;最后综合出产品(或系统)的可靠性。

3.3.1 元件可靠性预计

元件可靠性预计是指通过收集大量元器件、零部件的使用数据用统计分析方法来确定它们的可靠性。一般来说,对于电子元器件采用应力分析法,对于机械零部件采用应力-强度干涉法和失效率模型法。

3.3.1.1 电子元器件应力分析法

元器件处于不同的应力水平有不同的失效率。应力分析法的原则:通过元器件应力分析得出与温度及负荷系数呈函数关系的基本失效率的数学模型,再考虑各种因素的影响,引进修正系数,称 π 系数,再由 π 系数与基本失效率相乘即得到元器件的使用失效率。其数学模型为

$$\lambda_p = \lambda_b (\pi_E \pi_R \pi_Q \cdots \pi_n) \tag{3-49}$$

式中　λ_p——器件使用失效率;

　　　λ_b——器件基本失效率,主要考虑电应力和温度应力对器件的影响;

　　　π_E——环境系数,指除温度外产品能正常工作的环境应力;

π_R——环境系数,取决于元器件的应用,表示线路功能应用影响的修正系数;

π_Q——质量系数,表示在制造和试验筛选过程中工艺质量的控制等级。

以上各个参数数据可以通过失效物理分析方法计算获得。使用式(3-49)的模型,通过各个因素的不同赋值,即可求得不同使用条件下的使用失效率。

例 3-9　分立半导体器件,其使用失效率 λ_p 的数学模型为

$$\lambda_p = \lambda_b (\pi_E \times \pi_R \times \pi_Q \times \pi_P \times \pi_{S_2} \times \pi_C)$$

式中　π_E——地面实验室环境为 1,车载为 5.8,导弹发射为 41,火炮发射为 690;

π_R——其值与电路形式有关,如线性电路为 1.5,开关电路为 0.7;

π_Q——特军级为 0.24,普军级为 1.2,市售的为 6.0,塑封器件为 12.0;

π_P——额定系数,与不同的额定值有关;

π_{S_2}——电压应力系数,与电压应力比 S_2 有关($S_2 =$ 外加电压/额定电压);

π_C——复杂度系数,指一个封装内有多个器件的影响,单晶体管为 1;

$$\lambda_b = A e^x$$

$$x = \left[\frac{N_T}{273 + T + (\Delta T)S} \right] + \left[\frac{273 + T + (\Delta T)S}{T_M} \right]^p$$

式中　　　　A——失效率换算系数;

N_T、T_M 和 P——形状参数;

T——适用的工作温度(℃)、环境温度或壳温;

ΔT——结电流为零时,最大允许温度和额定结电流时最大允许温度之差;

S——实际工作应力与额定应力之比。

不同类型元件在不同应用情况下类似上述的一些系数,都可从我国电子产品可靠性数据中心编制的《电子设备可靠性预计手册》中查到。

3.3.1.2　机械零部件失效率模型预计法

机械零部件失效率模型预计法与电子元器件应力分析法稍有不同。这里以电动机失效率模型为例,简要说明其基本原理。

例 3-10　功率在 1 hp(1 hp = 0.735 kW)以下的多相小功率电动机,它有轴承失效和绕组失效两种失效模式。但电动机的瞬时失效率是随时间而增加的,除非电动机在规定的工作时间之末进行更换,否则不能作恒定失效率处理。

电动机失效模型为

$$\lambda_P = \left(\frac{t^2}{a_B^3} + \frac{1}{a_w} \right) \times 10^6 \quad (10^{-6} \cdot h^{-1})$$

式中　λ_p——为平均失效率;

t——用户选择的工作时间,电动机工作到此时刻必须进行更换;

a_B——轴承的威布尔特性寿命,

$$a_B = \left\{ 10^{\left(2.534 - \frac{2\,357}{T + 273} \right)} + \left[10^{\left(20 - \frac{4\,500}{T + 273} \right)} + 300 \right]^{-1} \right\}^{-1}$$

式中　　T——环境温度(℃)；

　　　a_w——绕组的威布尔特性寿命，$a_w = 10^{\left(\frac{2\,357}{T+273} - 1.83\right)}$。

对于慢速转动的电动机，如低速同步电动机、旋转变压器，机械磨损不是很严重，则不必考虑轴承失效的模式。同步电动机及旋转变压器的失效率模型是

$$\lambda_p = \lambda_b (\pi_S \cdot \pi_M \cdot \pi_E) \quad (10^{-6} \cdot h^{-1})$$

式中　　λ_b——基本失效率，且

$$\lambda_b = 0.003\,5 \left(\frac{T+273}{354}\right)^{8.5}$$

式中　　T——机架温度，$T = 40 + $ 环境温度(℃)；

　　　π_S——同步电动机类型尺寸修正系数；

　　　π_M——同步电动机电刷修正系数；

　　　π_E——环境系数。

关于机械零部件可靠性预计方法，可参看上海工业自动化仪表研究所编制的《机械零件可靠性预计与设计》。

3.3.2　系统可靠性预计

系统可靠性与组成系统的单元数量、单元的可靠性以及单元之间的相互关系有关。此处单元相互关系主要是指功能关系，而不是单元之间的结构装配关系。

系统可靠性预计方法有分析法、模拟法两大类。分析法就是建立起系统的数学模型，然后进行数学运算；当系统很复杂，难以建立数学模型时，则采用模拟法(也叫蒙特卡罗方法)。

在工程上应用比较多的是数学模型法、界限法和布尔真值表法，以及其他一些近似的分析法，如图解法、相似法(设备相似法、功能相似法、元器件计数法)，等等。其中，数学模型法已经在本章第 1 节中介绍，下面主要讲解布尔真值表法和界限法。

3.3.2.1　布尔真值表法(状态枚举法)

有很多复杂的系统不能用上述几种典型的数学模型进行可靠度计算，而只能分析其成功和失效的各种状态，然后加以计算。

布尔真值表法就是将系统中各个单元的"正常"和"故障"的所有可能搭配的情况一一排列出来，然后将系统"正常"和"故障"状态分开，最后对系统进行可靠度计算，n 个单元有 2^n 个状态，且每个状态都相互独立。该方法适合较复杂系统。

现以图 3-11 所示桥式系统为例，说明布尔真值表法计算系统可靠度的方法。

系统中共有 A、B、C、D、E 五个单元，每个单元的故障状态用"0"表示，工作状态用"1"表

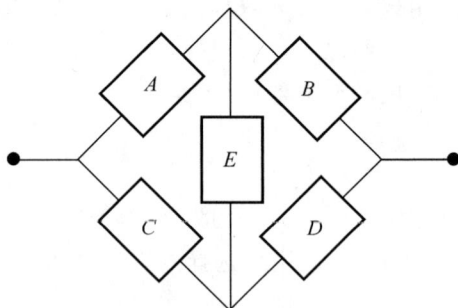

图 3-11　桥式系统可靠性框图

示,系统总共有 $2^5=32$ 种状态。把这 32 种状态以表格的形式列出,表 3-2 所示为桥式系统可靠度计算。

表 3-2　桥式系统可靠度计算

系统状态编号	单元工作状态 $A\ B\ C\ D\ E$	系统状态	正常概率	系统状态编号	单元工作状态 $A\ B\ C\ D\ E$	系统状态	正常概率
1	0 0 0 0 0	$F(5)$		17	1 0 0 0 0	$F(4)$	
2	0 0 0 0 1	$F(4)$		18	1 0 0 0 1	$F(3)$	
3	0 0 0 1 0	$F(4)$		19	1 0 0 1 0	$F(3)$	
4	0 0 0 1 1	$F(3)$		20	1 0 0 1 1	$S(3)$	0.03024
5	0 0 1 0 0	$F(4)$		21	1 0 1 0 0	$F(3)$	
6	0 0 1 0 1	$F(3)$		22	1 0 1 0 1	$F(3)$	
7	0 0 1 1 0	$S(2)$	0.003 36	23	1 0 1 1 0	$S(3)$	0.013 44
8	0 0 1 1 1	$S(3)$	0.030 24	24	1 0 1 1 1	$S(4)$	0.120 96
9	0 1 0 0 0	$F(4)$		25	1 1 0 0 0	$S(2)$	0.003 36
10	0 1 0 0 1	$F(3)$		26	1 1 0 0 1	$S(3)$	0.030 24
11	0 1 0 1 0	$F(3)$		27	1 1 0 1 0	$S(3)$	0.007 84
12	0 1 0 1 1	$F(2)$		28	1 1 0 1 1	$S(4)$	0.070 56
13	0 1 1 0 0	$F(3)$		29	1 1 1 0 0	$S(3)$	0.013 44
14	0 1 1 0 1	$S(3)$	0.030 24	30	1 1 1 0 1	$S(4)$	0.120 96
15	0 1 1 1 0	$S(3)$	0.007 84	31	1 1 1 1 0	$S(4)$	0.031 36
16	0 1 1 1 1	$S(4)$	0.070 56	32	1 1 1 1 1	$S(5)$	0.282 24

其中系统正常工作记为 $S(i)$,i 表示保证系统正常工作的单元个数。系统故障记为 $F(j)$,j 表示引起系统失效的单元个数。

当已知各单元的可靠度时,即可计算出系统每一状态下的概率,如状态序号 7 的系统正常的概率为

$$R_{s7}=P(\overline{AB}CD\overline{E})=(1-R_A)(1-R_B)R_CR_D(1-R_E)$$

若已知单元 A、B、C、D、E 的可靠度分别为 $R_A=0.8$,$R_B=0.7$,$R_C=0.8$,$R_D=0.7$,$R_E=0.9$,故

$$R_{s7}=(1-0.7)(1-0.8)\times0.8\times0.7\times(1-0.9)=0.003\ 36$$

同样可以用这些数计算出每一个 $S(i)$ 状态发生的概率,并填入表 3-2 中,而系统故障

状态的概率不必计算,因为其可靠度全部为零。把系统所有正常状态时概率(表3-2中最后一项)全部相加即可得系统的可靠度为

$$R_s = 0.003\ 36 + 0.030\ 24 + \cdots + 0.282\ 24 = 0.866\ 88$$

当系统故障状态 $F(j)$ 个数少于一半时,则可以先计算系统的不可靠度 F_s,然后由 $R_s = 1 - F_s$ 计算系统的可靠度。

布尔真值表法原理简单,容易掌握,但是当 n 较大时,计算量大,此时要借助于计算机进行计算。另外布尔真值表法只能求出系统在某时刻的可靠度,不能求得作为时间函数的可靠度函数。

3.3.2.2 界限法

本法适用于比较复杂的系统,难以利用数学模型法计算系统可靠度的真值。

系统的可靠性预计值将低于系统可靠性的上限,高于系统可靠性的下限。通过对系统可靠性模型的简化、近似,可分别求出系统可靠性的上限值 R_U 和下限值 R_L。然后,经过适当综合即可求得系统可靠性的预计值 R_s。

1. 上限值计算

当系统中的并联子系统可靠性很高时,可以认为这些并联部件或冗余部分的可靠度都近似于1,而系统失效主要是由串联单元引起的,因此在计算系统可靠度的上限值时,只考虑系统中的串联单元。在这种情况下,系统可靠度上限初始值的计算公式可按串联系统考虑并表达为

$$R_{U0} = R_1 R_2 \cdots R_m = \prod_{i=1}^{m} R_i \qquad (3-50)$$

式中　$R_1, R_2, \cdots, R_m$——系统中各串联单元的可靠度;

　　　　m——系统中的串联单元数。

这样求出的系统可靠性上限值当然要比系统可靠性的真值偏高。再考虑有一对(两个)并联单元失效的概率,并把这一概率从系统可靠性上限值中减去,以把上限值降低,更接近真值。

图3-12所示为六单元串并联系统可靠性框图,以该系统为例,当系统中单元 C 和 E、C 和 F、D 和 E、D 和 F 中任意一对并联单元失效,均将导致系统失效。发生这种情况的概率分别为 $R_A R_B F_C F_E$、$R_A R_B F_C F_F$、$R_A R_B F_D F_E$、$R_A R_B F_D F_F$。将它们相加便得到由于一对并联单元失效而引起系统失效的概率,因此,考虑一对并联单元失效对系统可靠度上限值的影响后,该系统可靠度上限值为

$$R_U = R_A R_B - R_A R_B (F_C F_E + F_C F_F + F_D F_E + F_D F_F)$$

写成一般形式为

$$R_U = \prod_{i=1}^{m} R_i - \prod_{i=1}^{m} R_i \sum_{(j,k) \in s} (F_j F_k) = \prod_{i=1}^{m} R_i \left[1 - \sum_{(j,k) \in s} (F_j F_k) \right] \qquad (3-51)$$

式中　m——系统中的串联单元数;

　　　　s——对并联单元同时失效而导致系统失效的单元对数;

　　　　$F_j F_k$——并联的两单元同时失效导致系统失效时,该两单元的失效概率之积。

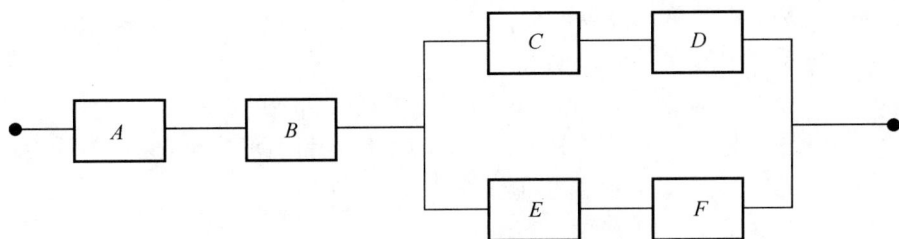

图 3-12　六单元串并联系统可靠性框图

2. 下限值计算

系统可靠度下限值的计算也要逐步进行。首先是把系统中的所有单元,不管是串联的还是并联的,都看成是串联的。这样,即可得出系统的可靠度下限初始值为

$$R_{L0} = \prod_{i=1}^{m} R_i \tag{3-52}$$

式中　R_i——系统中第 i 个单元的可靠度;

　　　n——系统中的单元总数。

在系统的并联子系统中如果仅有 1 个单元失效,系统仍能正常工作。有的并联子系统甚至允许有 2 个、3 个或更多的单元失效而不影响整个系统的正常工作。若考虑这些因素对系统可靠性的影响,则系统的可靠度下限值应按如下步骤进行计算

$$\left.\begin{aligned} R_{L1} &= R_{L0} + P_1 \\ R_{L2} &= R_{L0} + P_2 \\ &\cdots\cdots \end{aligned}\right\} \tag{3-53}$$

式中　P_1——考虑系统的并联子系统中有 1 个单元失效,系统仍能正常工作的概率;

　　　P_2——考虑系统的任一并联子系统中有 2 个单元失效,系统仍能正常工作的概率;

　　　……

对于图 3-12 所示系统,有

$$\begin{aligned} P_1 &= R_A R_B (F_C R_D R_E R_F + R_C F_D R_E R_F + R_C R_D F_E R_F + R_C R_D R_E F_F) \\ &= R_A R_B R_C R_D R_E R_F \left(\frac{F_C}{R_C} + \frac{F_D}{R_D} + \frac{F_E}{R_E} + \frac{F_F}{R_F} \right) \\ P_2 &= R_A R_B (F_C F_D R_E R_F + R_C R_D F_E F_F) \\ &= R_A R_B R_C R_D R_E R_F \left(\frac{F_C F_D}{R_C R_D} + \frac{F_E F_F}{R_E R_F} \right) \\ &\qquad\qquad\cdots\cdots \end{aligned}$$

写成一般式为

$$P_1 = \prod_{i=1}^{n} R_i \left(\sum_{j=1}^{n_1} \frac{F_j}{R_j} \right)$$

$$P_2 = \prod_{i=1}^{n} R_i \left(\sum_{(j,k) \in n_2} \frac{F_j F_k}{R_j R_k} \right) \tag{3-54}$$

　　　……

式中 n——系统中的单元总数;

    n_1——系统中的并联单元总数;

R_j，F_j——分别为单元 $j(j=1,2,\cdots,n_1)$ 的可靠度和不可靠度;

R_jR_k，F_jF_k——分别为并联子系统中的单元对的可靠度和不可靠度,这种单元对的两个单元同时失效时,系统仍能正常工作;

    n_2——并联子系统中的单元个数。

将式(3-54)代入式(3-53),得计算所用的系统可靠度下限值公式为

$$\left.\begin{aligned} R_{L1} &= \prod_{i=1}^{n} R_i \left(1 + \sum_{j=1}^{n_1} \frac{F_j}{R_j}\right) \\ R_{L2} &= \prod_{i=1}^{n} R_i \left(1 + \sum_{j=1}^{n_1} \frac{F_j}{R_j} + \sum_{(j,k)\in n_2} \frac{F_jF_k}{R_jR_k}\right) \\ &\cdots\cdots \end{aligned}\right\} \tag{3-55}$$

以此类推,可求出 R_{L3}，R_{L4}，$\cdots$。随着计算步数和考虑单元数增加,系统可靠度的上、下限值将逐渐接近。

3. 按上、下限值综合预计系统的可靠度

根据前面求得的系统可靠度上、下限值 R_U、R_L,可求出系统可靠度的单一预计值。根据经验,比较准确的方法是用几何平均值来计算:

$$R_s = 1 - \sqrt{(1-R_U)(1-R_L)}$$

采用界限法计算系统可靠度时,一定要注意使计算上、下限的基点一致,即如果计算上限值时只考虑了一个并联单元失效,则计算下限值时也必须只考虑一个单元失效;如果计算上限值时同时考虑了一对并联单元失效,那么计算下限值时也必须如此。

3.3.3 电子设备可靠性预计

电子设备的可靠性预计是有层次的,是随着设计的进展而采用不同的方法,主要取决于系统设计所能提供数据的详细程度、类似设备和元器件可利用的数据,以及各个设计阶段对可靠性所要求的程度。随着系统设计的进展,可靠性的程度变得越来越详细、精确。电子设备可靠性预计方法很多,常用的有相似法、元器件计数法和应力分析法(该种方法前面已叙述)。

3.3.3.1 相似法

一种新产品或一台新设备都是在旧的产品或设备基础上改进发展而来,有一些元器件、零部件是相同的或相似的,产品和设备有相似的特点,所以旧的产品或设备的可靠性参数对于新产品和设备的设计是十分宝贵的资料。相似法就是利用新旧产品相似的特点,以旧产品可靠性指标为依据,预计新产品的可靠性指标,包括相似设备法和相似电路法。

1. 相似设备法

相似设备法就是根据经验,将新设计的设备和已知可靠性的设备进行比较,从而简单估

计可能达到的可靠性水平。估计值的精确度取决于历史数据的质量及设备的相似程度。这是一种在设计的方案阶段用于预计产品可靠性的方法。其基本思想是找出设备缺陷与失效率的关系以及设备件数的影响,快速进行预计。

设旧设备失效率与固有缺陷有如下比较关系:

$$\lambda_0 = kd_0$$

式中 λ_0——旧设备失效率;

k——关系常数;

d_0——旧设备固有缺陷。

若能预计出新设备的各种缺陷总数为

$$d_n = (d_i + d - d_e)$$

式中 d_i——原有缺陷数;

d——新引入缺陷数;

d_e——已排除缺陷数。

则预计新设备的失效率为

$$\lambda_n = kd_n = k(d_i + d - d_e) \tag{3-56}$$

除根据缺陷预计之外,还要考虑新旧设备零部件数量的影响。一般来说,新的设备要比旧的设备复杂一些,部件数也多一些,设备失效率也就会高一些。为此引入一个相对部件数之比

$$C_i = \frac{N_n}{N_0}$$

式中 N_n——新设备部件数;

N_0——旧设备部件数。

预计新设备失效率为

$$\lambda_n = \lambda_0 C_i = \lambda_0 \frac{N_n}{N_0} \tag{3-57}$$

在采用设备相似法时,应遵循下列步骤:

(1)根据通用设备的类型、使用条件及其他特性规定新设备的功能、任务时间、使用条件等具体内容。

(2)选择与新设备相似的现存设备,以备比较。

(3)收集相似设备在任务期间内发生的失效模式、失效率等数据。

(4)对新设备进行预计。

2. 相似电路法

某些电子设备的基本电路是相同的,新旧设备在电路的数量上是不相同的。例如,电视机总是由公用通道、伴音通路、解码电路、扫描电路等组成。新旧电视机功能不同,在电路数量上会有不同。如果根据实验或历史资料掌握电路的失效率,那么就可以预计新设备的失效率:

$$\lambda_N = \sum_{i=1}^{n} \lambda_i N_i \tag{3-58}$$

式中 λ_N——设备失效率；

λ_i——第 i 种电路的失效率；

N_i——第 i 种电路的数目。

这是一种比较快速但粗略的预计方法，它的作用是一开始设计，就把提高系统可靠性的技术措施贯彻到工程设计中去，以免事后被迫更改设计。

3.3.3.2 元器件计数法

该法用于初步设计阶段，使用时要考虑采用的每一类型的元器件的种类和数量，该类元器件的基本失效率和质量水平，以及设备的环境条件。

设备失效率可通过下式计算：

$$\lambda_S = \sum_{i=1}^{n} N_i (\lambda_{Gi} \cdot \pi_{Qi}) \tag{3-59}$$

式中 λ_S——设备失效率；

λ_{Gi}——第 i 种基本元器件的基本失效率；

π_{Qi}——第 i 种基本元器件的质量系数；

N_i——第 i 种元器件的数量；

n——不同的基本元器件种类的数目。

若设备是在同一环境下工作的，则可直接使用式(3-59)表达。如果设备是由几个单元组成的，而且各单元的工作环境也不同(例如机载武器系统由几个单元组成，其中某些单元处于舱内，有些单元则可能是挂在机舱外)，那么每一环境中的单元应该按式(3-59)计算，然后将这些单元的工作失效率相加，求出设备总的失效率。

例 3-11 表 3-3 所示为一台稳压电源的各类元器件的品种和数量，并且规定质量系数均为 $\pi_{Qi}=1$，试求失效率和 100 h 的可靠度。

解：

$$\lambda_S = \sum_{i=1}^{n} N_i (\lambda_{Gi} \cdot \pi_{Qi}) = 8.709 \times 10^{-6} \text{ h}^{-1}$$

$$R(100) = e^{-\lambda t} = e^{-0.000\,008\,7 \times 100} = 0.999\,1$$

表 3-3 稳压电源元器件表

元器件名称	数量 N_i	失效率 $\lambda_{Gi}/(10^{-6} \cdot \text{h}^{-1})$	该元器件总失效率 $N_i \lambda_{Gi}$
炭膜电阻器	10	0.003 2	0.032
固体钽电容器	4	0.026	0.104
电源变压器	1	0.053	0.053
硅 PNP 晶体管	1	1.7	1.7
硅 NPN 晶体管	3	0.98	2.94
通用二级管	6	0.36	2.16
稳压二级管	2	0.86	1.72

3.3.4　基于应力-强度干涉理论的系统可靠性建模

本部分内容是基于应力-强度干涉理论的系统可靠性建模讨论的。关于应力-强度干涉理论的内容在第 6 章将进行详细介绍,读者可以在了解了第 6 章内容后再探讨本部分内容。

应力-强度干涉模型不仅可以应用于机械零部件的可靠性分析,而且可以应用于系统的可靠性建模,直接在系统层进行应力与强度的干涉。

3.3.4.1　基于系统级应力-强度干涉的系统可靠性模型

传统的系统可靠性模型基本上都是在各零部件或单元失效相互独立的假设下建立的。而实际上大多数系统并不是独立失效系统,对于机械装备和系统更是如此。在核电站、航空航天等高可靠性要求的系统中,发生相关失效的部件大多数是机械设备。对机械系统而言,"相关"是其失效的普遍特征,忽略系统的失效相关性,简单地在系统各部分失效相互独立的假设下进行系统可靠性分析与计算,常常会导致较大的误差甚至错误。

对于串联系统,当各零部件或单元之间的失效完全独立时,由 3.1.2 节可知系统可靠度为

$$R_s = \prod_{i=1}^{n} R_i$$

当各零部件或单元的失效完全相关时,由于只要系统中任一个零部件或单元发生失效,串联系统就不能正常工作,系统能否正常工作将取决于可靠性最差的单元,此时串联系统的可靠度为

$$R_s = \min_{i=1,2,\cdots,n} (R_i) \tag{3-60}$$

对于并联系统,当各零部件或单元之间的失效完全独立时,由 3.1.2 节可知系统可靠度为

$$R_s = 1 - \prod_{i=1}^{n} [1 - R_i]$$

当各零部件或单元的失效完全相关时,由于只要系统中任一个零部件或单元不发生失效,并联系统就可以正常工作,系统能否正常工作将取决于可靠性最好的单元,此时并联系统的可靠度为

$$R_s = \max_{i=1,2,\cdots,n} (R_i) \tag{3-61}$$

实际中,由于各零部件或单元之间存在不同程度的失效相关性,系统的真实可靠度介于失效完全独立时和失效完全相关时的可靠度之间,即

串联系统:

$$\prod_{i=1}^{n} R_i \leqslant R_s \leqslant \min_{i=1,2,\cdots,n} (R_i) \tag{3-62}$$

并联系统:

$$\max_{i=1,2,\cdots,n} (R_i) \leqslant R_s \leqslant 1 - \prod_{i=1}^{n} [1 - R_i] \tag{3-63}$$

通常,系统中各零部件或单元之间的失效相关程度取决于载荷(或应力)的不确定性与强度的不确定性。下面在不作各零部件或单元失效相互独立假设的条件下,直接在系统层

运用应力-强度干涉理论,通过在可靠性建模过程中引入条件可靠度,利用全概率公式建立串联系统和并联系统的可靠性模型。

当载荷为确定值时的系统可靠度称为对应该确定载荷的条件可靠度。假设系统由 n 个相同零部件组成,零部件的强度 δ 的概率密度函数和累积分布函数分别用 $f_\delta(\delta)$ 和 $F_\delta(\delta)$ 表示。当载荷为确定值 s 时,系统的条件可靠度可表示为

串联系统:

$$R_s(s) = \left[\int_s^{+\infty} f_\delta(\delta)\mathrm{d}\delta\right]^n = [1 - F_\delta(s)]^n \qquad (3-64)$$

并联系统:

$$R_s(s) = 1 - \left[\int_{-\infty}^s f_\delta(\delta)\mathrm{d}\delta\right]^n = 1 - [F_\delta(s)]^n \qquad (3-65)$$

当载荷 s 为随机变量时,其累积分布函数和概率密度函数分别用 $F_s(s)$ 和 $f_s(s)$ 表示,根据全概率公式,系统可靠度可表示为

串联系统:

$$R_s(s) = \int_{-\infty}^{+\infty} \left[\int_s^{+\infty} f_\delta(\delta)\mathrm{d}\delta\right]^n f_s(s)\mathrm{d}s = \int_{-\infty}^{+\infty} [1 - F_\delta(s)]^n f_s(s)\mathrm{d}s \qquad (3-66)$$

并联系统:

$$R_s(s) = \int_{-\infty}^{+\infty} \left\{1 - \left[\int_{-\infty}^s f_\delta(\delta)\mathrm{d}\delta\right]^n\right\} f_s(s)\mathrm{d}s = \int_{-\infty}^{+\infty} \left\{1 - [F_\delta(s)]^n\right\} f_s(s)\mathrm{d}s \qquad (3-67)$$

3.3.4.2 以载荷作用次数为寿命度量指标的系统可靠性模型

在工程实际中存在相当一部分零部件和系统是以使用次数或加载次数作为其寿命度量指标的,为了更好地对这类产品进行可靠性分析,有必要发展和建立以载荷作用次数为寿命度量指标的可靠性建模方法。因此,接下来以应力-强度干涉模型为基础,以载荷作用次数为寿命度量指标,建立载荷多次作用时的零部件时变可靠性模型。

1. 强度不退化时的系统时变可靠性模型

在系统可靠性分析过程中,当所关心的失效模式对应的强度不发生变化或变化很小时,便可以忽略强度退化对系统可靠性的影响。设系统(等效)强度的累积分布函数和概率密度函数分别为 $F_e(\delta)$ 和 $f_e(\delta)$,应力 s 的累积分布函数和概率密度函数分别为 $F_s(s)$ 和 $f_s(s)$,在不考虑载荷作用次数的情况下,系统的可靠性模型可统一表示为

$$R_s = \int_{-\infty}^{+\infty} f_s(s) \int_s^{+\infty} f_e(\delta)\mathrm{d}\delta\mathrm{d}s = \int_{-\infty}^{+\infty} f_s(s) [1 - F_e(s)]\mathrm{d}s = \int_{-\infty}^{+\infty} f_e(\delta) [F_s(\delta)]\mathrm{d}\delta$$

$$(3-68)$$

以 n 个相同零部件组成的系统为例,在强度不发生退化或退化不明显的情况下,随机载荷作用 w 次时的等效应力的概率密度函数 $f_x(s)$ 和累积分布函数 $F_x(s)$ 可以分别表示为

$$f_x(s) = w [F_s(s)]^{w-1} f_s(s) \qquad (3-69)$$

$$F_x(s) = [F_s(s)]^w \qquad (3-70)$$

将式(3-69)和式(3-70)代入式(3-68)可以得到载荷作用 w 次时系统的可靠度计算模型

$$R(w) = \int_{-\infty}^{+\infty} w \left[F_s(s)\right]^{w-1} f_s(s) \left[1 - F_e(s)\right] \mathrm{d}s = \int_{-\infty}^{+\infty} f_e(\delta) \left[F_s(\delta)\right]^w \mathrm{d}\delta \qquad (3-71)$$

对于由 n 个相同零部件组成的系统,将其等效强度的概率密度函数或累积分布函数代入式(3-71)中可以得到强度不退化时以载荷作用次数为寿命度量指标的串联系统、并联系统时变可靠性模型

$$R_{\mathrm{ser}}(w) = \int_{-\infty}^{+\infty} n \left[1 - F_\delta(\delta)\right]^{n-1} f_\delta(\delta) \left[F_s(\delta)\right]^w \mathrm{d}\delta \qquad (3-72)$$

$$R_{\mathrm{par}}(w) = \int_{-\infty}^{+\infty} n \left[F_\delta(\delta)\right]^{n-1} f_\delta(\delta) \left[F_s(\delta)\right]^w \mathrm{d}\delta \qquad (3-73)$$

2. 强度退化时的系统时变可靠性模型

在工程实际中,机械零部件与系统的大多数失效模式所对应的强度会随着使用寿命的增加而逐渐降低,对这些失效模式而言,零部件的强度显然会随着使用寿命而逐渐降低,即剩余强度不断变化。以疲劳失效模式为例,在载荷幅值恒定不变或波动较小的情况下,可近似地认为零部件的剩余强度仅与载荷幅值(或其均值)的大小以及载荷作用次数有关。

当载荷的均值 $\bar{s}$ 一定且变异系数(载荷标准差与其均值的比值)较小时,可以得到载荷作用 w 次后系统的剩余强度 $\delta_{s(w)}$:

$$\delta_{s(w)} = \delta_s - (\delta_s - \bar{s}) \left(\frac{w}{N_{\bar{s}}}\right)^c \qquad (3-74)$$

式中 $N_{\bar{s}}$——载荷的均值 $\bar{s}$ 所对应的疲劳寿命。

假定系统初始强度 δ_s 为确定值,事件 A_w 表示零部件在经历载荷作用第 $w-1$ 次后不发生失效的前提下,在载荷作用第 w 次时仍不发生失效。则事件 A_w 发生的概率可以表示为

$$P(A_w \mid \delta_s) = \int_{-\infty}^{\delta_{s(w-1)}} f_s(s) \mathrm{d}s = F_s(\delta_{s(w-1)}) \qquad (3-75)$$

进一步,载荷作用 w 次时系统的可靠度 $R_s(w \mid \delta)$ 可以表示为

$$R_s(w \mid \delta_s) = R_s(w-1 \mid \delta_s) P(A_w \mid \delta_s) = \prod_{i=1}^{w} P(A_i \mid \delta_s) \qquad (3-76)$$

综合式(3-74)~ 式(3-76),可以得到

$$R_s(w \mid \delta_s) = \prod_{i=1}^{w} F_s(\delta_s, i-1) \qquad (3-77)$$

通常,由于材料性能分散性、工艺过程不稳定性等因素的影响,零部件初始强度会存在不同程度的分散性,则由零部件组成的系统的初始强度也有一定的分散性。当初始强度 δ_s 用概率密度函数为 $f_\delta(\delta_s)$ 的随机变量表示时,根据全概率公式,在强度发生退化的情况下载荷作用 w 次时系统可靠度为

$$R_s(w \mid \delta_s) = \int_{-\infty}^{+\infty} f_\delta(\delta_s) \prod_{i=1}^{w} F_s(\delta_s, i-1) \mathrm{d}\delta_s \qquad (3-78)$$

式(3-78)为强度退化时以载荷作用次数为寿命度量指标的系统时变可靠性模型的统一表达式。将其等效强度的概率密度函数或累积分布函数代入式(3-78)中可以得到强度

退化时以载荷作用次数为寿命度量指标的串联系统、并联系统时变可靠性模型：

$$R_{ser}(w) = \int_{-\infty}^{+\infty} n \left[1 - F_\delta(\delta)\right]^{n-1} f_\delta(\delta) \prod_{j=1}^{w} F_s(\delta, j-1) \, d\delta \qquad (3-79)$$

$$R_{par}(w) = \int_{-\infty}^{+\infty} n \left[F_\delta(\delta)\right]^{n-1} f_\delta(\delta) \prod_{j=1}^{w} F_s(\delta, j-1) \, d\delta \qquad (3-80)$$

习　　题

1. 某滤波器是由一个电感 L 和两个电容 C_1、C_2 串联组成的，在电容器不存在开路失效现象的情况下，设电感器的可靠度为 $R_L = 0.8$，两个电容器的可靠度分别为 $R_{C_1} = 0.95$，$R_{C_2} = 0.99$，试求该滤波器的可靠度。

2. 某高压锅的双保险装置由金属安全塞和橡胶安全塞并联组成。设金属安全塞的可靠度为 $R_1 = 0.9$，橡胶安全塞的可靠度为 $R_2 = 0.8$，则在超过压力情况下进行排气的可靠度为多少？

3. 当系统可靠度要求为 $R_s = 0.729$ 时，选用 3 个复杂程度相似的元件串联工作，则每个元件应该分配到的可靠度是多少？若系统要求可靠度为 $R_s = 0.8$，今用 3 个相同的元件并联工作，则元件可靠度又是多少？

4. 一个由 3 个元件组成的串联系统，其各自的预计失效率分别为 $\lambda_1' = 0.006 \ h^{-1}$，$\lambda_2' = 0.003 \ h^{-1}$，$\lambda_3' = 0.001 \ h^{-1}$，要求工作 20 h 时系统可靠度 $R_s = 0.90$，试给各元件分配适当的可靠度。

5. 一个由电动机、皮带传动及单级齿轮减速器组成的传动系统，各单元所含的重要零件数是：电动机 $N_1 = 6$，皮带传动 $N_2 = 4$，减速器 $N_3 = 10$，系统的重要零件数 $N = 20$。若要求工作时间 $T = 1\ 000 \ h$ 时系统的可靠度为 0.95，试将可靠度分配给各单元。

6. 一个两级齿轮减速器的 4 个齿轮预计的可靠度分别是 $R_A = 0.89$，$R_B = 0.96$，$R_C = 0.90$，$R_D = 0.97$。各齿轮的费用函数相同，其他零件的可靠度近似取 1.0，要求系统的可靠度为 $R_s = 0.82$，在基于费用的前提下对 4 个齿轮分配可靠度。

7. 一种飞机由 2 台发动机组成，另一种飞机由 4 台发动机组成。如各台发动机的故障是相互独立的，其发生故障的概率都相等。若使飞机能持续航行，至少需要有半数的发动机能够工作。求两种飞机的工作可靠性，并比较上述两种飞机哪种较为可靠？

第4章 可靠性分析方法及其应用

可靠性分析是利用归纳、演绎的方法对可能发生的故障进行研究,研究失效(故障)的原因、后果和影响及严重程度,从而为设计提供改进建议。可靠性分析的对象就是故障或故障事件。分析方法很多,最常用的方法就是故障模式、影响及致命度分析(Failure Mode, Effect and Criticality Analysis,FMECA)和故障树分析(Fault Tree Analysis,FTA)。

4.1 故障模式、影响及致命度分析(FMECA)

4.1.1 FMECA概述

FMECA是分析产品中每一个可能的故障模式并确定其对该产品及上层产品所产生的影响,并对每一个故障模式按其影响的严重程度、同时考虑故障模式发生概率与故障危害程度予以分类的一种分析技术。

FMECA的目的是通过系统分析,确定元器件、零部件、设备、软件在设计和制造过程中所有可能的故障模式,以及每一个故障模式的原因及影响,以便找出潜在的薄弱环节,并提出改进措施。

FMECA由故障模式与影响分析(FMEA)和危害性分析(CA)两部分构成。CA是对FMEA的补充和扩展,只有进行FMEA,才能进行CA。FMEA的目的在于分析产品中每个潜在的故障模式的可能影响,并将每个故障模式按照严酷度分类。FMEA可以定性地找出产品所有可能的故障模式及其影响,及早发现设计、工艺过程中的缺陷环节,以便采取相应的改进、补偿措施。CA按每一故障模式的严重程度和该故障模式发生的概率所产生的综合影响对系统中的产品分类,以便全面评价系统中各种可能出现的产品故障的影响。

FMEA技术起源于20世纪50年代,美国格鲁门飞机公司在研制飞机主操纵系统时采用了该方法,虽然未进行CA,但仍然取得了良好的效果。20世纪70年代,FMECA技术开始形成各种标准,20世纪90年代后,FMECA在国外已经形成一套科学而完整的分析方法。20世纪80年代初期,FMECA的概念和方法逐渐被国内接受。目前在航空、航天、兵器、舰船、电子、机械、汽车、家用电器等工业领域,FMECA方法均得到了一定程度的普及,为保证产品可靠性发挥了重要作用。

FMECA方法可概括为两大类,即"自下而上"的FMECA方法、"上下综合"的FMECA方法。所谓自下而上,指的是FMECA方法通过每一个可能的故障模式来推导、确定其对上层产品所产生的影响,相应地,有"自上而下"的故障树分析方法(FTA)。其中"自下而上"的 FMECA 方法又可分为设计 FMECA、过程 FMECA;"上下综合"的 FMECA 方法包括 FMECA 与故障树分析(FTA)和事件树分析(ETA)相结合的分析方法。图 4 – 1 为 FMECA 方法分类示意图。

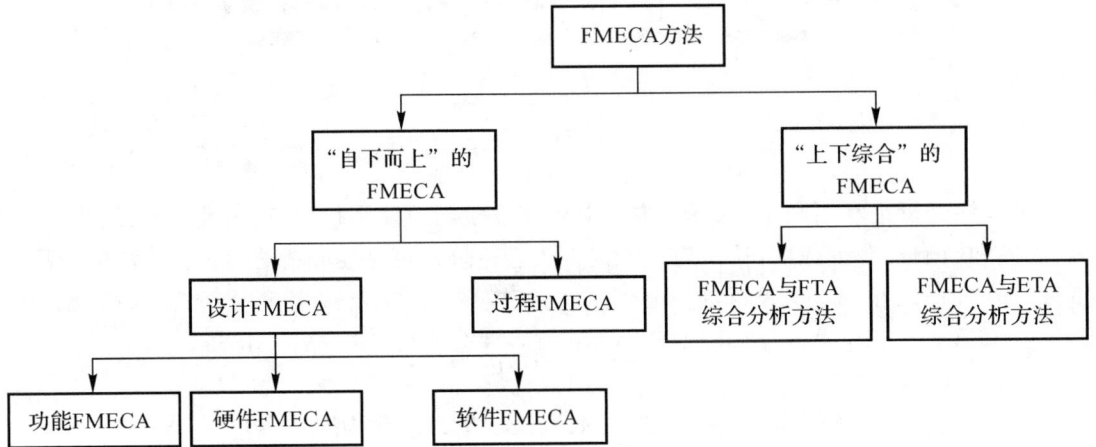

图 4 – 1 FMECA 方法的分类示意图

4.1.2 FMECA 的基本步骤

FMECA 的基本步骤包括 3 个部分:系统定义、FMEA 分析以及 CA 分析,如图 4 – 2 所示。

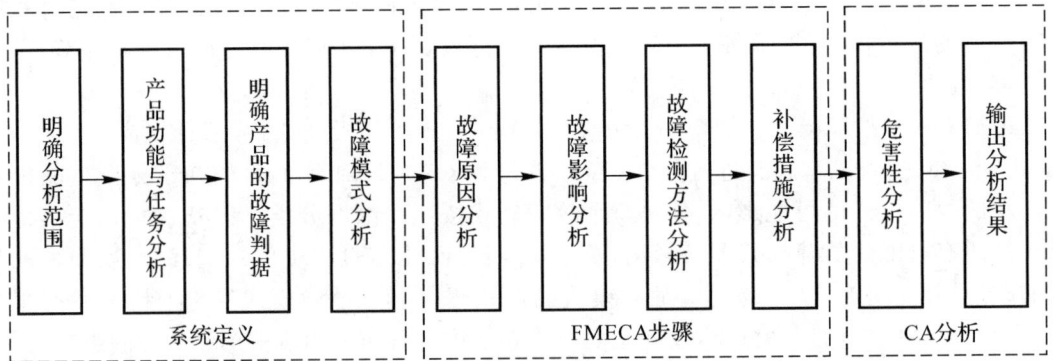

图 4 – 2 FMECA 的基本步骤

4.1.2.1 系统定义(定义约定层次)

在对产品实施 FMECA 时,应明确分析对象的约定层次。定义约定层次的目的是明确分析对象,以便考虑某一层次产品故障模式对其他各层产品包括最终产品的影响。各约定层次的定义如下:

(1)约定层次:按产品的功能关系或复杂程度划分的产品功能层次或结构层次,一般从比较复杂的系统到比较简单的零部件进行划分。

（2）初始约定层次：进行 FMECA 完整的产品所在的层次，是约定的产品的第一分析层次，是层次中的最顶层。

（3）最低约定层次：层次中最底层的产品所在的层次，最低约定层次决定了 FMECA 工作进行的深入程度。

（4）其他约定层次：在初始约定层次和最低约定层次之间的其他的约定层次。

约定层次的划分是进行 FMECA 工作的基础，在同一产品的不同研制阶段，由于 FMECA 工作的目的和重点不同，对于约定层次的划分也不尽相同。即使是同一研制阶段，也应根据功能或结构的实际特点和工作要求来进行约定层次的划分。在划分约定层次时，应注意以下问题：

（1）分析复杂产品时，应首先将被分析的装备定义为"初始约定层次"，并制定出最低约定层次的划分原则。约定层次划分得越细，FMECA 的工作量就越大。

（2）对于采用成熟设计、继承性较好，可靠性、维修性和安全性验证良好的产品，其约定层次可划分得简略一些，反之就应该划分得细致一些。

（3）在确定"最低约定层次"时，可参照约定的或预定的维修级别上的产品层次作为"最低约定层次"。

（4）每个约定层次的产品都应有明确定义，包括功能、故障判据、故障影响等。划分完约定层次后，应从下至上按约定层次进行分析，直至"初始约定层次"相邻的下一个层次为止。

4.1.2.2　FMEA 分析

FMEA 的基本方法是按照 FMEA 表进行逐项分析并填表，其典型格式如表 4-1 所示。

表 4-1　FMEA 表典型格式

初始约定层次产品：＿＿＿＿＿　　任务：＿＿＿＿＿　　审核：＿＿＿＿＿　　第＿＿＿页 共＿＿＿页

约定层次产品：＿＿＿＿＿　　分析人员：＿＿＿＿＿　　批准：＿＿＿＿＿　　填表日期＿＿＿＿＿

代码	产品或功能标志	功能	故障模式	故障原因	任务阶段与工作方式	故障影响			严酷度类别	故障检测方法	设计改进和使用补偿措施	备注
						局部影响	高一层次影响	最终影响				

（1）代码：根据产品的功能及结构分解或所划分的约定层次，制定产品的编码体系，有关编码体系的制定可查询相关的国家标准。

（2）产品或功能标志：该层次对应的产品名称或者划分的功能标志。

（3）功能：应给零部件所执行的功能编写一个简要说明，这个说明既要包括零部件的固有功能，也应包括其有关接口设备的相互关系。

（4）故障模式：故障模式是"故障的表现形式，如短路、开路、断裂、过度耗损等"。一般研究故障模式时，往往从现象入手，进而从现象（故障模式）找出故障原因。故障模式是

FMECA 分析的基础,也是其他故障分析(如 FTA、ETA 等)方法的基础。

对不同的产品,选用不同的方法获取故障模式。一般可以通过统计、试验、分析、预测和参考相似产品等方法获取不同产品类型的故障模式。

对于新研制的产品,可根据该产品的功能原理和结构特点进行分析、预测,进而得到该产品的故障模式,或以与该产品具有相似功能和相似结构的产品所发生的故障模式作为基础,分析判断该产品的故障模式;对于采用现有的产品,可从该产品在过去的使用中所发生的故障模式为基础进行修正得到该产品的故障模式;对于常用电子元器件、零组件产品,可从国内外某些标准、手册(例如 GJB/Z299C《电子设备可靠性设计手册》、MIL－HDBK－338《电子设备可靠性设计手册》或 MIL－HDBK－217F《电子设备可靠性预计手册》等)中确定其故障模式;另外,可以参考表 4－2 所列的典型故障模式。

表 4－2　典型故障模式(较详细的)

序　号	故障模式	序　号	故障模式	序　号	故障模式	序　号	故障模式
1	结构故障(破损)	12	超出允差(下限)	23	滞后运行	34	折断
2	捆结或卡死	13	意外运行	24	输入过大	35	动作不到位
3	振动	14	间歇性工作	25	输入过小	36	动作过位
4	不能保持正常位置	15	漂移性工作	26	输出过大	37	不匹配
5	打不开	16	错误指示	27	输出过小	38	晃动
6	关不上	17	流动不畅	28	无输入	39	松动
7	误开	18	错误动作	29	无输出	40	脱落
8	误关	19	不能关机	30	(电的)短路	41	弯曲变形
9	内部漏泄	20	不能开机	31	(电的)开路	42	扭转变形
10	外部漏泄	21	不能切换	32	(电的)参数漂移	43	拉伸变形
11	超出允差(上限)	22	提前运行	33	裂纹	44	压缩变形

(5)故障原因:产品故障原因可能是产品自身"引起故障的物理的、化学的、生物的或其他的过程"的直接原因,也可能是外部原因(如设计、制造、试验、测试、装配、运输、使用、维修、环境和人为因素等)而引起的间接原因。

(6)任务阶段与工作方式:该层次产品所处的任务阶段与工作方式。

(7)故障影响:故障影响的级别是按照约定层次进行划分的,其形式有多种,但国内外使用较多的是国军标 GJB/Z 1391—2006、美军标 MIL－STD－1629A 推荐的"三级故障影响"(局部影响、高一层次影响和最终影响)。

1)局部影响:某产品的故障模式对产品自身或所在约定层次产品的使用、功能或状态的影响。局部影响是描述故障模式对被分析产品局部产生的后果,例如某电路模块中某电阻"开路",其局部影响就是"电流不能通过该电阻"。局部影响也可能就是故障模式本身。

2)高一层次影响:某产品的故障模式对该产品的在约定层次的紧邻上一层次产品的使用、功能或状态的影响。例如电阻"开路"对高一层次影响,就是"该模块无输出"。

3)最终影响:某产品的故障模式对初始约定层次产品的使用、功能或状态的影响。最终影响是故障影响逻辑分析的终点,是划分严酷度、确定设计改进与使用补偿措施的依据。例如,该电路模块装在某装备上,电阻"开路"就是对该装备的故障影响。

(8)严酷度等级(故障后果等级):严酷度是故障模式所产生后果的等级。它是表示某个故障模式对产品最坏潜在后果的一个度量。它的划分应依据该故障模式对"初始约定层次"最终可能出现的人员伤亡、任务失败、产品损坏(或经济损失)和环境损坏等方面的影响程度进行确定的。

严酷度类别的划分有若干种类或形式。常用的武器装备严酷度类别有 4 类(见表 4 - 3):Ⅰ类(灾难的)、Ⅱ类(致命的)、Ⅲ类(中等的)、Ⅳ类(轻度的)。对非武器装备的产品,可参考上述原则,根据产品特点定义其严酷度的类别。

表 4 - 3　常用的武器装备严酷度类别及其定义

严酷度类别	严酷度定义
Ⅰ类(灾难的)	引起人员死亡或产品(如飞机、坦克、导弹及船舶等)毁坏及重大环境损害
Ⅱ类(致命的)	引起人员的严重伤害,或重大经济损失,或导致任务失败、产品严重毁坏及严重环境损害
Ⅲ类(中等的)	引起人员的中等程度伤害,或中等程度的经济损失,或导致任务延误或降级、产品中等程度损坏及中等程度的环境损害
Ⅳ类(轻度的)	不足以导致人员伤害,或轻度经济损失,或产品轻度损坏及轻度的环境损害,但会导致非计划性维护或修理

(9)故障检测方法:针对每个故障模式、原因、影响及严重程度等因素,综合分析、检测该故障模式的可行性,以及检测的方法、手段或工具。故障检测方法一般包括原位检测、离位检测等,故障检测手段有目视检查、机内测试(BIT)、自动传感装置检测、传感仪器检测、声光报警装置检测、显示报警装置检测、遥测等。

(10)设计改进和使用补偿措施:设计改进和使用补偿措施分析目的是针对每一故障模式的影响在设计与使用方面采取了哪些措施,以消除或减轻故障影响,进而提高产品的可靠性。设计改进措施的主要内容:冗余、安全或保险装置、替换的工作方式、可以消除或减轻故障影响的设计或工艺改进等。

分析人员要认真进行调查研究,提出在设计改进与使用方面的有效补偿措施,以保证产品的可靠性和安全性。在工程实际中,应尽量避免在填写 FMEA 表中"设计改进措施""使用补偿措施"栏时均填"无"。

FMEA 工作的输出主要是提供 FMEA 报告及相关资料。若再进行危害性分析(CA),则输出内容是提交 FMECA 报告。

表 4 - 1 中的"初始约定层次产品"处填写"初始约定层次"的产品名称;"约定层次产品"处则填写正在被分析的产品紧邻的上一层次产品名称,当"约定层次"的级数较多(一般大于

3 级)时,应从下至上按"约定层次"的级别不断分析,直至"约定层次"为"初始约定层次"相邻的下一级时,才构成一套完整的 FMEA 表;"任务"处填写"初始约定层次"所需完成的任务。若"初始约定层次"有不同的任务,则应分开填写 FMEA 表。

示例:某型号军用飞机升降舵系统的功能是保证飞机的纵向操纵性。它是由安定面支承、轴承组件、扭力臂组件、操纵组件、配重和调整片组成的,现对其进行 FMEA 分析。首先根据其零部件的组成和结构、功能,结合 FMEA 分析的需要,对其进行系统约定层次的划分,如图 4-3 所示。

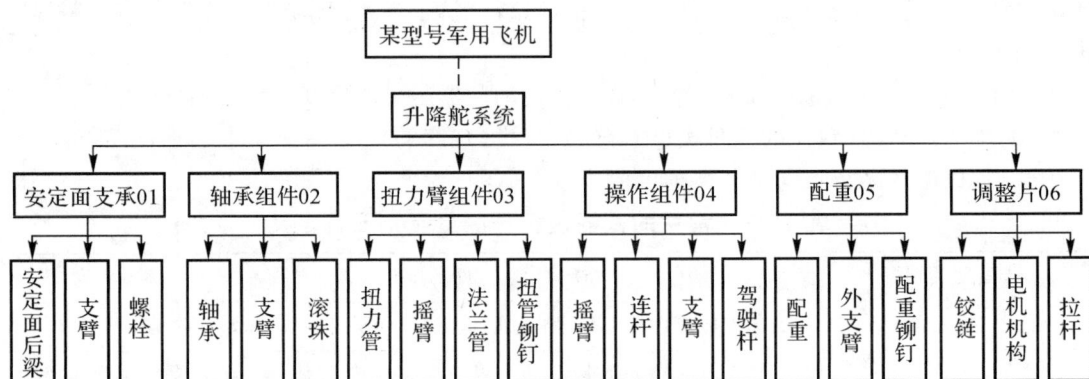

图 4-3 某型号军用飞机升降舵系统约定层次

接下来,按照 FMEA 表中的各项内容,依次对升降舵零、组件产品进行 FMEA 分析,包括故障判据、故障模式、故障影响以及严酷度等级等。表 4-4 所示为分析后的部分 FMEA 表。

表 4-4 某型号军用飞机升降舵系统 FMEA 表(部分)

初始约定层次产品:某型号军用飞机 任务:__飞行__ 审核:_____ 第____页 共__页
约定层次产品:__升降舵系统__ 分析人员:_____ 批准:_____ 填表日期_____

代码	产品或功能标志	功能	故障模式	故障原因	任务阶段与工作方式	故障影响 局部影响	故障影响 高一层次影响	故障影响 最终影响	严酷度类别	故障检测方法	设计改进和补偿措施	备注
01	安定面支承	支承降升舵	安定面后梁变形过大	刚度不够	飞行	安定面后梁变形超过允许范围	升降舵转动卡滞	损伤飞机	II	无	增加结构抗弯强度	
			支臂裂纹	疲劳	飞行	故障征候	故障征候	影响任务完成	III	目视检查或无损探伤	增加抗疲劳强度	
			螺栓锈蚀	长期使用	飞行	故障征候	影响很小	无影响	IV	目视检查	定期更换、维修	

4.1.2.3　危害性分析(CA)

在 FMEA 基础上进行危害性分析(CA),其目的是按每个故障模式的严酷度类别及其发生的概率所产生的综合影响进行划等分类,并进行优先排序,以全面评价各种可能出现的故障模式的影响,并遵从以下原则:按危害度的大小进行优先排序,尽量采取有效措施消除危害度高的故障模式,并对其他危害度不同的故障模式也采取相应的控制措施。例如,在有关部位增设保护装置、监测装置或告警装置等,当无法消除危害度高的故障模式时,应尽可能从设计、使用和维修等方面去减少其危害的程度,当上述两项措施均无效时,则只能更改产品设计。

近些年来,国内外开展 FMECA 中常用的 CA 分析方法有风险优先数(RPN)方法和危害性矩阵分析方法,又可以归纳为定性 CA 方法和定量 CA 方法。

1. 风险优先数方法

风险优先数方法是按产品每个故障模式的风险优先数(RPN)的值进行排序的,并采取相应的措施,使 RPN 值达到可接受的最低水平。

产品某个故障模式的 RPN 等于该故障模式发生概率等级(OPR)、影响的严酷度等级(ESR)和检测难易程度等级(DDR)的乘积,即

$$PRN = OPR \times ESR \times DDR \tag{4-1}$$

RPN 数越高,则其危害性越大,其中 OPR 和 ESR 的评分准则如下:

OPR 是评定某个故障模式实际发生的可能性。表 4-5 给出了 OPR 的评分准则示例。表 4-5 中"故障模式发生概率 P_m 参考范围"是对应各评分等级给出的预计该故障模式在产品的寿命周期内发生的概率,该值在具体应用中可以视情况进行定义。

表 4-5　故障模式发生概率等级(OPR)评分准则

OPR 评分等级	故障模式发生的可能性	故障模式发生概率 P_m 参考范围
1	极低	$P_m \leqslant 10^{-6}$
2、3	较低	$1 \times 10^{-6} < P_m \leqslant 1 \times 10^{-4}$
4、5、6	中等	$1 \times 10^{-4} < P_m \leqslant 1 \times 10^{-2}$
7、8	高	$1 \times 10^{-2} < P_m \leqslant 1 \times 10^{-1}$
9、10	非常高	$P_m > 10^{-1}$

ESR 是评定某个故障模式的最终影响的程度。表 4-6 给出了 ESR 的评分准则示例。该评分准则应综合被分析产品的实际情况尽可能地详细规定。

表 4-6　影响的严酷度等级(ESR)的评分准则

ESR 评分等级		故障影响的严重程度
1、2、3	轻度的	不足以导致人员伤害,或轻度经济损失,或产品轻度的损坏及轻度的环境损害,但它会导致非计划性维护或修理

续表

ESR 评分等级		故障影响的严重程度
4、5、6	中等的	引起人员的中等程度伤害,或中等程度的经济损失,或导致任务延误或降级、产品中等程度损坏及中等程度的环境损害
7、8	致命的	引起人员的严重伤害,或重大经济损失,或导致任务失败、产品严重受损及严重环境损害
9、10	灾难的	引起人员死亡或产品毁坏及重大环境损害

用风险优先数方法进行分析,即由设计人员、使用人员和维修人员对故障出现的概率、故障严重程度和故障检测难易程度打分。形成 3 种十分制分数,最后连乘,得到风险优先数。该方法计算方便,直观性强,容易推广。但是,通过大量的实践,人们发现 RPN 方法有很多的缺点,这主要包括:

(1)利用发生概率、严酷度和检测概率三者相乘得到的数据,对于不同的故障模式可能是相同的。

(2)RPN 在其范围 1~1 000 中是不连续的,且 RPN 仅能取到其中的 120 个数值。

(3)一个 RPN 数值可能有多个组合,而严重度差别很大的故障因为拥有相同的 RPN 数值被予以相同的重要性。

(4)3 种数据未区分对风险的贡献程度,而仅仅进行简单的连乘无法体现这 3 类数据对风险优先数的具体贡献。对任何系统,这 3 类评判对象对风险的贡献是不同的。

(5)3 个数值中的一个发生微小变动对整个数值的变化幅度有差别。

可见,传统的 RPN 风险定量分析不尽客观和严密。为了解决这些问题,国外的研究人员从 3 个方面提出了各种不同的方法,主要包括改进的 RPN 概率风险分析方法,模糊风险分析方法以及考虑故障成本的风险分析方法等。

2. 危害性矩阵分析方法

危害性矩阵分析是将故障模式发生的概率与故障模式严酷度等级列成危害性矩阵,从而进行故障模式危害性排序的一种分析方法。它分为定性的危害性矩阵分析方法、定量的危害性矩阵分析方法。其目的是比较每个产品及其故障模式的危害性程度,进而为确定产品改进措施的先后顺序提供依据。图 4-4 为危害性矩阵示意图。图 4-4 中 M1、M2 为通过分析得到的故障模式分布点,由两个点向对角线(OP)作垂线,以该垂线与对角线的交点到原点的距离作为度量故障模式(或产品)危害性大小的依据,距离越长其危害性越大,应尽快采取改进措施。图 4-4 中 O1 距离比 O2 距离长,则故障模式 M1 比故障模式 M2 的危害性大,为此故障模式 M1 应优先排在 M2 的前面。

危害性矩阵图中横坐标严酷度等级在 FMEA 分析中得到,下面介绍纵坐标的取值方法。

(1)定性危害性矩阵分析方法。定性危害性矩阵分析方法是将每个故障模式发生的可能性分成离散的级别,按所定义的等级对每个故障模式进行评定。根据每个故障模式出现的概率大小分为 A、B、C、D、E 五个不同的等级，其定义如表 4 - 7 所示，表中的内容可结合实际情况可进行修正。在故障模式概率等级的评定之后，即可应用危害性矩阵图对每个故障模式进行危害性分析。

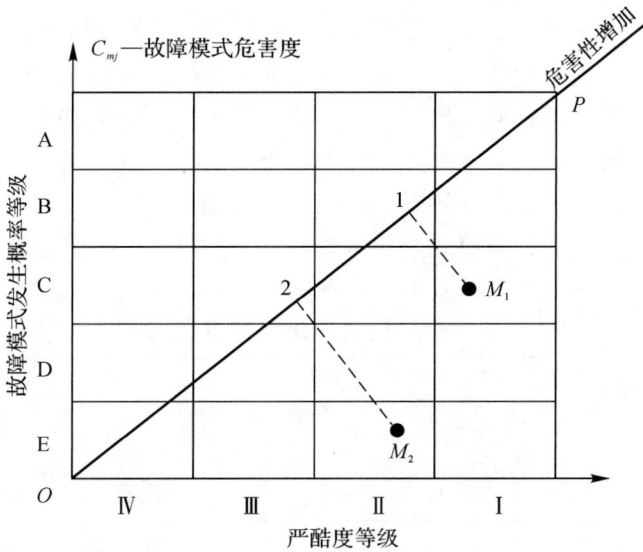

图 4 - 4　危害性矩阵示意图

表 4 - 7　故障模式发生概率的等级划分

等　级	定　义	故障模式发生概率的特征	故障模式发生概率（在产品使用时间内）
A	经常发生	高概率	某一故障模式发生概率大于等于产品总故障模式概率的 20%
B	有时发生	中等概率	某一故障模式发生概率大于等于产品总故障模式概率的 10%，小于 20%
C	偶然发生	不常发生	某一故障模式发生概率大于等于产品总故障模式概率的 1%，小于 10%
D	很少发生	不大可能发生	某一故障模式发生概率大于等于产品总故障模式概率的 0.1%，小于 1%
E	极少发生	近乎为零	某一故障模式发生概率小于产品总故障模式概率的 0.1%

（2）定量的危害性矩阵分析方法。定量的危害性矩阵分析方法主要按下面两个公式分别计算每个故障模式危害度 C_{mj} 和产品危害度 C_r，并对求得的不同的 C_{mj} 和 C_r 值分别进行排序，或应用危害性矩阵图对每个故障模式的 C_{mj}、产品的 C_r 进行危害性分析。

1）故障模式的危害度 C_{mj}。C_{mj} 是产品危害度的一部分。对给定的严酷度类别和任务

阶段而言,产品的第 j 个故障模式危害度 C_{mj} 由下式计算:

$$C_{mj} = \alpha_j \beta_j \lambda_p t \tag{4-2}$$

式中　　　　　C_{mj}——产品在工作时间 t 内,以第 j 种故障模式发生的某严酷度等级下的危害度;

α_j(故障模式频数比)——产品第 j 种故障模式发生次数与产品所有可能的故障模式数的比率。α_j 一般可通过统计、试验、预测等方法获得。当产品的故障模式数为 N,则 $\alpha_j (j=1,2,\cdots,N)$ 之和为 1;

λ_p——被分析产品在其任务阶段内的故障率(h^{-1});

t——产品任务阶段的工作时间(h);

β_j——故障模式影响概率,通常根据经验进行定量估计,表 4-8 所列的两种 β 值可供参考。

表 4-8　故障模式影响概率 β 的参考值

序号		1		2	
方法来源		GJB 1391		GB 7826	
β 规定值	实际丧失	1	肯定损伤	1	
	很可能丧失	0.1~1	可能损伤	0.5	
	有可能丧失	0~0.1	很少可能	0.1	
	不发生	0	不发生	0	

2)产品的危害度 C_r。产品的危害度 C_r 是该产品在给定的严酷度类别和任务阶段下的各种故障模式危害度 C_{mj} 之和,即

$$C_r = \sum_{i=1}^{N} C_{mj} = \sum_{i=1}^{N} \alpha_j \beta_j \lambda_p t \tag{4-3}$$

式中　j——取值 $1,2,\cdots,N,N$ 为该产品在相应严酷度类别下的故障模式总数。

3)故障影响概率 β。产品在第 j 种故障模式发生的条件下,其最终影响导致"初始约定层次"出现某严酷度等级的条件概率。β 值的确定是代表分析人员对产品故障模式原因和影响等掌握的程度。

为了按单一的故障模式评价其危害性,应计算每一故障模式的危害度 $C_{mi}(j)$:

$$C_{mi}(j) = \alpha \cdot \beta \cdot \lambda_p \cdot t, \quad j = \text{I},\text{II},\text{III},\text{IV} \tag{4-4}$$

式中　$C_{mi}(j)$——产品在工作时间 t 内以第 i 种故障模式发生第 j 类严酷度类别的故障次数。

为了评价某一产品的危害性应计算该产品的危害度 $C_r(j)$

$$C_r(j) = \sum_i^N C_{mi}(j) \tag{4-5}$$

式中　i——取值 $1,2,\cdots,n,n$ 为该产品在第 j 类严酷度类别下的故障模式总数;

j——取值 I,II,III,IV。

示例:表 4-9 为某火车制动系统卡死的故障影响示例,其故障模式为火车制动系统卡死,分析其故障影响以及故障影响概率。

表 4-9　某火车制动系统卡死的故障影响示例

产品名称	故障模式	故障模式频数比 α	故障影响	严酷度	故障影响概率 β
制动系统	卡死	0.5	火车滑轨并驶入火车站	Ⅱ	0.9
			火车脱轨	Ⅰ	0.1
	效率降低	0.5	火车不能有效减速	Ⅱ	0.8
			火车不能有效减速并发生安全事故	Ⅰ	0.2

假设火车制动系统的故障率 $\lambda_p = 0.01$ 次/百万小时,工作时间 $t = 20$ h,则第一个故障模式"制动系统卡死"的模式危害度 C_{m1} 为

$$C_{m1}(Ⅱ) = \alpha_1 \cdot \beta_{11} \cdot \lambda_p \cdot t = 0.5 \times 0.9 \times 0.01 \times 10^{-6} \times 20 = 9 \times 10^{-8}$$

$$C_{m1}(Ⅰ) = \alpha_1 \cdot \beta_{12} \cdot \lambda_p \cdot t = 0.5 \times 0.1 \times 0.01 \times 10^{-6} \times 20 = 1 \times 10^{-8}$$

第二个故障模式"制动效率降低"的模式危害度 C_{m2} 为

$$C_{m2}(Ⅱ) = \alpha_2 \cdot \beta_{21} \cdot \lambda_p \cdot t = 0.5 \times 0.8 \times 0.01 \times 10^{-6} \times 20 = 8 \times 10^{-8}$$

$$C_{m2}(Ⅰ) = \alpha_2 \cdot \beta_{22} \cdot \lambda_p \cdot t = 0.5 \times 0.2 \times 0.01 \times 10^{-6} \times 20 = 2 \times 10^{-8}$$

制动系统的产品危害度 $C_r(j)$ 分别为

$$C_r(Ⅱ) = C_{m1}(Ⅱ) + C_{m2}(Ⅱ) = 1.7 \times 10^{-7}$$

$$C_r(Ⅰ) = C_{m1}(Ⅰ) + C_{m2}(Ⅰ) = 3 \times 10^{-8}$$

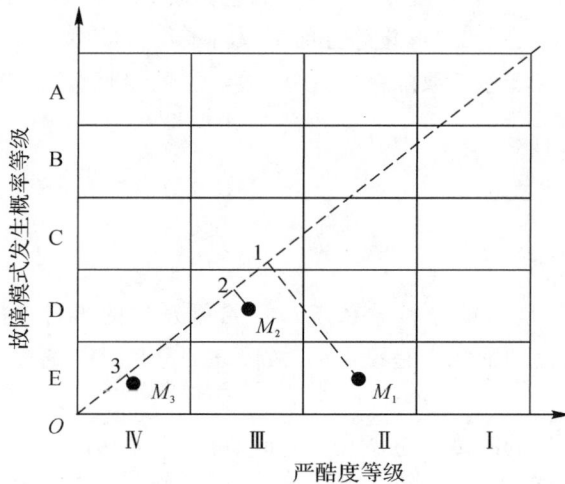

图 4-5　某型号军用飞机升降舵危害性矩阵图(部分)

绘制危害性矩阵图时,横坐标一般按等距离表示严酷度等级(Ⅰ、Ⅱ、Ⅲ、Ⅳ);纵坐标为故障模式发生概率等级(采用定性分析方法时)或者产品危害度 C_r 或故障模式危害度 C_{mj}

（采用定量分析方法时）。其做法：首先按故障模式概率等级或者 C_r 或 C_{mj} 的值在纵坐标上查到对应的点；再在横坐标上选取代表其严酷度类别的直线或区间，并在直线上或区间标注产品或故障模式的位置（利用产品或故障模式代码标注），从而构成产品或故障模式的危害性矩阵图，即在图上得到各产品或故障模式危害性的分布情况。

示例：对上一小节中某型号军用飞机升降舵系统继续进行 FMECA 分析，即进行危害性分析。采用定性危害性矩阵分析方法。

首先进行故障模式发生概率等级的评定，然后根据故障模式发生概率等级以及严酷度类别，绘制危害性矩阵图，如图 4-5 所示。

4.2　故障树分析（FTA）

故障树分析法是在系统设计过程中，通过对可能造成系统故障的各种因素（包括硬件、软件、环境、人为因素、工艺制造等）进行分析，画出逻辑框图（即故障树），从而确定系统故障原因的各种可能组合方式及其发生概率，以计算系统故障概率，采取相应的纠正措施，以提高系统可靠性的一种设计方法。

故障树分析法的特点如下：

（1）故障树分析法是一种图形演绎方法，在清晰的故障树图形下，表达了系统的内在联系，从而可直观、形象地找出系统的全部故障谱，找出系统的薄弱环节。

（2）故障树分析法不但可用于对系统的可靠性、安全性进行定性分析和定量计算，而且还可考虑造成系统故障的各种因素。同时，故障树本身也是一种形象化的技术资料，具有直观教学和维修指南的作用。

（3）故障树分析法常用于分析复杂系统，因此它离不开计算机软件，目前应用于故障树分析方面的软件，从定性、定量、图形化等方面都取得了很大进展。

故障树分析的主要步骤包括故障树的建立、故障树的定性分析、故障树的定量分析、故障树的计算机处理。

4.2.1　故障树的建立

1. 选择和确定顶事件

顶事件（Top Event）是指被分析的系统最不希望发生的事件，它位于故障树的顶端。在系统分析中顶事件是已知的或者是设定的，故障树的分析就是通过演绎法，找出导致顶事件发生的原因。

当系统最不希望发生的故障状态不止一个时，可从产品功能进行分析，选定最关键的一个或几个故障作为顶事件，因此，顶事件有可能不是唯一的。

2. 构造故障树

中间事件（Intermediate Event）又称故障事件，它位于顶事件和底事件之间。底事件又叫基本事件（Basic Event），是指位于故障树底部的事件在已建成的故障树中，不必再要求分解了。中间事件和基本事件的符号如图 4 - 6 所示。

　　顶事件确定后,它作为故障树的根,可以先画在最上面,找出导致顶事件的所有可能的直接原因作为第一级中间事件,画在顶事件和紧接的中间事件之间,根据它们的逻辑关系,画出适当的逻辑门连接起来。接着再把造成第二排各种事件的种种直接原因画在第三排,两排之间也用适当的逻辑门连接起来。如此一直进行下去,一直追溯到底事件为止。这样就得到了一棵倒置的故障树。

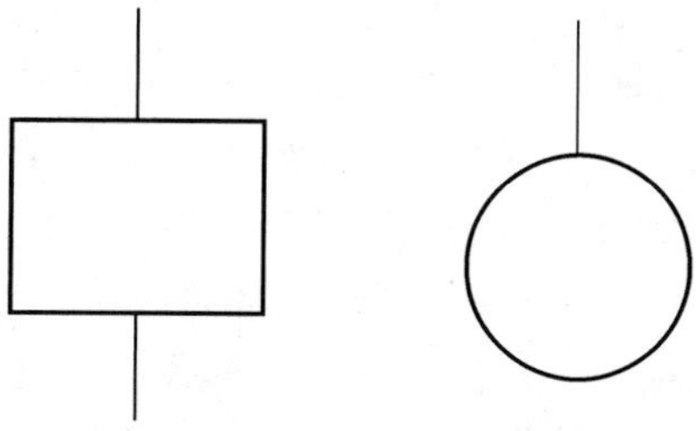

图 4 - 6　事件的符号

　　常用的逻辑门符号及其含义如下。

　　(1)逻辑或门(Or-gate):设 x_1、x_2 表示两个不同的事件,如两事件中至少一个事件发生,便能导致另一个事件 x_3 发生,这种关系称为逻辑"或"关系。其逻辑图称为逻辑或门,符号如图 4 - 7(a)所示,相应的代数式为 $x_3 = x_1 + x_2$。

　　(2)逻辑与门(And-gate):设 x_1、x_2 表示两个不同的事件,如两个事件必须同时发生时,才能导致事件 x_3 发生,则称这种关系为逻辑"与"关系。其逻辑图称为逻辑与门,符号如图 4 - 7(b)所示,相应的代数式为 $x_3 = x_1 \cdot x_2$。

　　(3)逻辑非门(Not-gate):设 x_1 表示某一事件,如 x_1 不发生将导致 x_2 发生,则称这种关系为逻辑"非"关系。其逻辑图称为逻辑非门,符号如图 4 - 7(c)所示,相应的代数式为 $x_2 = \overline{x_1}$,$\overline{x_1}$ 表示 x_1 事件不发生。

　　(4)逻辑异或门(Exclusive Or-gate):设 x_1、x_2 表示两个不同事件,如两个事件中任一个发生都将导致 x_3 发生,但它们两个同时发生时 x_3 却不发生,则称这种关系为逻辑"异或"关系。其逻辑图称为逻辑异或门,符号如图 4 - 7(d)所示,相应代数式为 $x_3 = \overline{x_1} x_2 + x_1 \overline{x_2}$。

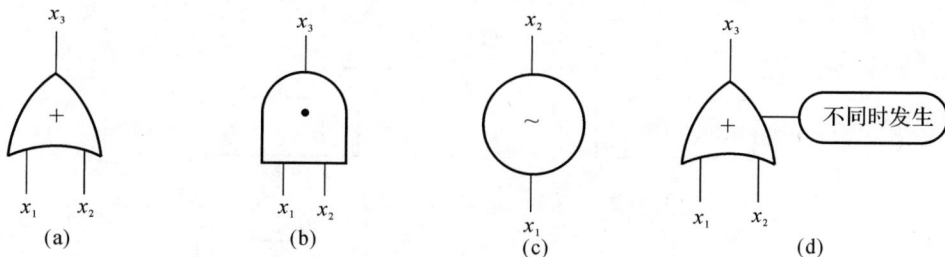

图 4 - 7　常用逻辑门符号
(a)或;　(b)与;　(c)非;　(d)异或

　　在建故障树过程中应注意以下几点:

　　(1)顶事件的选择:根据系统分析的要求,选择有较大影响的事件或故障作故障树分析的顶事件。选择的顶事件要有明确的定义,故障判据要明确,同时要指明环境条件。

　　(2)故障的边界条件要定义清楚,否则这棵树就会越画越大。这要根据系统分析的需要,作一些假设,以限定故障树的范围。有些可以采用子树的处理方法或开关门的方法处理。

(3)建故障树应分层次逐级分析,不允许采用省略层次,跳跃地建故障树,因为这样会造成逻辑关系混乱,丢失一些造成故障的事件或原因。

下面以某电机过热为顶事件来说明故障树的构造。

某电机的电路原理图如图4-8所示。在导线、接点都正常,而且无外力作用的条件下,如果选取电机发热事件为顶事件,则电机发热事件可能是由电机被卡死或电机电流过大的事件所造成。电机卡死的原因,要么是气隙中有异物,要么是轴承故障;轴承故障又是由于接触应力过大或者轴承磨损造成;而电机电流过大,只有在回路电流过大,而且在保险丝不起保护作用的情况下才能发生;回路电流过大又是由于电源电压过高或电阻短路才会发生,因此电机发热故障树如图4-9所示。

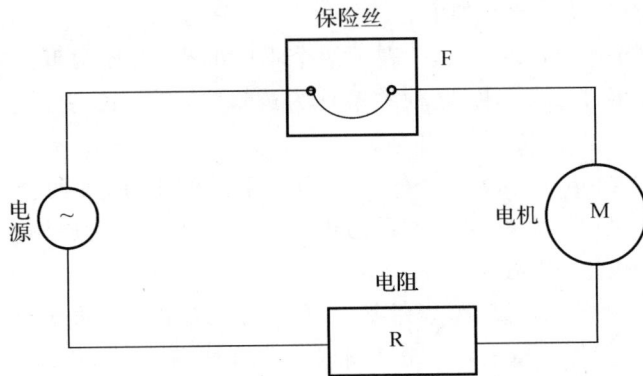

图4-8　某电机的电路原理图

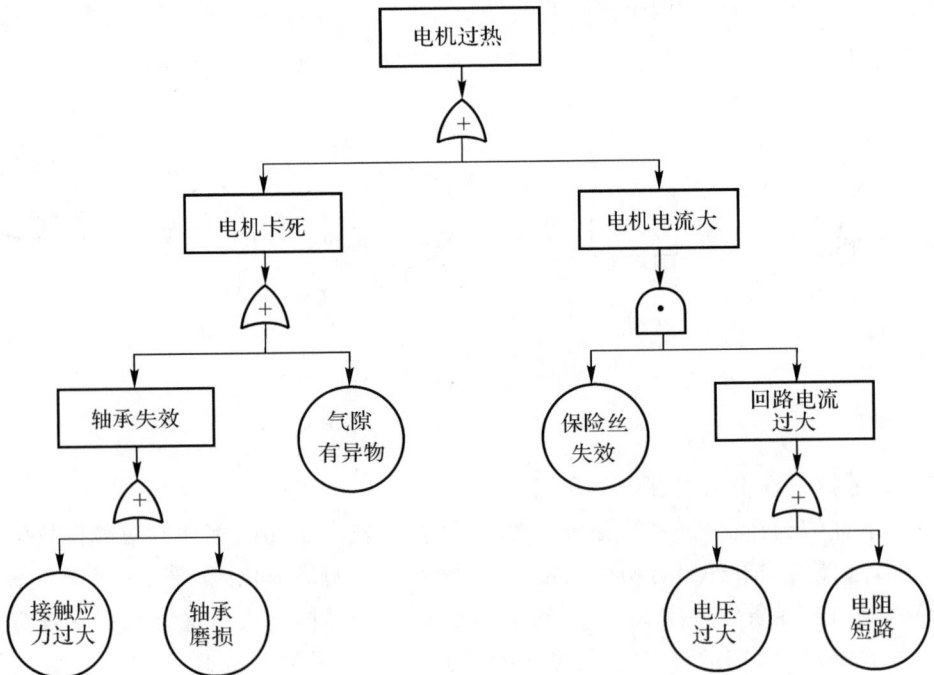

图4-9　电机过热故障树

4.2.2　故障树的定性分析

故障树定性分析的任务是寻找导致顶事件发生的原因和原因的组合,亦即导致顶事件发生的所有故障模式。从数学上来说就是求出故障树的所有最小割集。

1. 最小割集和最小路集的概念

为了要在众多的基本事件中找出导致顶事件发生时的最少基本事件,或顶事件不发生时的最少基本事件,就要研究故障树中的最小割集和最小路集。

设故障树中有 n 个基本事件 $x_1, x_2, \cdots, x_h, \cdots, x_i, \cdots, x_L, \cdots, x_K, \cdots, x_n$,如果 $C_1 = \{x_h, \cdots, x_i\}$ 为某些事件所组成的集合,当这些基本事件都发生时,顶事件必然发生,则称 C_1 是故障树的一个割集(Cut Sets)。若 C_1 中任意去掉一个基本事件后就不是割集,则称 C_1 是一个最小割集(Minimal Cut Sets)。另外,从顶事件不发生这一角度出发,如果 $D_1 = \{x_L, \cdots, x_K\}$ 是另一些基本事件所组成的集合,当 D_1 中每一个基本事件都不发生时,顶事件才不发生,则称 D_1 为一个路集(Path Sets)。若从 D_1 中除去一个事件后就不再是路集,则称 D_1 是最小路集(Minimal Path Sets)。

例如图 4-9 中的故障树共有 6 个基本事件,分别是接触应力过大事件 x_1、轴承磨损事件 x_2、气隙有异物事件 x_3、保险丝失效事件 x_4、电压过大事件 x_5 及电阻短路事件 x_6。在这些元素中 $\{x_1\}$、$\{x_2\}$、$\{x_4, x_5\}$、$\{x_4, x_6\}$、$\{x_1, x_2, x_3, x_4, x_5, x_6\}$ 等都是割集,只有 $\{x_1\}$、$\{x_2\}$、$\{x_3\}$、$\{x_4, x_5\}$、$\{x_4, x_6\}$ 是最小割集;$\{\bar{x}_1, \bar{x}_2, \bar{x}_3, \bar{x}_4\}$、$\{\bar{x}_1, \bar{x}_2, \bar{x}_3, \bar{x}_4, \bar{x}_5\}$、$\{\bar{x}_1, \bar{x}_2, \bar{x}_3, \bar{x}_5, \bar{x}_6\}$、$\{\bar{x}_1, \bar{x}_2, \bar{x}_3, \bar{x}_4, \bar{x}_5, \bar{x}_6\}$ 等都是故障树的路集,只有 $\{\bar{x}_1, \bar{x}_2, \bar{x}_3, \bar{x}_4\}$、$\{\bar{x}_1, \bar{x}_2, \bar{x}_3, \bar{x}_5, \bar{x}_6\}$ 是最小路集。

2. 求最小割集的方法

寻找最小割集的方法有下行法和上行法两种。上行法是由下而上,按照故障树中的逻辑关系,逐步将顶事件用基本事件的乘积的和来表示。图 4-9 所示的故障树,就是先从最下面一排入手,并运用事件运算中的分配律及性质($x_1 + x_2 = x_1, x_1 \cdot x_1 = x_1$)得到最小割集。具体如下:

(1)$C_1 = x_1 + x_2, C_2 = x_3 + C_1 = x_1 + x_2 + x_3$;

(2)$C_3 = x_5 + x_6, C_4 = x_4 C_3 = x_4(x_5 + x_6)$;

(3)$\text{TOP} = C_2 + C_4 = x_1 + x_2 + x_3 + x_4 x_5 + x_4 x_6$。

即求出的最小割集是 $\{x_1\}$、$\{x_2\}$、$\{x_3\}$、$\{x_4, x_5\}$、$\{x_4, x_6\}$。

最后需指出,由于各基本事件的数据不全或不准,进行定量分析往往会发生一些实际困难,由故障树定性分析就可以找到系统努力的方向,这一点在工程上很重要。

4.2.3　故障树定量分析

故障树表达了各事件之间的逻辑关系,当基本事件发生的概率为已知时,可从故障树的最小割集表达式求得顶事件的概率,从而对系统的可靠性作出评价。

图 4-9 中的故障树一共有 5 个最小割集,即

$$K_1 : \{x_1\}, K_2 : \{x_2\}, K_3 : \{x_3\}, K_4 : \{x_4, x_5\}, K_5 : \{x_4, x_6\}$$

其中,任意一个出现都会使顶事件出现,这些最小割集出现的概率是容易计算的。每一

个最小割集出现的概率即此割集内诸底事件都出现的概率,假定各底事件相互独立,每一个最小割集出现的概率即此割集内诸事件出现概率的积。若以 p_{K_i} 表示第 i 个最小割集出现的概率,则有

$$p_{K_1} = p_1, p_{K_2} = p_2, p_{K_3} = p_3, p_{K_4} = p_4 p_5, p_{K_5} = p_4 p_6$$

它们的和为

$$F_1 = p_{k1} + p_{k2} + p_{k3} + p_{k4} + p_{k5} = p_1 + p_2 + p_3 + p_4 p_5 + p_4 p_6 \tag{4-6}$$

但顶事件出现的概率不等于这 5 个概率的和 F_1。原因是这些最小割集之间不是相互独立的,例如 K_4 和 K_5 之间有共同的底事件 p_4。

按照概率法则,设 A,B 为任意两事件,$A \cdot B$ 为两事件的积事件,即两事件同时出现;$A + B$ 是两事件的和事件,即至少有一个出现。有概率法则为

$$P(A+B) = P(A) + P(B) - P(A \cdot B) \tag{4-7}$$

对任意 3 事件 A,B,C 而言,有

$$P(A+B+C) = P(A) + P(B) + P(C) - P(A \cdot B) - P(A \cdot C) - P(B \cdot C) + P(A \cdot B \cdot C) \tag{4-8}$$

以此类推,设故障树一共有 m 个最小割集 K_1,K_2,$\cdots$,K_m,用 F_1 表示这些最小割集出现的概率之和,用 F_2 表示这些最小割集两两同时出现的概率之和,按照概率法则,顶事件出现的概率 p 为

$$p = F_1 - F_2 + F_3 - F_4 + \cdots + (-1)^{m-1} F_m \tag{4-9}$$

以图 4-9 故障树为例,它的 5 个最小割集两两出现的概率 F_2,计算如下:

$K_1 K_2$ 同时出现,即 x_1,x_2 同时出现,概率为 $P_{K_1 K_2} = p_1 p_2$;

$K_1 K_3$ 同时出现的概率为 $P_{K_1 K_3} = p_1 p_3$;

$K_1 K_4$ 同时出现的概率为 $P_{K_1 K_4} = p_1 p_4 p_5$;

$K_1 K_5$ 同时出现的概率为 $P_{K_1 K_5} = p_1 p_4 p_6$;

$K_2 K_3$ 同时出现的概率为 $P_{K_2 K_3} = p_2 p_3$;

$K_2 K_4$ 同时出现的概率为 $P_{K_2 K_4} = p_2 p_4 p_5$;

$K_2 K_5$ 同时出现的概率为 $P_{K_2 K_5} = p_2 p_4 p_6$;

$K_3 K_4$ 同时出现的概率为 $P_{K_3 K_4} = p_3 p_4 p_5$;

$K_3 K_5$ 同时出现的概率为 $P_{K_3 K_5} = p_3 p_4 p_6$;

$K_4 K_5$ 同时出现的概率为 $P_{K_4 K_5} = p_4 p_5 p_6$;

于是有

$$F_2 = p_1 p_2 + p_1 p_3 + p_1 p_4 p_5 + p_1 p_4 p_6 + p_2 p_3 + p_2 p_4 p_5 + p_2 p_4 p_6 + p_3 p_4 p_5 + p_3 p_4 p_6 + p_4 p_5 p_6$$

F_3、F_4 的计算过程与 F_2 同理,可以得到计算结果为

$$F_3 = p_1 p_2 p_3 + p_1 p_2 p_4 p_5 + p_1 p_2 p_4 p_6 + p_1 p_3 p_4 p_5 + p_1 p_3 p_4 p_6 + p_1 p_4 p_5 p_6 + p_2 p_3 p_4 p_5 + p_2 p_4 p_5 p_6 + p_2 p_3 p_4 p_6 + p_3 p_4 p_5 p_6$$

$$F_4 = p_1 p_2 p_3 p_4 p_5 + p_1 p_2 p_3 p_4 p_6 + p_1 p_3 p_4 p_5 p_6 + p_1 p_2 p_4 p_5 p_6 + p_2 p_3 p_4 p_5 p_6$$

$$F_5 = p_1 p_2 p_3 p_4 p_5 p_6$$

最后根据式(4-9)，顶事件的出现概率 $p=F_1-F_2+F_3-F_4+F_5$，即可得到电机过热的概率。

若假定 x_1,x_2,x_3,x_4,x_5,x_6 的出现概率分别为 $0.1,0.15,0.2,0.25,0.3,0.35$，那么可以得到顶事件的出现概率为

$$p=0.612\,5-0.164\,375+0.025\,375-0.002\,508\,75+0.000\,078\,75=0.471\,07$$

4.2.4　故障树的计算机处理

对于复杂的故障树，利用人工计算通常是难以胜任的，一般都需要借助计算机来进行定量或定性分析。用计算机来处理故障的基本程序：首先对故障树进行表处理，然后将故障树输入计算机，计算机对输入的故障树进行剪枝，也就是说计算机将中间事件通过逻辑运算表达为基本事件，通过对故障树的不断剪枝，就化简原始的树，直到一个单叶，从而求得系统的可靠性指标。对故障树进行计算机处理时，在计算机的模式库中通常已经预先存入了一些标准的逻辑运算式，计算机可以随时将故障树中的各种逻辑运算式同标准模式进行比较，从而确定故障树的计算数值。用计算机来处理故障树的基本程序如图 4-10 所示。

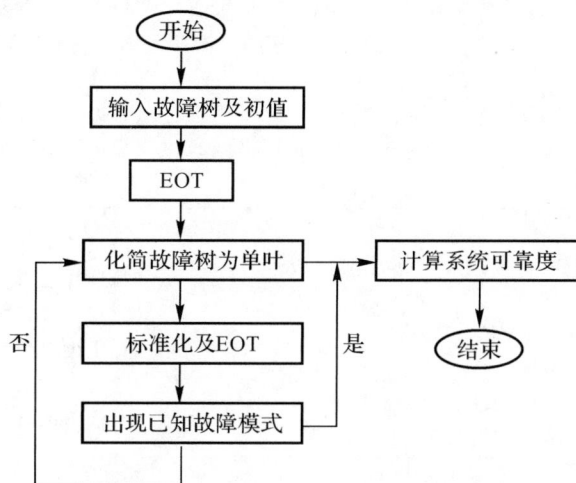

图 4-10　故障树的计算机处理程序

由上述可知，FMECA 法是由下向上的一种分析方法，从最基本的零部件故障分析到最终系统故障，从故障的原因到故障的后果。FTA 是由上向下的一种分析方法，从最终的故障事件分析到基本零部件的故障事件，从故障后果到故障原因。FMECA 分析方法不需要高深的数学理论和可靠性工程知识，工程人员只要掌握基本技巧就可以进行。该方法可以在工程研制的任何阶段应用，它的局限性是不能计算可靠性特征量值。与 FMECA 法相比，故障树分析可以对人为故障和由多个原因造成的故障进行分析处理，且可以根据故障树计算系统的可靠性特征量值。故障树分析最大的局限性就是烦琐，不论是建树还是计算，只有在方案比较成熟时使用。

总之，FMECA 和 FTA 法各有优缺点，它们是相辅相成的。在工程中，有时将这两种方法综合应用。

4.3　FMECA、FTA 综合分析方法(FTF)

4.3.1　FMECA 与 FTA 的对比

FMECA 和 FTA 均是分析产品故障因果关系常用的技术。大量的工程实践表明,它们用于产品可靠性系统工程设计与分析时,均可取得显著的效果。它们可分别独立使用,既有各自的优点,也存在着一定的缺陷和不足。将 FMECA 和 FTA 进行综合应用,必将产生更明显的效果。FMECA、FTA 的综合比较如表 4-10 所示。

表 4-10　FMECA、FTA 的综合比较

序　号	项　目	FMECA	FTA
1	分析的主要内容	自下而上的方法 (1)列出所有可能的故障模式; (2)找出每个故障模式的原因; (3)分析每个故障模式的影响; (4)分析每个故障模式的影响程度(后果或严酷度); (5)研究每个故障模式的检测方法; (6)提出设计改进与使用措施; (7)跟踪、评定设计改进与使用补偿措施的效果	自上而下的方法 (1)选择最不希望的故障作为顶事件; (2)分析造成顶事件的各种原因; (3)应用逻辑门建立故障树; (4)求出最重要的原因事件组合(即最小割集),并计算不可靠度; (5)分析与计算各种重要度; (6)提出设计改进与使用措施; (7)跟踪、评定设计改进与使用补偿措施的效果
2	步骤与实施	(1)系统定义; (2)归纳最低约定层次产品的各种可能的故障模式; (3)填写 FMEA 表; (4)危害性(CA)分析; (5)列出可靠性关键项目等清单; (6)措施的贯彻与跟踪	(1)系统定义; (2)选择顶事件; (3)建立故障树; (4)定性、定量分析与计算; (5)找出重要的底事件及其组合; (6)措施的贯彻与跟踪
3	特点	(1)是归纳性的分析方法; (2)FMEA 是定性分析,CA 可定性和定量分析	(1)是演绎性的分析方法; (2)可定性、定量分析
4	优缺点	理论简明,方法简单,易实现适用性强,无须复杂的数据运算	直观性强,适用于多重故障多因素和复杂大系统的分析
		是单一故障模式的分析;对多重故障、多功能的产品,在应用上困难较大;工作繁杂且工作量大;很大程度取决于人员的经验水平	技术上要求较高,一般需使用计算机;建树易错,难度较大

4.3.2　FTF 方法的基本原理

FTF 方法是根据被分析对象的复杂程度、约定层次和分析程度的要求,以及时间和费用限制等条件,既可以先进行 FMECA,再进行 FTA 的正向 FTF 方法;也可以先进行 FTA,然后进行 FMECA 的逆向 FTF 方法。两种方法在基本原理特征、优缺点等方面的综合比较如表 4-11 所示。

表 4-11　正向 FTF 方法与逆向 FTF 方法的综合比较

序　号	项　目	正向 FTF 方法	逆向 FTF 方法
1	基本原理	依据产品 FMECA 中的严酷度级别,从中选择一个或多个严酷度所对应的故障模式作为 FT 的顶事件→建立 FT→利用 FMECA 中 CA 的结果所得到的底事件故障率数据→对 FT 进行定性和定量分析	依据产品的功能要求和故障定义,选择一个或多个产品中最不希望发生的事件作为顶事件→建立 FT→对 FT 进行定性分析→列出重要底事件清单→利用 FMECA 对重要底事件进行分析,并根据其分析结果→再对 FT 进行深入的定性、定量分析
2	特征	先 FMECA 后 FTA	先 FTA,后 FMECA,再对 FT 进行定性、定量分析
3	优点	是一种比较全面、详尽的分析方法(既考虑了产品中每个功能故障模式及影响,又考虑了硬件、软件、人为和环境等因素和多重故障的综合影响)	是一种重点分析复杂系统的多种因素影响,能较细致地考虑多重故障问题的分析方法,相对正向 FTF 法可节省大量的分析时间
4	缺点	(1)其中涉及软件、人为因素和环境因素的底事件故障率还需其他方法评估得到; (2)相对逆向 FTF 方法,其工作量较大	(1)选择顶事件容易漏掉某些关键严酷度的故障模式; (2)建 FT 时,相对正向 FTF 法易漏掉某些底事件

4.3.3　FTF 方法的基本步骤

FTF 方法的步骤如图 4-11 所示。

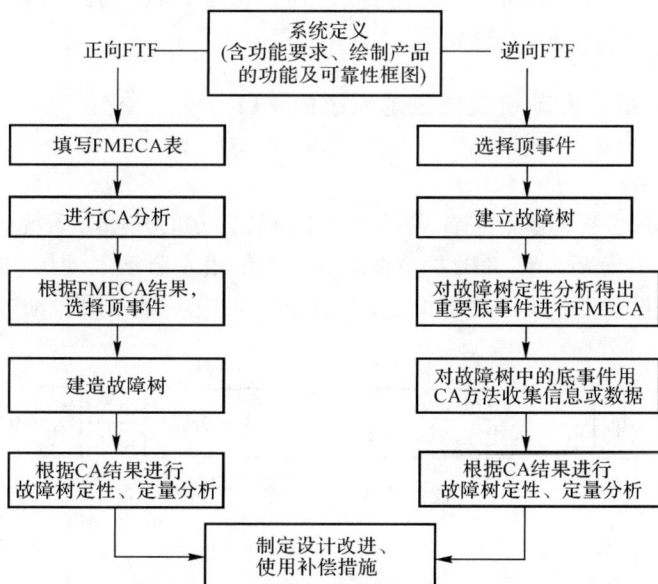

图 4-11　FTF 方法的步骤

从图 4-11 可知:

(1)正向 FTF 方法的步骤:系统定义→填 FMEA 表→填 CA 表→根据 FMECA 结果选

择顶事件→建造故障树→根据 CA 结果进行 FTA(定性定量)→结果改进跟踪。

(2)逆向 FTF 方法的步骤:系统定义→选择顶事件→建造故障树→进行 FTA(定性)→对故障树的重要底事件或中间事件进行 FMEA→进行 CA→根据 CA 结果进行 FTA(定性、定量)→结果、改进、跟踪。

从上述步骤不难发现,正向或逆向 FTF 方法的共同部分是"系统定义""结果、改进、跟踪"。

在进行 FTF 分析的过程中,应注意:

(1)"系统定义""填写 FMEA 表""进行 CA 分析"按 4.1 小节相关内容进行分析。

(2)"根据 FMECA 结果,选择顶事件(不仅一个)"。在 FMECA 结果中,产品所有可能的故障模式的严酷度有所不同,因此从严酷度为Ⅰ、Ⅱ类的事件中,选择一个(不仅一个)作为顶事件。

(3)"建造故障树(不仅一个)"。因顶事件不仅是一个,故相应建立的故障树也会是不止一个。建造 FT 按 4.2 节的相关内容进行。

(4)"根据 CA 结果进行故障树定性、定量分析"。CA 结果中的故障模式及故障率,为故障树的定性、定量分析提供支持,但定量分析时还需要利用其他方法提供故障模式的有关数据。

(5)"对故障树定性分析得出重要底事件进行 FMECA"。为避免烦琐的逻辑分析,对 FT 中底事件可采用专家评分的方法,按重要程度的优先顺序列出重要底事件清单,而后对其进行 FMECA。

(6)"对故障树中的底事件用 CA 方法收集信息(或数据)"。为进行故障树定性、定量分析,可以对故障树中的底事件通过 CA 方法收集信息与部件数据,但还需利用其他方法收集故障模式有关数据方能满足故障树定量分析的需求。

(7)"制定设计改进、使用补偿措施"。综合 FTF 结果,对薄弱环节制定设计改进、使用补偿措施,并对其效果进行跟踪、评审。

4.3.4 某型飞机左发动机直流供电系统的 FTF 分析

1. 系统定义

某型飞机直流供电系统包括左右两套完全相同且独立的并联分系统。本例对左发直流供电分系统进行 FTF 分析。该飞机左发直流供电系统由左启动发动机、左发电机电压调节器、左主接触器、左极化继电器等设备组成,本例中将以这 4 部分做详细分析。其可靠性框图如图 4 - 12 所示。

图 4 - 12　左发直流电供电分系统的可靠性框图

2. 填写 FMECA 表

按第 4.1 节的有关要求,本例将 FMEA 表和 CA 表合并为"某型飞机左发直流供电分系统 FMECA 表"(见表 4 - 12),其中"初始约定层次"为某型飞机、"约定层次"为左发直流供电分系统、"最低约定层次"为设备(部分),严酷度类别的定义按表 4 - 3 的规定,其结果如表 4 - 12 所示。

初始约定层次：某型飞机
约定层次：左发直流供电分系统

任务：地面启动空中飞行
分析人员：×××

审核：×××
批准：×××
填表日期：

表 4-12　某型飞机左发动机直流供电分系统 FMECA 表（部分）

代码	产品名称 / 功能标志	功能	故障模式	故障原因	任务阶段 工作方式	故障影响 局部影响	故障影响 高一层次影响	故障影响 最终影响	严酷度	故障概率数据源	β_j	α_j	λ_p	t	C_{mj}	产品危害度 $C_r(j)$
03	左主接触器 / 连接发电机系统与汇流条系统		触点断开	(1) 机械原因 (2) 控制线圈故障	全部	该通不通	单发断电	可能影响任务完成	Ⅲ	GJB 299-87	0.6	0.44	98.55×10^{-6}	1.0	26.00×10^{-6}	Ⅱ: 23.65×10^{-6}
			触点粘结	(1) 机械原因 (2) 触点电流过大		该断不断	发电机故障时，不能及时从电网断开，单烧坏电机，单发供电	较大经济损失，任务延误	Ⅱ		0.6	0.40	98.55×10^{-6}	1.0	23.65×10^{-6}	Ⅲ: 29.18×10^{-6}
			参数漂移	(1) 成品自身 (2) 触点积碳接触电阻大		(1) 影响动态性能 (2) 触点压降大	影响供电品质	影响不大	Ⅳ		0.2	0.14	98.55×10^{-6}	1.0	2.76×10^{-6}	Ⅳ: 2.76×10^{-6}
			线圈短、开路	(1) 线圈自身 (2) 控制电压过高，烧坏		丧失连接，导通的功能	进入单发工作状态，可能烧损电机	任务延误	Ⅲ		0.6	0.02	98.55×10^{-6}	1.0	1.18×10^{-6}	

续表

代码	产品名称	功能标志	功能	故障模式	故障原因	任务阶段 工作方式	故障影响 局部影响	故障影响 高一层次影响	故障影响 最终影响	严酷度	故障概率数据源	β_j	α_j	λ_p	t	c_{mj}	产品危害度 $C_r(j)$
04	左极化继电器		出现明显时工作,断开发电机,保护发电机不被烧损	触点断开	(1) 机械原因 (2) 控制线圈故障	正常供电阶段	该通不通	单发误断开;丧失裕度	任务延误,可能造成大经济损失	II	GJB 299-1987	0.6	0.44	172.5×10^{-6}	1.0	45.54×10^{-6}	II: 89.01×10^{-6}
				触点黏结	(1) 机械原因 (2) 触点电流过大		该断不断	反流不保护,损坏电机,丧失裕度	任务延误,可能造成较大经济损失	II		0.6	0.40	172.5×10^{-6}	1.0	41.4×10^{-6}	
				参数漂移	(1) 成品自身 (2) 触点积碳接触电阻大		(1) 影响动态性能 (2) 触点压降大	供电品质恶化,可能造成单发供电	影响不大	IV		0.2	0.14	172.5×10^{-6}	1.0	4.83×10^{-6}	IV: 4.83×10^{-6}
				线圈短、开路	(1) 线圈自身 (2) 控制电压过高、烧坏		丧失连接,导通的功能	单发供电,丧失裕度	任务延误,可能造成较大经济损失	II		0.6	0.02	172.5×10^{-6}	1.0	2.07×10^{-6}	

3. FTA 分析

(1)选顶事件。从表 4 - 12 可知,最不希望出现的事件是 Ⅱ 类严酷度事件,即左发直流供电分系统发生故障,造成丧失供电功能,从而使飞机进入单发供电的状态。故选择"左发直流供电分系统断电"为顶事件。

(2)建造故障树。建造左发直流供电分系统断电的故障树(见图 4 - 13)。

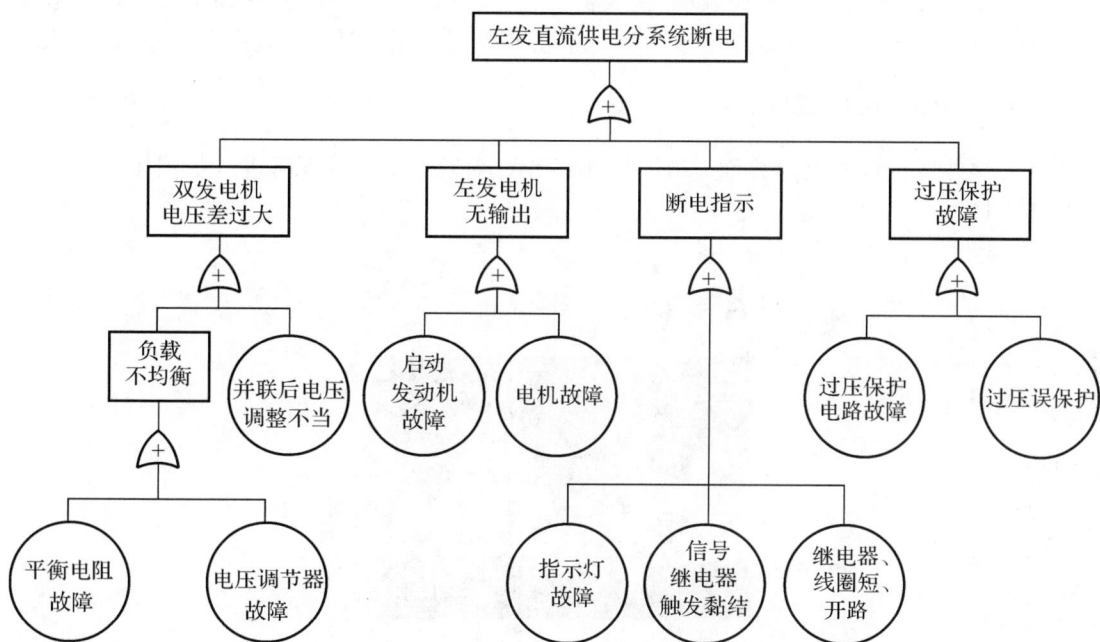

图 4 - 13　左发直流供电分系统断电的故障树

4. 制定设计改进、使用补偿措施

按 CA 结果,对危害性较大产品优先进行改进,比如对排序首位的发电机电压调节器进行部分电路的改进,并减少元器件数量,以提高其可靠性;再如对图 4 - 13 中出现的误保护事件,它是引起顶事件("左发直流供电分系统断电")发生的重要原因之一,因此在该分系统中加装一个"消除误保护断电的复位按钮",从而减少误保护引起的断电事件的发生。与此同时还制定一系列有针对性的改进措施。

4.4　可靠性分析软件的应用与案例分析

4.4.1　可靠性软件的介绍

产品可靠性设计分析软件 PosVim 是广州宝顺公司近年来推出的新的功能、性能、可靠性、维修性、保障性、测试性、安全性、环境适应性综合设计、一体化设计、可视化管理工作平台。该平台包括设计分析子平台、仿真子平台、试验验证子平台、数据挖掘应用子平台。其中,设计分析子平台包含可靠性预计、可靠性建模、故障模式影响及危害性分析 FMECA、

FTA、疲劳寿命分析、失效物理(POF)分析等功能模块;仿真子平台包括多物理环境仿真、可靠性仿真、保障性仿真等功能模块;试验验证子平台包含加速寿命试验设计、加速退化试验设计、试验样本优化设计、小子样试验设计、贝叶斯试验验证设计、元器件试验设计、复杂系统与复杂网络可靠性试验设计等功能模块;数据挖掘应用子平台包含质保期预测分析、威布尔分析、可靠性大数据分析管理等功能模块。

目前,PosVim 已经在各军民领域(航天科技、航天科工、中船、中电科、通信、家电、轨道交通、医疗器械、电子、中科院、高校等)近 100 家企业得到了应用,试用、体验用户超过 1 000 家。

4.4.2 PosVim 的页面介绍

启动软件后会进入登录界面,如图 4 - 14 所示,随后点击登录即可进入如图 4 - 15 所示的欢迎窗口。

图 4 - 14 登录界面

图 4 - 15 欢迎窗口

在快速操作模块下选择"创建新项目",如图 4 - 16 所示,在新建项目窗口输入项目名称,项目状态默认选择"正常",建模方法选择"产品结构建模",项目负责人输入"管理员",责任部门留空或选择具体一个部门。PosVim 的项目状态包括正常、锁定、禁用 3 种:"正常"表示该项目可正常使用;"锁定"表示该项目处于被锁定状态,不可编辑;"禁用"表示禁止用户进入该项目。

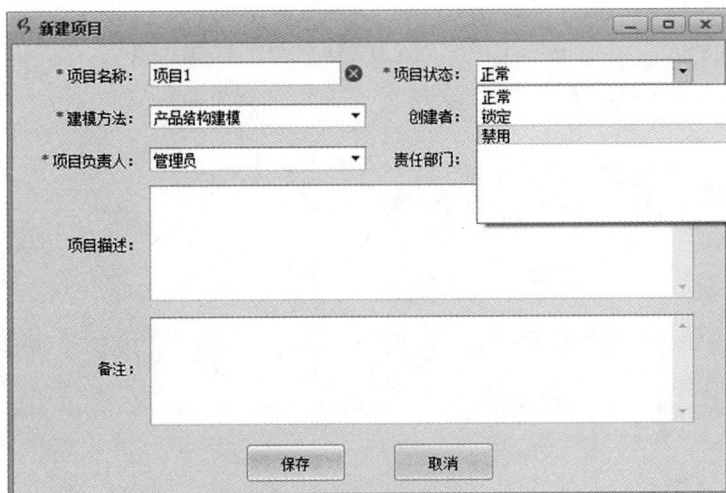

图 4 - 16　创建新项目

项目创建完成后,即可进入常用的操作界面,如图 4 - 17 所示。常用的操作界面主要包括页面上方的设计分析、仿真、试验、数据应用、系统管理、基础数据、窗口以及帮助 8 个模块,其中设计分析、仿真、试验和数据应用分别对应前边的设计分析子平台、仿真子平台、试验设计与分析子平台及数据应用子平台。页面左侧的是产品结构树,用于构建产品的组成关系,页面简洁清晰。

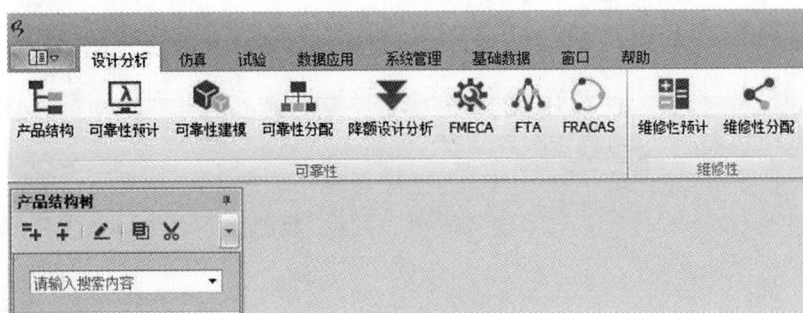

图 4 - 17　操作界面

设计分析又包括产品结构、可靠性预计、可靠性建模、可靠性分配、降额设计分析、FMECA、FTA、FRACAS、维修性预计、维修性分配、备件分析、修理级别分析、马尔可夫过程分析、LCC、RCMA、使用与维修工作分析、安全性和测试性等子模块,主要用于企业、单位在产品、装备的论证、设计阶段进行产品的可靠性、维修性、保障性、测试性、环境适应性等的预计、分配、建模、分析以及仿真等工作,指导设计师快速、高效开展相应的设计分析工作,以便尽早找出系统的薄弱环节,提升产品的可靠性水平,如图 4-18 所示。

图 4-18　设计分析子模块

其中,可靠性预计、可靠性分配、降额设计分析、FMECA、维修性预计、维修性分配、测试性预计、测试性分配等功能模块需要依赖于产品结构树,即需要先创建产品结构树方可进行操作。

可靠性预计模块可以实施产品的自下而上逐层可靠性预测。一般可以从元器件、零部件层开始,逐层往上进行可靠性预计。

可靠性建模模块可以根据产品的使用剖面,以及产品的工作原理、故障逻辑关系创建可靠性模型,根据可靠性模型分析产品的可靠性。可靠性建模模块可以创建普通的串联、并联等结构的可靠性模型,也可以建立复杂系统的可靠性模型,例如多阶段、多状态、网络图可靠性模型等。

可靠性分配是自上而下,将顶层的可靠性指标逐层往下分配到各分系统、各模块中,软件提供等分配法等 10 多种可靠性分配方法。

FMECA 是分析系统中每一产品/工艺工序所有可能产生的故障模式及其对系统造成的所有可能影响,并按照每一个故障模式的严重程度、检测难易程度以及发生频度予以分类的一种归纳分析方法。

FTA(故障树分析)是自上而下的故障分析方法,从不希望发生的顶事件开始,逐层往下分析,确定底层事件对于顶事件的影响。利用故障树分析可进行定性、定量分析,可确定最小割集、事件重要度、顶事件发生概率等。

降额设计技术通常应用于功率电气电子设备设计工作中。为提升这些设备的可靠性,综合考虑这些设备的外壳温度、设备本身温度、环境温度、冷却机制等因素,需要将这些设备在低于最大额定功率的条件下运行。降额设计模块可进行元器件的降额符合性检查,分析各元器件的降额设计是否符合要求。同时,利用本系统内置的海量元器件设计参数库,以及相应的降额设计标准,自动、快速帮助完成降额设计及符合性分析。

维修性预计模块提供列表、图形结合方式建立维修活动模型,并进行维修性参数的预计。

与可靠性分配相似,维修性分配是将系统级或高一层级的维修性指标分配给子系统或下一层次的设备。PosVim 的维修性分配模块支持 GJB Z57 标准,支持等值分配法、按故障率分配法、按故障率和设计特性的综合加权分配法、保证可用度和考虑各单元复杂性差异的加权分配法、相似产品分配方法。

仿真分析结合产品的可靠性、安全性、测试性等仿真验证需求,以数字样机模型为输入,分别构建热、振动、疲劳等环境模型,针对产品的故障物理(包括热、振动、疲劳、电磁等)进行仿真分析,包括失效物理仿真、疲劳仿真分析、裂纹及寿命分析、电路容差仿真分析(基于电路 SPICE 模型)、故障诊断等。该子平台是从产品的故障物理角度,仿真并解决产品故障引发的深层次、根本性的问题。仿真模块包括失效物理仿真、数字样机建模、多物理场建模、可靠性仿真、保障性仿真和地图仿真 6 个子模块,如图 4 - 19 所示。

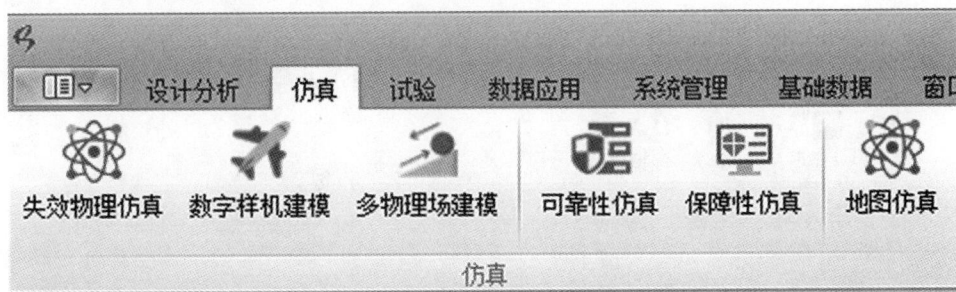

图 4 - 19　仿真子模块

试验模块快速暴露产品的设计和生产缺陷,帮助用户在产品设计阶段尽早采取改进措施,实现产品的可靠性增长与提升;预测、估计高可靠产品的寿命与可靠性水平,解决高可靠、长寿命产品的试验验证问题;分析产品承受的环境应力与产品可靠性关系、规律,以便更好指导产品使用、维护策略的制定。试验模块包括加速寿命试验、加速退化试验、可靠性评估等子模块,如图 4 - 20 所示。

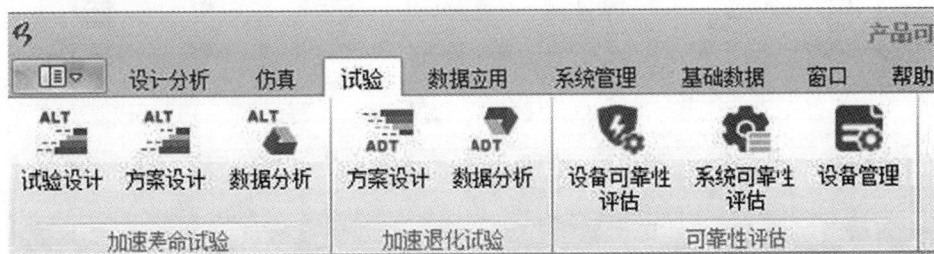

图 4 - 20　试验子模块

数据应用模块包括威布尔分析、可靠性增长分析和应力-强度干涉模型,如图 4 - 21 所示。威布尔分析是一个独立的数据分析软件,包括分布分析、寿命分析、试验数据分析、退化拟合分析、曲线拟合分析、多元曲线拟合分析、响应分析、DOE、SPC等功能模块。可靠性增长的基本概念通过不断地消除产品在设计或制造过程中的薄弱环节,使产品可靠性随时间而逐步提高的过程,称为可靠性增长过程。

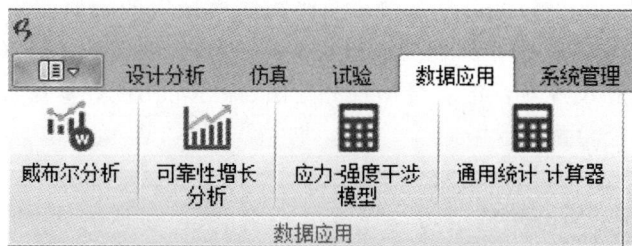

图 4-21　数据应用子模块

系统管理主要用于对编辑好的项目、项目用户权限设置以及对项目密码进行管理,如图4-22所示。

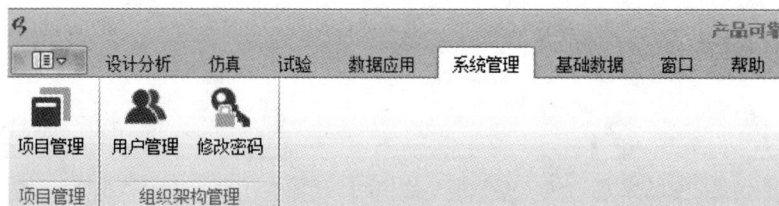

图 4-22　系统管理子模块

基础数据模块包括产品类别库、生产厂家、元器件信息库、故障模式库、检测方法库、纠正措施库、严酷度等级、发生概率等级、被检测难度等级、危害度等级、维修级别、维修活动、维修任务和基本事件等子模块,如图4-23所示。基础数据模块主要与前边的设计分析结合起来提供大量的不同厂家提供的元器件、故障模式等供选择,使得分析更加精确。

图 4-23　基础数据子模块

4.4.3　FMECA 案例分析

1. PosVim 的 FMECA 步骤

PosVim 的 FMECA 步骤如图 4 - 24 所示。

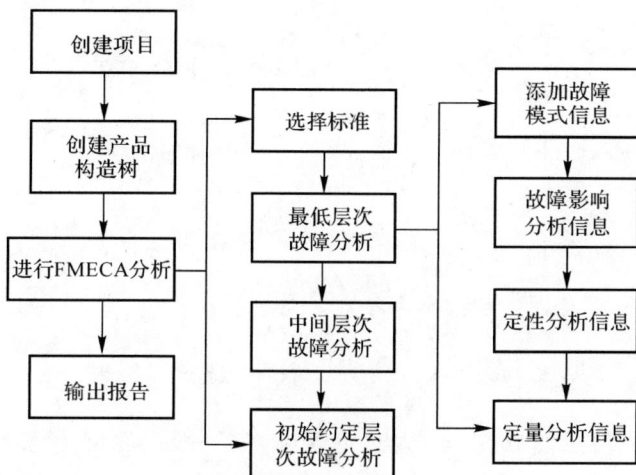

图 4 - 24　PosVim 的 FMECA 的步骤

2. 高压锅的 FMECA 分析

　　某高压锅是由锅体、锅盖、手柄、密封圈、排气管及限压阀等部件组成的。其系统功能图和约定层次图如图 4 - 25 和图 4 - 26 所示。

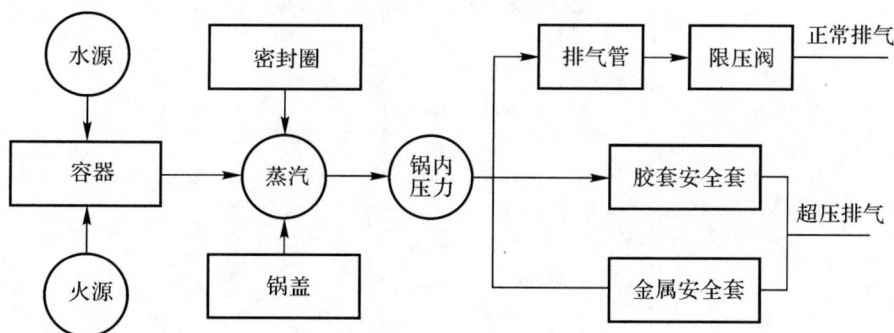

图 4 - 25　高压锅系统功能图

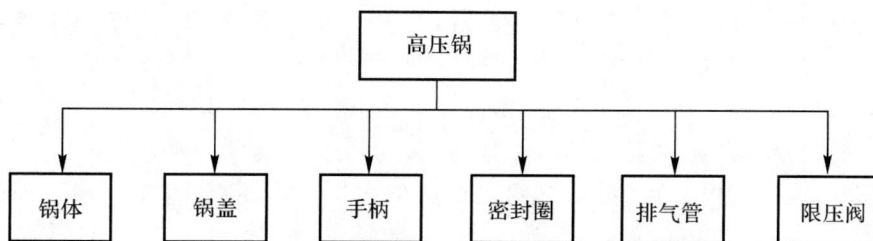

图 4 - 26　高压锅约定层次图

(1)创建产品结构树。产品结构树操作图如图 4-27 所示。

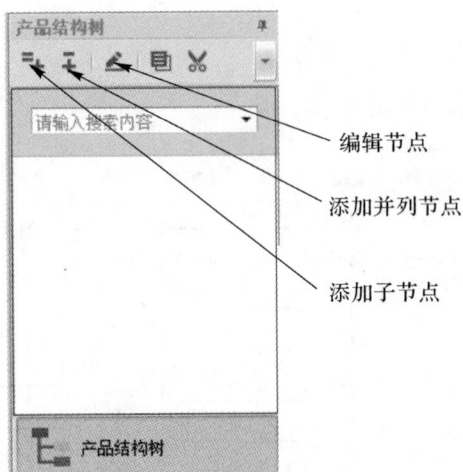

图 4-27　产品结构树操作图

产品结构树构成包括根节点、子节点、底层节点(一般最底层为元器件、零件)、并列节点,如图 4-28 所示。

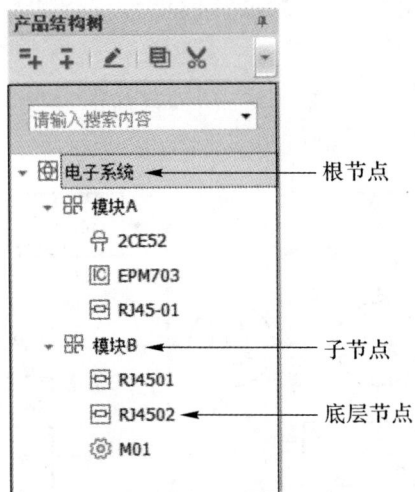

图 4-28　产品结构树组成图

1)点击"添加子节点/并列节点"后,在弹出的"编辑节点"信息窗口中输入节点名称等基本信息。

例如,在节点名称栏输入"高压锅",节点类型在下拉列表中选择"系统",创建产品结构信息时务必选择产品类别。

一般来说,先创建根节点,再根据约定层次依次创建不同层次的子节点,如图 4-29 所示。

2)右击高压锅,选择"添加子节点",根据约定的高压锅层次图依次创建高压锅的组成部件,填写节点名称,按照约定的层次选择产品类别为"设备/组件",完成高压锅产品结构树的创建,如图 4 - 30 所示。

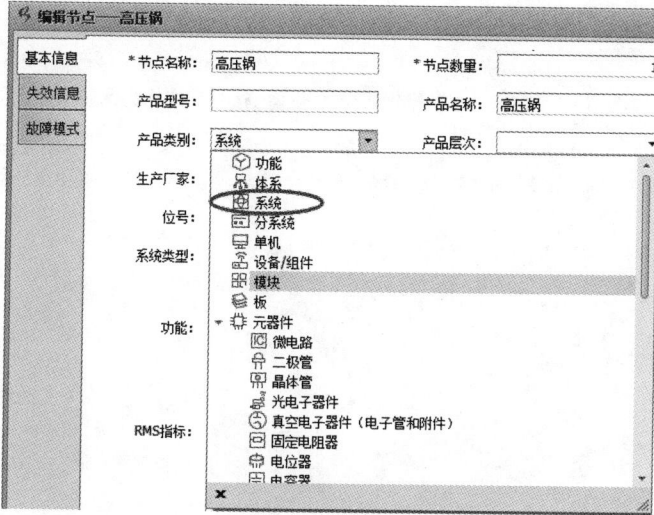

图 4 - 29　创建根节点

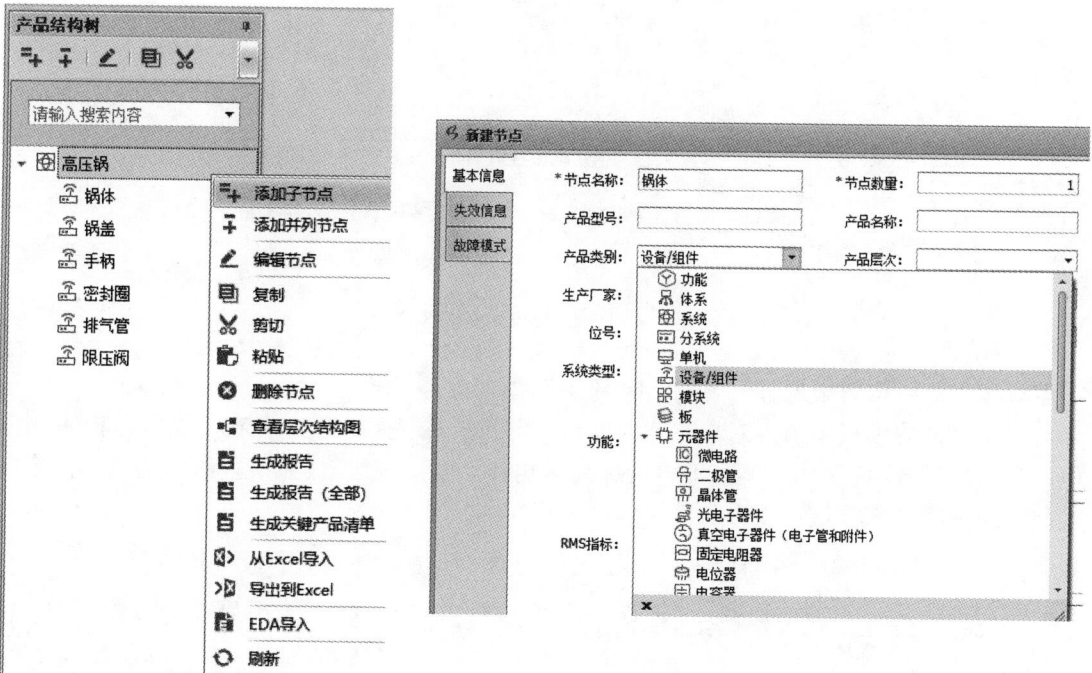

图 4 - 30　高压锅产品结构树创建步骤图

(2)进行高压锅的 FMECA 分析。

1)选择分析方法的标准模版,PosVim 提供了 Function - FMECA - GJB1391 等分析模板。

2）点击"FMECA"按钮，在右上角的分析方法下拉菜单栏中选择所需的模板，在这里选择 Function – FMECA – GJB 1391 模板，若有其他需要可选择其他模板或自定义模板，如图 4 – 31 所示。

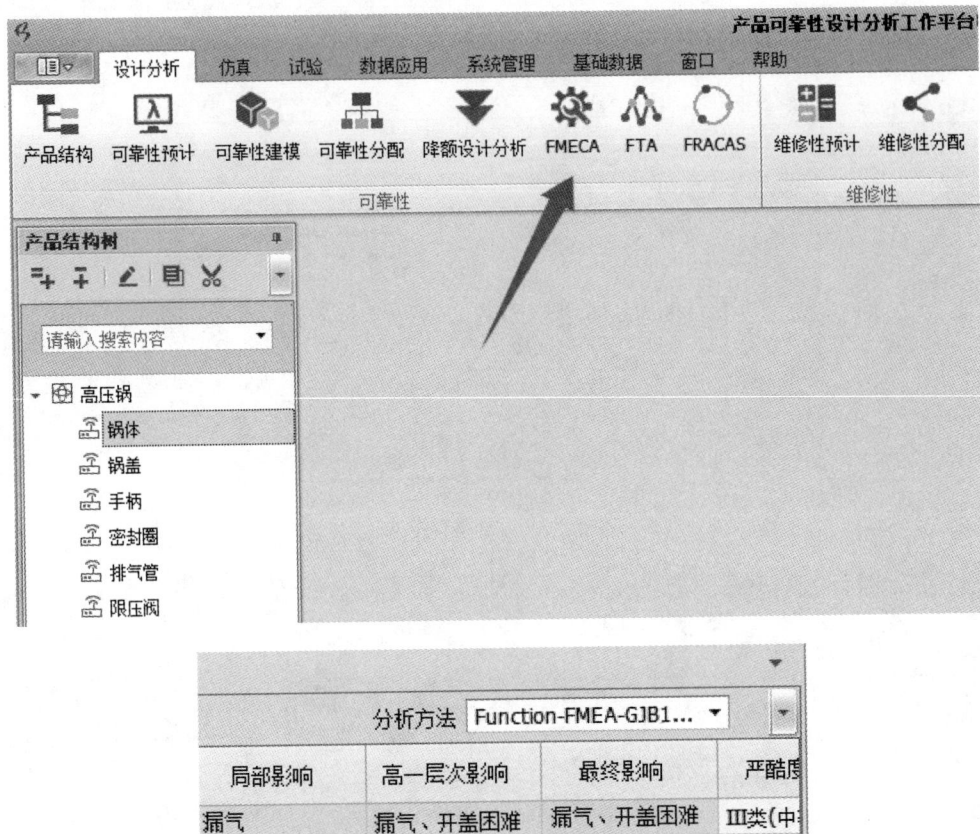

图 4 – 31　FMECA 模板选择

3）在产品结构树中选择元件，点击"添加"，添加故障模式。

4）在生成的表格中填入对应信息（见图 4 – 32）。首先应确定"故障模式"信息，否则其他内容无法进行填写，其中填写不包括最终影响和严酷度等级，按照模板给出的表格内容完成信息的填写。部分填写内容如图 4 – 32 所示。

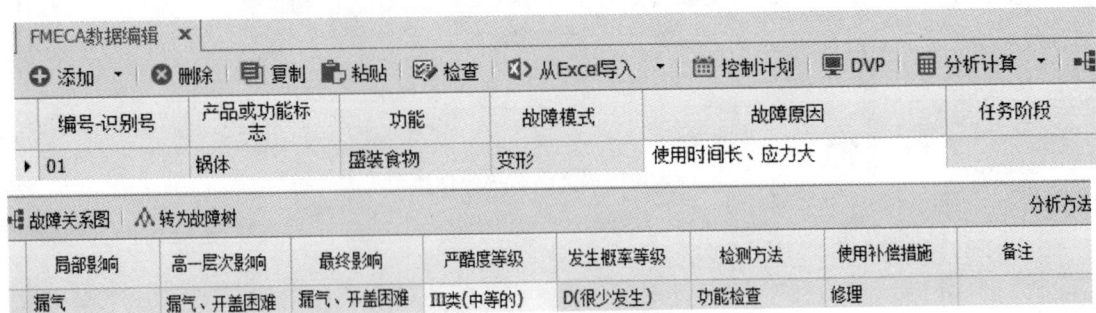

图 4 – 32　故障类型填写

5)完成部件的故障模式添加后,回到初始约定层即高压锅层次,完成严酷度等级和局部影响相关内容的填写并完善其他空缺项。

6)点击“分析计算”,即可完成分析计算,分析计算结果如图 4－33 所示。

FMECA数据编辑

添加　删除　复制　粘贴　检查　从Excel导入　控制计划　DVP　分析计算

编号-识别号	产品或功能标志	功能	故障模式	故障原因	任务阶段
	高压锅	蒸煮	漏气、开盖困难	锅盖：变形 锅体：变形	
	高压锅	蒸煮	移动不便	手柄：损坏、缺损	
	高压锅	蒸煮	漏气、完成任…	密封圈：变形、破损	
	高压锅	蒸煮	锅内压力过高	排气管：堵塞	
	高压锅	蒸煮	压力不够，漏…	限压阀：丢失	

故障关系图　转为故障树　分析方法

局部影响	高一层次影响	最终影响	严酷度等级	发生概率等级	检测方法	使用补偿措施	备注
漏气、开盖困难		漏气、开盖困难	Ⅲ类(中等的)	D(很少发生)		修理	
移动不便		移动不便	Ⅳ类(轻度的)	D(很少发生)		更换故障件	
漏气、完成任务欠佳		漏气、完成任务欠佳	Ⅲ类(中等的)	A(经常发生)		更换故障件	
锅内压力过高		锅内压力过高	Ⅰ类(灾难的)	C(偶然发生)		冗余	
压力不够，漏气，不能快速蒸煮		压力不够，漏气，不能快速蒸煮	Ⅱ类(致命的)	B(有时发生)		重配	

图 4－33　分析计算结果

7)点击“查看计算结果”,可以看到生成的 FMECA 表(见图 4－34)。在左侧选择查看的结果形式,可以查看关键故障模式清单、危害性矩阵,如图 4－35 和图 4－36 所示。

编号-识别号	产品或功能标志	功能	故障模式	故障原因	任务阶段
02	锅盖	密封、遮挡	变形	使用时间长、应力大	
01	锅体	盛装食物	变形	使用时间长、应力大	
03	手柄	开、合锅盖	损坏、缺损	损坏	
04	密封圈	密封形成高压	变形、破损	老化	
05	排气管	排气	堵塞	清理不及时	
06	限压阀	限制高压锅内压力值不高于一定值	丢失	保存不当	

局部影响	高一层次影响	最终影响	严酷度等级	发生概率等级	检测方法	使用补偿措施	备注
漏气	漏气、开盖困难	漏气、开盖困难	Ⅲ类(中等的)	B(有时发生)	功能检查	修理	
漏气	漏气、开盖困难	漏气、开盖困难	Ⅲ类(中等的)	D(很少发生)	功能检查	修理	
合盖困难	移动不便	移动不便	Ⅳ类(轻度的)	B(有时发生)	目测	更换故障件	
无法密封	漏气、完成任务欠佳	漏气、完成任务欠佳	Ⅲ类(中等的)	A(经常发生)	功能检查	更换	
无法排气	锅内压力过高	锅内压力过高	Ⅰ类(灾难的)	C(偶然发生)	功能检查	冗余安全阀	
不能限制压力	压力不够，漏气，不能快速蒸煮	压力不够，漏气，不能快速蒸煮	Ⅱ类(致命的)	C(偶然发生)	目检	重配	

图 4－34　FMECA 表

图 4-35 关键故障模式清单

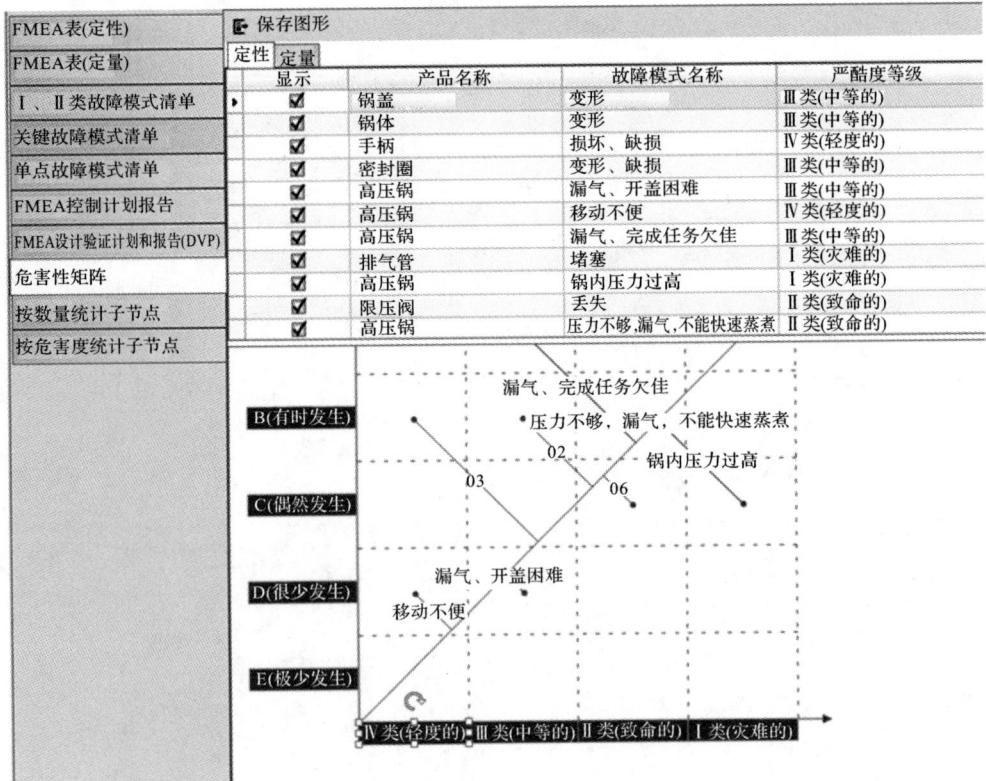

图 4-36 危害性矩阵

根据得到的结果即可对高压锅进行 FMECA 分析,由结果可知其关键故障产生的部位主要是排气管和限压阀。根据危害矩阵图可知,采取措施的顺序:排气管→密封圈→限压阀→锅盖→手柄→锅体。

4.4.3　FTA 案例分析

利用故障树分析可以对故障进行定性、定量分析,可以确定最小割集、事件的重要度、顶事件发生的概率等,可以帮助找出系统的薄弱环节。

1. PosVim 进行 FTA 的步骤

图 4-37 所示为 PosVim 进行 FTA 分析的步骤图。

2. FTA 实例分析

接下来以 4.2 节中的电机过热故障为例使用 PosVim 进行实例分析,其原理图和故障树图如图 4-8 和图 4-9 所示。

在软件中进行 FTA 分析时无须依赖产品结构树,可直接构造故障树进行分析。

(1)点击"设计分析"模块中的 FTA 进入故障树分析,其界面如图 4-38 所示,其由左侧的产品结构树、中间的故障树绘图界面和右侧的故障树模型库组成,故障树绘图界面用来绘制故障树,故障树模型库提供事件类型、逻辑门类型进行选择。

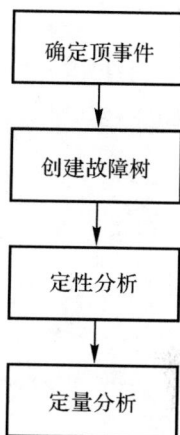

图 4-37　FTA 步骤

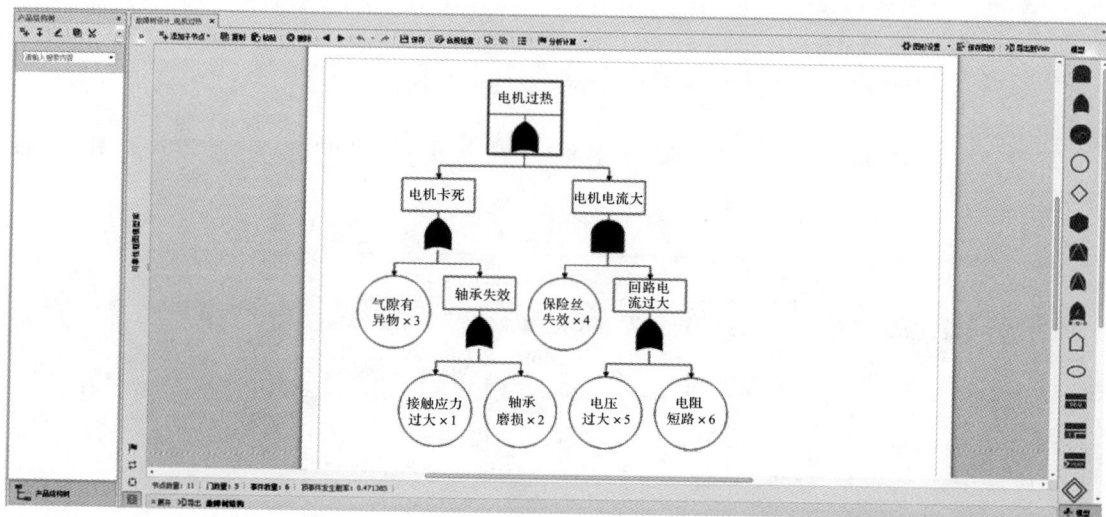

图 4-38　FTA 页面

(2)在故障树管理页面,点击"添加"按钮,输入设备名称和故障树名称,建立故障树,如本例设备名称填写"电机",故障树名称填写需要分析的顶事件"电机过热",如图 4-39 所示。

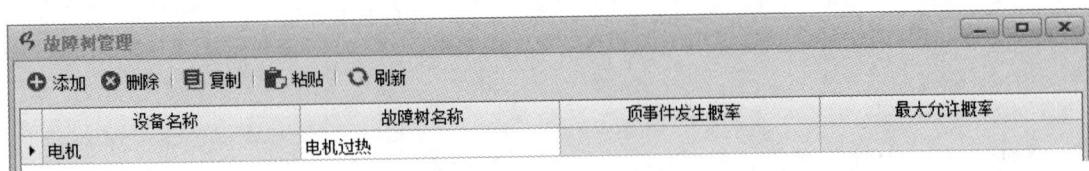

图 4 - 39　创建故障树顶事件

（3）接着在"电机过热"节点下点击鼠标右键,选择"添加子节点"添加"或门"和"与门",如图 4 - 40 所示。

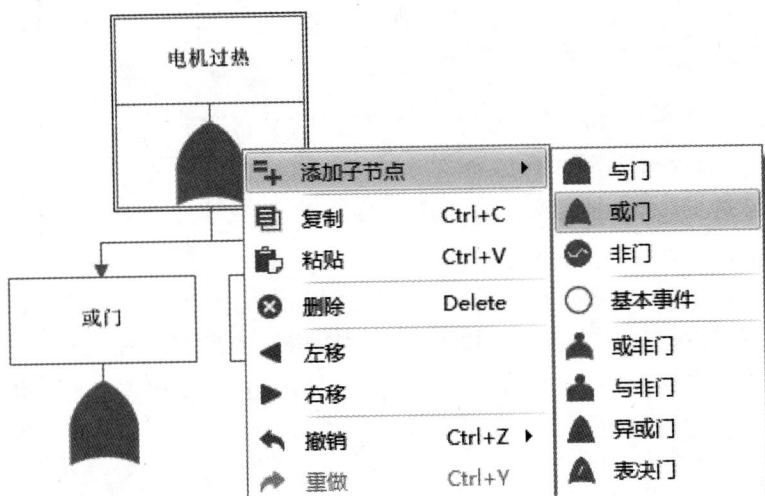

图 4 - 40　添加或门和与门

（4）分别双击"或门"和"与门",将节点名称改为"电机卡死"和"电机电流大",如图 4 - 41 所示。

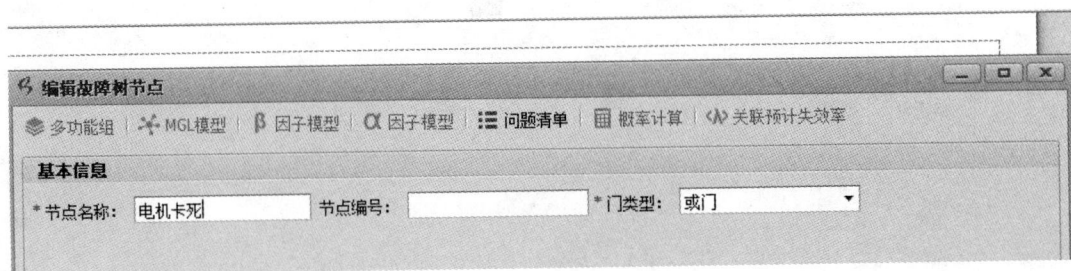

图 4 - 41　修改节点名称

（5）添加第三层次的故障模式,如图 4 - 42 所示。在"电机卡死"节点下,按照步骤（3）在"电机卡死"下分别添加"或门"和"基本事件",再按照步骤（4）将"或门"的节点名称修改为"轴承失效",将基本事件名称修改为"气隙有异物"。

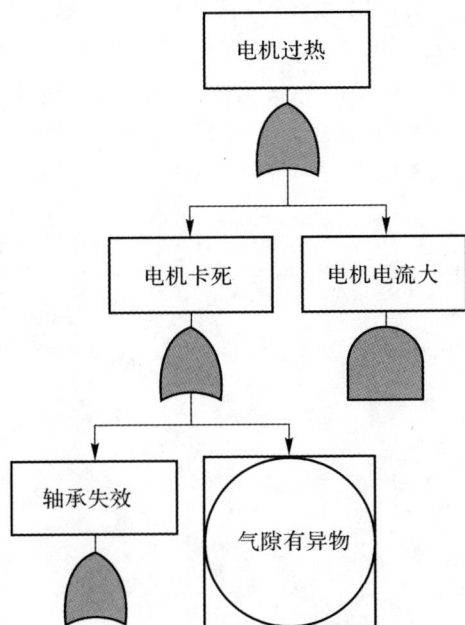

图 4 - 42　添加第三层次故障模式

(6)同理,按照电机过热的故障树模型图,重复步骤(3)～步骤(5),逐次完善故障树,结果如图 4 - 43 所示。

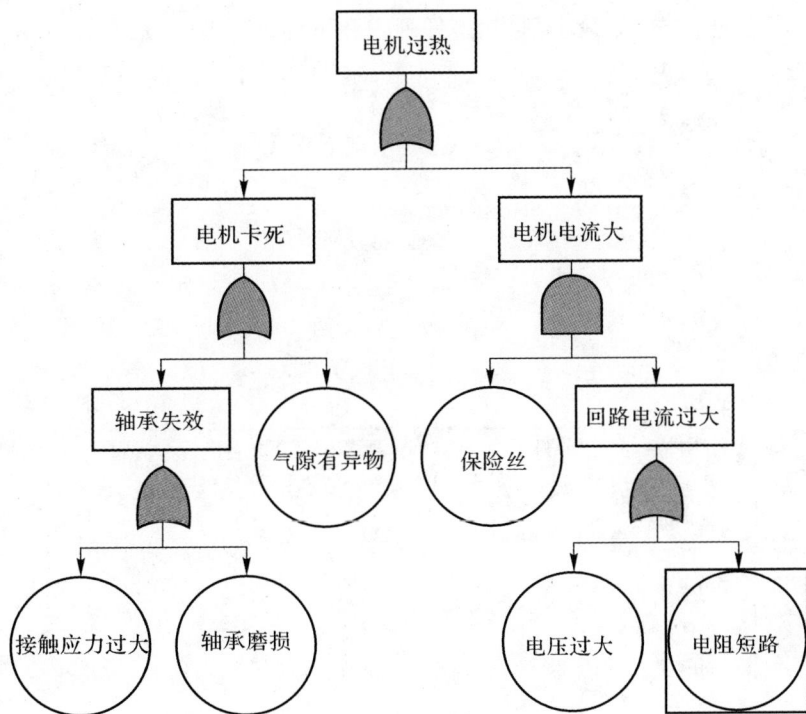

图 4 - 43　PosVim 故障树

（7）填写基本事件发生概率，进行定量分析。PosVim 提供了多种发生概率计算方式，如分布计算和直接输入。分布计算又包含指数分布、对数正态分布、威布尔分布、均匀分布、Bata 分布和 Logistic 分布，填写相关的分布参数即可计算出每个基本发生的概率。在本例中，已知发生概率，则采用直接输入概率的方式，如图 4-44 所示，为"接触应力过大"，输入发生概率：0.1。

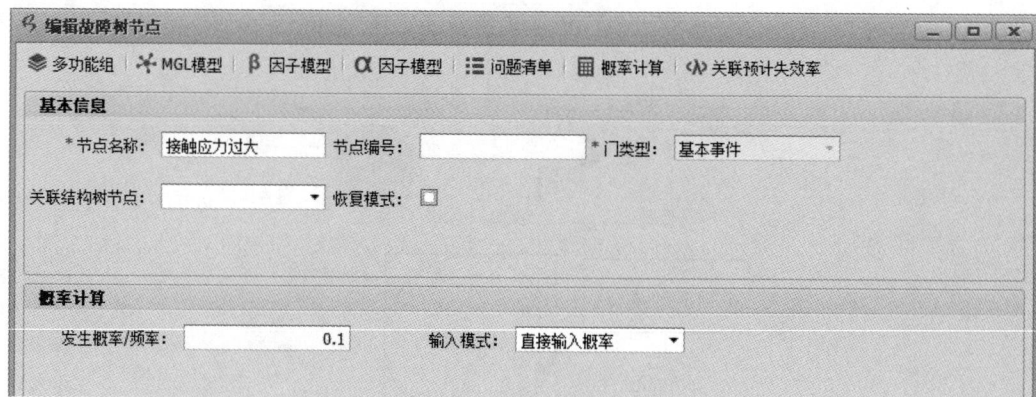

图 4-44　输入故障概率

（8）分析计算。完成填写后，点击"分析计算"按钮，即可完成分析计算。

（9）查看计算结果。分析计算完成后会自动跳转到故障树计算结果界面，也可点击"分析计算"按钮，点击"查看计算结果"进行查看。计算结果如图 4-45～图 4-46 所示。计算结果包括顶事件发生的概率、最小割集、事件列表和事件重要度，然后对计算结果进行分析。

☑ 显示事件名称　☐ 显示事件编号

阶数	发生概率	F-V重要度	割集（事件名称）
1	0.1	0.163	接触应力过大
1	0.15	0.245	轴承磨损
1	0.2	0.327	气隙有异物
2	0.075	0.122	保险丝,电压过大
2	0.0875	0.143	保险丝,电阻短路

图 4-45　最小割集

故障树名称：电机过热　　　　　　　　　　　　　　　　　　　　　　计算节点：电机过热

	事件名称	事件编号	结构重要度	概率重要度	关键重要度	B-P重要度
最小割集	接触应力过大		0.156	0.587	0.125	0.1
	轴承磨损		0.156	0.622	0.198	0.15
事件列表	气隙有异物		0.156	0.661	0.28	0.2
	保险丝		0.0938	0.334	0.177	0.25
事件重要度	电压过大		0.0312	0.0995	0.0633	0.3
	电阻短路		0.0312	0.107	0.0795	0.35

(a)

图 4-46　事件重要度

发生概率：　0.471385

1阶出现次数	2阶出现次数	3阶出现次数	4阶出现次数	5阶出现次数
1	0	0	0	0
1	0	0	0	0
1	0	0	0	0
0	2	0	0	0
0	1	0	0	0
0	1	0	0	0

(b)

续图 4 - 46　事件重要度

由结果可知,其与理论计算的结果一致;同时,可以看出各基本事件的关键重要度:气隙有异物＞轴承磨损＞保险丝＞接触应力过大＞电阻短路＞电压过大。

4.4.4　其他相关软件介绍

Isograph 软件是由英国 Isograph 公司开发的可靠性、可用性、安全性、维修性和保障性工程设计分析软件,是目前世界上应用最广泛的专业软件之一。目前,公司在全球拥有 7 000 多家用户,在航空航天、电子、国防、能源、通信、石油化工、铁路、汽车等众多行业以及多所大学科研机构中得到广泛应用,尤其是在航空航天领域,其占据了 95％以上的市场份额。

可靠性工作平台(Reliability Workbench)以产品故障为中心,以概率和数理统计理论为内核,集成可靠性预计、维修性预计、FMECA、RBD、FTA、ETA、Markov、可靠性增长数据分析、SSA 分析等功能,为用户提供可靠性、安全性、维修性和可用性综合解决方案。

1. 维修性预计(MTTR)模块

Isograph 软件可靠性预计模块中同时提供了维修性预计功能。维修性预计可将维修工作分解为 8 个工作要素:准备、故障隔离、分解、更换、重装、调准、检测和启动。用户可以分组定义维修要素,预计模块会自动计算系统中各层级的 MTTR 值。

2. 故障模式影响及危害性分析(FMECA)模块

Isograph 软件的 FMECA 模块提供了完整的分析框架和报告工具,允许用户构建工艺 FMEA 和设计 FMEA,也可以执行功能 FMEA 和硬件 FMEA 等。

FMECA 模块的常用功能:

(1)支持多种 FMECA 分析标准,如 GJB 1391、MIL - STD - 1629A 等,并能够在软件中自行定义 FMECA 标准;

(2)便捷的库功能,如故障模式库、短语库、严酷度库等;

(3)故障影响关系的自动传递;

(4)严酷度的自动分配;

(5)FMECA 模型完整性检查,判断 FMECA 数据是否完整;

(6)自动生成故障树、可靠性框图及可靠性分配结构模型;

(7)输出格式丰富,用户可自行定制 FMECA 报告模板;

(8)可以自动删除分析过程的冗余数据,包括无效的分析对象、最终影响、故障模式等。

与上文中的 PosVim 的表格形式不同,Reliability Workbench 主要是以结构树的形式逐层设置进行 FMECA 分析。以上文的高压锅案例进行分析,其形式如图 4 - 47 所示。

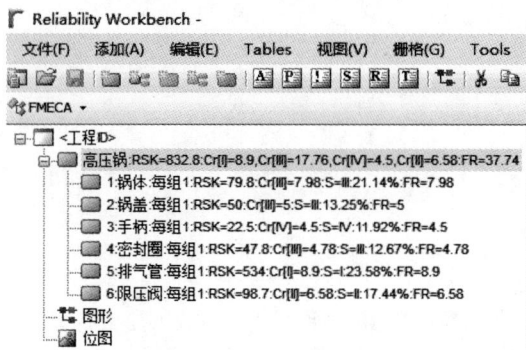

图 4 - 47　Reliability Workbench 层次构造

与 PosVim 软件相同,Reliability Workbench 为每个组件定义故障模式,定义上层次的影响,如图 4 - 48 和图 4 - 49 所示。

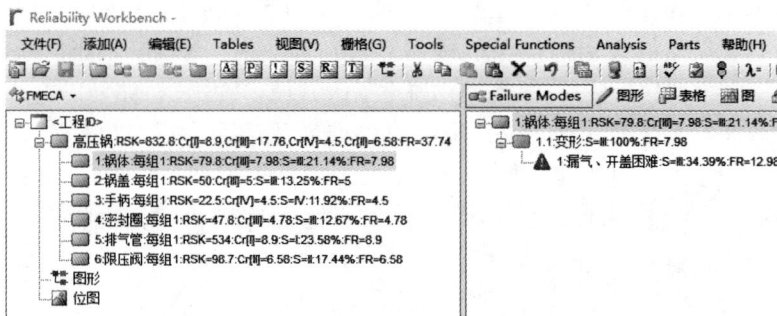

图 4 - 48　Reliability Workbench 定义故障模式

图 4 - 49　Reliability Workbench 定义上层次的影响

接着设置失效率,并在初始层次定义严酷度进行分析计算,结果如图 4 - 50 所示。

ID	描述	比率	Exclusive rate	Risk	危害度
I	Critical	3.531	3.531	353.1	84.74
II	Severe	0	0	0	0
III	Moderate	9.397	0	9.397	225.5
IV	Minor	1.384	1.384	0	33.22

图 4-50 Reliability Workbench 分析结果

3. 故障树分析（FTA）模块

Isograph 软件的 FTA 模块以其先进的分析方法和高效的建模方式，在世界范围内得到了广泛的应用和良好的评价。目前全球有数千个 Isograph 软件安装在航空航天、国防、汽车、核能、铁路、化工、石油天然气和医疗等行业的重大项目上。

Isograph 软件主要功能如下：

（1）多种逻辑门可供选择；

（2）多种供选择的最小割集计算方法；

（3）丰富的底事件故障模型；

（4）多种重要度的计算；

（5）定量计算结果丰富；

（6）故障树模型的完整性检查。

Reliability Workbench 的故障树构造方式和 PosVim 的构造方式相同，但是其功能更多，为了减少页面所占的幅度，可以将故障树的部分另起一个页面进行构造，另外结果的查看方式也有所不同。如图 4-51 所示，这是一个冷却系统冷却故障的故障树，本例导致冷却系统发生故障的直接事件是热交换器冷却损失或热交换器故障，然后再深入探究造成热交换器冷却损失的原因，从而搭建起整个故障树。

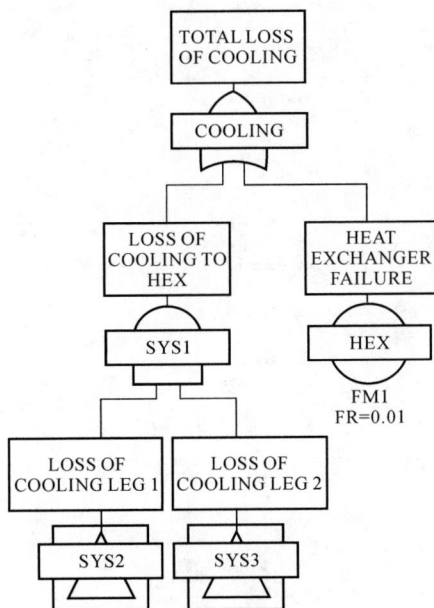

图 4-51 冷却系统冷却故障的故障树

可以看到 SYS2 被缩减到另一个页面进行分析,如图 4-52 所示。

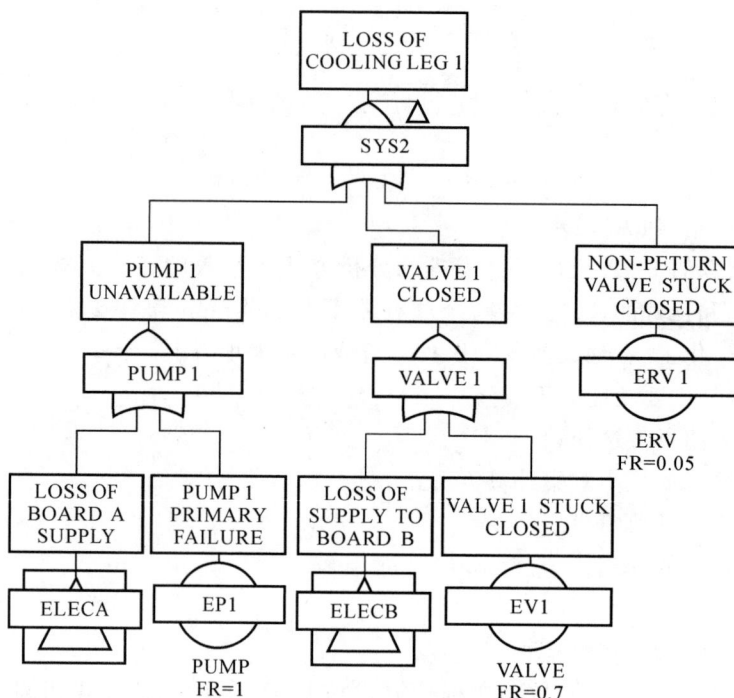

图 4-52　SYS2 故障树

故障树构造好后点击分析按钮,进行分析,待分析完成后点击结果摘要即可查看结果,其结果包括摘要、重要度和最小割集等结果查看选项,如图 4-53～图 4-55 所示。

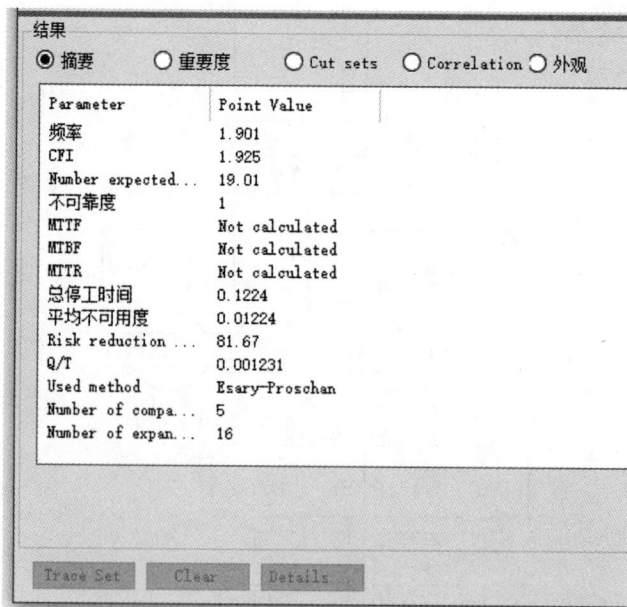

图 4-53　结果摘要

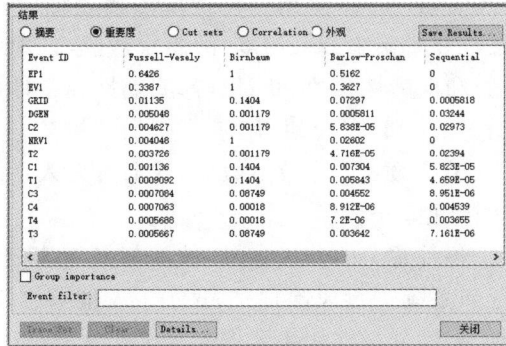

图 4 - 54　重要度

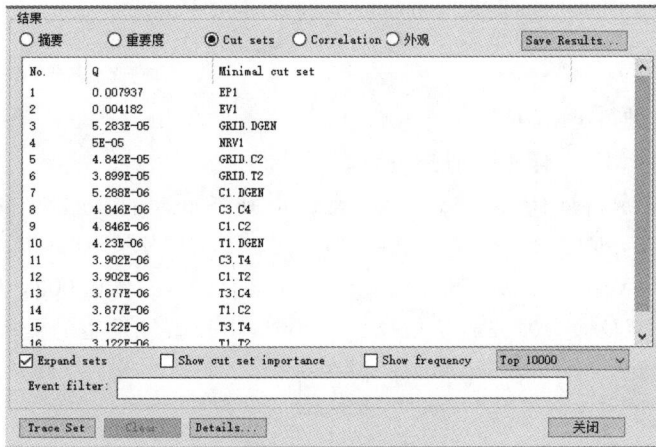

图 4 - 55　最小割集

4. Reliability Workbench 的其他模块

（1）可靠性框图（RBD）模块：快速而准确地建立系统的可靠性逻辑模型，支持的系统模型有串联、并联、表决、混联等。

（2）可靠性分配（R 分配）模块：通过可靠性分配使产品整体与部分的可靠性定量要求保持协调一致，是一个由整体到局部、由上到下的分析过程。

（3）可靠性增长（R 增长）模块：分析产品的可靠性增长试验数据，计算得出形状和尺度参数。根据形状参数和尺度参数可得出任意时刻的故障密度函数、MTTF（平均故障前时间）和不可靠度，从而评价系统的可靠性是否得到了改进。

（4）威布尔分析（Weibull）模块：可以对外场或实验室中的可靠性试验数据按选定的分布类型自动拟合，获取该分布的参数，并将累积故障曲线、无约束条件故障密度曲线或有约束条件故障密度曲线用图形报告显示。可以分析已有故障数据并将其分析结果关联到可靠性框图或故障树模型中。

（5）安全性分析（SSA）模块：在可视化环境下，使用产品功能树的方式创建系统的安全性评估模型，进行 FHA 综合分析。用户可自定义产品功能构型，使用影响、阶段、环境、检测方法和外部文档等多种类库，在 FHA 中还可以输入术语库。

(6)系统可用性仿真(AvSim)模块:使用可靠性框图或故障树建立系统可靠性模型,采用蒙特卡罗仿真方法,对系统和子系统的可用度、故障次数、生产能力和费用进行仿真评估,亦可评估系统的维修性参数和保障性参数,并对维修间隔期和备件进行优化。

(7)加速寿命试验数据分析(ALT)模块:用于分析加速故障数据和预计正常使用条件下的可靠性指标。用户可以手动输入加速故障数据,或通过导入功能导入故障数据,支持准确时间数据、中止数据、分组数据。

可靠性分析软件集成了各种常见的分析工具,故障树具有直观的绘图建模和强大的分析能力,能够对复杂的过程和系统进行风险评估;FMECA 能够自动、快速分析系统的潜在故障模式及其影响。使用可靠性分析软件大大提高了工作效率,能够帮助企业评估风险,提高产品的可靠性,提升产品质量。

习　　题

1. 请简述如何进行 FMCEA 分析。

2. FMECA 和 FMEA 有何区别?

3. 已知某一故障树如图 4 - 56 所示,统计得到各底事件发生的概率为:$P(X1)=0.001$,$P(X2)=0.1$,$P(X3)=0.01$,$P(X4)=0.001$,$P(X5)=0.001$,$P(X6)=0.001$,$P(X7)=0.001$,$P(X8)=0.004$,$P(X9)=0.003$,$P(X10)=0.002$,$P(X11)=0.001$,$P(X12)=0.001$,$P(D1)=0.002$,$P(D2)=0.001$,求顶事件发生的概率。

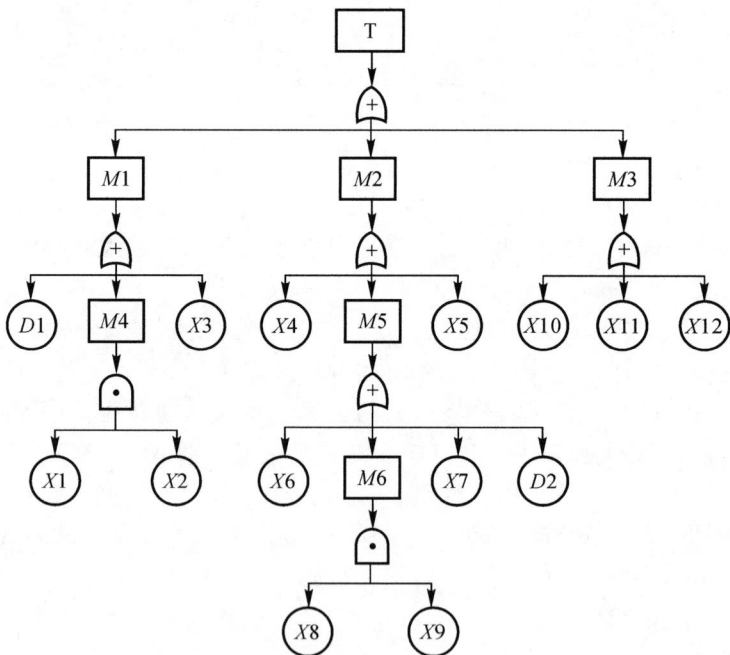

图 4-56　某一故障树

4. 任意选取一个系统进行 FMECA 分析。

第 5 章　维修性设计

广义的可靠性是指产品在整个寿命周期内完成规定功能的能力,包括狭义可靠性和维修性两个方面。广义可靠性的含义在第 1 章中已介绍,产品的维修性是指产品在给定的条件下和时间内,按规定的方式和方法进行维修时,能使产品保持和恢复到良好状态的可能性。实践表明,设备的寿命周期总费用在很大程度上取决于其维修性。

由于故障发生的原因、部位、程度不同,系统所处的环境不同,以及维修设备及修理人员水平的不同,所以修复所用的时间是一个随机变量。人们需要研究修复时间这一随机变量的变化规律。修复时间的长短和修复质量的高低都将影响设备(产品)的可靠性水平。因此,研究可修复产品的可靠性,不仅包含系统的狭义可靠性,而且还应包括维修因素在内的广义可靠性。可修复系统可靠性特征量主要有首次平均无故障工作时间和平均无故障工作间隔时间,以及平均修复时间、修复率及系统的可用度等。

可修复系统是指系统的组成单元(或零部件)发生故障后,经过修理使系统恢复到正常工作状态。系统发生故障后,一般要寻找故障部位,对其进行修理或更换,一直到最后验证系统已确实恢复到正常工作状态,这一系列工作过程称为修复过程。

研究维修性设计是为了达到以下目的:

(1)通过设计完成维修工作的简化,减少维修时间和费用;

(2)估计产品拆装时间及维修时间;

(3)结合维修性数据与可靠性数据估计产品的可用性。

5.1　维修性基本概念

5.1.1　维修性定义与指标

5.1.1.1　维修性定义

维修性(Maintainability)的定义:"产品在规定条件下和规定的时间内,按规定的程序和方法进行维修时,保持或恢复到能完成规定功能的能力"。如果用概率来表示和度量这种能力,就是维修度,记为 $M(t)$。

维修性定义的几个要点如下:

(1)维修性是通过设计过程赋予系统的一种固有的质量属性。维修性关注的焦点是尽量减少维修人力、时间和费用。维修性也可以说是在规定的约束条件(维修条件、时间、程序和方法)下能够完成维修的可能性。

(2)维修度是随机变量,只具有统计上的意义,因此要用概率来表示。由概率的性质可知:$0 \leqslant M(t) \leqslant 1$。

(3)规定条件。它包括维修的场所(如是现场维修还是专门的维修中心)及维修人员的熟练程度、维修设备及工具、备件的充足等,甚至还包括技术数据是否齐全以及操作和维修手册、维修后勤机构等。

(4)规定的时间。维修性指标大多与时间有关。时间越长,则所得到的维修度 $M(t)$ 值也越大。可以认为维修度是一种快速性,只有这样才能及时地诊断和排除故障,完成预防维修。

(5)规定功能。要弄清规定的功能是什么,因为发生故障(不可修复的故障为失效)意味着产品完成规定功能能力的丧失。功能有主次之分,故障也有主次之分。次要的故障不一定会影响设备或系统的可靠性。

(6)规定的程序和方法。它是指按技术条件规定采用的维修工作类型、步骤、方法等。按照预定的程序和方法进行维修是必要的,不仅可以提高维修度,还可以降低维修费用,延长设备的工作寿命,减少故障发生的频率。否则,维修之后反而会使设备的可靠性降低。

5.1.1.2 维修性指标

常用的维修指标有以下几种:

1. 维修度 $M(t)$

维修度和可靠度类似,它用概率来表示且是维修时间 t 的函数,可以理解为一批产品在规定的条件下和规定的时间 t 内,按照规定的程序和方法进行维修,由故障状态($t=0$)恢复到正常状态的概率,其表达式为

$$M(t) = P\{T \leqslant t\} \tag{5-1}$$

式中　T——在规定约束条件下完成维修的时间;

　　　t——规定的维修时间。

显然,维修度是维修时间的递增函数,$M(0)=0$,$M(\infty) \rightarrow 1$。

维修度除了根据理论分析求得,也可按照统计定义通过试验数据求得,即

$$M(t) = \lim_{N \to \infty} \frac{n(t)}{N} \tag{5-2}$$

式中　N——送修的产品总数;

　　$n(t)$——t 时间内完成维修的产品数。

在工程实践中,由于试验或统计现场数据 N 有限制,可用估计量 $\hat{M}(t)$ 来近似表示 $M(t)$,即

$$\hat{M}(t) = \frac{n(t)}{N} \tag{5-3}$$

2. 维修时间的密度函数 $m(t)$

维修时间的密度函数 $m(t)$

$$m(t) = \frac{\mathrm{d}M(t)}{\mathrm{d}t} = \lim_{\Delta t \to 0} \frac{M(t + \Delta t) - M(t)}{\Delta t} \tag{5-4}$$

$$M(t) = \int_0^t m(t)\mathrm{d}t \tag{5-5}$$

同样，$m(t)$ 的估计值为

$$\hat{m}(t) = \frac{n(t + \Delta t) - n(t)}{N\Delta t} = \frac{\Delta n(t)}{N\Delta t} \tag{5-6}$$

式中　$\Delta n(t)$——Δt 时间内完成修复的产品数。

可见，维修时间密度函数的工程意义是单位时间内产品预期完成维修的概率，即单位时间内修复数与送修总数之比。

3. 修复率 $\mu(t)$

修复率是指在产品修复过程中，修理时间已达到某个时刻 t 时未修复的产品，在该时刻 t 后的单位时间内完成修理的概率，以 $\mu(t)$ 表示，其表达式如下

$$\mu(t) = \lim_{\substack{\Delta t \to 0 \\ N \to 10}} \frac{n(t + \Delta t) - n(t)}{[N - n(t)]\Delta t} \tag{5-7}$$

其估计值为

$$\hat{\mu}(t) = \frac{\Delta n(t)}{N_s \Delta t} \tag{5-8}$$

式中　N_s——时刻 t 尚未修复的产品数。

确切来说，$\mu(t)$ 是一种修复速率。由于它在工程实际运用中不好计算，所以常用到平均修复率，它的定义为"产品在单位时间内完成修理的概率"，以 $\bar{\mu}(t)$ 表示：

$$\bar{\mu}(t) = \frac{P\{t < T \leqslant t + \Delta t \mid Tt\}}{\Delta t} \tag{5-9}$$

5.1.2　维修的分类

产品（或系统）的维修方式可归纳为两大类：①事后维修；②预防维修。下面分别讨论它们的特点与适用场合。

1. 事后维修（Operate to Failure）

事后维修指产品或系统发生故障后进行的维修。由于事前不掌握故障现象和规律，故障后对使用带来较大的影响。另外，由于缺乏修理准备，所以维修时间必定较长。有时为了快速恢复使用，紧张而匆忙地勉强修复，不久又会出现重复故障。

现代机电产品或系统，一般不宜采用事后维修方式，而大多采用预防维修。只是在预防维修期间内发生故障后，才采用事后维修。

2. 预防维修（Preventive Maintenance）

对于系统发生故障就会带来重大经济损失和严重事故的，必须加强平时的检查维修，以防患于未然，使产品和系统始终处于最佳状态。特别是对于那些安全性受到特别重视的交通运输工具、起重机械，以及一旦出故障停工会导致很大损失的工业生产系统，预防维修特别重要。

预防维修工作可分为：①检查或监视；②调整、修理或更新。前者是查看，后者是行动。其维修方法有以下几种。

（1）定期维修。

每隔一定时间对某些零件进行更换或修复。它在一定程度上可以克服事后维修的一些弊端，使用和维修工作都相对地主动一些。但由于对零件的损坏程度无法作出正确的估计，因此，对修理时间也就不能做到充分合理的安排，而且由于零件的寿命实际上很不一致，在定期维修中往往将一些还能继续使用的零件也换掉了，所以经济性较差。

（2）按需维修。

在某些情况下，使用定期维修反而会引起早期故障。作为一种解决办法，就是平时注意监视系统和零部件的特性值，除非发现某种故障征候，否则并不进行更新和修理，这就是按需维修。

按需维修是立足于失效物理分析，通过进行连续地物理测定，当参数或性能下降到限定值时，就进行维修。它不规定维修周期，只规定性能参数的维修限值。

应该指出，若采用按需维修，必须配备监视装置，如测量仪和记录器等，有时还要对某些零部件专门设计，使得不分析也能测得特性值。

通过可靠性预计、分配和分析等一系列可靠性设计活动，工程设计人员掌握了对系统功能、结构、各单元相对可靠性水平、关键环节以及系统可能达到的可靠性水平与要求的可靠性目标之间的差距。当系统预计的可靠性数值低于分配值时，就要对设计进行系统的改变，以保证满足规定的可靠性要求。

对产品可靠性进行改进，主要措施有元器件的减额使用、冗余技术、简化设计、概率安全余量、环境防护技术等。

5.1.3 修复时间分布

5.1.3.1 修复时间为正态分布时的维修度函数

正态分布适用于简单的维修活动或基本维修作业。如简单的拆卸或更换某个零部件所需的时间一般符合正态分布。当维修时间服从正态分布时，在坐标轴上表现为大多数维修时间在某中心值左右分布。正态分布时的维修时间概率密度函数如下：

$$m(t) = \frac{1}{d\sqrt{2\pi}}\exp\left[-\frac{1}{2}\left(\frac{t-\mu}{d}\right)^2\right] \tag{5-10}$$

式中　d——维修时间的标准差；

　　　μ——维修时间的均值（数学期望），此处取其观测值为

$$\mu = E(T) = \frac{1}{n_r}\sum_{i=1}^{n_r} t_i$$

式中　t_i——第 i 次维修的时间；

　　　n_r——维修次数。

则正态分布的维修度函数为

$$M(t) = \int_0^t m(t)\mathrm{d}t = \Phi(u) \qquad (5-11)$$

$$u = \frac{t-\mu}{d} \qquad (5-12)$$

式中　$\Phi(u)$——标准正态分布函数；

其中，方差 $D(T) = d^2 = E\,[T - E(T)]^2$，标准差 $d^2 = \dfrac{\sum\limits_{i=1}^{n_r}[t_i - \mu]^2}{n_r - 1}$。

5.1.3.2　修复时间为对数正态分布时的维修度函数

如果维修时间 t 的对数 $\ln t$ 服从 $N(\theta, \sigma^2)$ 正态分布，那么称其服从对数正态分布。当维修时间服从对数正态分布时，在坐标轴上表现为非对称曲线。其维修时间的密度函数 $m(t)$ 如下：

$$m(t) = \frac{1}{t\sigma\sqrt{2\pi}}\exp\left[-\frac{1}{2}\left(\frac{\ln t - \theta}{\sigma}\right)^2\right] \qquad (5-13)$$

式中　θ——$\ln T$ 的均值（数学期望），即 $\theta = E(\ln T)$；

　　　σ——$\ln T$ 的标准差。

其维修度函数如下：

$$M(t) = \int_0^t m(t)\mathrm{d}t = \Phi(u) \qquad (5-14)$$

$$u = \frac{t-\mu}{d} \qquad (5-15)$$

式中　θ——$\ln T$ 的均值（数学期望）；

　　　σ——$\ln T$ 的标准差。

此时，$E(T) = \mathrm{e}^{\theta + \frac{1}{2}\sigma^2}$，$D(T) = \mathrm{e}^{2\theta + \sigma^2}(\mathrm{e}^{\sigma^2} - 1)$。

对数正态分布适用于描述各种由维修频率和持续时间都互不相等的若干项工作组成的复杂装备的修理时间，是维修性分析中应用最广的一种分布。据验算，一些机电、电子、机械产品的修复时间大都符合对数正态分布。

对数正态分布能较好地反映维修时间的统计规律，在许多维修性标准和规范中，都规定使用这种分布进行维修性分析和验证。

5.1.3.3　维修时间为指数分布时的维修度函数

一般认为，经短时间调整或迅速换件即可修复的产品服从指数分布。由于其较为简单，指数分布被广泛地应用在维修性分析中，其概率密度函数如下：

$$m(t) = \mu\exp(-\mu t) \qquad (5-16)$$

则其维修度函数为

$$M(t) = \int_0^t m(t)\mathrm{d}t = 1 - \mathrm{e}^{-\mu t} \qquad (5-17)$$

$$\mu(t) = \frac{m(t)}{1 - M(t)} = \mu \tag{5-18}$$

这种分布的特点在于修复率 $\mu(t) = \mu$ 为常数,表示在相同的时间间隔内,产品被修复的概率相同。

5.1.4 维修性时间参数

维修时间指的是停机维修所用的时间,不包括改进时间和延误时间。维修时间参数是产品维修性中最主要的维修性参数,是度量产品维修性的重要尺度。维修性时间参数主要有平均修复时间(Mean Time to Repair,MTTR)、最大修复时间、修复时间中值、预防性维修时间(Mean Preventive Maintenance Time,MPMT)。

5.1.4.1 平均修复时间

平均修复时间是修复时间的平均值。修复时间是"从发现失效到产品恢复规定功能所需的时间,即失效诊断、修理准备及修理实施时间之和"。平均修复时间不包括由于管理或后勤供应等原因的延迟时间,即

$$\overline{M}_{ct} = \frac{总的维修时间(h)}{维修次数} = \frac{\sum\limits_{i=1}^{n} t_i}{n} \tag{5-19}$$

式中 t_i —— 第 i 次故障的修复时间;

n —— 维修次数。

当产品有 n 个可修复项目时,$\overline{M}_{ct}$ 可用下式计算:

$$\overline{M}_{ct} = \frac{\sum\limits_{i=1}^{n} \lambda_i \overline{M}_{ct_i}}{\sum\limits_{i=1}^{n} \lambda_i} \tag{5-20}$$

式中 λ_i —— 第 i 个项目的故障率;

$\overline{M}_{ct_i}$ —— 第 i 个项目的平均修复时间。

修复时间的概率密度分布函数大多数服从指数分布,此时,修复率 μ 为常数且是平均修复时间的倒数,即

$$\mu = \frac{1}{\overline{M}_{ct_i}} \tag{5-21}$$

相应的维修度 M 的计算公式为

$$M = 1 - e^{-\mu t} \tag{5-22}$$

对于维修时间为对数正态分布的情况:

$$\overline{M}_{ct} = e^{\theta + \frac{\sigma^2}{2}} \tag{5-23}$$

式中 θ —— 维修时间 t 的对数均值,$\theta = \frac{1}{n} \sum\limits_{n}^{i=1} \ln t$;

σ —— 维修时间 t 的对数标准差。

一个系统的平均修复时间可以通过下式求解：

$$\overline{M}_{ct} = \frac{\sum_{i=1}^{n} \lambda_i t_i}{\sum_{i=1}^{n} \lambda_i}$$

(5 - 24)

式中　n —— 系统中的部件个数；

λ_i —— 第 i 个可维修部件的故障率；

t_i —— 第 i 个部件出现故障时维修所需的时间。

平均修复时间是维修性最基本的参数。

5.1.4.2　最大修复时间

最大修复时间是指在给定百分位数或维修度时的最大修复时间，通常给定的维修度 $M(t)$ 或维修概率 p 是 0.95 或 0.90。最大修复时间通常是平均修复时间的 2～3 倍，具体比值取决于修复时间的分布和方差及规定的百分位。

当修复时间为指数分布时，$M_{\max ct} = -\overline{M}_{ct} \ln(1-p)$。

当 $M(t) = p = 0.95$ 时，$M_{\max t} = 3\overline{M}_{ct}$。

当修复时间为正态分布时，$M_{\max t} = \overline{M}_{ct} + Z_p d$。

其中，d 为修复时间的标准离差，Z_p 为维修度 $M(t) = p$ 时的正态分布分位点。若 $M(t) = p = 0.95$，则 $Z_p = 1.65$；若 $M(t) = p = 0.9$，则 $Z_p = 1.28$。

当修复时间为对数正态分布时，$\overline{M}_{ct} = \mathrm{e}^{\theta + Z_p \sigma}$。

5.1.4.3　修复时间中值

修复时间中值是指维修度 $M(t) = 0.5$ 时的修复时间，又称中位修复时间。不同分布情况下，中值与均值的关系不同。

当维修时间为正态分布时，$\widetilde{M}_{ct} = \overline{M}_{ct}$。

当维修时间为指数分布时，$\widetilde{M}_{ct} = 0.693\overline{M}_{ct}$。

当维修时间为对数正态分布时，$\widetilde{M}_{ct} = \mathrm{e}^{\theta} = \overline{M}_{ct} \exp(\sigma^2/2)$。

上述 3 个修复时间应注意：修复时间是排除故障的实际时间，不计行政及保障供应的延误时间，不同维修级别其修复时间是不同的。

5.1.4.4　预防性修复时间

预防性修复时间同样有均值 $\overline{M}_{pt}$、中值 $\widetilde{M}_{pt}$ 和最大值 $M_{\max pt}$。其含义和计算方法与维修时间相似，但应以预防性维修频率代替故障率，预防性维修时间代替修复性维修时间。

平均预防性维修时间 $\overline{M}_{pt}$ 是每项或某个维修级别一次预防性维修所需时间的平均值，表达式如下：

$$\overline{M}_{pt} = \frac{\sum_{j=1}^{m} f_{pj} \overline{M}_{ptj}}{\sum_{j=1}^{m} f_{pj}}$$

(5 - 25)

式中　f_{pj}——第 j 项预防性维修的频率；

　　　$\overline{M}_{ptj}$——第 j 项预防性维修时间的平均时间。

根据使用需求也可以直接用日维护时间、周维护时间或年预防性维修时间作为维修性参数,直接给出相应的指标。

例 5-1　某产品的维修记录如表 5-1 所示。求该产品的平均修复时间 MTTR、修复率 μ 及规定维修时间 $t=10$ h 时的维修度。

表 5-1　某产品的维修记录

维修发生频数	每次维修活动持续时间/h	乘　积
2	1	2
4	2	8
7	3	21
13	4	52
16	5	80
16	6	96
24	7	168
10	8	80
6	9	54
4	10	40
3	11	33
1	12	12
$\sum$ 106	78	646

解：平均修复时间 $\overline{M}_{ct}=\dfrac{646}{106}(\text{h})=6.09(\text{h})$。

修复率 $\mu=\dfrac{1}{M_{ct}}=\dfrac{1}{6.09}(\text{次/h})=0.162(\text{次/h})$。

维修度 $M(10)=1-\mathrm{e}^{-10\times0.162}=0.80$。

因此,该产品在 10 h 内修复的可能性是 80%,平均修复一个产品需要 6.09 h。

5.2　维修性模型

5.2.1　维修性模型概述

维修性模型是指为分析、评定系统的维修性而建立的各种数学和物理模型。建立维修性模型是复杂装备维修设计与分析的主要工作项目之一,目的是表达系统与各单元维修性的关系、维修性参数与各种设计及保障之间的关系,在进行维修性的分配、预计、维修性设计方案的决策、维修性指标的优化时,均需建立维修性模型。

在产品研发制造与使用的过程中,通过建立维修性模型,联系产品维修性问题各单元之间的数学与物理联系,进而分析、评估其维修性,这套流程对产品维修有着重要意义。在产品总体方案论证阶段,通过建立维修性模型,可对各种可能的系统方案进行维修性预计和权衡分析,优化系统的维修性要求;在研制阶段,维修性模型的建立可以更方便与准确地获得更真实的产品维修性信息,从而为维修性设计决策提供依据;在使用阶段,通过收集外场数据,用建立的维修性模型评价在外场环境下产品的使用维修性,确定需要改进的问题范围,并对模型本身进行修正,使之更符合实际。

维修性模型按照不同的需求有多种划分的方法。按照建模目的分类,维修性模型主要有设计评价模型、分配预计模型、统计与验证实验模型。按照模型的形式分类,维修性模型主要有实物模型和非实物模型,其中,非实物模型又可分为维修性物理模型、维修性数学模型与虚拟维修模型。按照建模的层次不同分类,维修性模型主要有单元维修过程模型和系统维修性模型。本章主要介绍维修性物理模型与维修性数学模型。

维修性模型的优劣将直接影响问题分析的精度和效率,因此维修性建模应该遵循一定的原则,即真实性、目的性、清晰性、经济性、适应性 5 大原则。真实性即模型必须客观真实地反映所研究的系统的本质。目的性即模型的建立会依据研究目的不同而不同。清晰性即各模型必须清楚、明确地描述所研究的系统结构及其重要的内在联系。经济性即建立模型时要充分考虑模型的经济效应。适应性即模型要正确反映系统的本质和运动规律,要适应系统所处的环境和内部条件。

维修性建模的一般程序(见图 5 - 1)如下:

(1)首先应明确建模目的和要求,说明模型用来解决什么问题。

(2)要对重点型号的功能和维修职能进行描述,可以用框图的形式来说明,根据产品的类别和维修特点作必要的简化假设,抓住主要因素,抛弃次要因素。

(3)确定需要分析的维修性参数及与该参数有关的影响因素。

(4)利用适当的数学工具建立维修性参数与各个变量和常量之间的关系。

(5)收集类似产品的数据,包括有关的可靠性数据、维修性数据和工程设计数据。

(6)根据收集的有关数据,用建立的模型进行参数估计,检验模型的合理性和适用性。

(7)如果模型检验的结果比较令人满意,则可投入应用,应用的方式可依据分析问题的性质而异。

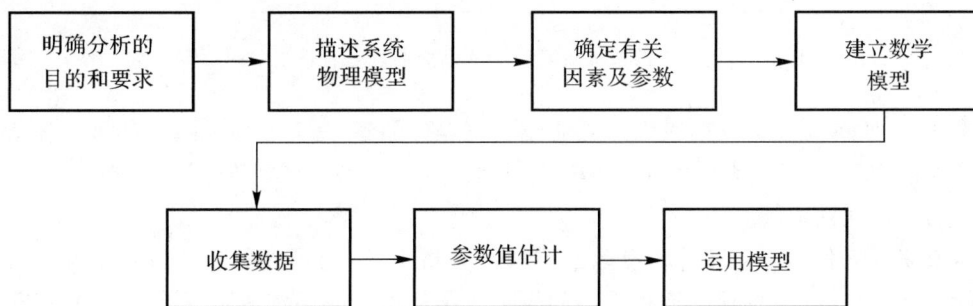

图 5 - 1　维修性建模的一般程序

5.2.2　维修性物理模型

在维修性建模领域,通常又将物理关系模型称为维修性关联模型。维修性关联模型常用作反映各项维修活动间的顺序或层次、部位等的框图模型,常见有维修职能流程图和系统功能层次框图。

5.2.2.1　维修职能流程图

为了进行维修性分析、评估以及分配,往往需要掌握维修的实施过程及各项维修活动之间的关系。因此,可用框图形式描述维修职能。维修职能是一个统称,它可以指实施装备维修的级别,如基层级维修、基地级维修等;也可以指在某一具体级别上实施维修的各项活动,这些活动是按时间顺序排列出来的。维修职能流程图是提出维修的要点并找出各项职能之间相互联系的一种流程图。对某一个维修级别来说,则是从产品进入维修时起直到完成最后一项维修职能,使产品恢复到或保持其规定状态所进行活动的流程框图。

维修职能流程图随装备的层次、维修的级别不同而不同。图 5 - 2 所示为某装备系统最高层次的维修职能流程图,它表明该系统在使用期间要由操作人员进行维护。由维修机构实施的预防性维修或排除故障维修可分为三个级别,即基层级、中继级和基地级。装备一般是在某一机构维修,完成维修后再转回使用。

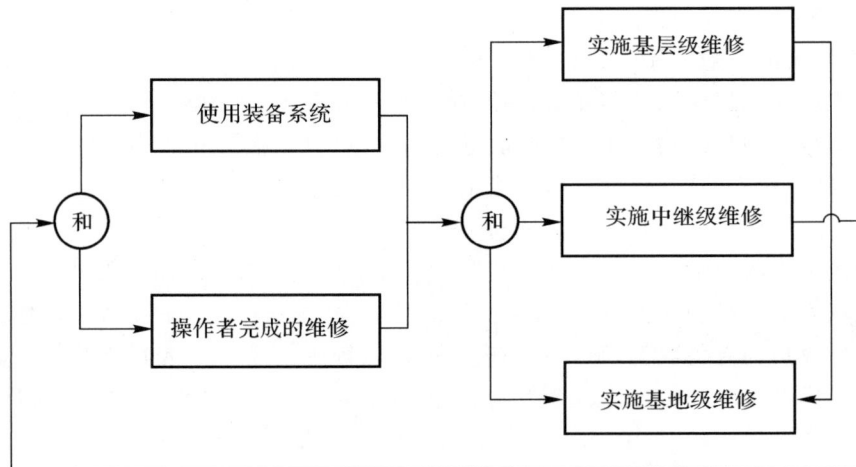

图 5 - 2　某装备系统最高层次的维修职能流程图(三级维修)

图 5 - 3 所示为装备中继级维修职能流程图,它是图 5 - 2 中"中继级"的展开图。它表示从接收该维修装备到修完返回使用单位(或供应部门)的一系列维修活动,包括准备活动、诊断活动和更换活动等。

维修职能流程图是一种非常有效的维修性分析工具,它可以把装备维修活动的先后顺序整理出来,形成非常直观的流程图。如果把有关的维修时间和故障率等数值标注在图上,则可以很方便地进行维修性的分配和预计以及其他分析。

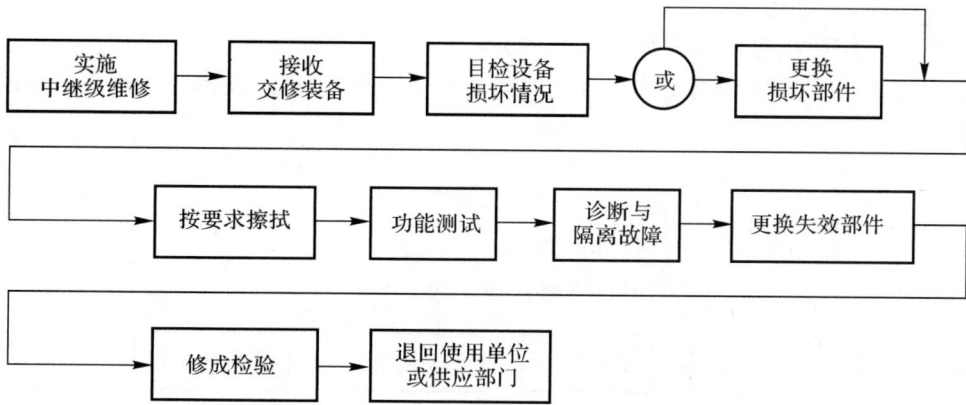

图 5 - 3　装备中继级维修职能流程图

5.2.2.2　系统功能层次框图

维修职能流程图是从纵向按时序表达各项维修工作、活动的关系;而包含维修的系统功能层次框图则是从横向按组成表达系统与各部分维修工作、活动的关系,以便掌握系统与单元的维修性的关系。系统功能层次框图是表示从系统到可更换单元的各个层次所需的维修措施和维修特征的系统框图。它可以进一步说明维修职能流程图中有关装备和维修职能的细节。

系统功能层次的分解是按其结构(工作单元)自上而下进行的,一般从系统级开始,分解到能够做到故障定位、更换故障件、进行维修或调整的层次为止。分解时应结合维修方案,在各个产品上标明与该层次有关的重要维修措施(如弃件式维修,调整或修复等),为了简化这些维修措施可用符号表示。

5.2.3　维修性数学模型

维修性的参数很多,但维修时间是最基本的,通常由它可以导出其他的参数。维修时间的计算是维修性分配、预计及试验数据分析等活动的基础。因此,维修性的数学模型主要是计算维修时间的模型。这里的维修时间是一个统称,它可以是指修复性维修时间,也可以是指预防性维修时间,为了方便统称为维修时间。

由于维修时间的计算是维修性分配、预计及验证数据分析等活动的基础。根据分析的对象不同,维修时间统计计算模型可分为串行维修作业时间计算模型、并行维修作业时间计算模型、网络维修作业时间计算模型、系统平均维修时间计算模型。

5.2.3.1　串行维修作业时间计算模型(累加模型)

串行作业是指一系列作业首尾相连,前一作业完成时后一作业开始,既不重叠又不间断。在维修作业中,一次维修事件是由若干维修活动组成的,而各项维修活动是由若干项基本维修作业组成的。如果只有一个维修人员或维修组,不能同时进行几项活动或作业就是串行作业。在这种情况下,完成一次维修或一项维修活动的时间就等于各项活动或各基本维修作业时间的累加值。

串行维修作业职能流程图如图 5 - 5 所示。

如果已知每项活动(基本维修作业)时间的分布函数,则可以求得完成维修的总时间 T 的分布,即

$$T = \sum_{i=1}^{n} T_i \qquad (5-26)$$

式中　T_i —— 每项基本的维修作业时间;

　　　n —— 相互独立的基本串行维修作业个数。

| 故障检测 |—| 故障定位 |—| 获取备件 |—| 拆卸故障件 |—| 更换故障件 |—| 修复检测 |

图 5 - 5 　串行维修作业职能流程图

5.2.3.2　并行维修作业时间计算模型

若组成维修事件(活动)的各项维修活动(基本维修作业)同时开始,则为并行维修作业。在大型装备中常常是多人或多组同时进行维修的,以缩短维修持续时间。如果各项活动或作业是同时开始的,那么就应当使用并行作业模型。

显然,并行作业的维修持续时间等于各项活动(基本维修作业)时间的最大值

$$T = \max(T_1, T_2, \cdots, T_n) \qquad (5-27)$$

其维修度为

$$\begin{aligned} M(t) = P\{T \leqslant t\} &= P\{\max(T_1, T_2, \cdots, T_n) \leqslant t\} \\ &= P\{T_1 \leqslant t, T_2 \leqslant t, \cdots, T_n \leqslant t\} = \prod_{i=1}^{n} M_i(t) \end{aligned} \qquad (5-28)$$

式中　$M_i(t)$ —— 第 i 项维修作业的维修度。

5.2.3.3　网络维修作业时间计算模型

如果组成维修事件(活动)的各项活动(基本维修作业)既不是串行关系又不是并行关系,则可用网络模型来描述,采用网络计划技术计算维修时间。它适用于装备大修时间分析或复杂装备的维修时间分析,也可用于有交叉作业的其他维修时间计算。其具体方法可参考运筹学等有关书籍。

5.2.3.4　系统平均维修时间计算模型

系统平均维修时间模型通常是指系统平均维修时间与系统各组成单元维修性参数或其他系统参数之间的数学关系。若系统由 n 个可修项目组成,每个可修项目的平均故障率和相应的平均修复时间为已知,则系统的平均维修时间为

$$\overline{M}_{ct} = \frac{\sum_{i=1}^{n} \lambda_i \overline{M}_{cti}}{\sum_{i=1}^{n} \lambda_i} \qquad (5-29)$$

式中　　λ_i——第 i 个项目的平均故障率；

　　　　M_{cti}——第 i 个项目出现故障的平均修复时间。

式(5-29)表示了一种系统各可修理单元的平均故障修复时间之间的关系,也称为均值计算模型。该模型不仅可以用于系统级的维修时间计算,还可以用于维修性分配的核算,也是许多维修性分配方法的原始出发点。

5.3　维修性设计分析

5.3.1　维修性设计准则

维修性设计准则是为了将系统的维修性要求及使用和保障约束转化为具体的产品设计而确定的通用或专用设计准则。针对一台待修的设备或系统,在进行维修性设计时应遵循下列准则。

1. 简化设计

(1)简化产品的功能。产品的功能多样化是导致设计和操作复杂化的根源。因此,应在满足使用要求的前提下,去掉不必要的功能。

(2)合并产品功能。把产品中相同或相似的功能结合在一起执行。

(3)尽量减少零件的品种和数量。减少零件的数量可以达到简化的目的,减少零件的种类可以大大降低维修保障的费用。

2. 可达性设计

(1)统筹安排,合理布局。故障率高、需要较大维修空间的部件应尽量安排在系统的外部或容易接近的部位。

(2)为避免各部分维修时交叉工作(特别是机电液系统维修中的相互交叉)与干扰,可用专舱、专柜或其他适宜的形式布局。

(3)尽量做到检查或维修任一部分时,不(少)拆卸、不(少)移动其他部分。

(4)产品各部分(特别是易损件和常用件)的拆装要简便,拆装时零部件进出的路线最好是直线或平缓的曲线;不要使拆下的产品拐着弯或颠倒后再移出。

(5)产品的检查点、测试点、检查窗、润滑孔、添加口及燃油、液压、气动等系统的维修点,都应布局在便于接近的位置上。

(6)需要维修和拆装的机件,其周围要有足够的空间,以便进行测试或拆装。

3. 标准化、通用化和模件化设计

(1)优先选用标准化的设备、工具、元器件和零部件,并尽量减少其品种、规格。

(2)提高互换性和通用化程度,因此设计时应该做好以下几点:

1)最大限度采用通用零部件,并尽量减少品种,可考虑使用能满足要求的民用产品;

2)设计时,故障率高、容易损坏、关键性的零部件要具有良好的互换性和必要的通用性;

3)具有安装互换性的项目,必须具有功能的互换性;

4)不同工厂生产的相同型号的成品件、附件必须具有安装和功能互换性;

5）产品上功能相同且对称安装的组、部、零件应尽量设计成可以互换通用的。

（3）产品需作某些更改或改进时，尽量做到新老产品之间能互换使用。修改零部件设计时，不要任意更改安装的结构要素，以免造成互换性的破坏而使系统不能配套。

（4）尽量采用模块化设计。

4．防差错措施及识别标志

（1）针对外形相近而功能不同的零件、重要连接部件和安装时容易发生差错的零部件，应从结构上加以区别或有明显的识别标记。

（2）产品上应有必要的防止差错、提高维修效率的标记。

（3）产品上与其他有关设备连接的接头、插头和检测点均应标明名称或用途及必要的数据等。

（4）需要进行保养的部位应设置永久性标记，必要时应设置标牌。

（5）对可能发生操作差错的装置应有操作顺序号码等标记。

5．维修安全性设计

（1）产品设计应保证贮存、运输和维修时的安全。

（2）在可能发生危险的部位上，应提供醒目的标记、警告灯、声响警告等辅助手段。

（3）严重危及安全的部分应有自动防护措施，且不要将损坏后容易发生严重后果的零部件布局在易被损坏的位置。

（4）凡是与安装、操作、维修安全有关的地方，都应在技术文件资料中提出注意事项。

（5）对装有高压气体、弹簧、带有高电压等储有很大能量且维修时需要拆卸的装置，应设有备用释放能量的结构和安全可靠的拆装设备、工具，保证拆装安全。

6．维修中人机工程设计

（1）设计产品时应按照使用和维修时人员所处的位置与使用工具的状态，并根据人体的量度，提供适当的操作空间，使维修人员有比较合理的姿态，尽量避免以跪、卧、蹲、趴等容易疲劳或致伤的姿势进行操作。

（2）噪声不允许超过规定标准。如难以避免，对维修人员应有保护措施。

（3）对维修部位应提供适当的自然或人工的照明条件。

（4）应采取积极措施，减少振动，避免维修人员在超过标准规定的振动条件下工作。

（5）设计时，应考虑维修操作中举起、推拉、提起及转动零部件时人的体力限度。

（6）设计时应考虑使维修人员的工作负荷和难度适当，以保证维修人员的持续工作能力、维修质量和效率。

7．其他通用设计准则

除了上述 6 项维修性一般设计准则，还有多种针对不同产品、不同工况的维修性设计准则，如非工作状态维修设计、维修工作环境设计、贵重件的可修复性、环境防护与除锈防锈等。由于本书篇幅所限，不能逐一详细介绍，有兴趣的读者可以研读相关文献。

5.3.2 维修性分配和预计

维修性分配是产品维修性设计中的一项重要工作，指根据提出的产品维修性指标，按需要把它分配到各层次及其各功能部分,从而作为它们各自的维修性指标,帮助设计人员明确维修性要求。

维修性分配的具体目的如下:

(1)为系统或产品的各部分(各个低层次产品)的研制提供维修性设计指标,以保证系统或产品最终符合规定的维修性要求。

(2)通过维修性分配,明确各承制方或供应方的产品维修性指标,以便于系统承制方对其实施管理。

维修性分配是维修性设计中一项必不可少的工作。只有合理分配维修性指标,才能避免设计的盲目性。合理的指标分配方案可以使产品经济而有效地达到规定的维修性目标。

5.3.2.1　维修性分配的工作程序

维修性分配的步骤如下:

(1)使用需求分析,分析对象的维修需求、维修性设计要求和设计特征;

(2)确定分配的参数和指标。维修性分配的指标应是维修性的主要指标,如平均修复时间(MTTR)、平均预防性修复时间($\overline{M}_{pt}$)等。

(3)系统维修职能分析。根据产品的维修方案规定的维修级别划分,确定各级别的维修职能,以及各级别上维修的工作流程,并用框图的形式描述工作流程。

(4)系统功能层次分析。在上述程序的基础上,逐一确定系统各层次、各部分的维修措施与要素,并建立系统功能层次图。

(5)根据可靠性数据,确定各层次产品的维修频率,其中包括修复性维修和预防性维修的频率。

(6)选择合适方法分配维修性指标。

(7)分配结果的综合权衡分析,编写维修性分配报告。

5.3.2.2　维修性分配的原则与注意事项

1.维修性分配的原则

进行维修性分配时,应遵循下列原则。

(1)维修级别。维修性指标应依据规定的维修级别,并按照该级别的条件和完成的工作来分配。

(2)维修类别。应明确区分指标是针对修复性维修、预防性维修,还是二者的组合。相应的时间或工时以及维修频率不能混淆。

(3)产品功能层次。维修性分配应将指标自上而下分配到需要更换或修理的低层次产品,直至各个不可再分解的可更换单元为止。应根据产品的功能与结构关系,并依据维修需求对产品进行划分。

(4)维修活动。每次维修都要按照一定顺序完成一项或多项维修作业,一次维修的时间由相应的若干时间元素组成。对维修活动的了解,可以为合理地分配和分析提供依据。通常,维修活动可分为以下 7 项。

1)准备:检查或查看;准备工具、设备、备件及油液;预热;判定系统状况。

2)诊断:检测并隔离故障,即确定故障情况、原因及位置,找出导致故障的产品。

3)更换:拆卸;用可使用产品替换失效的产品;安装。

4)调整、校准。

5)保养:擦拭、清洗、润滑、加注油液等。

6)检验。

7)原件修复:对更换下来的可修产品进行修复。

2. 维修性分配的注意事项

(1)维修性分配的指标应是关系全局的系统的维修性的主要指标,但是对于具体的维修性分配工作,应按照任务书要求,针对维修级别相关的具体指标做分配。

(2)针对产品维修性分配的层次,如果产品维修性指标只规定了基层级的维修时间(工时),那么指标只需分配到基层级的可更换单元,如果指标是中继级维修时间(工时),则应分配到中继级可更换单元。

(3)产品维修性的分配应尽早开始,如有必要,应在产品研发设计的各个过程均开展维修性分配。

(4)在维修性分配之前,必须确定维修性定量要求(指标),进行产品功能分析以及可靠性分配或预计。

5.3.2.3 维修性分配的常用方法

维修性分配的方法参考 GJB/Z 57—1994 所推荐的维修性分配方法,它包括等值分配法、按故障率分配法、相似产品分配法、按故障率和设计特性的综合加权分配法、保证可用度和考虑各单元复杂性差异的加权分配法。以下是各方法的简单介绍。

(1)等值分配法。如果产品的各组成部分的复杂程度、故障率及维修性难易程度均相似,或者在缺少可靠性和维修性信息时,可以采用这种方法进行初步分配。

(2)按故障率分配法。如果已有产品各组成部分的失效率的分配值或预计值,可以采用这种方法。维修性分配原则是,故障率高的单元分配的维修时间应当短。

(3)相似产品分配法。如果有相似产品的维修性数据,可以采用这种方法。有相似产品的情况在实际工程中是常有的,因为企业的产品开发一般都有继承性。其分配的原则主要是考虑产品维修相似的程度。

(4)按故障率和设计特性的综合加权分配法。在已知单元的可靠性值及有关设计方案时,可以采用这种方法。其分配原则是按故障率及预计维修的难易程度,通过专家打分进行加权分配。

(5)保证可用度和考虑各单元复杂性差异的加权分配法。如果产品系统已分配了可靠性指标或者已有可靠性预计值,需要保证系统可用度并考虑各单元复杂性差异的时候,可以采用这种方法。

在维修性分配中,除了考虑每次维修所需要的平均时间,必要时还应分配各种维修活动的时间。例如,检测诊断时间、拆装时间、原件修复时间等。有了这些数据,维修性设计就有了依据。

5.3.2.4　维修性预计

维修性预计是研制过程中主要的维修性活动之一,是以历史经验和类似产品的数据为基础,为估计、测算新产品在给定工作条件下的维修性参数,以便了解设计满足维修性要求的程度。维修性预计的参数应与规定指标的参数一致,最经常预计的维修性参数是平均修复时间,根据需要也可预计最大修复时间、工时率和预防性维修时间。

维修性预计一般应具备以下条件:

(1)相似产品的数据,包括产品的结构和维修性参数量值,以及维修方案、维修保障资源(如人员、保障设备、保障设施等)。

(2)新产品的设计方案或硬件的结构设计,以及维修方案、维修保障资源等约束条件。

(3)新产品组成部分的故障率数据,可以是预计值或实际值。

(4)新产品初步的维修工作流程、时间及顺序等。

与可靠性预计相比,维修性预计的难度要大一些,主要是维修性量值与进行维修的人员技能水平,以及所使用的工具、测试设备、保障设施等密切相关,因此维修性预计必须与规定的保障条件相一致。

习　题

1. 已知某设备的修复时间为威布尔分布,其分布参数分别为 $\gamma=0.5$ h、$\beta=0.5$ h、$\eta=0.5$ h,试确定当维修度 $M(t_1)$ 为 0.95 时所需的修复时间。

2. 某零件的失效率 $\lambda=0.031$ h^{-1} 和维修率 $\mu=0.21$ h^{-1}。单个零件第一次开始工作的时刻是 $t=0$。(1)计算单个零件的稳态可用度 A_s。(2)在 $t=2.1$ h 时刻,一个零件的可用度 $A(t)$ 是多少?

3. 已知一设备的运行时间和修复时间如图 5-17 所示,试确定其平均无故障工作时间、平均修复时间和固有可用度。

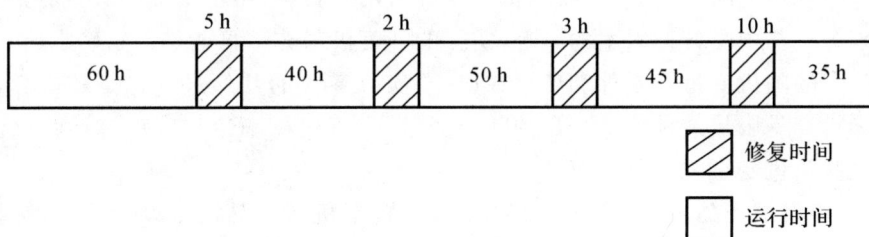

图 5-17　习题 3

4. 已知某设备的时间参数如下:MTBF=350 h,平均事后维修时间 MTTR=0.9 h,平均预防维修时间为 0.3 h,由于事后或预防维修引起的平均停工时间 $\overline{M}=0.4$ h,平均后勤及管理时间为 0.9 h,试确定:(1)固有可用度;(2)工作可用度;(3)使用可用度。

第6章 产品系统的机械可靠性设计

随着科技的不断进步和发展,现代产品的复杂程度越来越高,单一的机械产品或者电子产品越来越少,越来越多的复杂装备都包含机-电-液(气)系统。而现代产品很少是由单纯的电子元器件或机械零部件组成的,大都是机、电、液(气)相结合的产品,因此,本章介绍的机械产品可靠性设计,实质上不单单指机械方面的零部件或产品的可靠性设计,还包含机电、机电液、机电液(气)方面的可靠性设计。

机械产品设计通常包括结构设计和强度设计两个方面。在设计过程中,首先根据总体设计的要求、构件实际可能承受的载荷,进行应力和强度的分析,再参照该构件空间约束、质量限制、制造工艺、成本等确定构件具体的结构尺寸。

以前,机械产品设计的基本原理主要是根据确定性假设进行设计的常规设计方法。它的特点是忽略影响设计参数变化的随机因素,把载荷、材料性能指标、零件加工的尺寸等设计参数均视为确定值,设计的强度储备和环境的适应能力通过安全系数来实现。但这种偏于保守的设计,不仅常常造成材料浪费、结构笨重,而且在航空、航天设备以及其他重要设备上,因轴承、制动器、阀门等机械部件故障造成严重事故,仍然不乏其例。究其原因,载荷、材料性能及零件的加工尺寸等设计参量实际上都是随机变量。汽车在行驶时受到的冲击振动是路面质量变化的随机变量,不论是机床、车辆等,其所承受的载荷都不是一个确定值,而是服从某种分布规律的随机变量。同样,机械构件所用的材料,由于冶炼、轧制或铸造、机械加工及热处理等工艺中受各种因素的影响,实际的强度极限亦不可能是一个确定值,也只能是服从某种分布的随机变量。零件加工存在误差,实际零件的几何尺寸也是随机变量。既然这些设计参量都是服从某种统计分布的随机变量,只有用概率论与数理统计的办法才能较好地描述这些随机变量的变化规律。

因此,对于机械产品设计,近一二十年来又出现了机械产品概率设计方法,它把传统设计中所涉及的设计参量,如载荷、材料性能、几何尺寸等均视为随机变量,引入可靠性的定量描述,用概率论与数理统计的理论和方法来解决机械产品设计问题,以便得到更符合实际的结果。

零部件是组成机器的基本单元,因此本章主要讨论零部件可靠度计算和可靠性设计的理论与方法。这些方法包括应力-强度干涉模型法、等效正态分布法、随机摄动法和二阶矩法等。下面首先介绍机械产品概率设计的基本原理——应力-强度"干涉"理论及可靠度计算。

6.1　应力-强度"干涉"理论及可靠度计算

当应力超过强度时就会发生失效。这里的应力和强度具有广义的概念。应力表示导致失效的任何因素,如机械应力、电压或由温度引起的内应力等。强度是指阻止失效发生的任何因素,如硬度、机械强度、熔点、表面粗糙度、加工精度等。

机械产品的"可靠度"实质上就是零件在给定的运行条件下抵抗失效的能力,也就是"应力"与"强度"相互作用的结果,或者说是"应力"与"强度"干涉(Stress - Strength Interference)的结果。

6.1.1　应力-强度的分布

如前所述,大多数机电产品的应力和强度都是服从一定统计分布规律的随机变量,这里用 L 表示应力,用 S 表示强度

$$S = f_S(S_1, S_2, \cdots, S_n) \tag{6-1}$$

$$L = f_L(L_1, L_2, \cdots, L_n) \tag{6-2}$$

式中　S_i——影响强度的随机量,如零部件材料性能、表面质量、尺寸效应、材料对缺口的敏感性等;

　　　L_i——影响应力的随机量,如载荷情况、应力集中、工作温度、润滑状态等。

L 和 S 的均值分别为 $\overline{L}$、$\overline{S}$,方差分别为 σ_L^2、σ_S^2,概率密度函数分别为 $f(L)$、$f(S)$。

应力和强度分布规律的关系一般存在着如图 6-1 所示的 3 种关系。

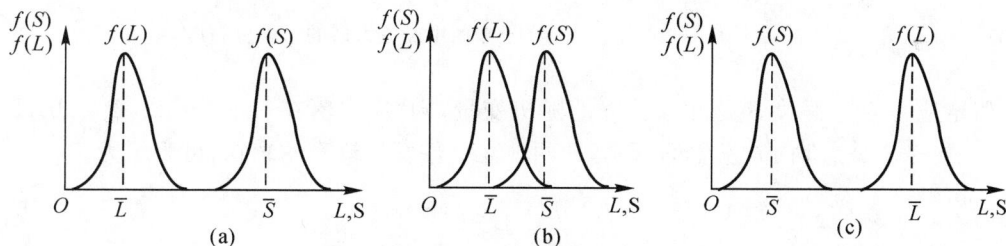

图 6-1　应力和强度分布规律的关系

很明显,图 6-1(a)所示的情况,零件绝对安全,可靠度为 1。图 6-1(c)则相反,在任何情况下零件的强度始终小于应力,可靠度为零。图 6-1(b)所示的情况则介于二者之间,它们的概率密度函数 $f(S)$ 和 $f(L)$ 两曲线出现部分交叉和重叠,亦即出现"干涉",在这种情况下,有可能出现强度小于应力的情况,但可把这种引起失效的概率限制在允许的范围内。

在机械设计中,无疑图 6-1(c)所示的情况是应该避免的;但图 6-1(a)所示的情况在设计上也是不可取的,因为这样做势必造成所设计的零件过于庞大,价格过高,尤其在航天、航空及武器装备设计中更不允许这样做。因此,需要研究人员研究的应是图 6-1(b)所示的"干涉"情况,研究如何在保证一定可靠度的前提下,使零件的结构较简单、质量较轻、价格较低。

那么,在图 6-1(b)所示的应力与强度相互"干涉"的情况下,零件的可靠度应如何确定呢?

6.1.2 应力-强度为任意分布时的可靠度计算

分析图 6-1(b)所示的情况,零件的可靠度就是强度超过应力的概率,即

$$R=P(S>L)=P(S-L>0) \tag{6-3}$$

现将图 6-1(b)中的干涉区放大,如图 6-2 所示,进行分析,应力落在 $[L-dL/2, L+dL/2]$ 区间内的概率为 $f(L)dL$,此时零件强度 S 大于该应力 L 的概率为

$$P(S>L)=\int_{L}^{+\infty} f(S)dS \tag{6-4}$$

即为自 L 以右的 $f(S)$ 曲线下的面积。

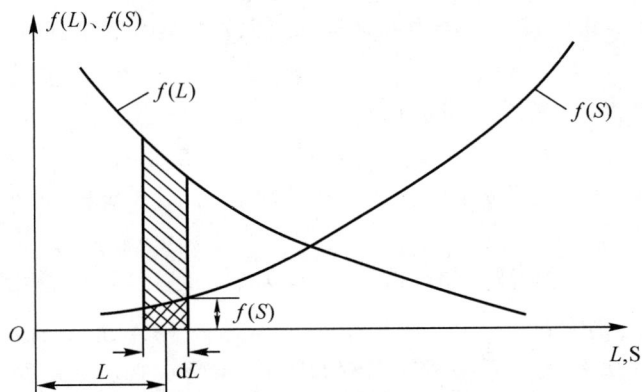

图 6-2 可靠度计算 —— 在干涉图中经放大后的干涉分布区

假定应力 L 与强度 S 是相互独立的随机变量,则"应力落在 $[L-dL/2, L+dL/2]$ 区间"与"强度 $S>L$"同时发生的概率,即两独立事件发生概率的乘积,可表示为

$$f(L)dL \cdot \int_{L}^{+\infty} f(S)dS \tag{6-5}$$

这样在应力的全部取值范围 $(-\infty, +\infty)$ 内,强度 S 大于应力 L 的概率,即 L 在任意取值时式(6-5)均应成立的概率(即为零件的可靠度)为

$$R=P(S>L)=\int_{-\infty}^{+\infty} f(L)\left[\int_{L}^{+\infty} f(S)dS\right]dL \tag{6-6}$$

式(6-6)提供了已知强度和应力的概率密度函数后,计算可靠度的一般表达式。

6.1.3 强度和应力均为正态分布时的可靠度计算

假设强度和应力随机变量均服从正态分布,则有正态分布的应力概率密度函数和正态分布的强度概率密度函数:

$$f(L)=\frac{1}{\sigma_L \sqrt{2\pi}} e^{-\frac{(L-\bar{L})^2}{2\sigma_L^2}}, \quad -\infty<L<+\infty \tag{6-7}$$

$$f(S)=\frac{1}{\sigma_S\sqrt{2\pi}}\mathrm{e}^{-\frac{(S-\bar{S})^2}{2\sigma_S^2}}\ ,\ \infty<S<+\infty \tag{6-8}$$

式中　$\bar{L}$、$\bar{S}$——应力和强度的均值；

σ_L、σ_S——应力和强度的标准差。

由正态随机变量函数的性质可知,强度与应力差 $Y=S-L$ 仍为正态随机变量,且其均值和标准差分别为

$$\bar{y}=\bar{S}-\bar{L}$$
$$\sigma_y=\sqrt{\sigma_S^2+\sigma_L^2}$$

它的概率密度函数为

$$\Phi(y)=\frac{1}{\sigma_y\sqrt{2\pi}}\mathrm{e}^{-\frac{(y-\bar{y})^2}{2\sigma_y^2}} \tag{6-9}$$

由式(6-9)可得可靠度为

$$R=P(S-L>0)=P(y>0)=\int_0^{+\infty}\frac{1}{\sigma_y\sqrt{2\pi}}\mathrm{e}^{-\frac{(y-\bar{y})^2}{2\sigma_y^2}}\mathrm{d}y \tag{6-10}$$

为了将 R 的表达式化为标准正态分布函数,令

$$z=\frac{y-\bar{y}}{\sigma_y}$$

对两边微分有

$$\mathrm{d}z=\frac{1}{\sigma_y}\mathrm{d}y$$

即

$$\mathrm{d}y=\sigma_y\mathrm{d}z$$

当 $y=0$ 时,有

$$z\big|_{y=0}=\frac{0-\bar{y}}{\sigma_y}=-\frac{\bar{S}-\bar{L}}{\sqrt{\sigma_S^2+\sigma_L^2}}$$

令

$$\mathrm{SM}=\frac{\bar{S}-\bar{L}}{\sqrt{\sigma_S^2+\sigma_L^2}} \tag{6-11}$$

式(6-7)就是所谓的"应力"与"强度"的联结方程(或称耦合方程),SM 称为可靠性系数或可靠度指数,这样式(6-10)就可变为

$$R=\int_{-\mathrm{SM}}^{+\infty}\frac{1}{\sqrt{2\pi}}\mathrm{e}^{-\frac{z^2}{2}}\mathrm{d}z$$

这就是应力和强度均为正态分布时,它们相互"干涉"的情况下,零部件的可靠度计算公式。

在已知 $\bar{S}$、$\bar{L}$、σ_S、σ_L 的条件下,利用式(6-7)可直接计算 SM,根据标准正态分布的对称性(见附表),可得

$$R=P(y>0)=\Phi(\mathrm{SM})=\Phi\left[\frac{\bar{S}-\bar{L}}{\sqrt{\sigma_S^2+\sigma_L^2}}\right]$$

关于可靠性干涉模型,应该明确的是,在应力-强度干涉图中,干涉面积并不等于失效概率,分布的阴影面积只是干涉的表示,而不是干涉数值的度量。这二者之间的关系很容易用函数关系表达(见图 6-3)。图中,$f(L)$ 为应力概率密度函数,$f(S)$ 为强度概率密度函数,$\pi(x)$ 是理论推导出来的条件失效概率函数,实线 $\pi(x)$ 下的面积在数值上等于失效概率,可见该面积一般小于干涉区面积。

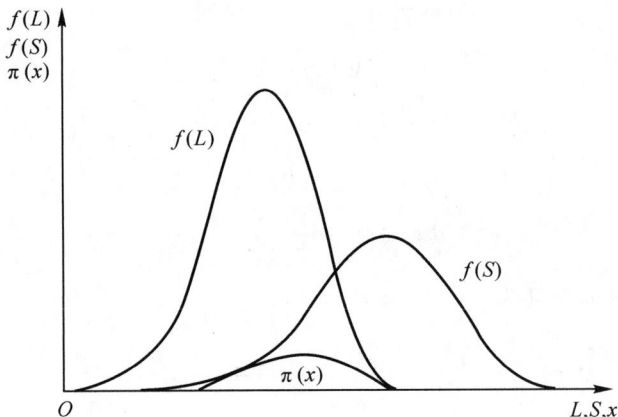

图 6-3 干涉区面积与失效概率

例 6-1 已知某一发动机所受的应力服从正态分布 $L\sim N(55\,000\ \text{MPa}, 4\,000^2\ \text{MPa}^2)$,其强度由于温度及其他因素的影响,也服从正态分布 $S\sim N(82\,000\ \text{MPa}, 8\,000^2\ \text{MPa}^2)$,求该发动机的可靠度。当强度的标准差增加到 15 000 MPa 时,可靠度是多大?

解: 由公式(6-11)可得

$$\text{SM}=\frac{\bar{S}-\bar{L}}{\sqrt{\sigma_S^2+\sigma_L^2}}=\frac{82\,000-55\,000}{\sqrt{8\,000^2+4\,000^2}}=3.02$$

查标准正态分布表,当 $SM=3.02$ 时,$R=0.999\,3$。

若 $\sigma_S=15\,000$ MPa 时,

$$\text{SM}=\frac{82\,000-55\,000}{\sqrt{15\,000^2+4\,000^2}}=1.74$$

查标准正态分布表,当 SM=1.74 时,$R=0.959\,07$。

这个例子除说明可靠度的求法外,还说明强度与应力的均值不变时,标准差的增大可导致可靠度的下降,因为标准差越大,干涉区的面积越大,故可靠度越低。

6.1.4 强度、应力均为对数正态分布时的可靠度计算

如强度 S 和应力 L 服从对数正态分布,则 $\ln S$ 和 $\ln L$ 服从正态分布。可根据正态分布与对数正态分布的关系,类似地导出 L 与 S 服从对数正态分布时的可靠度计算公式:

$$\text{SM}=\frac{\bar{S}_{\ln}-\bar{L}_{\ln}}{\sqrt{\sigma_{\ln S}^2+\sigma_{\ln L}^2}} \tag{6-12}$$

其中

$$\left.\begin{array}{l} \sigma_{\ln S}{}^2 = \ln\left(\dfrac{\sigma_S{}^2}{\overline{S}{}^2} + 1\right) \\[4mm] \sigma_{\ln L}{}^2 = \ln\left(\dfrac{\sigma_L{}^2}{\overline{L}{}^2} + 1\right) \\[4mm] \overline{S}_{\ln} = \ln\overline{S} - \dfrac{1}{2}\sigma_{\ln S}{}^2 \\[4mm] \overline{L}_{\ln} = \ln\overline{L} - \dfrac{1}{2}\sigma_{\ln L}{}^2 \end{array}\right\} \tag{6-13}$$

式中　$\overline{S}$、$\overline{L}$、$\sigma_S{}^2$、$\sigma_L{}^2$——强度和应力为正态分布时对应的均值和方差。

6.1.5　应力、强度均为威布尔分布时的可靠度计算

应力、强度为威布尔分布时的概率密度函数为

$$f(L) = \frac{\beta_L}{\eta_L}\left(\frac{L-\gamma_L}{\eta_L}\right)^{\beta_L-1}\exp\left[-\left(\frac{L-\gamma_L}{\eta_L}\right)^{\beta_L}\right] \tag{6-14}$$

$$f(S) = \frac{\beta_S}{\eta_S}\left(\frac{S-\gamma_S}{\eta_S}\right)^{\beta_S-1}\exp\left[-\left(\frac{S-\gamma_S}{\eta_S}\right)^{\beta_S}\right] \tag{6-15}$$

式中　β_L、β_S——形状参数；

$\quad\quad\eta_L$、η_S——尺度参数；

$\quad\quad\gamma_L$、γ_S——位置参数。

现将结果代入式（6-6），可得

$$R = 1 - \int_0^\infty e^{-\left(\frac{S-\gamma_S}{\eta_S}\right)^{\beta_S}}\exp\left\{-\left[\frac{\eta_S}{\eta_L}\left(\frac{S-\gamma_S}{\eta_S}\right) + \left(\frac{\gamma_S-\gamma_L}{\eta_L}\right)\right]^{\beta_L}\right\}\frac{\beta_S}{\eta_S}\left(\frac{S-\gamma_S}{\eta_S}\right)^{\beta_S-1}\mathrm{d}s \tag{6-16}$$

例 6-2　应力 L 及强度 S 服从威布尔分布，已知分布参数：形状参数 $\beta_L = 1.5$，$\beta_S = 2.5$，尺度参数 $\eta_L = 1$，$\eta_S = 2.5$，位置参数 $\gamma_L = 0$，$\gamma_S = 2$。计算可靠度 R。

解： 将以上参数代入式（6-16），在计算机上积分得，可靠度为

$$R = 0.980\ 932$$

6.1.6　应力为正态分布、强度为威布尔分布时的可靠度计算

设应力为正态随机变量，概率密度函数为

$$f(L) = \frac{1}{\sqrt{2\pi}\sigma_L}\exp\left[-\frac{(L-\mu_L)^2}{2\sigma_L{}^2}\right] \tag{6-17}$$

强度随机变量服从威布尔分布，概率密度函数为

$$f(S) = \frac{\beta}{\theta-x_0}\left(\frac{S-x_0}{\theta-x_0}\right)^{\beta-1}\exp\left[-\left(\frac{S-x_0}{\theta-x_0}\right)^{\beta}\right] \tag{6-18}$$

式中　β——形状参数；

$\quad\quad x_0$——位置参数；

$\quad\quad\theta-x_0$——尺度参数。

代入式(6-6)可得

$$R = \frac{1}{\sqrt{2\pi}\,\sigma_L} \int_{x_0}^{\infty} \exp\left[-\frac{(L-\mu_L)^2}{2\sigma_L^2}\right] \exp\left[-\left(\frac{L-x_0}{\theta-x_0}\right)^{\beta}\right] \mathrm{d}L \tag{6-19}$$

例 6-3 一承受弯曲对称循环应力的零部件,其强度服从威布尔分布,已知参数为 $x_0 = 352\ \mathrm{N/mm^2}$,$\beta = 2.65$,$\theta = 542\ \mathrm{N/mm^2}$,应力为正态分布,均值 $\mu_L = 386\ \mathrm{N/mm^2}$,变异系数 $c_L = 0.05$。求零部件的可靠度 R。

解: 应力标准差为

$$\sigma_L = c_L \cdot \mu_L = 0.05 \times 386\ \mathrm{N/mm^2} = 19.3\ \mathrm{N/mm^2}$$

代入式(6-19)得

$$R = 0.983\ 5$$

6.1.7 应力为指数分布、强度为正态分布时的可靠度计算

设应力为指数分布,概率密度函数为

$$f(L) = \lambda_L \mathrm{e}^{-\lambda_L \cdot L},\ 0 \leqslant L < \infty \tag{6-20}$$

强度为正态分布,概率密度函数为

$$f(S) = \frac{1}{\sqrt{2\pi}\,\sigma_S} \exp\left[-\frac{(S-\mu_S)^2}{2\sigma_S^2}\right] \tag{6-21}$$

结合式(6-6),并考虑指数分布具有正值,则可靠度为

$$R = \int_0^{\infty} f(S) \left[\int_0^S f(L)\mathrm{d}L\right] \mathrm{d}s \tag{6-22}$$

其中

$$\int_0^S f(L)\mathrm{d}L = \int_0^S \lambda_L \mathrm{e}^{-\lambda_L L} \mathrm{d}L = -\mathrm{e}^{-\lambda_L L}\big|_0^S = 1 - \mathrm{e}^{-\lambda_L S} \tag{6-23}$$

因此

$$R = \int_0^{\infty} \frac{1}{\sqrt{2\pi}\,\sigma_S} \exp\left[-\frac{(S-\mu_S)^2}{2\sigma_S^2}\right](1 - \mathrm{e}^{-\lambda_L S})\,\mathrm{d}s$$

$$= \frac{1}{\sqrt{2\pi}\,\sigma_S} \int_0^{\infty} \exp\left[-\frac{(S-\mu_S)^2}{2\sigma_S^2}\right]\mathrm{d}s - \frac{1}{\sqrt{2\pi}\,\sigma_S} \int_0^{\infty} \exp\left[-\frac{(S-\mu_S)^2}{2\sigma_S^2}\right]\mathrm{e}^{-\lambda_L S}\,\mathrm{d}s$$

$$= 1 - \Phi\left(-\frac{\mu_S}{\sigma_S}\right) - \frac{1}{\sqrt{2\pi}\,\sigma_S} \int_0^{\infty} \exp\left\{-\frac{1}{2\sigma_S^2}\left[(S-\mu_S+\lambda_L\sigma_S^2)^2 + 2\mu_S\sigma_S^2 - \lambda_L^2\sigma_S^4\right]\right\}\mathrm{d}s$$

$$\tag{6-24}$$

令 $u = \dfrac{S-\mu_S+\lambda_L\sigma_S^2}{\sigma_S}$,则 $\mathrm{d}u = \dfrac{1}{\sigma_S}\mathrm{d}s$,代入式(6-24) 得

$$R = 1 - \Phi\left(-\frac{\mu_S}{\sigma_S}\right) - \frac{1}{\sqrt{2\pi}} \int_{\frac{\mu_S-\lambda_L\sigma_S^2}{\sigma_S}}^{\infty} \exp\left[\frac{u^2}{2} - \frac{1}{2}(2\mu_S\lambda_L - \lambda_L^2\sigma_S^2)\right]\mathrm{d}u$$

$$= 1 - \Phi\left(-\frac{\mu_S}{\sigma_S}\right) - \left[1 - \Phi\left(-\frac{\mu_S-\lambda_L\sigma_S^2}{\sigma_S}\right)\right]\exp\left[-\frac{1}{2}(2\mu_S\lambda_L - \lambda_L^2\sigma_S^2)\right] \tag{6-25}$$

机械可靠性设计中,变异系数 $c_s = \dfrac{\sigma_s}{\mu_s} \leqslant 0.3$,故 $\dfrac{\mu_s}{\sigma_s} > 3.33$,且 $\lambda_L \sigma_s^2$ 也很小,故式(6-25)中 $\varPhi\left(-\dfrac{\mu_s - \lambda_L \sigma_s^2}{\sigma_s}\right)$ 值很小,则

$$R \approx 1 - \exp\left[-\frac{1}{2}(2\mu_s \lambda_L - \lambda_L^2 \sigma_s^2)\right] \tag{6-26}$$

例 6-4　已知零部件的剪切强度服从正态分布,均值 $\mu_s = 186$ MPa,标准差 $\sigma_s = 22$ MPa。作用于零部件上的切应力为指数分布,均值 $\mu_L = \dfrac{1}{\lambda_L} = 127$ MPa。试计算该零部件的可靠度。

解:将有关参数代入式(6-21),得

$$R \approx 1 - \exp\left[-\frac{1}{2}(2\mu_s \lambda_L - \lambda_L^2 \sigma_s^2)\right] = 1 - \exp\left[-186 \times \frac{1}{127} + \left(\frac{1}{127}\right)^2 \times \frac{22^2}{2}\right] = 0.765\,3$$

6.1.8　应力、强度均为指数分布时的可靠度计算

应力、强度均为指数分布时的概率密度函数同式(6-20),将其代入式(6-6),得可靠度为

$$R = \int_0^\infty (\mathrm{e}^{-\lambda_s \cdot L}) \lambda_L \mathrm{e}^{-\lambda_L \cdot L} \mathrm{d}L = \int_0^\infty \lambda_L \mathrm{e}^{-(\lambda_s + \lambda_L) L} \mathrm{d}L = \frac{\lambda_L}{\lambda_s + \lambda_L} = \frac{\mu_s}{\mu_s + \mu_L} \tag{6-27}$$

必须指出,指数分布的标准差 $\sigma = 1/\lambda$ 与均值 $\mu = 1/\lambda$ 相等,因此变异系数 $c = \mu/\sigma = 1$,说明指数分布的离散性很大,因此,当应力为指数分布时,零部件的可靠度是很低的。对于经常超载的机器的安全保护装置的零部件,如安全销钉联轴器零部件的应力就是服从指数分布的。

6.1.9　材料性能数据和尺寸的统计处理

为进行机械产品概率设计,应该有与之相适应的"机械工程概率设计手册",以提供各种材料在各种冷热加工、热处理条件下的材料机械性能的均值、标准差及分布规律。但目前尚未达到这一水平,在手册或文献中所给出的性能数据,一般是给出一个确定值,或是一个范围,尺寸数据一般是给出公称尺寸和公差。在概率设计中要引用这些数据时,就需从中得出某一参数的均值和标准差。如前所述,一般情况下这些参量的分布规律亦不清楚,故为方便起见常将该参量假定为服从正态分布。

6.1.9.1　材料性能数据给出范围时

设 max,min 分别为某一性能数据的上、下限,则均值 μ 和标准差 σ 分别可取为

$$\mu = \frac{1}{2}(\max + \min) \tag{6-28}$$

$$\sigma = \frac{1}{6}(\max - \min) \tag{6-29}$$

式(6-29)是在正态分布,设可靠度为 99.97% 下按 3σ 法则而确定的。

例如铝青铜 QA110—4—4 抗拉强度 $\sigma_b = 588 \sim 686$ MPa，按式(6-28)、式(6-29)得抗拉强度的均值 μ_{ab}、标准差 σ_{ab} 为

$$\mu_{ab} = \frac{1}{2}(\max + \min) = \frac{1}{2}(686 + 588)\text{MPa} = 637 \text{ MPa}$$

$$\sigma_{ab} = \frac{1}{6}(\max - \min) = \frac{1}{6}(686 - 588)\text{MPa} = 16.33 \text{ MPa}$$

6.1.9.2 材料性能数据给出确定值时

目前国内材料的性能参数多数情况下只给出确定值，在做统计量处理时，可以将此值作为该参量的均值，标准差用变异系数(亦称变差系数)来求取。

如前所述，材料性能变异系数是描述该性能参量相对的离散程度，一般用 V 表示，有

$$V = \frac{\text{标准差}}{\text{均值}} \tag{6-30}$$

常用材料性能的变异系数 V 值，如表 6-1 所示。

表 6-1 常用材料性能的变异系数 V

性　能	V
金属材料的屈服强度	0.7(0.5~0.10)
金属材料的抗拉强度	0.05(0.05~0.10)
钢的疲劳持久极限	0.08(0.05~0.10)
钢的布氏硬度	0.05
金属材料断裂韧性	0.07(0.05~0.13)
零件的疲劳强度	0.08~0.15
钢、铝的弹性模量	0.03
铸铁的弹性模量	0.04

由式(6-30)得

$$\text{标准差} = V \times \text{均值} \tag{6-31}$$

例如 45 钢调质，给出屈服强度 $\sigma_S = 353$ MPa，这一数据做统计处理时，可写为均值 $\mu_{\sigma S} = 353$ MPa，取屈服强度的 V 值为 0.07，则其标准差为

$$\sigma_{\sigma S} = 0.07 \times 353 \text{ MPa} = 24.71 \text{ MPa}$$

6.1.9.3 尺寸数据的统计处理

零件几何尺寸由于加工误差的原因也为随机变量。一般尺寸都给出规定的公差，这时按 3σ 法则处理。若尺寸 D 的实际尺寸为 $D \pm T$，则有 $3\sigma = T$，所以标准差为

$$\sigma = \frac{T}{3} \tag{6-32}$$

若尺寸的极限偏差对公称尺寸不是对称的，例如单边的，则由 D_0^{+T} 可得

$$\sigma = \frac{T-0}{6} = \frac{T}{6} \qquad (6-33)$$

6.1.10　正态随机变量代数运算

机械产品概率设计中常遇到正态随机变量和计算式、均值和标准差,如表 6-2 所示,设随机变量 x、y 服从正态分布,其均值、标准差分别是 $\bar{x}$、$\bar{y}$ 和 σ_x、σ_y,a、b、c 为常数。

表 6-2　正态随机变量的计算式、均值和标准差

计算式		均　值	标准差
$g=c$		c	0
$g=cx$		$\overline{cx}$	$c\sigma_x$
$g=cx\pm a$		$\overline{cx}\pm a$	$c\sigma_x$
$g=x\pm y$		$\bar{x}\pm\bar{y}$	$\sqrt{\sigma_x^2+\sigma_y^2\pm 2\rho\sigma_x\sigma_y}$
$g=xy$		$\overline{xy}\pm\rho\sigma_x\sigma_y$	$\sqrt{\bar{x}^2\sigma_y^2+\bar{y}^2\sigma_x^2+\sigma_x^2\sigma_y^2+2\rho\overline{xy}\sigma_x\sigma_y+\rho^2\sigma_x^2\sigma_y^2}$
$g=\dfrac{x}{y}$	独立	$\dfrac{\bar{x}}{\bar{y}}$	$\dfrac{1}{\bar{y}}\sqrt{\dfrac{\bar{x}^2\sigma_y^2+\bar{y}^2\sigma_x^2}{\bar{y}^2+\sigma_y^2}}$
	相关	$\dfrac{\bar{x}}{\bar{y}}+\dfrac{\bar{x}\sigma_y}{\bar{y}^2}\left(\dfrac{\sigma_y}{\bar{y}}-\rho\dfrac{\sigma_x}{\bar{x}}\right)$	$\dfrac{\bar{x}}{\bar{y}}\sqrt{\dfrac{\sigma_x^2}{\bar{x}^2}+\dfrac{\sigma_y^2}{\bar{y}^2}-2\rho\dfrac{\sigma_x}{\bar{x}}\dfrac{\sigma_y}{\bar{y}}}$
$g=x^2$		$\bar{x}^2+\sigma_x^2$	$\sigma_x\sqrt{4\bar{x}^2+2\sigma_x^2}$
$g=x^3$		$\bar{x}^3+\bar{x}\sigma_x^2$	$3\bar{x}^2\sigma_x$
$g=x^a$		$\bar{x}^a$	$a\bar{x}^{(a-1)}\sigma_x$
$g=\sqrt{x}$		$\left(\bar{x}^2-\dfrac{1}{2}\sigma_x^2\right)^{\frac{1}{4}}$	$\bar{x}-\left(x^2-\dfrac{1}{2}\sigma_x^2\right)^2$
$g=ax^2+bx+c$		$a(\bar{x}^2+\sigma_x^2)+b\bar{x}+c$	$\sigma_x\sqrt{4a^2\bar{x}^2+2ab\bar{x}+b^2}$
$g=\dfrac{1}{x}$		$\dfrac{1}{\bar{x}}$	$\dfrac{\sigma_x}{\bar{x}^2}$

6.2　可靠性设计的等效正态分步法

等效正态分布法的基本思想就是设计人员所熟知的"等效"概念,将非正态分布在设计点处转换成一个等效的正态分布,即用正态变量近似代替非正态变量,该方法要求代替的正态分布函数在设计验算点处的分布函数值和概率密度值都与原来的非正态的分布函数值和概率密度值相等,根据这两个相等条件求得等效正态分布的均值和标准差,然后利用一次二阶矩的迭代法求解。这种计算方法对任何分布类型都适用,也适用于极限状态方程中有多个随机变量的情况。所以,被人们称为考虑分布类型的近似概率设计模式。

6.2.1 极限状态的概念

极限状态的判据随零部件的工作条件、材料的机械性能、受力状态、温度条件的不同而不同。它可能是塑性变形、脆性或准脆性断裂、疲劳断裂、低周疲劳破坏及蠕变等。

极限状态可用极限状态函数(也称功能函数)描述。由于应力、强度为随机变量,所以极限状态方程是具有如下形式的随机变量函数:

$$Z = g(X_1, X_2, \cdots, X_n) \tag{6-34}$$

式中 $X_1, X_2, \cdots, X_n$——设计的基本变量,用随机变量的概率分布形式(以后简称随机变量概型)描述。

对于机械零部件,极限状态方程式(6-34)中的基本变量可归结为应力和强度。设 L 表示应力随机变量概型,S 表示强度随机变量概型,则零部件承载能力的极限状态函数为

$$Z = g(S, L) = S - L \tag{6-35}$$

零部件工作时,随机变量 Z 的取值可能有 3 种情况:

(1)当 $Z = S - L > 0$ 时,零部件处于安全状态;

(2)当 $Z = S - L = 0$ 时,零部件处于极限状态;

(3)当 $Z = S - L < 0$ 时,零部件处于失效状态。

可见,随机变量 Z 的取值符号,可以反映零部件所处的状态。所以,式(6-35)称为极限状态方程。

Z 是一个随机变量,所以 Z 的取值"$Z > 0$""$Z = 0$""$Z < 0$"都是随机事件。如果 Z 的概率密度函数可以求得,那么,出现各种状态的概率就可以确定。显然,$Z > 0$ 的概率就是可靠度 R,$Z < 0$ 的概率就是失效概率 P_F,而 $Z = 0$ 是一种特定状态,即极限状态或临界状态。相应地,方程 $Z = g(S, L) = S - L = 0$ 称为零件或结构的极限状态方程。在随机变量 Z 的密度函数存在的条件下,其出现的概率 $P(Z=0) = 0$,说明在零部件的实际工作状态中,极限状态是不会出现的。换句话说,零部件不是正常工作就是丧失工作能力。

6.2.2 极限状态方程中只有两个正态随机变量的情况

这种情况下,可根据应力-强度干涉模型加以求解,即有可靠性指标

$$\mathrm{SM} = \frac{\mu_S - \mu_L}{\sqrt{\sigma_S^2 + \sigma_L^2}} = \beta \tag{6-36}$$

可靠度

$$R = \Phi(\beta) \tag{6-37}$$

失效概率

$$P_F = 1 - R = 1 - \Phi(\beta) \tag{6-38}$$

β 的数值可以反映零部件工作能力的安全程度,所以称为安全指标(或可靠性指标)。

现在,应用极限方程阐明 β 的几何含义。当零部件承载能力达到极限状态时,则极限状态方程为 $Z = S - L = 0$。若以 L 为横坐标,S 为纵坐标,则极限方程为一直线(见图 6-4)。该直线将 LOS 坐标系分为两个区域:安全区和失效区。

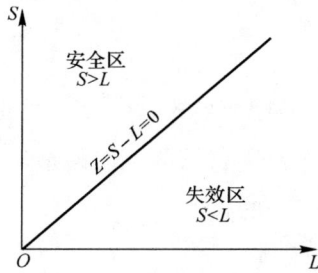

图 6-4　安全区与失效区

对正态随机变量 S 及 L 作标准化变换,令

$$\left.\begin{array}{l} \hat{S} = \dfrac{S - \mu_S}{\sigma_S} \\[3mm] \hat{L} = \dfrac{L - \mu_L}{\sigma_L} \end{array}\right\} \tag{6-39}$$

将式(6-39)代入极限方程,可得

$$\hat{S}\sigma_S - \hat{L}\sigma_L + \mu_S - \mu_L = 0 \tag{6-40}$$

于是,在新的坐标系 $\hat{S}\hat{O}\hat{L}$ 中,极限状态方程仍为一直线(见图 6-5)。

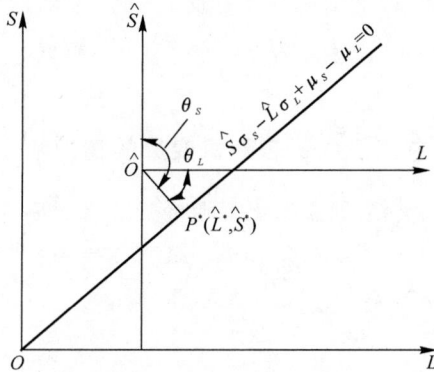

图 6-5　极限状态线

为了得到极限方程直线的标准形式,现将式(6-40)除以 $(-\sqrt{\sigma_S{}^2 + \sigma_L{}^2})$,得

$$-\frac{\sigma_S}{\sqrt{\sigma_S{}^2 + \sigma_L{}^2}}\hat{S} + \frac{\sigma_L}{\sqrt{\sigma_S{}^2 + \sigma_L{}^2}}\hat{L} - \frac{\mu_S - \mu_L}{\sqrt{\sigma_S{}^2 + \sigma_L{}^2}} = 0 \tag{6-41}$$

令

$$\left.\begin{array}{l} \sin\theta_L = \dfrac{\sigma_S}{\sqrt{\sigma_S{}^2 + \sigma_L{}^2}} \\[4mm] \cos\theta_L = \dfrac{\sigma_L}{\sqrt{\sigma_S{}^2 + \sigma_L{}^2}} \\[4mm] \hat{O}P^* = \dfrac{\mu_S - \mu_L}{\sqrt{\sigma_S{}^2 + \sigma_L{}^2}} = \beta \end{array}\right\} \tag{6-42}$$

则式（6-41）可写成

$$-\sin\theta_L\hat{S} + \cos\theta_L\hat{L} - \hat{O}P^* = 0 \qquad (6-43)$$

式（6-43）就是极限方程直线的标准形式，P^* 点为垂足。可靠性指标 β 等于标准正态换算坐标中，原点 $\hat{O}$ 到极限状态方程所表示的直线的最短距离，这就是 β 的几何含义。这样，求 β 的计算可转化为求法线 $\hat{O}P^*$ 的长度。

垂足 P^* 点的坐标为

$$\left.\begin{aligned}\hat{S}^* &= -\beta\sin\theta_L \\ \hat{L}^* &= \beta\cos\theta_L\end{aligned}\right\} \qquad (6-44)$$

将 $\hat{S}^*$、$\hat{L}^*$ 代入式（6-39），可得点 P^* 在原坐标系 LOS 中的坐标值，即

$$\left.\begin{aligned}\hat{S}^* &= \sigma_S\hat{S}^* + \mu_S \\ \hat{L}^* &= \sigma_L\hat{L}^* + \mu_L\end{aligned}\right\} \qquad (6-45)$$

点 $P^*(L^*,S^*)$ 在极限方程的直线上，所以满足极限状态条件，即

$$Z = S^* - L^* = \mu_S - \frac{{\sigma_S}^2}{\sqrt{{\sigma_S}^2 + {\sigma_L}^2}}\beta - \left(\mu_L + \frac{{\sigma_L}^2}{\sqrt{{\sigma_S}^2 + {\sigma_L}^2}}\beta\right) = 0 \qquad (6-46)$$

式（6-46）表明，当随机变量的取值为 S^* 及 L^* 时，零部件就达到了失效的临界状态。所以，在工程结构分析中，将点 $P^*(L^*,S^*)$ 称为设计的验算点，按这组取值算出的安全指标 β 是最小的，可作为 β 的控制值。

6.2.3　极限状态方程中有多个正态随机变量的情况

设极限状态方程含有 n 个相互独立的正态随机变量 $X_1,X_2,\cdots,X_n$，则极限状态方程为

$$Z = g(X_1,X_2,\cdots,X_n) = 0 \qquad (6-47)$$

对正态变量 $X_i(i=1,2,\cdots,n)$ 作标准正态变换，令

$$\hat{X}_i = \frac{X_i - \mu_{x_i}}{\sigma_{x_i}} \qquad (6-48)$$

于是，在标准正态坐标系中，极限状态的 n 维空间曲面方程为

$$Z = g(\hat{X}_1\sigma_{x_1} + \mu_{x_1}, \hat{X}_2\sigma_{x_2} + \mu_{x_2}, \cdots, \hat{X}_n\sigma_{x_n} + \mu_{x_n}) \qquad (6-49)$$

图 6-6 所示为 3 个正态随机变量的情况，从坐标原点 O 到极限状态曲面的最短距离 OP^* 就是可靠性指标 β 值。

为了得到曲面在 P^* 点处的切平面方程，现将极限方程在曲面上 $P^*(\hat{X}_1^*,\hat{X}_2^*,\cdots,\hat{X}_n^*)$ 点处展开为泰勒（Taylor）级数，并取线性项为近似值，即

$$g(\hat{X}_1,\hat{X}_2,\cdots,\hat{X}_n) \approx g(\hat{X}_1^*,\hat{X}_2^*,\cdots,\hat{X}_n^*) + \sum_{i=1}^{n}\left.\frac{\partial g}{\partial \hat{X}_i}\right|_{P^*}(\hat{X}_i - \hat{X}_i^*) \qquad (6-50)$$

因为 P^* 点在极限状态曲面上，故

$$g(\hat{X}_1^*,\hat{X}_2^*,\cdots,\hat{X}_n^*) = 0 \qquad (6-51)$$

则式（6-50）可写成

$$\sum_{i=1}^{n} \frac{\partial g}{\partial \hat{X}_i}\bigg|_{P^*} \hat{X}_i - \sum_{i=1}^{n} \frac{\partial g}{\partial \hat{X}_i}\bigg|_{P^*} \hat{X}_i^* = 0 \tag{6-52}$$

式(6-52)就是垂足 P^* 点的切平面方程。因此得到

$$\frac{-\sum_{i=1}^{n} \dfrac{\partial g}{\partial \hat{X}_i}\bigg|_{P^*} \hat{X}_i}{\sqrt{\sum_{i=1}^{n}\left(\dfrac{\partial g}{\partial \hat{X}_i}\bigg|_{P^*}\right)^2}} + \frac{\sum_{i=1}^{n} \dfrac{\partial g}{\partial \hat{X}_i}\bigg|_{P^*} \hat{X}_i^*}{\sqrt{\sum_{i=1}^{n}\left(\dfrac{\partial g}{\partial \hat{X}_i}\bigg|_{P^*}\right)^2}} = 0 \tag{6-53}$$

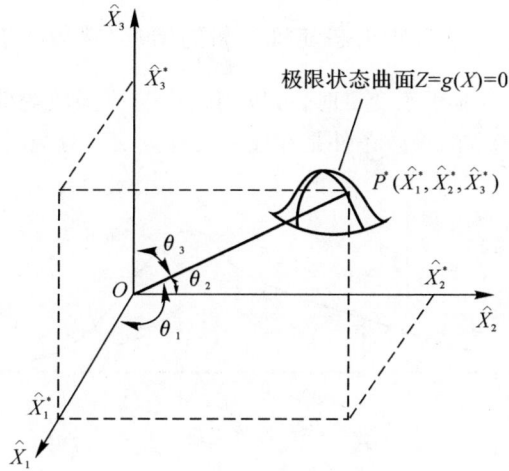

图 6-6　极限状态曲面

对极限状态曲面而言, P^* 点为定点, $\hat{X}_i^*$ 为定值,故式(6-53)中的第二项为常数项,其绝对值就是坐标原点到刃平面 P^* 点的最短距离,即可靠性指标 β

$$\beta = -\frac{\sum_{i=1}^{n} \dfrac{\partial g}{\partial \hat{X}_i}\bigg|_{P^*} \hat{X}_i^*}{\sqrt{\sum_{i=1}^{n}\left(\dfrac{\partial g}{\partial \hat{X}_i}\bigg|_{P^*}\right)^2}} \tag{6-54}$$

式(6-53)中的 $\hat{X}_i$ 的系数就是 OP^* 与坐标轴夹角 θ_i 的方向余弦,即

$$\cos\theta_i = -\frac{\sum_{i=1}^{n} \dfrac{\partial g}{\partial \hat{X}_i}\bigg|_{P^*} \hat{X}_i}{\sqrt{\sum_{i=1}^{n}\left(\dfrac{\partial g}{\partial \hat{X}_i}\bigg|_{P^*}\right)^2}} = -\alpha_i \tag{6-55}$$

由式(6-48)知 $\mathrm{d}\hat{X}_i = \mathrm{d}X_i/\sigma_{x_i}$,代入式(6-55)得

$$\alpha_i = \frac{\sum_{i=1}^{n} \dfrac{\partial g}{\partial \hat{X}_i}\bigg|_{P^*} \sigma_{x_i}}{\sqrt{\sum_{i=1}^{n}\left(\dfrac{\partial g}{\partial \hat{X}_i}\bigg|_{P^*}\right)^2}} \tag{6-56}$$

式中　$\dfrac{\partial g}{\partial \hat{X}_i}\Big|_{P^*}$ —— 偏导数在设计点值。

将法线垂足 P^* 的坐标 $\hat{X}_i^*$ 换回原坐标系,得

$$X_i^* = \mu_{x_i} - \alpha_i \beta \sigma_{x_i} \tag{6-57}$$

P^* 为设计验算点,满足

$$g(X_1^*, X_2^*, \cdots, X_n^*) = 0 \tag{6-58}$$

将式(6-56)～式(6-58)联立求解,可以得到可靠性指标 β,一般用迭代法求近似解。

6.2.4　极限状态方程中有非正态随机变量的情况(等效正态分布法)

当极限状态方程中含有非正态变量时,可以用一个与原函数等效的正态分布替代。所选用的这个正态分布,与原函数的等效条件是在任一设计点 X_i^* 处(见图6-7)应满足如下两点。

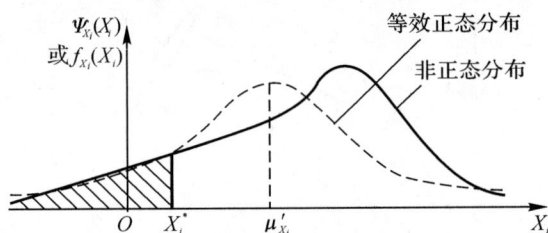

图 6-7　等效正态分布

(1)分布函数值相等

$$F_{x_i}(X_i^*) = \Psi_{x_i}(X_i^*) \tag{6-59}$$

(2)概率密度函数相等

$$f_{x_i}(X_i^*) = \psi_{x_i}(X_i^*) \tag{6-60}$$

式中　$f_{x_i}(X_i^*), F_{x_i}(X_i^*)$ ——原函数的概率密度函数及分布函数;

$\psi_{x_i}(X_i^*), \Psi_{x_i}(X_i^*)$ ——与原函数等效的正态概率密度函数及分布函数。

设与原函数等效的正态分布的均值为 μ_{x_i}',标准差为 σ_{x_i}',则

$$\psi_{x_i}(X_i^*) = \frac{1}{\sqrt{2\pi}\,\sigma_{x_i}'} \exp\left[-\frac{(X_i^* - \mu_{x_i}')^2}{2\sigma_{x_i}'^2}\right] = f_{x_i}(X_i^*) \tag{6-61}$$

$$\Psi_{x_i}(X_i^*) = \frac{1}{\sqrt{2\pi}\,\sigma_{x_i}'} \int_{-\infty}^{X_i^*} \exp\left[-\frac{(X_i^* - \mu_{x_i}')^2}{2\sigma_{x_i}'^2}\right] \mathrm{d}X_i = F_{x_i}(X_i^*) \tag{6-62}$$

令标准正态变量 $u' = \dfrac{X_i - \mu_{x_i}'}{\sigma_{x_i}'}$,则 $\mathrm{d}X_i = \sigma_{x_i}' \mathrm{d}u'$,代入式(6-62)可得等效正态分布函数

$$\Phi(u') = \frac{1}{\sqrt{2\pi}} \int_{-\infty}^{\frac{X_i^* - \mu_{x_i}'}{\sigma_{x_i}'}} \exp\left[-\frac{u'^2}{2}\right] \mathrm{d}u' = \Phi\left(\frac{X_i^* - \mu_{x_i}'}{\sigma_{x_i}'}\right) \tag{6-63}$$

所以

$$F_{x_i}(X_i^*) = \Phi\left(\frac{X_i^* - \mu_{x_i}'}{\sigma_{x_i}'}\right) \tag{6-64}$$

$$f_{x_i}(X_i^*) = \frac{\mathrm{d}}{\mathrm{d}X_i}\left[\Phi\left(\frac{X_i^* - \mu'_{x_i}}{\sigma'_{x_i}}\right)\right] = \frac{1}{\sigma'_{x_i}}\Phi\left(\frac{X_i^* - \mu'_{x_i}}{\sigma'_{x_i}}\right) \qquad (6-65)$$

根据式(6-64)及式(6-65)可求得等效正态分布的均值及标准差为

$$\mu'_{x_i} = X_i^* - \Phi^{-1}\left[F_{x_i}(X_i^*)\right]\sigma'_{x_i} \qquad (6-66)$$

$$\sigma'_{x_i} = \frac{\varphi\left(\dfrac{X_i^* - \mu'_{x_i}}{\sigma'_{x_i}}\right)}{f_{x_i}(X_i^*)} = \frac{\varphi\left\{\Phi^{-1}\left[F_{x_i}(X_i^*)\right]\right\}}{f_{x_i}(X_i^*)} \qquad (6-67)$$

在确定了等效正态分布函数的均值和标准差之后,可应用迭代法求解。这种方法适用于任何分布类型的干涉解。计算可靠性指标和可靠度的框图如图6-8所示。

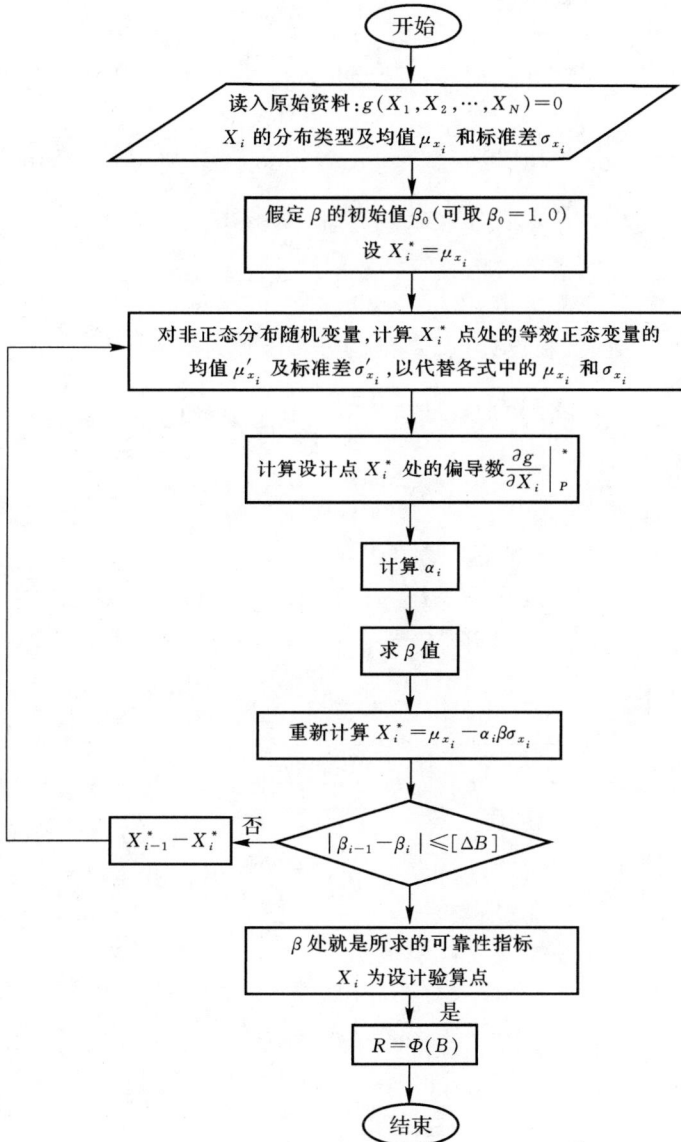

图 6-8　可靠性指标和可靠度框图

例 6 - 5 某零部件强度服从正态分布,工作应力服从对数正态分布,强度的均值和标准差为 $(\mu_S, \sigma_S) = (140, 8.4)$ N/mm²,工作应力的均值和标准差为 $(\mu_L, \sigma_L) = (120, 10)$ N/mm²,试计算其可靠度。

解: 按图 6 - 8 中框图的步骤进行计算。

首先列出极限状态方程

$$Z = g(S, L) = S^* - L^* = 0$$

式中　　S——正态随机变量;

　　　　L——对数正态随机变量。

其次计算工作应力的等效正态分布的均值 μ'_L 及标准差 σ'_L。

工作应力的对数正态分布的均值 μ_{lL} 及标准差 σ_{lL} 为

$$\sigma_{lL} = \sqrt{\ln\left[\left(\frac{\sigma_L}{\mu_L}\right)^2 + 1\right]} = \sqrt{\ln\left[\left(\frac{10}{120}\right)^2 + 1\right]} \text{ N/mm}^2 = 0.083\ 2 \text{ N/mm}^2$$

$$\mu_{lL} = \ln\mu_L - \frac{\sigma_L^2}{2} = \ln 120 - \frac{0.083\ 2^2}{2} \text{ N/mm}^2 = 4.784\ 03 \text{ N/mm}^2$$

L 服从对数正态分布,所以在设计点 L^* 处的原函数为

$$f_L(L^*) = \frac{1}{\sqrt{2\pi}L^* \sigma_{lL}} \exp\left[-\frac{(\ln L^* - \mu_{lL})^2}{2\sigma_{lL}^2}\right]$$

经过变换后得到原函数在设计点 L^* 处的分布函数为

$$F_L(L^*) = \Phi\left(-\frac{\ln L^* - \mu_{lL}}{\sigma_{lL}}\right)$$

式中　　μ_{lL}——对数均值;

　　　　σ_{lL}——对数标准差;

　　　　$\Phi(x)$——标准正态分布函数。

由式(6 - 66)、式(6 - 67)及式 $f_L(L^*)$、$F_L(L^*)$,可以得到对数正态分布转换为等效正态分布后的均值及标准差的计算公式,即

$$\sigma'_L = \frac{\varphi\left(\frac{\ln L^* - \mu_{lL}}{\sigma_{lL}}\right)}{f_L(L^*)} = \frac{\frac{1}{\sqrt{2\pi}} \exp\left[-\frac{(\ln L^* - \mu_{lL})^2}{2\sigma_{lL}^2}\right]}{\frac{1}{\sqrt{2\pi}L^* \sigma_{lL}} \exp\left[-\frac{(\ln L^* - \mu_{lL})^2}{2\sigma_{lL}^2}\right]} = L^* \sigma_{lL} = 120 \times 0.083\ 2 = 9.984$$

$$\mu'_L = L^* - \frac{\ln L^* - \mu_{lL}}{\sigma_{lL}} L^* \sigma_{lL} = L^*(1 - \ln L^* + \mu_{lL}) = 120 \times (1 - \ln 120 + 4.784\ 03) = 119.584\ 6$$

然后计算系数 α_i。

设计点的偏导数

$$\left.\frac{\partial g}{\partial L}\right|_{P^*} \sigma'_L = -\sigma'_L = -L^* \sigma_{lL}$$

$$\left.\frac{\partial g}{\partial S}\right|_{P^*} \sigma'_S = \sigma'_S = \sigma_S$$

代入式(6 - 56),得到系数 α_i 为

$$\alpha_S = \frac{\sigma_S}{\sqrt{\sigma_S{}^2 + \sigma_L'{}^2}} = \frac{8.4}{\sqrt{8.4^2 + 9.984^2}} = 0.643\ 8$$

$$\alpha_L = \frac{-\sigma_L'}{\sqrt{\sigma_S{}^2 + \sigma_L'{}^2}} = \frac{-9.984}{\sqrt{8.4^2 + 9.984^2}} = -0.765\ 2$$

最后计算 β 值及 L_1^* 的新值

$$\beta_1 = \frac{\mu_S - \mu_L'}{\alpha_S \sigma_S - \alpha_L \sigma_L'} = \frac{140 - 119.584\ 6}{0.643\ 8 \times 8.4 + 0.765\ 2 \times 9.984} = 1.564\ 68$$

$$L_1^* = \mu_L' - \alpha_L \beta \sigma_L' = 119.584\ 6 + 0.765\ 2 \times 1.564\ 68 \times 9.984 = 131.538\ 4$$

因第一轮计算后 $\Delta\beta$ 较大,故应继续迭代计算,迭代结果列于表 6-3 中。

表 6-3　迭代结果

迭代次数	变　量	σ'	μ'	α	Y^*	β	$|\Delta\beta| = |\beta_{i-1} - \beta_i|$
1	Y	9.984	119.584 6	$-0.765\ 2$	131.518 4	1.564 68	0.564 79
	X	8.4	140	0.643 8			
2	Y	10.942 5	119.007 2	$-0.793\ 2$	132.216 2	1.521 79	0.043 0
	X	8.4	140	0.608 9			
3	Y	10.999 0	118.940 8	$-0.794\ 7$	132.242 0	1.521 65	0.000 132
	X	8.4	140	0.606 9			

　　第三轮迭代结果表明,可靠性指标 β 的绝对误差 $|\Delta\beta| = 0.000\ 132$,已完全满足设计要求,而且设计点坐标值 L^* 已趋于稳定值,故迭代结束。其可靠性指标、可靠度和失效概率为

$$\beta = 1.521\ 65$$

$$R = \Phi(1.521\ 65) = 0.935\ 94$$

$$P_F = 1 - R = 1 - 0.935\ 94 = 0.064\ 04$$

一般经过 3～5 次迭代,就可以得到相当精确的结果。

例 6-6　计算某卡车的钢板弹簧的可靠度。该弹簧的材料疲劳强度为威布尔分布,分布参数:$S_0 = 500$ MPa,$\beta = 3$,$\theta = 800$ MPa。作用在弹簧上随机载荷所引起的应力近似于正态分布,应力均值 $\mu_L = 492$ MPa,标准差 $\sigma_L = 39.4$ MPa。

解: 首先计算弹簧疲劳强度的均值及标准差

由威布尔分布的均值方差公式可得

$$E(S) = \mu_S = S_0 + (\theta - S_0)\Gamma\left(\frac{1}{\beta} + 1\right)$$

$$\mathrm{Var}(S) = \sigma_S^2 = (\theta - S_0)^2 \left[\Gamma\left(\frac{2}{\beta} + 1\right) - \Gamma\left(\frac{1}{\beta} + 1\right)\right]$$

查 Γ 函数表知 $\Gamma\left(\frac{1}{3} + 1\right) = 0.894$ 及 $\Gamma\left(\frac{2}{3} + 1\right) = 0.901$,所以

$$\mu_S = 500 + (800-500) \times 0.894 = 786.2$$

$$\sigma_S = (800-500) \times \sqrt{0.901-0.799} = 95.8123$$

然后得到极限状态方程

$$Z = g(S,L) = S^* - L^* = 0$$

强度 S 服从威布尔分布，密度函数及分布函数分别为

$$f(S) = \frac{\beta}{\theta-S_0}\left(\frac{S-S_0}{\theta-S_0}\right)^{\beta-1}\exp\left[-\left(\frac{S-S_0}{\theta-S_0}\right)^{\beta}\right] = 0.01 \times \left(\frac{S-500}{300}\right)^2\exp\left[-\left(\frac{S-500}{300}\right)^3\right] \quad (6-68)$$

$$F(S) = 1 - \exp\left[-\left(\frac{S-S_0}{\theta-S_0}\right)^{\beta}\right] = 1 - \exp\left[-\left(\frac{S-500}{300}\right)^3\right] \quad (6-69)$$

第一轮迭代：取 $S^* = \mu_S = 786.2$，$L^* = \mu_L = 492$，$\sigma_L = 39.4$，代入式（6-68）和式（6-69），得

$$f(S^*) = 0.01 \times \left(\frac{786.2-500}{300}\right)^2\exp\left[-\left(\frac{786.2-500}{300}\right)^3\right] = 0.0039$$

$$F(S^*) = 1 - \exp\left[-\left(\frac{786.2-500}{300}\right)^3\right] = 0.5105$$

由式（6-66）及式（6-67），可得等效正态分布的均值及标准差，因此由标准正态分布的纵坐标表（见附表）查得 $\varphi(0.025) = 0.39885$，故

$$\sigma'_S = \frac{\varphi\{\Phi^{-1}[F(S^*)]\}}{f(S^*)} = \frac{\varphi[\Phi^{-1}(0.5105)]}{0.0039} = \frac{\varphi(0.025)}{0.0039} = 102.269$$

$$\mu'_S = S^* - \Phi^{-1}[F(S^*)]\sigma'_S = 786.2 - 0.025 \times 102.269 = 765.643$$

计算偏导数及系数 α_i 有

$$\left.\frac{\partial g}{\partial S}\right|_{S^*}\sigma'_S = \sigma'_S = 102.269$$

$$\left.\frac{\partial g}{\partial L}\right|_{L^*}\sigma_L = -\sigma_L = -39.4$$

由式（6-56）得 α_i

$$\alpha_S = \frac{102.269}{\sqrt{102.269^2 + 39.4^2}} = 0.933$$

$$\alpha_L = \frac{-39.4}{\sqrt{102.269^2 + 39.4^2}} = 0.3597$$

计算 β 值及 S^* 和 L^* 的值

由式（6-57）及式（6-58）得

$$S^* = \mu'_S - \alpha_S\beta\sigma'_S = 765.643 - 0.933 \times 102.269\beta = 765.643 - 95.416\beta$$

$$L^* = \mu'_L - \alpha_L\beta\sigma'_L = 492 + 0.3597 \times 39.4\beta = 492 + 14.172\beta$$

$$S^* - L^* = 765.643 - 95.416\beta - (492 + 14.172\beta) = 0$$

求得

$$\beta = 2.4980$$

$$S^*_1 = 765.643 - 95.416 \times 2.498 = 527.3$$

$$L_1^* = 492 + 14.172 \times 2.498 = 527.3$$

因 S_1^*，L_1^* 与初步假定的 $S^* = 768.2$ 及 $L^* = 492$ 相差较大，所以应进行第二轮迭代。

第二轮迭代应以 S_1^* 及 L_1^* 值代入计算，现将计算过程及结果写出为

$$(S_1^*) = 0.01\left(\frac{527.3 - 500}{300}\right)^2 \exp\left[-\left(\frac{527.3 - 500}{300}\right)^2\right] = 0.000\,083$$

$$F(S_1^*) = 1 - \exp\left[-\left(\frac{527.3 - 500}{300}\right)^3\right] = 0.000\,76$$

$$\sigma_S' = \frac{\varphi\left[\Phi^{-1}(0.000\,76)\right]}{0.000\,083} = \frac{\varphi(-3.17)}{0.000\,083} = 31.325$$

$$\mu_S' = 527.3 - (-3.17) \times 31.325 = 626.7$$

$$\alpha_S = \frac{31.325}{\sqrt{31.325^2 + 39.4^2}} = 0.622$$

$$\alpha_L = \frac{-39.4}{\sqrt{102.269^2 + 39.4^2}} = 0.782\,7$$

$$S^* = 626.7 - 0.622 \times 31.325\beta = 626.7 - 19.493\beta$$

$$L^* = 492 + 0.782\,7 \times 39.4\beta = 492 + 30.838\beta$$

解得

$$\begin{cases} \beta = 2.6766 \\ S_2^* = 574.54 \\ L_2^* = 574.54 \end{cases}$$

因为 S_2^*，L_2^* 与 S_1^*，L_1^* 相差较大，所以进行第三轮迭代，迭代结果为

$$\begin{cases} \beta = 2.8 \\ S_3^* = 559.57 \\ L_3^* = 559.57 \end{cases}$$

同理，需进行第四轮迭代，迭代结果为

$$\begin{cases} \beta = 2.986\,3 \\ S_4^* = 558.9 \\ L_4^* = 558.9 \end{cases}$$

$|S_4^* - S_3^*| = |0.67|$，已满足要求，故可靠度为

$$R = \Phi(\beta) = \Phi(2.986\,3) = 0.998\,6$$

按式(6-16)用数值积分法解得 $R \approx 0.999\,5$。若编制程序在计算机上计算，则可得到相同的结果。

综上所述，等效正态分布法概念清楚，通用性强，迭代次数少，收敛快，适用于计算各种分布类型的干涉解，特别适用于模型法较难处理的正态分布与对数正态分布的干涉，其基本精神是：当已知各状态变量的分布时，针对各状态变量为互不相关且服从任意分布的情形，将非正态变量变换为正态变量。由于等效正态分布法具有上述优点，因此被国际结构安全度联合委员会(JCSS)推荐采用，故也称为 JC 方法(或验算点法)。在可靠性工程分析中，无

论是应力-强度干涉模型法或是等效正态分布法,都是根据随机变量的一阶矩(均值)及二阶矩(方差)进行计算的。在计算过程中,都采用了线性化近似方法。因此都是一次二阶矩的近似概率设计模式。

6.3 可靠性设计的摄动法和二阶矩法

应用概率设计方法,在设计计算中考虑设计变量的不确定因素,规定基本设计准则,建立设计变量交互作用的模型等,是可靠性设计方法所面临的问题。本节提出的摄动法与二阶矩法可以正确地反映机械零部件的固有的可靠性,给出了可供实际计算的数学力学模型,估计或预测零部件在规定的工作条件下的可靠性,揭示了零部件可靠性设计的本质。

要计算可靠度或失效概率,需要知道概率密度函数或联合概率密度函数。但是,在工程实际中很难有足够的资料去确定它们。即使是近似地指定概率分布,在大多数情况下也很难进行积分计算而获得可靠度或失效概率,而数值积分往往是不实用的。同时可以看到,当随机变量均独立服从正态或对数正态分布时,很容易求得可靠度或失效概率。因此,作为可供选择的实用方法,当随机变量的概率密度未知,只有足够的资料去确定它们的一阶矩和二阶矩(即均值、方差和协方差)时,可以采用摄动法和二阶矩法求得可靠性指标。此外,由于在工程系统中常包含许多基本变量,如强度和荷载分别是许多基本变量的函数,这时,又需要根据这许多基本变量的分布去求函数强度和荷载的分布。但在求函数的分布中往往会遇到积分上的困难,所以改用摄动法和二阶矩法来求函数的均值和方差,从而求得可靠性指标。如果随机变量分别独立服从正态分布或对数正态分布,则可以求得可靠度或失效概率。

6.3.1 可靠性设计的摄动法

可靠性设计的一个目标是计算可靠度

$$R = \int_{g(\boldsymbol{X})>0} f_X(\boldsymbol{X}) \mathrm{d}\boldsymbol{X} \qquad (6-70)$$

式中　$f_X(\boldsymbol{X})$——基本随机参数向量 $\boldsymbol{X} = \begin{bmatrix} \boldsymbol{X}_1 & \boldsymbol{X}_2 & \cdots & X_n \end{bmatrix}^{\mathrm{T}}$ 的联合概率密度,这些随机参数代表载荷、零部件的特性等随机量;

　　　　$g(\boldsymbol{X})$——状态函数,可表示零部件的两种状态

$$\begin{cases} g(\boldsymbol{X}) \leqslant 0, & 失败状态 \\ g(\boldsymbol{X}) > 0, & 安全状态 \end{cases} \qquad (6-71)$$

这里极限状态方程 $g(\boldsymbol{X})=0$ 是一个 n 维曲面,称为极限状态面或失败面。

把随机参数向量 $\boldsymbol{X}$ 和状态函数 $g(\boldsymbol{X})$ 表示为

$$\boldsymbol{X} = \boldsymbol{X}_\mathrm{d} + \varepsilon \boldsymbol{X}_\mathrm{p} \qquad (6-72)$$

$$g(\boldsymbol{X}) = g_\mathrm{d}(\boldsymbol{X}) + \varepsilon g_\mathrm{p}(\boldsymbol{X}) \qquad (6-73)$$

这里 ε 为一小参数,下标为 d 的部分表示随机参数中的确定部分,下标为 p 的部分表示随机参数中的随机部分,且具有零均值。显然这里要求随机部分要比确定部分小得多。对式(6-72)和式(6-73)取数学期望,有

$$E(\boldsymbol{X}) = E(\boldsymbol{X}_\mathrm{d}) + \varepsilon E(\boldsymbol{X}_\mathrm{p}) = \boldsymbol{X}_\mathrm{d} \qquad (6-74)$$

$$E[g(\boldsymbol{X})] = E[g_{d}(\boldsymbol{X})] + \varepsilon E[g_{p}(\boldsymbol{X})] = g_{d}(\boldsymbol{X}) \tag{6-75}$$

同理,对其取方差,根据克罗内克(Kronecker)代数及相应的随机分析理论,有

$$\mathrm{Var}(\boldsymbol{X}) = E\{[\boldsymbol{X} - E(\boldsymbol{X})]^{[2]}\} = \varepsilon^{2}[\boldsymbol{X}_{p}^{[2]}] \tag{6-76}$$

$$\mathrm{Var}[g(\boldsymbol{X})] = E\{[g(\boldsymbol{X}) - Eg(\boldsymbol{X})]^{[2]}\} = \varepsilon^{2}E\{[g_{p}(\boldsymbol{X})]^{[2]}\} \tag{6-77}$$

式(6-76)和式(6-77)中 $(\cdot)^{[2]}$ 可以下面的克罗内克代数的术语加以描述,即

$$\boldsymbol{A}^{[2]} = \boldsymbol{A} \otimes \boldsymbol{A} = \begin{bmatrix} a_{11}A & a_{12}A & \cdots & a_{1q}A \\ a_{21}A & a_{22}A & \cdots & a_{29}A \\ & & \vdots & \\ a_{p1}A & a_{p2}A & \cdots & a_{pq}A \end{bmatrix} \tag{6-78}$$

这里矩阵 $\boldsymbol{A} = \boldsymbol{A}(p \times q)$,显然 $\boldsymbol{A}^{[2]}$ 维数为 $\boldsymbol{A}^{[2]}(pq \times pq)$。符号 $\otimes$ 为克罗内克积。

根据向量值和矩阵值函数的泰勒展开式,当随机参数的随机部分比其确定部分小得多时,可以把 $g_{p}(\boldsymbol{X})$ 在 $E(\boldsymbol{X}) = \boldsymbol{X}_{d}$ 附近展开到一阶为止,有

$$g_{p}(\boldsymbol{X}) = \frac{\partial g_{d}(\boldsymbol{X})}{\partial \boldsymbol{X}^{\mathrm{T}}}\boldsymbol{X}_{p} \tag{6-79}$$

代入式(6-77)有

$$\mathrm{Var}[g(\boldsymbol{X})] = \varepsilon^{2}E\left[\left(\frac{\partial g_{d}(\boldsymbol{X})}{\partial \boldsymbol{X}^{\mathrm{T}}}\right)^{[2]}\boldsymbol{X}_{p}^{[2]}\right] = \left(\frac{\partial g_{d}(\boldsymbol{X})}{\partial \boldsymbol{X}^{\mathrm{T}}}\right)^{[2]}\mathrm{Var}(\boldsymbol{X}) \tag{6-80}$$

式中　$\mathrm{Var}(\boldsymbol{X})$——随机参数的方差矩阵,包含所有的方差和协方差。

可靠性指标定义为

$$\beta = \frac{\mu_{g}}{\sigma_{g}} = \frac{E[g(\boldsymbol{X})]}{\sqrt{\mathrm{Var}[g(\boldsymbol{X})]}} \tag{6-81}$$

这样,一方面可以利用可靠性指标直接衡量零部件的可靠性,另一方面在基本随机参数向量 $\boldsymbol{X}$ 服从正态分布时,可以用失败点处状态表面的切平面近似地模拟极限状态表面,可以获得可靠度的一阶估计量

$$R = \Phi(\beta) \tag{6-82}$$

式中　Φ——标准正态分布函数。

6.3.2　可靠性设计的二阶矩法

根据状态函数 $g(\boldsymbol{X})$ 的定义和表达式,把状态函数 $g(\boldsymbol{X})$ 在随机变量向量 $\boldsymbol{X}$ 的均值 $E(\boldsymbol{X}) = \bar{\boldsymbol{X}}$ 处展开成 n 阶 Taylor 级数

$$g(\boldsymbol{X}) = g(\bar{\boldsymbol{X}}) + \sum_{k=1}^{n}\frac{1}{k!}g_{k}(\boldsymbol{X} - \bar{\boldsymbol{X}})^{[k]} + R_{n+1}(\boldsymbol{X}, \bar{\boldsymbol{X}}) \tag{6-83}$$

式中　$(\boldsymbol{X} - \bar{\boldsymbol{X}})^{[k]} = (\boldsymbol{X} - \bar{\boldsymbol{X}}) \otimes (\boldsymbol{X} - \bar{\boldsymbol{X}})^{[k-1]}$——$k$ 阶克罗内克幂。

$$g_{k} = \left.\frac{\partial^{K}g}{\partial(\boldsymbol{X}^{\mathrm{T}})^{k}}\right|_{\boldsymbol{X} = \bar{\boldsymbol{X}}} \tag{6-84}$$

$$R_{n+1}(\boldsymbol{X}, \bar{\boldsymbol{X}}) = O[(\boldsymbol{X} - \bar{\boldsymbol{X}})^{[n+1]}] \tag{6-85}$$

根据工程实际的需要和数学推导的繁易,一般取状态函数 $g(\boldsymbol{X})$ 的二阶近似均值和一阶近似方差

$$\mu = E\left[g(\boldsymbol{X})\right] = g(\bar{\boldsymbol{X}}) + \frac{1}{2}\frac{\partial^2 g(\bar{\boldsymbol{X}})}{\partial (\boldsymbol{X}^{\mathrm{T}})^2}\mathrm{Var}(\boldsymbol{X}) \tag{6-86}$$

$$\sigma_g^2 = \mathrm{Var}\left[g(\boldsymbol{X})\right] = \left[\frac{\partial g(\bar{\boldsymbol{X}})}{\partial \boldsymbol{X}^{\mathrm{T}}}\right]^{[2]}\mathrm{Var}(\boldsymbol{X}) \tag{6-87}$$

这里 $E\left[g(\boldsymbol{X})\right]$ 表示 $g(\boldsymbol{X})$ 的均值，$\mathrm{Var}\left[g(\boldsymbol{X})\right]$ 表示 $g(\boldsymbol{X})$ 的方差和协方差。这样依据式(6-81)和式(6-82)就可以确定可靠性指标和可靠度。由于在计算均值时取二阶近似，对于非线性极限状态方程也有较精确的解。

根据本节给出的理论结果，可以编制实用、有效的计算机程序，以便迅速、准确地得到机械零部件的可靠性设计信息。此程序的框图如图6-9所示。

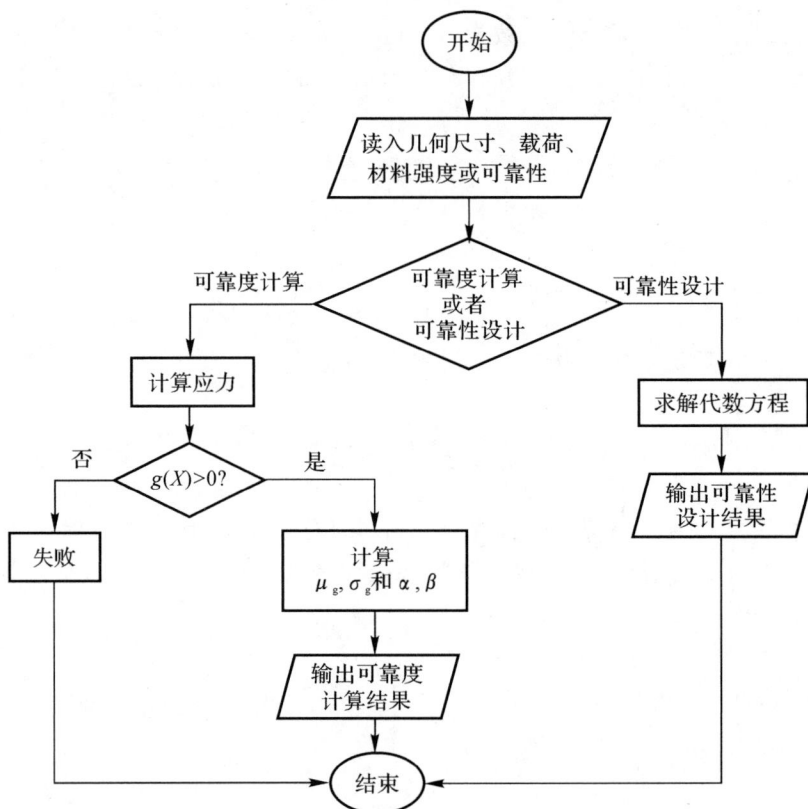

图6-9　程序框图

如果基本随机参数向量 $\boldsymbol{X}$ 不服从正态分布时，那么可用摄动法或二阶矩法确定可靠性指标 β，然后应用等效正态分布法加以迭代求解。

6.3.2.1 螺旋管簧的可靠性分析

在工程上应用了一种称为管簧的新型弹簧，它用圆管代替实心截面的弹簧，具有质量轻、速度快，自然频率高，内部可通水冷却和通油等优点，在轻型结构、高温和必须润滑的机器开始大量使用。

螺旋管簧的最大应力发生在管簧内侧

$$S_{\max} = K S_{\text{nom}}$$

式中 K——切应力因子；

S_{nom}——管簧的名义切应力。

$$K = \frac{5}{4C} + \frac{7+3B^2}{8C^2}$$

$$C = D/d$$

$$B = d_1/d$$

式中 C——弹簧指数；

B——内外径之比；

D——簧圈中径；

d——管截面的外径；

d_1——管截面的内径。

$$S_{\text{nom}} = \frac{8PD}{\pi d^3 (1-B^4)}$$

式中 P——轴向载荷。

当变形因子等于 1 时，管簧的弹簧刚度为

$$\frac{P}{\delta} = \frac{Gd^4 (1-B^4)}{8D^3 N}$$

式中 δ——管簧的轴向变形量；

G——材料的剪切模量；

N——管簧的工作圈数。

管簧的最大切应力为

$$S_{\max} = \left(\frac{5d}{4D} + \frac{7d^2 + 3d_1^2}{8D^2} \right) \frac{Gd}{\pi D^2 N} \delta$$

这里忽略了载荷偏心和节距效应对最大切应力的影响。

根据二阶矩技术，以应力极限状态表示的状态方程为

$$g(\boldsymbol{X}) = r - S_{\max}$$

式中 r——管簧的材料强度

基本随机变量向量 $\boldsymbol{X} = \begin{bmatrix} r & d_1 & d & D & G & N & \delta \end{bmatrix}^{\mathrm{T}}$，这里基本随机变量的均值 $E(\boldsymbol{X})$ 和方差 $\mathrm{Var}(\boldsymbol{X})$ 是已知的，分别为

$$E(\boldsymbol{X}) = \begin{bmatrix} \mu_r & \mu_{d_1} & \mu_d & \mu_D & \mu_G & \mu_N & \mu_\delta \end{bmatrix}^{\mathrm{T}}$$

$$\mathrm{Var}(\boldsymbol{X}) = \begin{pmatrix} \sigma_r^2 & 0 & 0 & 0 & 0 & 0 & 0 \\ 0 & \sigma_{d_1}^2 & \rho \sigma_{d_1} \sigma_d & 0 & 0 & 0 & 0 \\ 0 & \rho & \sigma_d^2 & 0 & 0 & 0 & 0 \\ 0 & 0 & 0 & \sigma_D^2 & 0 & 0 & 0 \\ 0 & 0 & 0 & 0 & \sigma_G^2 & 0 & 0 \\ 0 & 0 & 0 & 0 & 0 & \sigma_N^2 & 0 \\ 0 & 0 & 0 & 0 & 0 & 0 & \sigma_\delta^2 \end{pmatrix}$$

可以认为基本随机变量是服从正态分布的相互独立的随机变量,而管截面的内外径是相关的随机变量,相关系数为 ρ。管簧极限状态方程 $g(\boldsymbol{X})=0$ 是一个七维曲面,称为管簧的极限状态表面或失效面。

把状态函数 $g(\boldsymbol{X})$ 对基本随机变量向量 $\boldsymbol{X}$ 求偏导数,有

$$\frac{\partial g(\bar{\boldsymbol{X}})}{\partial \boldsymbol{X}^{\mathrm{T}}}=\left[\frac{\partial g}{\partial r} \quad \frac{\partial g}{\partial d_1} \quad \frac{\partial g}{\partial d} \quad \frac{\partial g}{\partial D} \quad \frac{\partial g}{\partial G} \quad \frac{\partial g}{\partial N} \quad \frac{\partial g}{\partial \delta}\right] \tag{6-88}$$

$$\begin{aligned}\frac{\partial^2 g(\bar{\boldsymbol{X}})}{\partial \boldsymbol{X}^{\mathrm{T^2}}}=&\left[\frac{\partial^2 g}{\partial r^2} \quad \frac{\partial^2 g}{\partial r \partial d_1} \quad \frac{\partial^2 g}{\partial r \partial d} \quad \frac{\partial^2 g}{\partial r \partial D} \quad \frac{\partial^2 g}{\partial r \partial G} \quad \frac{\partial^2 g}{\partial r \partial N} \quad \frac{\partial^2 g}{\partial r \partial \delta}\times\right.\\[4pt]&\frac{\partial^2 g}{\partial d_1 \partial r} \quad \frac{\partial^2 g}{\partial d_1^2} \quad \frac{\partial^2 g}{\partial d_1 \partial d} \quad \frac{\partial^2 g}{\partial d_1 \partial D} \quad \frac{\partial^2 g}{\partial d_1 \partial G} \quad \frac{\partial^2 g}{\partial d_1 \partial N} \quad \frac{\partial^2 g}{\partial d_1 \partial \delta}\times\\[4pt]&\frac{\partial^2 g}{\partial d \partial r} \quad \frac{\partial^2 g}{\partial d \partial d_1} \quad \frac{\partial^2 g}{\partial d^2} \quad \frac{\partial^2 g}{\partial d \partial D} \quad \frac{\partial^2 g}{\partial d \partial G} \quad \frac{\partial^2 g}{\partial d \partial N} \quad \frac{\partial^2 g}{\partial d \partial \delta}\times\\[4pt]&\frac{\partial^2 g}{\partial D \partial r} \quad \frac{\partial^2 g}{\partial D \partial d_1} \quad \frac{\partial^2 g}{\partial D \partial d} \quad \frac{\partial^2 g}{\partial D^2} \quad \frac{\partial^2 g}{\partial D \partial G} \quad \frac{\partial^2 g}{\partial D \partial N} \quad \frac{\partial^2 g}{\partial D \partial \delta}\times\\[4pt]&\frac{\partial^2 g}{\partial G \partial r} \quad \frac{\partial^2 g}{\partial G \partial d_1} \quad \frac{\partial^2 g}{\partial G \partial d} \quad \frac{\partial^2 g}{\partial G \partial D} \quad \frac{\partial^2 g}{\partial G^2} \quad \frac{\partial^2 g}{\partial G \partial N} \quad \frac{\partial^2 g}{\partial G \partial \delta}\times\\[4pt]&\frac{\partial^2 g}{\partial N \partial r} \quad \frac{\partial^2 g}{\partial N \partial d_1} \quad \frac{\partial^2 g}{\partial N \partial d} \quad \frac{\partial^2 g}{\partial N \partial D} \quad \frac{\partial^2 g}{\partial N \partial G} \quad \frac{\partial^2 g}{\partial N^2} \quad \frac{\partial^2 g}{\partial N \partial \delta}\times\\[4pt]&\left.\frac{\partial^2 g}{\partial \delta \partial r} \quad \frac{\partial^2 g}{\partial \delta \partial d_1} \quad \frac{\partial^2 g}{\partial \delta \partial d} \quad \frac{\partial^2 g}{\partial \delta \partial D} \quad \frac{\partial^2 g}{\partial \delta \partial G} \quad \frac{\partial^2 g}{\partial \delta \partial N} \quad \frac{\partial^2 g}{\partial \delta^2}\right]\end{aligned} \tag{6-89}$$

把式(6-88)、式(6-89)和已知条件代入状态函数的均值和方差的表达式,可以求出状态函数的均值和方差,然后再代入可靠性指标和可靠度的表达式,就确定出法兰的可靠性指标和可靠度。

一螺旋管簧的截面尺寸和材料特性的前两阶矩为 $(\mu_{d_1}, \sigma_{d_1})=(9.4, 0.047)\mathrm{mm}$,$(\mu_d, \sigma_d)=(16.5, 0.082\,5)\mathrm{mm}$,$(\mu_D, \sigma_D)=(80.9, 0.404\,5)\mathrm{mm}$,$(\mu_G, \sigma_G)=(79\,380, 3\,969)\mathrm{MPa}$,$(\mu_N, \sigma_N)=(10, 0.083\,3)$圈,$\rho=0.7$。管簧的材料强度 r 取为管簧的疲劳极限,其数字特征为 $(\mu_r, \sigma_r)=(524, 46.33)\mathrm{MPa}$,管簧的变形量 δ 的均值和标准差为 $(\mu_\delta, \sigma_\delta)=(180, 3.6)\mathrm{mm}$

根据给出的数据求得管簧的可靠性指标和可靠度为

$$\beta=3.658, \quad R=0.999\,87$$

6.3.2.2 螺栓的可靠性设计

紧固件的可靠性设计之一是螺栓连接的设计。典型的零件紧固和连接方法包括使用螺栓、螺母、有头螺钉、固定螺钉、铆钉、弹簧座圈、锁紧装置和键。

1. 螺栓的可靠度计算

圆形螺栓的工作应力为

$$\sigma = \frac{4p}{n\pi d^2}$$

式中　p——螺栓承受的剪切载荷；

　　　d——螺栓截面的内径；

　　　n——剪切面数。

根据应力–强度干涉理论，以应力极限状态表示的状态方程为

$$g(X) = r - \frac{4p}{n\pi d^2}$$

式中　r——螺栓的材料剪切强度，基本随机变量向量 $X = [\, r \quad p \quad d \,]^{\mathrm{T}}$。

这里基本随机变量向量 X 的均值 $E(X)$ 和方差及协方差 $\mathrm{Var}(X)$ 均为已知，并且可以认为这些随机变量是服从正态分布的随机变量。

把状态函数 $g(X)$ 对基本随机变量向量 X 求偏导数，有

$$\frac{\partial g}{\partial X^{\mathrm{T}}} = \begin{bmatrix} \dfrac{\partial g}{\partial r} & \dfrac{\partial g}{\partial p} & \dfrac{\partial g}{\partial d} \end{bmatrix} \tag{6-90}$$

$$\frac{\partial^2 g}{\partial X^{\mathrm{T}2}} = \begin{bmatrix} \dfrac{\partial^2 g}{\partial r^2} & \dfrac{\partial^2 g}{\partial r \partial p} & \dfrac{\partial^2 g}{\partial r \partial d} & \dfrac{\partial^2 g}{\partial p \partial r} & \dfrac{\partial^2 g}{\partial p^2} & \dfrac{\partial^2 g}{\partial p \partial d} & \dfrac{\partial^2 g}{\partial d \partial r} & \dfrac{\partial^2 g}{\partial d \partial p} & \dfrac{\partial^2 g}{\partial d^2} \end{bmatrix} \tag{6-91}$$

把式(6-90)、式(6-91)和已知条件代入状态函数的均值和方差的表达式，可以求出状态函数的均值和方差，然后再代入可靠性指标和可靠度的表达式，就确定出螺栓的可靠性指标和可靠度。

2. 螺栓的可靠性设计

如果给定螺栓的可靠度 R，可查得可靠性指标 β，由 $\beta = \mu_g / \sigma_g$。经推导整理可得

$$(\mu_r^2 - \beta^2 \sigma_r^2)\mu_d^4 - 2A\mu_r\mu_d^2 + A^2 - \beta^2 B = 0$$

式中

$$A = \frac{4\mu_p}{n\pi} + \frac{4\mu_p}{n\pi}(0.005)^2$$

$$B = \frac{16}{n^2\pi^2}\sigma_p^2 + \frac{64\mu_p^2}{n^2\pi^2}(0.005)^2$$

根据加工公差和 3σ 法则，取螺栓的设计直径 d 的标准差为

$$\sigma_d = 0.005\mu_d$$

舍去 $\mu_\sigma < \mu_r$ 所对应的虚根，可得螺栓的最小内径的均值 μ_σ 和标准差 σ_d。

3. 数值算例

某螺栓承受剪切载荷 $(\mu_p, \sigma_p) = (24, 1.44)\,\mathrm{kN}$，截面直径 $(\mu_d, \sigma_d) = (12.5, 0.06)\,\mathrm{mm}$，材料强度 $(\mu_r, \sigma_r) = (143.3, 11.5)\,\mathrm{MPa}$。可以认为载荷、强度和截面直径分别独立服从正态分布，剪切面数 $n = 2$。试计算此螺栓的可靠度。

计算得到此螺栓的可靠性指标和可靠度分别为

$$\beta = 3.516, \quad R = 0.999\,78$$

若给定螺栓的可靠度 $R=0.999$,查得可靠性指标 $\beta=3.10$。已知受载荷和材料拉伸强度,设计此螺栓的最小直径。

根据给出的数据,求得螺栓设计处的最小直径 d 为

$$\mu_d=12.213 \text{ mm}, \quad \sigma_d=0.061 \text{ mm}$$

6.3.2.3 整体法兰的可靠性设计

为满足生产工艺的要求,并考虑到制造、运输、安装、检修工作的方便,大量设备往往做成可拆结构,法兰连接是可拆结构中使用最为普遍的形式。在法兰的设计中,存在着许多理论分析问题,关于这些问题的论述往往是粗糙而不完整的。尽管如此,设计者仍然需要在这种缺乏理论研究的情况下对各种复杂问题作出许多简化假设,这无疑使设计过于保守而造成浪费。

1. 法兰的可靠度计算

根据巴赫(Bach)方法,采用拟梁结构模型,对于整体法兰,如图 6-10 所示,可求得在 D_1 直径上,即危险截面处的弯应力为

$$\sigma=\frac{3P(D_0-D_1)}{\pi D_1 h^2}$$

式中　P——法兰受力的总和;

D_0——螺钉分布圆的直径;

D_1——危险截面的直径;

h——法兰的厚度。

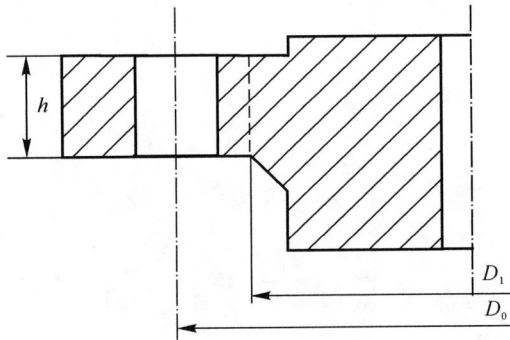

图 6-10　整体法兰

根据应力-强度干涉理论,以应力极限状态表示的状态方程为

$$g(\boldsymbol{X})=r-\frac{3P(D_0-D_1)}{\pi D_1 h^2}$$

式中　r——法兰的材料强度;

$\boldsymbol{X}$——基本随机变量向量,$\boldsymbol{X}=(r \quad D_0 \quad D_1 \quad h \quad P)^{\mathrm{T}}$。

这里基本随机变量向量 $\boldsymbol{X}$ 的均值 $E(\boldsymbol{X})$ 和方差及协方差 $\mathrm{Var}(\boldsymbol{X})$ 均为已知,分别为

$$E(\boldsymbol{X}) = [\mu_r \quad \mu_{D_0} \quad \mu_{D_1} \quad \mu_h \quad \mu_P]^{\mathrm{T}}$$

$$\mathrm{Var}(\boldsymbol{X}) = \begin{bmatrix} \sigma_r^2 & & & & 0 \\ & \sigma_{D_0}^2 & & \ddots & \\ & & \sigma_{D_1}^2 & & \\ & \ddots & & \sigma_h^2 & \\ 0 & & & & \sigma_P^2 \end{bmatrix}$$

并且可以认为这些随机变量是服从正态分布的相互独立的随机变量。当前压力容器可靠性设计推广的主要障碍在于这些随机变量的确定，这些随机变量的确定要由大量的试验统计决定，但是这取决于是否具有经济实力。

把状态函数 $g(\boldsymbol{X})$ 对基本随机变量向量 $\boldsymbol{X}$ 求偏导数，有

$$\frac{\partial g(\overline{\boldsymbol{X}})}{\partial \boldsymbol{X}^{\mathrm{T}}} = \begin{bmatrix} \dfrac{\partial g}{\partial r} & \dfrac{\partial g}{\partial D_0} & \dfrac{\partial g}{\partial D_1} & \dfrac{\partial g}{\partial h} & \dfrac{\partial g}{\partial P} \end{bmatrix} \tag{6-92}$$

$$\frac{\partial^2 g(\overline{\boldsymbol{X}})}{\partial \boldsymbol{X}^{\mathrm{T}2}} = \left[\begin{array}{ccccc} \dfrac{\partial^2 g}{\partial r^2} & \dfrac{\partial^2 g}{\partial r \partial D_0} & \dfrac{\partial^2 g}{\partial r \partial D_1} & \dfrac{\partial^2 g}{\partial r \partial h} & \dfrac{\partial^2 g}{\partial r \partial P} \times \right.$$

$$\dfrac{\partial^2 g}{\partial D_0 \partial r} \quad \dfrac{\partial^2 g}{\partial D_0^2} \quad \dfrac{\partial^2 g}{\partial D_0 \partial D_1} \quad \dfrac{\partial^2 g}{\partial D_0 \partial h} \quad \dfrac{\partial^2 g}{\partial D_0 \partial P} \times$$

$$\dfrac{\partial^2 g}{\partial D_1 \partial r} \quad \dfrac{\partial^2 g}{\partial D_1 \partial D_0} \quad \dfrac{\partial^2 g}{\partial D_1^2} \quad \dfrac{\partial^2 g}{\partial D_1 \partial h} \quad \dfrac{\partial^2 g}{\partial D_1 \partial P} \times$$

$$\dfrac{\partial^2 g}{\partial h \partial r} \quad \dfrac{\partial^2 g}{\partial h \partial D_0} \quad \dfrac{\partial^2 g}{\partial h \partial D_1} \quad \dfrac{\partial^2 g}{\partial h^2} \quad \dfrac{\partial^2 g}{\partial h \partial P} \times$$

$$\left. \dfrac{\partial^2 g}{\partial P \partial r} \quad \dfrac{\partial^2 g}{\partial P \partial D_0} \quad \dfrac{\partial^2 g}{\partial P \partial D_1} \quad \dfrac{\partial^2 g}{\partial P \partial h} \quad \dfrac{\partial^2 g}{\partial P^2} \right] \tag{6-93}$$

把式(6-92)、式(6-93)和已知条件代入状态函数的均值和方差的表达式，可以求出状态函数的均值和方差，然后再代入可靠性指标和可靠度的表达式，就确定出法兰的可靠性指标和可靠度。

2. 法兰的可靠性设计

如果给定法兰的可靠度 R，可查得可靠性指标 β，由 $\beta = \mu_g/\sigma_g$ 经推导整理可得

$$(\mu_r^2 - \beta^2 \sigma_r^2)\mu_h^4 - 2\mu_r A \mu_h^2 + A^2 - \beta^2 B = 0 \tag{6-94}$$

式中

$$A = \frac{3\mu_P(\mu_{D_0} - \mu_{D_1})}{\pi\mu_{D_1}} + \frac{3\mu_P\mu_{D_0}}{\pi\mu_{D_1}^3}\sigma_{D_1}^3 + \frac{9\mu_P(\mu_{D_0} - \mu_{D_1})}{\pi\mu_{D_1}} \times (0.005)^2$$

$$B = \left(-\frac{3\mu_P}{\pi\mu_{D_1}}\right)^2 \sigma_{D_0}^2 + \left(\frac{3\mu_P\mu_{D_0}}{\pi\mu_{D_1}^2}\right)^2 \sigma_{D_1}^2 + \left[\frac{6\mu_P(\mu_{D_0} - \mu_{D_1})}{\pi\mu_{D_1}}\right]^2 \times (0.005)^2 + \left[-\frac{3(\mu_{D_0} - \mu_{D_1})}{\pi\mu_{D_1}}\right]^2 \sigma_P^2$$

根据加工公差和 3σ 法则，取法兰的设计厚度 h 的标准差为

$$\sigma_h = 0.005\mu_h$$

求解方程式(6-94),舍去 $\mu_\sigma < \mu_r$ 所对应的虚根,可得整体法兰的最小厚度的均值 μ_h 和标准差 σ_h。

设某一整体法兰的几何尺寸的均值和标准差为 $D_0 = (1\,140, 5.7)\,\mathrm{mm}$,$D_1 = (1\,030, 5.15)\,\mathrm{mm}$,$h = (65, 0.325)\,\mathrm{mm}$,法兰承受的载荷的均值和标准差为 $P = (2.16, 0.1878)\,\mathrm{MN}$,材料强度的均值和标准差为 $r = (135, 5.265)\,\mathrm{MPa}$,如果考虑疲劳问题,此强度数值应根据寿命的要求,给出相应的疲劳极限值。试确定该整体法兰的可靠度和给定可靠度设计整体法兰的厚度 h。

根据给出的数据,求得

$$\beta = 10.43, \quad R = 1.000\,0$$

可见此法兰具有足够的安全可靠性。根据常规的安全系数的估算方法,如果取许用应力 $[\sigma]$ 等于强度的均值 r,并取安全系数 $n_s = 3.5$,则 $\sigma/n_s = 14.896\,55\,\mathrm{MPa} \ll [\sigma]$,也可得到同样的分析结果。

如果给定可靠度 $R = 0.999\,9$,查得可靠性指标 $\beta = 3.72$,求得法兰设计处的最小厚度 h 为

$$h = (49.32, 0.246\,6)$$

同样根据常规设计公式 $h \geqslant \sqrt{\dfrac{3P(D_0 - D_1)}{\pi D_1 [\sigma]}} = 40.394\,61\,\mathrm{mm}$。可见用本节方法设计出的尺寸包含在常规设计方法之中,但比常规设计方法更科学和具体,并从可靠性设计方法可以看出,常规设计方法存在着缺陷和不足,应该大力发展可靠性设计方法。虽然这里仅采用了只适用于薄壁管法兰的强度计算公式,但是依据本节的思想和步骤,使用相应的法兰强度计算公式[如布莱克(Blake)法等]可以解决其他法兰(如加筋法兰等)的可靠性分析问题。

3. 受弯扭复合载荷作用的法兰的可靠性设计

法兰作为连接零部件,其受力十分复杂,法兰的扭应力可以表示为

$$\tau = \frac{16T}{\pi D_1^3}$$

式中　D_1——危险截面的直径;

　　　T——轴所传递的扭矩。

根据第四强度理论,法兰危险截面处的合成应力为

$$\nu = \sqrt{\sigma^2 + 2\tau^2}$$

根据应力-强度干涉理论,以应力极限状态表示的状态方程为

$$g(\boldsymbol{X}) = r - \nu$$

式中　r——法兰的材料强度;

　　　$\boldsymbol{X}$——基本随机变量向量,$\boldsymbol{X} = (r \quad D_0 \quad D_1 \quad h \quad P)^\mathrm{T}$。

这里基本随机变量向量 $\boldsymbol{X}$ 的均值 $E(\boldsymbol{X})$ 和方差及协方差 $\mathrm{Var}(\boldsymbol{X})$ 均为已知,并且可以认为这些随机变量是服从正态分布的相互独立的随机变量。

如果给定法兰的可靠度 R,可查得可靠性指标 β,很显然由式(6-81)所确定出来的有关法兰厚度 h 的可靠性设计的代数方程为一个非线性超越方程。关于非线性超越方程的求解,一般算法均为给定初值进行迭代求根,这里有一个初值选取的经验问题,作为工程设计人员都应具有几何尺寸设计的经验数值,这个数值就可以作为初值迭代计算,经本节方法所对应的设计软件计算多例零部件可靠性设计的问题,均获得了理想的设计结果。

某法兰的几何尺寸的均值和标准差为 $D_0=(155,0.775)\text{mm}$,$D_1=(82,0.41)\text{mm}$,$h=(12,0.06)\text{mm}$,法兰承受的载荷的均值和标准差为 $P=(19\ 394.2,290.913)\text{N}$,$T=(11\ 760,980)\text{N}\cdot\text{m}$,材料强度的均值和标准差为 $r=(525,20)\text{MPa}$。

根据给出的数据,求得

$$\beta=12.544, \quad R=1.000$$

如果给定可靠度 $R=0.999$,查得可靠性指标 $\beta=3.092$,求得

$$h=(6.345,0.031\ 725)\text{mm}$$

6.4　机械零部件可靠性设计

在机械产品的设计中,可靠性已成为最重要的技术指标之一。可靠性同其他性能一样,都必须在研制过程中设计到产品中去,并由制造和管理来保证。对于产品的设计,必须考虑各参量的统计分散性,进行随机不确定分析,只有这样,才能更正确地反映产品的真实情况,使产品的设计工作性能与实际工作性能更加符合,得到既有足够的安全可靠性,又有适当经济性的优化产品。

6.4.1　静强度的可靠性设计

常规的静强度设计,是根据所设计的零部件的失效种类或模式(如屈服、失稳、断裂、过量变形等),来确定所采用的材料性能指标。对于脆性材料用强度极限,对于塑料材料用屈服极限。先将这些极限应力除以安全系数,得到许用应力,再应用强度理论确定该零部件的工作应力,使其小于或等于上述的许用应力,即

$$\sigma_{xd}\leqslant[\sigma]=\frac{\sigma_j}{n} \tag{6-95}$$

在静强度可靠性设计中,它假设载荷、零部件的尺寸和材料的机械性能等参数,都是随机变量且是正态分布的。给定可靠度,当载荷及材料强度的分布已知时,就可用前述的“应力-强度”干涉理论和通用的强度计算公式,或应力变形关系,建立这些设计变量的函数关系,再通过函数运算得出所需确定的设计参数,如截面尺寸等。

6.4.1.1　梁的静强度可靠性设计

例 6-7　图 6-11 所示的简支架,受一集中力 P 作用,现已知:载荷 $P=(\overline{P},\sigma_P)$,梁的跨度 $l=(\overline{l},\sigma_l)$,载荷作用位置 $a=(\overline{a},\sigma_a)$,若不计梁的自重,求梁的截面尺寸。

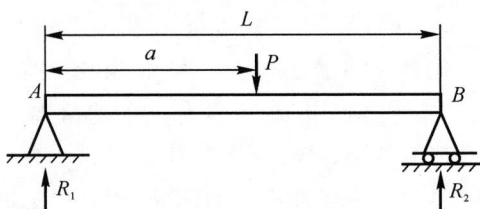

图 6-11　简支梁

解：(1)求支反力。

由 $\sum M_A = 0$，得 $R_2 l - Pa = 0$，得

$$R_2 = \frac{Pa}{l}$$

所以 $R_2(\bar{R}_2, \sigma_{R_2})$ 中

$$\bar{R}_2 = \frac{\overline{Pa}}{\bar{l}}$$

令 $u = Pa$，则有 $\bar{u} = \overline{Pa}$

$$\sigma_M = \sqrt{\bar{P}^2 \sigma_a^2 + \bar{a}^2 \sigma_P^2 + \sigma_P^2 \sigma_a^2}$$

$$\sigma_{R_2} = \frac{1}{\bar{l}} \sqrt{\frac{u^2 \sigma_l^2 + \bar{l}^2 \sigma_M^2}{\bar{l}^2 + \sigma_l^2}}$$

另外 $R_1 = P - R_2$，对 $R_1 = (\bar{R}_1, \sigma_{R_1})$ 中，有

$$\bar{R}_1 = P - \bar{R}_2$$

$$\sigma_{R_1} = \sqrt{\sigma_P^2 + \sigma_{R_2}^2}$$

(2)求最大弯曲正应力。

危险截面弯矩

$$M = R_2(l-a) \text{（或 } R_1 a\text{）}$$

同理可求得

$$M = (\bar{M}, \sigma_M)$$

由常规设计方法知弯曲应力为

$$L = \frac{M}{I/C} \tag{6-96}$$

式中　I——截面惯性矩；

　　　C——截面中性轴至梁上、下边缘的距离。

对 $H = 2B$ 的矩形截面：

$$I = \frac{BH^3}{12} = \frac{2}{3} B^4, \quad C = \frac{H}{2} = B$$

代入式(6-96)，得

$$L = \frac{M}{I/C} = \frac{3}{2} \frac{M}{B^3}$$

此时有

$$\overline{L}=\frac{3}{2}\frac{\overline{M}}{\overline{B}^3} \tag{6-97}$$

由于

$$\sigma_{B^3}=\sqrt{D(B^3)}=3\overline{B}^2\sigma_B$$

所以

$$\sigma_L=\frac{3}{2}\times\frac{1}{\overline{B}^3}\sqrt{\frac{\overline{M}^2\sigma_{B^3}^2+(\overline{B}^3)^2\sigma_M^2}{(\overline{B}^3)^2+\sigma_{B^3}^2}}=\frac{3}{2\overline{B}}\times\sqrt{\frac{\overline{M}^2(3\overline{B}^2\sigma_B)^2+(\overline{B}^3)^2\sigma_M^2}{(\overline{B}^3)^2+(3\overline{B}^2\sigma_B)^2}} \tag{6-98}$$

然后根据要求的可靠度,利用联结方程即可求得梁的截面尺寸。

例 6-8　图 6-11 所示的矩形截面简支梁,试确定其截面尺寸。已知:集中载荷$(\overline{P},\sigma_P)=$ $(3\,000,150)$kN,跨度$(\overline{l},\sigma_l)=(3\,000,1.0)$mm,集中载荷至支承 A 的距离$(\overline{a},\sigma_a)=(1\,200,1.0)$mm。

解:(1)求支反力 R_2。

由于 $R_2=\dfrac{Pa}{l}$,若令 $u=Pa$,则

$$\overline{u}=\overline{Pa}=3\,000\times1\,200=3.6\times10^6$$

$$\sigma_u=\sqrt{\overline{P}^2\sigma_a^2+\overline{a}^2\sigma_P^2+\sigma_a^2\sigma_P^2}=\sqrt{3\,000^2\times1^2+1\,200^2\times150^2+1^2\times150^2}=1.8\times10^5$$

所以

$$\overline{R}_2=\frac{\overline{u}}{l}=\frac{3.6\times10^8}{3\,000}\text{ N}=1\,200\text{ N}$$

$$\sigma_{R_2}=\frac{1}{\overline{l}}\sqrt{\frac{\overline{u}^2\sigma_l^2+\overline{l}^2\sigma_M^2}{\overline{l}^2+\sigma_l^2}}=\frac{1}{3\,000}\sqrt{\frac{(3.6\times10^6)^2\times1^2+3\,000^2\times(1.8\times10^5)^2}{3\,000^2+1^2}}\text{ kN}=60\text{ kN}$$

所以支反力 $R_2=(\overline{R}_2,\sigma_{R_2})=(1\,200,60)$ kN。

(2)求最大弯曲应力。

P 力作用处弯矩最大。为求弯矩,先求 P 至支承 B 的距离 b,因有 $b=l-a$,所以 b $(\overline{b},\sigma_b)$中有

$$\overline{b}=\overline{l}-\overline{a}=3\,000\text{ mm}-1\,200\text{ mm}=1\,800\text{ mm}$$

$$\sigma_b=\sqrt{\sigma_l^2+\sigma_a^2}=\sqrt{1^2+1^2}\text{ mm}=1.414\text{ mm}$$

又弯矩

$$M=R_2b$$

故 $M(\overline{M},\sigma_M)$有

$$\overline{M}=\overline{R}_2\cdot\overline{b}=1\,200\times1\,800\text{ kN}\cdot\text{mm}=2.16\times10^6\text{ kN}\cdot\text{mm}$$

$$\sigma_M=\sqrt{\overline{R}_2^2\sigma_b^2+\overline{b}^2\sigma_{R_2}^2+\sigma_b^2\sigma_{R_2}^2}$$

$$=\sqrt{1\,200^2\times1.414^2+1\,800^2\times60^2+1.414^2\times60^2}\text{ kN}\cdot\text{mm}$$

$$=1.08\times10^5\text{ kN}\cdot\text{mm}$$

即 $M(\overline{M},\sigma_M)=(2.16\times10^6,1.08\times10^5)$ kN·mm。

由于 $\overline{B}$ 的尺寸公差一般在$(0.02\sim\sim0.05)\overline{B}$ 的范围内,今取 B 的公差为 $0.03\overline{B}$,并假

设这公差为其标准差的 3 倍,即可得 B 的标准差

$$\sigma_B = \frac{0.03\bar{B}}{3} = 0.01\bar{B}$$

B^3 的标准差为

$$\sigma_{B^3} = 3\bar{B}^2\sigma_B = 3\bar{B}^2(0.01\bar{B}) = 0.03\bar{B}^3$$

代入式(6-97)和式(6-98)得

$$\bar{L} = \frac{3}{2} \times \frac{\bar{M}}{\bar{B}^3} = \frac{3 \times 2.16 \times 10^6}{2\bar{B}^3} = \frac{3.24 \times 10^6}{\bar{B}^3}$$

$$\sigma_l = \frac{3}{2\bar{B}^3} \times \sqrt{\frac{\bar{M}^2(3\bar{B}^2\sigma_B)^2 + (\bar{B}^3)^2\sigma_M^2}{(\bar{B}^3)^2 + (3\bar{B}^2\sigma_B)^2}}$$

$$= \frac{3}{2\bar{B}^3} \times \sqrt{\frac{(2.16 \times 10^6)^2 \times (0.03\bar{B}^3)^2 + (\bar{B}^3)^2 \times (1.08 \times 10^5)^2}{(\bar{B}^3)^2 + (0.03\bar{B}^3)^2}} = \frac{1.899 \times 10^5}{\bar{B}^3}$$

即弯曲应力

$$L(\bar{L}, \sigma_L) = \left(\frac{3.24 \times 10^6}{\bar{B}^3}, \frac{1.899 \times 10^5}{\bar{B}^3}\right)$$

(3)求梁的截面尺寸。

梁材料用钼钢,从有关资料查得钼钢的强度极限均值 $\bar{\sigma}_b = 935$ MPa,标准差 $\sigma_{\sigma b} = 18.75$ MPa,今要求可靠度 $R = 0.999\,99$,由表查得相应的 $Z = 4.265$,代入联结方程

$$Z = SM = \frac{\bar{\sigma}_b - \bar{L}}{\sqrt{\sigma_{\sigma b}^2 + \sigma_L^2}}$$

求得的 $\bar{\sigma}_b$、$\bar{L}$ 表达式,解得

$$\bar{B} = 35.3 \text{ mm}$$

梁的高 $\qquad\qquad H = 2\bar{B} = 70.6 \text{ mm}$

梁截面宽的标准差:

$$\sigma_B = 0.01\bar{B} = 0.353 \text{ mm}, \quad \sigma_H = 2\sigma_B = 0.706 \text{ mm}$$

则 B 的公差为 $3\sigma_B = 1.059$ mm ≈ 1.06 mm。

因此,在保证 $R = 0.999\,99$ 时,所设计的钼钢矩形梁的宽 B 及高 H 为

$$B = (35.3 \pm 1.06) \text{ mm}, \quad H = (70.6 \pm 2.12) \text{ mm}$$

6.4.1.2 扭转圆杆的静强度可靠性计算

图 6-12 所示为受扭转力矩 M_t 的圆杆,其扭转应力为

$$\tau = \frac{M_t}{I_P/r} \qquad\qquad (6-99)$$

式中

$$I_P = \frac{\pi}{32}d^4, \quad r = d/2$$

对空心圆杆(外径 d_0,内径 d_1),则

$$I_P = \frac{\pi}{32}(d_0^4 - d_1^4), \quad r = d_0/2$$

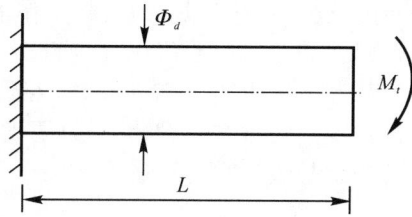

图 6 - 12　扭转圆杆

具体设计方法与梁的静强度可靠性设计类似,这里不赘述。

6.4.1.3　转轴的静强度可靠性设计

转轴同时承受弯曲和扭转载荷,强度计算时用弯扭合成的强度理论。现若已知作用于转轴危险截面上的弯矩 M 和扭矩 M_t。

首先按前述方法求出危险截面上的弯曲应力 σ 及扭转应力 τ,然后由强度理论求得合成应力 σ_{xd}

$$\sigma_{xd} = \sqrt{\sigma^2 + 3\tau^2} \tag{6-100}$$

合成应力 σ_{xd} 的均值和标准差可应用表 6 - 2 中正态分布开二次方的代数运算求得。最后应用联结方程,求得设计尺寸。

6.4.2　疲劳强度的可靠性设计

6.4.2.1　疲劳的基本概念

零件在交变载荷作用下会发生疲劳失效。疲劳失效过程包括裂纹形成、裂纹亚稳态扩展和最终瞬间断裂 3 个阶段。疲劳设计的安全准则如下。

(1)无限寿命设计:要求设计应力低于疲劳极限,这是最早的疲劳安全设计准则。

(2)安全寿命设计(有限寿命设计):要求零部件或结构在规定的使用期限内不能产生任何疲劳裂纹。

(3)破损安全设计:要求裂纹被检出之前,不会导致整个结构破坏。这要求裂纹及时检出,并且发展速度较慢。

(4)损伤容限设计:首先假设结构中存在初始裂纹,应用断裂力学的方法计算裂纹的扩展。这种方法适用于裂纹扩展速率较慢,且韧性好的材料。

疲劳强度的可靠性设计也是根据应力-强度干涉理论来进行的。与静强度可靠性设计相比较,疲劳强度可靠性设计具有下列特点:

(1)由于机械零件的工作载荷在很多情况下是随机的,因此,在确定零件的工作应力时,首先要将随机载荷进行统计处理(绘出累积频率曲线),然后按前面章节所述的统计方法,求得应力分布函数和参数值,作为可靠性设计的基本统计数据(主要的方法是工作载荷计数法,详见有关参考书)。

(2)疲劳强度可靠性设计要求已知给定寿命下材料强度的分布。

（3）疲劳强度可靠性设计按照疲劳极限线图进行疲劳强度的可靠性设计。

需要注意的是,在下面的计算与设计实践中,为了简化计算,都假设基本随机变量服从正态分布,这不仅因为正态分布能反映多数零部件的实际工作情况,而且能使事件发生的概率或可靠度的计算十分简单,否则就需要采用数值积分进行多重积分运算或采用等效转化的程序运算。另外,即使当强度与应力均为非正态分布时,若采用正态分布假设,一般将得到偏于保守的结果。总之,在机械零件的可靠性设计中,只要没有充分的依据说明这种分布是何种分布状态时,通常第一选择就是假设它为正态分布。

6.4.2.2　给定寿命下的材料强度分布

给定寿命下的材料强度分布,一般情况下可认为是正态分布,其参数均值和标准差可从有关资料中查得。今后的材料手册中逐步会增加强度数据的均值和标准差的数据和 P-S-N 曲线以供使用。作为例子,表 6-4 列出了一部分调质结构钢的疲劳极限的标准差。在资料缺乏的情况下,若要求特殊材料、特殊零件的强度分布就只能通过试验取得。

6.4.2.3　可靠性设计的疲劳极限线图

由试验可知,在给定应力水平下,零件达到破坏的循环次数（寿命）服从一定概率分布。同样,在给定寿命（循环次数）下,导致零件破坏的应力水平,即疲劳强度也具有一定的概率分布,而且实践证明,其多数是服从正态分布或对数正态分布的。因此,在可靠性设计中,要计算零件的疲劳强度及其可靠度,首先要确定零件在一定循环次数时的疲劳强度或疲劳极限的概率。对于不同的应力循环特性 $\gamma = \sigma_{\min}/\sigma_{\max}$,根据试验数据,都可得到其在给定寿命下疲劳强度或疲劳极限的概率分布,图 6-13 所示为不同 γ 值时的疲劳极限分布。

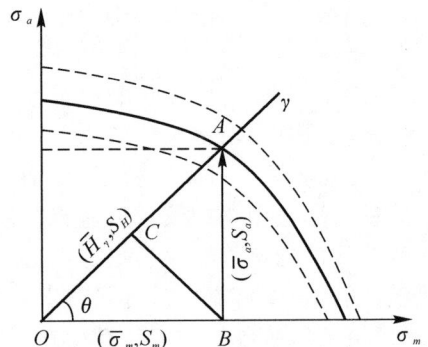

疲劳极限线图是在 σ_m-σ_a（平均应力-应力幅）坐标系中所作的等寿命曲线,也即在等寿命（$N = 10^5$ 次、10^6 次、10^7 次等）下,把各种应力循环特性 γ 下的疲劳强度或疲劳极限的概率分布画在 σ_m-σ_a 坐标中所连成的曲线。在常规疲劳强度设计中,所用的疲劳极限线图是由各种应力循环特性 γ 下的均值画出的,是一条曲线;而可靠性设计中疲劳强度极限线图是一条曲线分布带（见图 6-14）,其制作原理和方法如下。

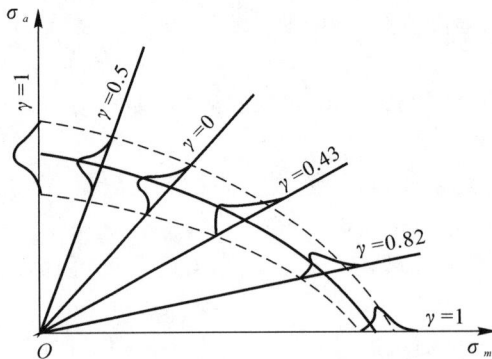

图 6-13　不同 γ 值时的疲劳极限分布

图 6-14　疲劳极限线图

设循环特性为 $\gamma = \sigma_{\min}/\sigma_{\max}$ 的直线与疲劳极限的均值曲线相交于 A 点,其平均应力为 $(\bar{\sigma}_m, S_m)$,应力幅为 $(\bar{\sigma}_a, S_a)$,$\overline{OA}$ 为合成应力的均值。由图 6-14 可知合成应力的均值为

$$\overline{H}'_r=\sqrt{\overline{\sigma}_a^2+\overline{\sigma}_m^2} \tag{6-101}$$

合成应力的标准差 S_H 可由下述方法求得。

过 B 点作 $BC\perp OA$，则 OC 和 CA 分别是 $\overline{\sigma}_m$ 和 $\overline{\sigma}_a$ 在 $\overline{H}'_r$ 上的投影，即 $\overline{OA}=\overline{OC}+\overline{CA}=\overline{\sigma}_m\cos\theta+\overline{\sigma}_a\sin\theta$，故合成应力 $H'_r=\sigma_m\cos\theta+\sigma_a\sin\theta$，根据两正态分布函数之和的标准差公式，可求得合成应力的标准差为

$$S_H=\sqrt{(S_m\cos\theta)^2+(S_a\sin\theta)^2} \tag{6-102}$$

式中

$$\cos\theta=\frac{\overline{\sigma}_m}{\sqrt{\overline{\sigma}_a^2+\overline{\sigma}_m^2}},\quad \sin\theta=\frac{\overline{\sigma}_a}{\sqrt{\overline{\sigma}_a^2+\overline{\sigma}_m^2}}$$

代入式(6-102)化简后得

$$S_H=\sqrt{\frac{\overline{\sigma}_a^2 S_a^2+\overline{\sigma}_m^2 S_m^2}{\overline{\sigma}_a^2+\overline{\sigma}_m^2}} \tag{6-103}$$

因此，知道了 $(\overline{\sigma}_a,S_a)$ 和 $(\overline{\sigma}_m,S_m)$ 后，便可求得 (H'_r,S_H)。而 $(\overline{\sigma}_a,S_a)$ 和 $(\overline{\sigma}_m,S_m)$ 可以由下面的公式求得

$$\left.\begin{aligned}
\overline{\sigma}_m&=\frac{1}{2}(\sigma_{\max}+\sigma_{\min})=\frac{(1+\gamma)}{2}\sigma_{\max}\\
\overline{\sigma}_a&=\frac{1}{2}(\sigma_{\max}-\sigma_{\min})=\frac{(1-\gamma)}{2}\sigma_{\max}\\
S_m&=\frac{(1+\gamma)}{2}S_\sigma\\
S_a&=\frac{(1-\gamma)}{2}S_\sigma
\end{aligned}\right\} \tag{6-104}$$

式中　S_σ——最大应力 $\sigma_{\max}$ 的标准差(在疲劳试验中 $\sigma_{\max}$ 即为在各种 γ 下的疲劳强度或疲劳极限)。

因此，如果知道了疲劳极限 $\sigma_{\max}$ 及其标准差 S_σ，则可由式(6-104)求得 $\overline{\sigma}_m$、$\overline{\sigma}_a$、S_m 和 S_a，这样，由式(6-101)可求得合成应力的均值 H'_r 和标准差 S_H 值。

代入标准差正态变量公式，即可求出沿 γ 方向存活率为 P(即可靠度 $R=P$)的合成应力 $H_{\gamma(P)}$ 值

$$H_{\gamma(P)}=\overline{H}'_r-Z_P\cdot S_H \tag{6-105}$$

式中　Z_P——标准正态变量，可根据给定的 P 值查标准正态分布表求得。

同理可得其他 γ 值的相应点，这样就作出了可靠度 $R=P$ 值疲劳极限线图。

例如当可靠度 $R=0.999$ 时，按正态分布表可得 $Z_P=3$，这样 $R=0.999$ 的合成应力为

$$(H_\gamma)=\overline{H}'_\gamma-3S_H \tag{6-106}$$

将上面求得的 $\overline{H}'_\gamma$ 代入式(6-106)，即可求得可靠度 $R=0.999$ 的相应于该 γ 值的点。同理可求得其他 γ 值的相应点，连接起来就作出了可靠 $R=0.999$ 的疲劳极限线图，当然，对于不同的 R 值，又可作出更多的疲劳极限线图。

例 6-9 作理论应力集中系数 $\alpha_0 = 3$ 的 30CrMnSiA 钢试样在寿命 $N = 10^5$ 次的均值疲劳极限线图，并画出可靠度 $R = 0.999$ 的疲劳极限线图。

解： 从表 6-4 中查得，当 $N = 10^5$，$\alpha_\sigma = 3$ 时，已知数据为

$$\gamma = -1, \quad \bar{\sigma}'_\gamma = \sigma_{max} = 315 \text{ MPa}, \quad S_\sigma = 15 \text{ MPa}$$

$$\gamma = 0.1, \quad \bar{\sigma}'_\gamma = \sigma_{max} = 464 \text{ MPa}, \quad S_\sigma = 30 \text{ MPa}$$

$$\gamma = 0.5, \quad \bar{\sigma}'_\gamma = \sigma_{max} = 690 \text{ MPa}, \quad S_\sigma = 36.67 \text{ MPa}$$

由式 (6-104) 可求出 $\bar{\sigma}_a$、$\bar{\sigma}_m$ 和 S_a、S_m，计算结果如表 6-5 所示。

表 6-4 调质结构钢的疲劳极限均值及标准差

| 材料 | 静强度指标 | 试验条件 | | 寿命 N | 疲劳极限 $\bar{\sigma}'_\gamma$ | 标准差 | 附注 |
		γ	α_σ	次	MPa	MPa	
45#钢 （碳素钢）	抗拉强度 $\sigma_b = 850$ MPa 屈服极限 $\sigma_y = 700$ MPa 延伸率 $\delta = 16.7\%$	-1	1.9	5×10^4	420	13.33	(1)轴向加载 (2)ϕ26 mm 棒材 (3)化学成分： 0.49C，0.30%Si， 0.68%Mn (4)调质处理
				10^5	350	10.00	
				5×10^5	316	8.00	
				10^6	300	8.00	
				5×10^6	290	8.00	
				10^7	285	8.33	
30GrMnSiA （铬锰硅钢）	抗拉强度 $\sigma_b = 1\,130 \sim 1\,210$ MPa 屈服极限 $\sigma_y = 111$ MPa 延伸率 $\delta = 15.3\% \sim 18.6\%$	-1	1	10^5	800	20.00	(1)$\gamma = -1$ 为旋转弯曲，其余为轴向加载 (2)ϕ25 mm 棒材 (3)化学成分： 0.30%C 0.90%~1.00%Cr 0.86%~0.93%Mn 0.96%~1.04%Si (4)890~898 ℃油中淬火，510~520 ℃回火 (5)$\alpha_0 = 1$ 为光滑试样
				5×10^5	690	18.00	
				10^6	660	19.00	
				5×10^6	652	20.00	
				10^7	650	15.00	
			2	10^5	450	10.33	
				5×10^5	387	10.33	
				10^6	367	10.00	
				5×10^6	363	15.00	
				10^7	360	10.33	
			3	10^5	315	10.00	
				5×10^5	276	10.33	
				10^6	255	10.00	
				5×10^6	248	9.33	
				10^7	246	9.33	
			4	10^5	291	11.33	
				5×10^5	250	11.00	
				10^6	225	9.33	
				5×10^6	215	8.33	
				10^7	208	7.00	

30CrMnSiA 钢的强度极限 $\sigma_b=1\,130\sim1\,210$ MPa,其均值为 1 170 MPa。由此可画出 $\alpha_0=3,N=10^5$ 的均值疲劳极限线图和 $R=0.999$ 的疲劳极限线图(见图 6-15)。

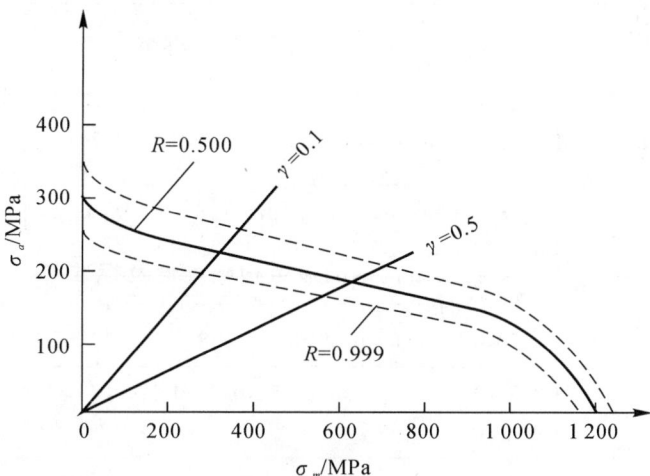

图 6-15　疲劳极限线图

表 6-5　计算结果

γ	$\dfrac{\sigma_{\max}}{\text{MPa}}$	$\dfrac{\bar{\sigma}_a}{\text{MPa}}$	$\dfrac{\bar{\sigma}_m}{\text{MPa}}$	$\dfrac{S_a}{\text{MPa}}$	$\dfrac{S_m}{\text{MPa}}$	$\dfrac{S_H}{\text{MPa}}$	$\dfrac{\overline{H}'_\gamma=\sqrt{\bar{\sigma}_a^2+\bar{\sigma}_m^2}}{\text{MPa}}$	$\overline{H}_{\gamma(0.999)}=\overline{H}'_\gamma-3S_H$	$\theta=\arctan\dfrac{1-\gamma}{1+\gamma}$
-1	315	315	0	15	0	15	315	270	$90°$
0.1	464	208.8	255.2	13.5	16.5	15.37	329.7	283.63	$39.29°$
0.5	690	172.5	517.5	9.17	17.5	26.25	545.5	476.74	$18.43°$

6.4.2.4　零件的疲劳极限

在疲劳试验中,最好用零件做试验,得出数据,这样得到的强度分布不需要进行修正,可以直接应用于该零件的可靠性设计。但是用零件做疲劳试验,不仅试验费用高,而且需要大型设备,有时甚至不可能。因此,很多试验数据都是用标准试样做试验得到材料的名义强度。在实际设计中,一般用强度修正系数,将这名义强度转化成零件的实际几何形状及工作环境下的强度。

设零件的疲劳极限为 $(\bar{\sigma}_\gamma,S_\gamma)$,它可以用标准试样得到材料的疲劳极限 $(\bar{\sigma}'_\gamma,S_\sigma)$,再考虑有效应力集中系数 K,尺寸系数 ε,表面加工系数 β,用下式计算:

$$(\bar{\sigma}_\gamma,S_\gamma)=\frac{(\bar{\varepsilon},S_\varepsilon)(\bar{\beta},S_\beta)}{(\overline{K}_\sigma,S_K)}(\bar{\sigma}'_\gamma,S_\sigma) \qquad (6-107)$$

式中　$(\bar{\varepsilon},S_\varepsilon)$——尺寸系数的分布。

尺寸系数是考虑零件的尺寸比试样尺寸大,从而使疲劳强度降低的系数。结构钢的尺寸系数 ε 的数据列于表 6-6。

表 6-6　钢试样的尺寸系数 ε

钢种	尺寸 d/mm	尺寸系数数据 ε	均值 $\bar\varepsilon$ 及标准差 S_ε
碳素钢	30～150	1.40,0.92,0.86,0.85,0.83,0.80,0.79,0.76	$n=8,\bar\varepsilon=0.856\ 25$ $S_\varepsilon=0.008\ 895$
	150～250	0.87,0.86,0.83,0.81,0.78,0.77,0.76,0.74	$n=8,\bar\varepsilon=0.802\ 5$ $S_\varepsilon=0.047\ 734$
	250～350	0.83,0.83,0.83,0.81,0.78,0.77,0.77,0.76, 0.74	$n=9,\bar\varepsilon=0.791\ 1$ $S_\varepsilon=0.034\ 44$
	350 以上	0.83,0.77,0.77,0.75,0.75,0.73,0.73,0.72, 0.72,0.71,0.69,0.59,0.68,0.68	$n=14,\bar\varepsilon=0.73$ $S_\varepsilon=0.041\ 88$
合金钢	30～150	0.89,0.87,0.85,0.82,0.82,0.81,0.77,0.75, 0.72,0.71,0.68	$n=11,\bar\varepsilon=0.79$ $S_\varepsilon=0.069\ 0$
	150～250	0.88,0.88,0.82,0.80,0.80,0.80,0.76,0.76, 0.75,0.72,0.72,0.68,0.63	$n=12,\bar\varepsilon=0.766\ 7$ $S_\varepsilon=0.074\ 87$
	250～350	0.78,0.69,0.69,0.62,0.61	$n=5,\bar\varepsilon=678$ $S_\varepsilon=0.068\ 34$
	350 以上	0.78,0.77,0.75,0.75,0.75,0.74,0.72,0.72, 0.71,0.71,0.70,0.67,0.64,0.63,0.63,0.61, 0.60,0.60,0.58,0.58,0.57,0.57	$n=22,\bar\varepsilon=0.671\ 8$ $S_\varepsilon=0.072\ 02$

　　$(\bar\beta,S_\beta)$ 为表面加工系数的分布。表面加工系数 β 是考虑零件的表面粗糙度不同于磨光试样使疲劳强度降低而引入的系数。对于强度极限 $\sigma_b\leqslant1\ 500$ MPa 的钢,其表面加工系数的均值 $\bar\beta$ 及标准差 S_β 的数据列于表 6-7。对磨光的表面 $\beta=1$。

　　(K_σ,S_K) 为有效应力集中系数的分布。有效应力集中系数 K 是考虑零件的几何形状不同于光滑试件而产生的应力集中现象和材料对应力集中的敏感程度,使疲劳强度降低而引入的系数。具体取值可参阅机械零件手册或有关专业书。

　　一般文献上给出的应力集中系数是理论应力集中系数 α_σ,它只考虑几何形状,而不考虑零件的材料。所以在疲劳强度设计中用的是考虑了材料的有效应力集中系数 K_σ。有效应力集中系数 K_σ 与理论应力集中系数 α_σ 有下面的关系:

$$K_\sigma=1+q(\alpha_\sigma-1) \tag{6-108}$$

式中　q——应力集中敏感系数。

　　当敏感系数 q 的均值 $\bar q$ 及标准差 S_q 已知时,就可以求得有效应力集中系数 K_σ,其均值为

$$\bar K_\sigma=1+q(\alpha_\sigma-1) \tag{6-109}$$

其标准差 S_K 为

$$S_K=(\alpha_\sigma-1)S_q \tag{6-110}$$

表 6 - 7　表面加工系数 β

表面情况		抛　光	车　削	热　轧	铸　造
弯曲	β 数 据	1.142,1.119,1.109 1.122,1.093,1.093 1.120,1.078,1.092 1.134,1.126,1.148 1.192,1.172,1.243	0.886,0.834,0.833 0.814,0.806,0.785 0.775,0.777,0.784 0.780,0.774,0.756 0.776,0.750,0.769	0.715,0.668,0.597 0.591,0.577,0.547 0.534,0.517,0.507 0.515,0.492,0.456 0.450,0.410,0.407	0.516,0.475,0.440 0.406,0.423,0.419 0.397,0.372,0.369 0.368,0.352,0.326 0.313,0.293,0.291
	n $\bar{\beta}$ S_β	$n=15$ $\bar{\beta}=1.1322$ $S_\beta=0.04344$	$n=15$ $\bar{\beta}=0.7933$ $S_\beta=0.03573$	$n=15$ $\bar{\beta}=0.5322$ $S_\beta=0.03771$	$n=15$ $\bar{\beta}=0.3845$ $S_\beta=0.06556$
拉压	β 数 据	1.166,1.111,1.199 1.129,1.082,1.088 1.101,1.072,1.106 1.086,1.117,1.153 1.142,1.210,1.186	0.867,0.834,0.848 0.834,0.793,0.782 0.817,0.772,0.801 0.777,0.787,0.766 0.758,0.760,0.726	0.701,0.668,0.624 0.597,0.574,0.555 0.530,0.491,0.491 0.517,0.493,0.461 0.429,0.422,0.383	0.536,0.474,0.426 0.431,0.439,0.406 0.406,0.375,0.362 0.343,0.327,0.306 0.285,0.280,0.263
	$n\bar{\beta}S_\beta$	$n=15$ $\bar{\beta}=1.1232$ $S_\beta=0.04061$	$n=15$ $\bar{\beta}=0.7948$ $S_\beta=0.03858$	$n=15$ $\bar{\beta}=0.5291$ $S_\beta=0.09141$	$n=15$ $\bar{\beta}=0.3773$ $S_\beta=0.07807$
扭转	β 数 据	1.099,1.130,1.153 1.071,1.166,1.128 1.116,1.087,1.049 1.027,1.098,1.114 1.176,1.203,1.239	0.901,0.870,0.847 0.822,0.834,0.839 0.815,0.779,0.761 0.767,0.763,0.778 0.762,0.754,0.759	0.752,0.654,0.579 0.609,0.569,0.583 0.545,0.530,0.500 0.513,0.478,0.446 0.437,0.409,0.401	0.499,0.434,0.422 0.392,0.400,0.386 0.361,0.333,0.340 0.358,0.358,0.334 0.305,0.306,0.259
	n $\bar{\beta}$ S_β	$n=15$ $\bar{\beta}=1.12373$ $S_\beta=0.05701$	$n=15$ $\bar{\beta}=0.8034$ $S_\beta=0.04680$	$n=15$ $\bar{\beta}=0.5337$ $S_\beta=0.09582$	$n=15$ $\bar{\beta}=0.3658$ $S_\beta=0.05940$

以表 6 - 4 中的疲劳试验数据为例来求 $\bar{q}$,S_q。30CrMnSiA 钢试样,当 $\gamma=-1$,$N=10^5$ 时的疲劳极限:

当 $\alpha_\sigma=1$(光滑溜试样)时,$\bar{\sigma}'_\gamma=800$ MPa;

当 $\alpha_\sigma=2$ 时,$\bar{\sigma}'_\gamma=450$ MPa。

根据有效应力集中系数的定义:

$$K_\sigma=\frac{\bar{\sigma}'_\gamma}{\sigma_{\gamma k}}$$

式中　$\bar{\sigma}'_\gamma$——光滑试样的疲劳极限;

　　　$\sigma_{\gamma k}$——具有缺口试样的疲劳极限。

则

$$\overline{K}_\sigma = \frac{800}{450} = 1.778$$

$$\overline{q} = \frac{\overline{K}_\sigma - 1}{\alpha_\sigma - 1} = \frac{1.778 - 1}{2 - 1} = 0.778$$

由表 6-4 查得 $\gamma = -1$ 时 30CrMnSiA 钢的疲劳极限 $\overline{\sigma}'_\gamma$,以及用上述方法计算得到的 q 值列于表 6-8 中。将表 6-8 的 q 值按正态分布统计得 q 的均值为 $\overline{q} = 0.7437$,标准差为 $S_q = 0.082636$。不同的材料、不同的应力循环特性 γ 可得到不同的 $\overline{q}$ 与 S_q。但实际上相同材料的不对称系数 γ 求得的 $\overline{q}$ 与 S_q 差别很小。

表 6-8　30CrMnSiA 钢的疲劳极限和 q 值

给定寿命 $N/$次	理论应力集中系数 α_σ	疲劳极限 $\overline{\sigma}'_\gamma/MPa$	有效应力集中系数 K_σ	敏感系数 q
10^5	1	800	—	—
	2	450	1.778	0.778
	3	315	2.54	0.77
	4	291	2.749	0.583
5×10^5	1	690	—	—
	2	387	1.783	1.783
	3	276	2.5	0.75
	4	250	2.76	0.587
10^6	1	660	—	—
	2	367	1.82	0.82
	3	255	2.62	0.81
	4	226	2.956	0.852
5×10^6	1	652	—	—
	2	363	1.796	0.796
	3	248	2.629	0.815
	4	215	2.956	0.678
10^7	1	650	—	—
	2	360	1.806	0.805
	3	246	2.642	0.821
	4	208	3.125	0.708

$n = 15, \overline{q} = 0.7437, S_q = 0.082636$

例 6-10　图 6-16 所示为某一转轴示意图,轴上作用有集中力 P。当轴转动时,轴截面中产生的弯曲应力为对称循环弯曲应力。设截面 A—A 为危险截面,轴的材料为 30CrMnSiA 钢,精车,轴循环次数 $N \geqslant 10^7$,求转轴 A—A 截面的疲劳极限分布。

解:(1)转轴的疲劳极限线图。

由表 6-4 查得 30CrMnSiA 钢,当 $\gamma = -1, \alpha_\sigma = 1, N = 10^7$ 时的疲劳极限 $(\overline{\sigma}'_\gamma, S_\sigma)$(650, 19)MPa。

为了画出材料 30CrMnSiA 钢的疲劳极限线图，首先在 σ_a 坐标轴$(r=-1)$上，找 $\sigma_a=\bar{\sigma}'_\gamma=650$ MPa 的点 C。再由表 6-4 查得 30CrMnSiA 钢，当 $\gamma=0.1$，$\alpha_\sigma=1$，$N=10^7$ 时的疲劳极限为$(\sigma'_\gamma,S_\sigma)=(1\,110,40.67)$MPa。

根据常规疲劳强度设计的概念，$\bar{\sigma}'_\gamma$ 可以分解为应力幅 $\bar{\sigma}_a$ 及平均应力 $\bar{\sigma}_m$ 两部分。

应力幅为

$$\bar{\sigma}_a=\frac{(1-\gamma)}{2}\sigma_{max}=\frac{(1-0.1)}{2}\times 1\,110 \text{ MPa}=499.5 \text{ MPa}$$

其标准差为

$$S_a=\frac{(1-\gamma)}{2}S_\sigma=\frac{(1-0.1)}{2}\times 40.67 \text{ MPa}=18.3 \text{ MPa}$$

平均应力为

$$\bar{\sigma}_m=\frac{(1+\gamma)}{2}\sigma_{max}=\frac{(1+0.1)}{2}\times 1110 \text{ MPa}=610.5 \text{ MPa}$$

其标准差为

$$S_m=\frac{(1+\gamma)}{2}S_\sigma=\frac{(1+0.1)}{2}\times 40.67 \text{ MPa}=22.4 \text{ MPa}$$

用式(6-103)求图 6-17 上 $\gamma=0.1$ 的标准差 S_H 为

$$S_H=\sqrt{\frac{\bar{\sigma}_a^2 S_a^2+\bar{\sigma}_m^2 S_m^2}{\bar{\sigma}_a^2+\bar{\sigma}_m^2}}=\sqrt{\frac{499.5^2\times 18.3^2+610.5^2\times 22.4^2}{499.5^2+610.5^2}} \text{ MPa}=20.85 \text{ MPa}$$

$$3S_H=3\times 20.85 \text{ MPa}=62.6 \text{ MPa}$$

在图 6-17 上作 $\gamma=0.1$ 的直线，在该直线上取对应的纵坐标 $\bar{\sigma}_a=499.5$ MPa、横坐标 $\bar{\sigma}_m=610.5$ MPa 的数值得 B 点。

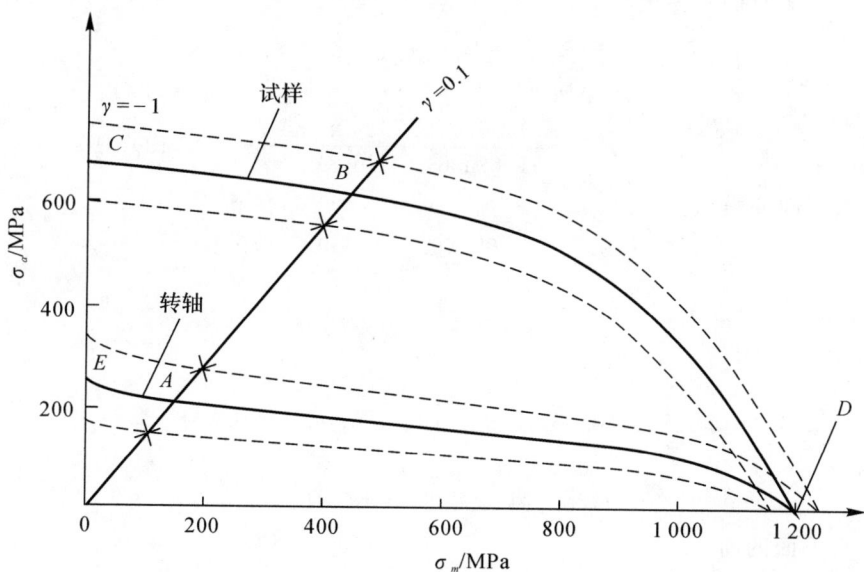

图 6-17　转轴的弯曲疲劳极限线图$(N=10^7)$与光滑试样的疲劳极限线图

由表 6-4 查得 30CrMnSiA 钢的强度极限 $\sigma_b = 1\ 130 \sim 1\ 210$ MPa，其均值为 $0.5 \times$ (130＋1 210)MPa＝1 170 MPa，在图 6-17 上描得 D 点。通过 C、B、D 三点作平滑曲线，画得材料的疲劳极限的均值曲线，即可靠度 $R＝0.50$ 的疲劳极限线图。

再从 B 点开始，沿 γ 线取 $3S_H＝62.6$ MPa 得 B 点左、右两点。同理，$\gamma＝-1$ 时的 $3S_\sigma＝$ 3×19.0 MPa＝57 MPa，得 C 点上、下两点。而 D 点左右两点的坐标为 1 130 MPa 及 1 210 MPa。由此作出材料 30CrMnSiA 钢的疲劳极限的分布带，其内侧的曲线（虚线）为可靠度 $R＝0.999$ 的疲劳极限线图。

(2)转轴的疲劳极限线图。

作转轴的疲劳极限线图，需要考虑应力集中系数、尺寸系数和表面状态加工系数的影响。假设这些系数对静应力部分（平均应力）没有影响，变应力部分（应力幅）考虑这些系数后使强度降低。

由表 6-6 查得合金钢 $d＝50$ mm 的尺寸系数的分布为 $(\varepsilon, S_\varepsilon)＝(0.79, 0.069)$，由表 6-7 查得弯曲变形的车轴，表面车削时，其表面加工系数的分布为 $(\bar{\beta}, S_\beta)＝(0.793, 0.035\ 7)$。

为了确定有效应力集中系数的分布，先根据轴的结构尺寸求得 $A—A$ 截面的理论应力集中系数 α_σ。查有关文献得，当 $D/d＝50/35＝1.429$，$r/d＝3/35＝0.085\ 7$ 时，理论应力集中系数 $\alpha_\sigma＝1.93$。应用表 6-8 给出的 30CrMnSiA 钢，当 $\gamma＝-1$ 时的敏感系数为 $(\bar{q}, S_q)＝$ $(0.743\ 7, 0.082\ 6)$，代入式（6-109）及式（6-110）求有效应力集中系数 K_σ 的均值 $\bar{K}_\sigma$，及其标准差 S_K：

$$\bar{K}_\sigma＝1＋q(\alpha_\sigma-1)＝1＋0.743\ 7 \times (1.93-1)＝1.691\ 6$$

$$S_K＝(\alpha_\sigma-1)S_q＝(1.93-1) \times 0.082\ 6＝0.076\ 8$$

即有效应力集中系数的分布为

$$(\bar{K}_\sigma, S_K)＝(1.691\ 6, 0.076\ 8)$$

对于 $\gamma＝-1$ 时的疲劳极限

$$(\bar{\sigma}_\gamma, S_\gamma)_{\gamma=-1}＝\frac{(\bar{\varepsilon}, S_\varepsilon)(\bar{\beta}, S_\beta)}{(\bar{K}_\sigma, S_K)}(\bar{\sigma}'_\sigma, S_\sigma)$$

$$＝\frac{(0.79, 0.069)(0.793, 0.035\ 7)}{(1.691\ 6, 0.076\ 8)}(650, 19)\text{MPa}$$

首先，求下面的乘积：

$$(0.79, 0.069)(0.793, 0.035\ 7)$$

其均值为

$$0.79 \times 0.793＝0.626\ 5$$

标准差为

$$\sqrt{0.79^2 \times 0.035\ 7^2＋0.793^2 \times 0.069^2}＝0.061\ 56$$

所以有

$$(0.79, 0.069)(0.793, 0.035\ 7)＝(0.626\ 5, 0.061\ 56)$$

其次，求下面的商：

$$\frac{(0.79, 0.069)(0.793, 0.035\ 7)}{(1.691\ 6, 0.076\ 8)}$$

其均值为

$$\frac{0.062\ 65}{1.691\ 6}=0.370\ 4$$

其标准差为

$$\frac{1}{1.691\ 6}\sqrt{\frac{0.626\ 5^2\times0.076\ 8^2+1.691\ 6^2\times0.061\ 56^2}{1.691\ 6^2\times+0.076\ 8^2}}=0.040\ 09$$

最后求

$$(0.370\ 4,0.040\ 09)(650,19)$$

其均值为 $0.370\ 4\times650=240.76$，标准差为

$$\sqrt{0.370\ 4^2\times19^2+650^2\times0.040\ 09^2+19^2\times0.040\ 09^2}=26.99$$

由此得当 $\gamma=-1$ 时，转轴 $A-A$ 截面的疲劳极限分布为

$$(\bar{\sigma}_\gamma,S_\gamma)_{\gamma=-1}=(240.76,26.99)\text{MPa}$$

转轴 $A-A$ 截面在 $\gamma=0.1$ 时的疲劳极限应力幅部分为

$$(\bar{\sigma}_a,S_a)_{\gamma=-1}=\frac{(\bar{\varepsilon},S_\varepsilon)(\bar{\beta},S_\beta)}{(\bar{K}_\sigma,S_K)}(\bar{\sigma}_a,S_a)$$

$$=\frac{(0.79,0.069)(0.793,0.035\ 7)}{(1.691\ 6,0.076\ 8)}(499.5,18.3)\text{MPa}$$

$$=(0.370\ 4,0.040\ 09)(499.5,18.3)\text{MPa}$$

$$=(185.01,21.14)\text{MPa}$$

式中 $(\bar{\sigma}_a,S_a)$——材料在 $\gamma=0.1$ 时的疲劳极限的应力幅部分。

当 $\gamma=0.1$ 时，$3S_a=3\times21.14$ MPa$=63.42$ MPa。

当 $\gamma=-1$ 时，$3S_\gamma=3\times26.99$ MPa$=80.97$ MPa。

将 $(\bar{\sigma}_\gamma,S_\gamma)_{\gamma=-1}$、$(\bar{\sigma}_a,S_a)_{\gamma=0.1}$ 及强度极限 σ_b 的分布画在图 6-17 上，其均值分别对应于 E、A、D 三点，描绘出转轴的疲劳极限线图（假设转轴的 $A-A$ 截面为危险截面，所以由这危险截面得到的疲劳极限线图，就是转轴的疲劳极限线图），即寿命为 $N=10^7$ 的等寿命曲线。

应该指出，图 6-17 中每条曲线，仅是由三点连成的，所以很不精确，需要补充很多试验，方能给出较多的数据，画出较精确的等寿命曲线。

用上面的方法，就能使标准试样得到的材料疲劳极限，转化为零件在实际几何形状、尺寸、表面加工精度的疲劳强度。

6.4.2.5 给定寿命下零件的疲劳强度可靠性设计

计算给定寿命下零件的疲劳强度及其可靠度，首先要绘制应力循环次数等于给定值 N 时，材料（试件）的疲劳极限线图的分布，或称等寿命曲线的分布（例如图 6-17 中上面一组曲线）。然后考虑所设计零件的有效应力集中系数、尺寸系数和表面加工系数，将材料的疲劳极限线图分布转化为零件的疲劳极限线图分布（例如图 6-17 中下面一组曲线）。

当应力循环特性 γ 是常数时的情况。这时，在已求得的零件疲劳极限线图上从原点 O 作一条给定 γ 值的直线，在这 γ 线上画出合成应力表示的强度分布和工作应力分布（见图

6-18)。就得到了与图 6-1 所示类似的强度-应力关系图形。

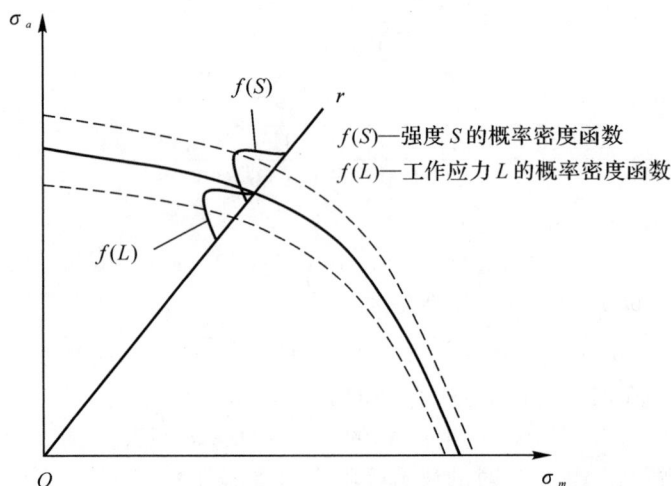

图 6-18 当 γ 等于常数时零件的强度-应力关系

因此,当 γ 等于常数时的疲劳强度可靠性设计原理与静强度可靠性设计原理是一样的。所不同的是,首先要按上述方法求出零件在给定寿命 N 时,γ 为给定值下的疲劳强度 C 的分布参数 $\bar{\sigma}_c$(均值)和 S_C 标准差。这里 $\bar{\sigma}_c = \bar{H}_\gamma$,$S_C = S_H$。

然后按零件的实际载荷和尺寸,根据有关材料力学公式,求出零件危险截面上工作应力 L 的分布参数 $\bar{\sigma}_L$(均值)和 S_L(标准差)。

按强度和应力均为正态分布时的联结方程求得 SM 值

$$SM = \frac{\bar{\sigma}_c - \bar{\sigma}_L}{\sqrt{S_C^2 + S_L^2}}$$

从而可求得零件的疲劳强度可靠度为

$$R = P(y = C - L > 0) = P(y > 0) = \Phi\left(\frac{\bar{\sigma}_c - \bar{\sigma}_L}{\sqrt{S_C^2 + S_L^2}}\right)$$

6.4.3 断裂可靠性分析设计

6.4.3.1 基本概念

传统的强度计算把材料视为理想的无缺陷的均匀连续体,在此假设条件下进行零部件强度分析计算。但由于锻、铸、焊、机械加工和热处理等冶金工艺和疲劳、蠕变、应力腐蚀等因素,金属材料不可避免地存在裂纹,裂纹的扩展最终导致零部件断裂。

大量试验表明,由于裂纹扩展导致断裂时的应力大大低于材料的静强度极限、屈服极限和疲劳极限,这种现象称为低应力脆断。针对这种现象产生和发展了带裂纹(缺陷)的零部件断裂强度学科——断裂力学。

根据裂纹体所受的外力是静载荷或动载荷,可将断裂力学划分为静强度断裂力学和疲劳断裂力学。以下仅涉及静强度断裂力学的有关内容。

1. 断裂失效的类型

裂纹在外载荷作用下有以下 3 种不同的断裂类型。

(1) Ⅰ 型断裂:裂纹在垂直于裂纹平面的拉应力作用下扩展,又称为张开型断裂。

(2) Ⅱ 型断裂:裂纹在平行于裂纹平面、垂直于裂纹前缘的剪应力作用下扩展,又称为剪开型断裂。

(3) Ⅲ 型断裂:裂纹在平行于裂纹平面又平行于裂纹前缘的剪应力作用下扩展,又称为撕开型断裂。

在以上 3 种断裂形式中,Ⅰ 型断裂是最基本、最常见的类型,以下主要介绍 Ⅰ 型断裂的可靠性设计方法。

2. 应力强度因子和断裂韧性

在外力作用下,裂纹端部应力出现奇异性,端部应力趋向无穷大,为衡量裂纹尖端应力场的强度,提出了应力强度因子概念。Ⅰ 型裂纹的应力强度因子用 K_{I} 表示。裂纹强度因子与裂纹的形状、尺寸、位置和承载情况有关。

结构是否发生断裂破坏的判定依据是裂纹端部的应力强度因子是否达到临界值 $K_{\mathrm{I_c}}$。$K_{\mathrm{I_c}}$ 是 Ⅰ 型裂纹的应力强度因子门槛值,又称为断裂韧性。断裂韧性与裂纹体的材料、几何形状及尺寸有关,像静强度的 σ_b 代表静强度应力极限一样,它代表裂纹体抵抗静态裂纹失稳扩展的能力。应力强度因子的单位是 MPa·$\mathrm{m}^{1/2}$ 或 $\mathrm{MN/m}^{3/2}$。

3. 断裂力学计算方法

对于 Ⅰ 型断裂,失效判据为

$$K_{\mathrm{I}} \geqslant K_{\mathrm{I_c}} \tag{6-111}$$

式(6-111)成立时,裂纹体发生破坏。K_{I} 的一般表达式为

$$K_{\mathrm{I}} = \alpha(a)\sigma\sqrt{\pi a} \tag{6-112}$$

式中　a——裂纹半长

　　　σ——垂直裂纹面的应力

　$\alpha(a)$——修正系数,决定于裂纹几何形状,一般取 $\alpha(a)=1$。

6.4.3.2　断裂可靠性设计

根据应力-强度干涉理论,把应力强度因子和断裂韧性视为随机变量,相应静强度断裂可靠度计算式为

$$R = P(K_{\mathrm{I_c}} > K_{\mathrm{I}}) \text{ 或 } R = P(a_c > a) \text{ 或 } R = P(\sigma_c > \sigma) \tag{6-113}$$

式中　a_c——裂纹临界尺寸,当 $a > a_c$ 时发生脆性断裂;

　　　σ_c——裂纹体的临界应力,当 $\sigma > \sigma_c$ 时发生脆性断裂。

由于假定 $K_{\mathrm{I_c}}$、a_c、σ_c 均近似符合正态分布,对应的可靠度计算公式为

$$\beta = \frac{\bar{K}_{\mathrm{I_c}} - \bar{K}_{\mathrm{I}}}{\sqrt{\sigma_{K_{\mathrm{I_c}}}^2 + \sigma_{K_{\mathrm{I}}}^2}} \text{ 或 } \beta = \frac{\bar{a}_c - \bar{a}}{\sqrt{\sigma_{a_c}^2 + \sigma_a^2}} \text{ 或 } \beta = \frac{\bar{\sigma}_c - \bar{\sigma}}{\sqrt{\sigma_{\sigma_c}^2 + \sigma_\sigma^2}} \tag{6-114}$$

式中　$\bar{K}_{I_c}$、$\bar{K}_I$、$\bar{a}_c$、$\bar{a}$、$\bar{\sigma}_c$、$\bar{\sigma}$——K_{I_c}、K_I、a_c、a、σ_c、σ 的总体均值；

　　　　$\sigma_{K_{I_c}}$、σ_{K_I}、σ_{a_c}、σ_a、σ_{σ_c}、σ_σ——K_{I_c}、K_I、a_c、a、σ_c、σ 和标准偏差；

　　　　　　　　　β——可靠性系数，求出 β 后，由正态分布数值表可查相应可靠度。

例 6-11　长钣承受拉力静载荷，拉力 $Q=(882\,000\pm882\,200)$N，长钣钣宽 $W=(150\pm3)$mm，钣厚 $B=(5\pm0.15)$mm，钣边有透裂纹，尺寸为 $a=(0.5\pm1)$mm，材料为 40SiMnGrMoV，强度极限 $S_b=191\,10$ MPa，屈服极限 $S_s=1\,656.2$ MPa，$K_{I_c}=78.72$ MN/m$^{3/2}$，变异系数 $V_{K_{I_c}}=0.1$。求钣不断裂的可靠度。

解： 这里假定应力强度因子、断裂韧性、裂纹尺寸等都服从正态分布，用应力强度因子、断裂韧性计算可靠度。

工作应力

$$s=\frac{Q}{(W-a)B}$$

应力均值

$$\bar{s}=\frac{\bar{Q}}{(\bar{W}-\bar{a})\bar{B}}=\frac{882\,000}{(150-0.5)\times5}\ \text{N/mm}^2=1\,179.93\ \text{N/mm}^2$$

标准差

$$\sigma_s=\left[\left(\frac{\partial s}{\partial Q}\right)^2\sigma_Q^2+\left(\frac{\partial s}{\partial W}\right)^2\sigma_W^2+\left(\frac{\partial s}{\partial a}\right)^2\sigma_a^2+\left(\frac{\partial s}{\partial B}\right)^2\sigma_B^2\right]^{\frac{1}{2}}\ \text{N/mm}^2=39.3\ \text{N/mm}^2$$

假设应力强度因子和断裂韧性均服从正态分布，应力强度因子 $K_I=\alpha s\sqrt{\pi a}$，此处 α 取值 1.257，将各量值代入，求得

$$\bar{K}_I=\alpha\bar{s}\sqrt{\pi\bar{a}}=1.257\times1\,179.93\times\sqrt{0.5\pi}=1\,858.86\ \text{N/mm}^{3/2}=58.79\ \text{MN/m}^{3/2}$$

$$\sigma_{K_I}=\left[\left(\frac{\partial K_I}{\partial s}\right)^2\sigma_s^2+\left(\frac{\partial K_I}{\partial a}\right)^2\sigma_a^2\right]^{\frac{1}{2}}=\left[\left(\alpha\sqrt{\pi\bar{a}}\right)^2\sigma_s^2+\left(\frac{\alpha\bar{s}\sqrt{\pi}}{2\sqrt{a}}\right)^2\sigma_a^2\right]^{\frac{1}{2}}\ \text{MN/m}^{3/2}=2.76\ \text{MN/m}^{3/2}$$

断裂韧性的均值和标准差为

$$\bar{K}_c=78.72\ \text{MN/m}^{3/2}$$

$$\sigma_{K_c}=\bar{K}_cV_{K_c}=78.72\times1=7.872\ \text{MN/m}^{3/2}$$

所以

$$\beta=\frac{\bar{K}_c-\bar{K}}{\sqrt{\sigma_{K_c}^2+\sigma_K^2}}=\frac{78.72-58.79}{\sqrt{7.872^2+2.76^2}}\approx2.39$$

由 β 值查标准正态分布表得 $R=\Phi(2.39)=0.991\,58$。

6.4.4　磨损和腐蚀的可靠度计算

磨损和腐蚀是机械产品的主要失效模式之一。在机械产品中，磨损和腐蚀造成的失效占很大比例。磨损和腐蚀的概率计算是在常规磨损和腐蚀计算的基础上，考虑参数的分散特性进行的，其可靠度计算的基本原理同样是干涉理论。

6.4.4.1　磨损的基本概念

1. 磨损和磨损量

在组成摩擦副的两个对偶件之间,由于接触和相对运动而造成其表面材料不断损失的过程称为磨损。例如机械轴承、传动机构的磨损。由磨损所造成的摩擦副表面材料质量的损失量,称为磨损量,用符号 W 表示,单位为 μm。

2. 磨损量与时间的关系

磨损量是时间的函数。磨损量随时间的变化率称为磨损速度 $u(u = W/t)$,单位为 $\mu m/s$。

虽然影响磨损的因素很多,但大量的试验结果表明,磨损量和磨损速度随时间变化的规律如图 6 - 19 所示,磨损过程可分为磨合期、稳定磨损期和剧烈磨损期。为使摩擦副正常工作,必须保证其通过磨合期而保持在稳定磨损期。

由于稳定磨损期内磨损速度恒定,所以有

$$W = ut$$

式中　W——磨损量,是沿摩擦表面垂直方向测量的表面尺寸的减少量;

　　　u——磨损速度,$u = dW/dt$;

　　　t——进入稳定磨损期的磨损时间,单位为 s。

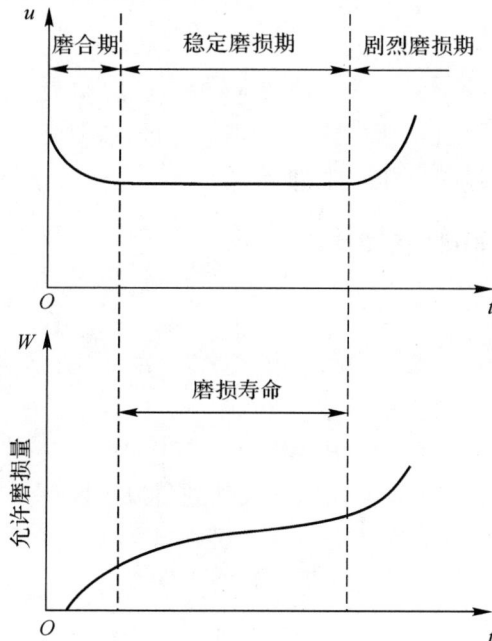

图 6 - 19　磨损曲线

稳定磨损期的磨损速度与载荷、摩擦表面正压力 p、摩擦表面相对滑动速度 v 及摩擦表面材料特性和加工处理润滑情况有关,其关系式表示为

$$u = kp^a v^b \tag{6 - 115}$$

式中　a——载荷因子(摩擦表面正压力)，$a=0.5\sim3$，一般情况下可取 1；

　　　b——速度因子，受相对运动速度的影响；

　　　k——摩擦副特性与工作条件影响系数，当摩擦副与工作条件给定时，k 为定值。

3. 磨损速度和磨损量的分散特性

当将摩擦副载荷 p 与相对运动速度 v 看成相互独立的随机变量时，磨损速度 u 的分布特性参数为

$$\left.\begin{array}{l}\mu_u=k\mu_p^a\mu_v^b \\[2mm] \sigma_u=\mu_u\sqrt{\left(\dfrac{a}{\mu_p}\right)^2\sigma_p^2+\left(\dfrac{b}{\mu_v}\right)^2\sigma_v^2}\end{array}\right\} \tag{6-116}$$

式中　μ_p、μ_v、μ_u——摩擦表面正压力 p、相对滑动速度 v 及磨损速度 u 的均值；

　　　σ_p、σ_v、σ_u——摩擦表面正压力 p、相对滑动速度 v 及磨损速度 u 的标准差。

当给定摩擦副工作寿命 t，且 μ_u 和 σ_u 为已知时，稳定磨损量的均值和标准差可由下式计算，即

$$\left.\begin{array}{l}\mu_W=\mu_u t \\[2mm] \sigma_W=\sigma_u t\end{array}\right\} \tag{6-117}$$

式中　μ_W、σ_W——稳定磨损期磨损量的均值与标准差。

若考虑磨合阶段磨损量的分布，则总磨损量 W_Σ 的分布参数为

$$\left.\begin{array}{l}\mu_{W_\Sigma}=\mu_{W_1}+\mu_W \\[2mm] \sigma_{W_\Sigma}=\sqrt{\sigma_{W_1}^2+\sigma_W^2}\end{array}\right\} \tag{6-118}$$

式中　μ_{W_1}、σ_{W_1}——磨合阶段初始磨损量的均值与标准差；

　　　μ_{W_Σ}、σ_{W_Σ}——总磨损量的均值与标准差。

6.4.4.2　给定寿命下的耐磨可靠度计算

1. 耐磨可靠度定义

耐磨可靠度是指在给定的工作时间 t 内，摩擦副的表面磨损总量 W_Σ 小于等于其最大磨损量 $W_{\Sigma_{\max}}$ 的概率，即

$$R=P(W_\Sigma(t)\leqslant W_{\Sigma_{\max}}) \tag{6-119}$$

式中　$W_\Sigma(t)$——工作时刻 t 时摩擦副磨损表面的磨损总量；

　　　$W_{\Sigma_{\max}}$——摩擦副摩擦表面允许的最大磨损量；

　　　R——摩擦副在给定寿命 t 下的耐磨可靠度。

2. 耐磨可靠度的计算方法

由于总磨损量 $W_\Sigma(t)$ 可看成正态随机变量，故耐磨可靠度的计算式为

$$R=P(W_\Sigma(t)\leqslant W_{\Sigma_{\max}})=\Phi\left[\frac{W_{\Sigma_{\max}}-\mu_{W_\Sigma}(t)}{\sigma_{W_\Sigma}(t)}\right]=\Phi\left[\frac{W_{\Sigma_{\max}}-(\mu_{W_1}+\mu_u t)}{\sqrt{\sigma_{W_1}^2+\sigma_u^2 t^2}}\right] \tag{6-120}$$

式中　μ_{W_1}、σ_{W_1}——磨合期初始磨损量的均值和标准差；

μ_u、σ_u——稳定磨损期磨损速度的均值和标准差;

$W_{\Sigma_{max}}$——最大允许磨损量;

t——给定工作时间。

6.4.4.3　给定耐磨可靠度时可靠寿命的计算

给定耐磨可靠度时可靠寿命的计算问题可根据联结方程解决。由联结方程得

$$\text{SM} = \frac{W_{\Sigma_{max}} - (\mu_{W_1} + \mu_u t)}{\sqrt{\sigma_{W_1}^2 + \sigma_u^2 t^2}} \tag{6-121}$$

式中唯一的未知数为工作时间 t,方程符合工程意义的解就是可靠寿命的值。

例 6-12　已知某零件的磨损速度 u 为 $N(0.02, 0.002\ 77)\ \mu m/h$,其最大允许磨损量 $W_{\Sigma_{max}} = 16\ \mu m$,初始磨损量 $W_1 = N(6.0, 1.0)\ \mu m$。求磨损寿命及可靠度分别为 0.9、0.99、0.999 时的磨损寿命。

解:计算结果如表 6-9 所示。

表 6-9　例 6-12 计算结果

可靠度	可靠性系数	寿命 T/h
0.5	0	500
0.9	1.282	403
0.99	2.326	340
0.999	3.090	300

6.4.4.4　腐蚀的概率计算

在环境介质的作用下,金属材料和介质元素发生化学或电化学反应引起的损坏称为腐蚀,腐蚀虽然有很多形式,但总的可分为均匀腐蚀和局部腐蚀两种。以下内容仅涉及均匀腐蚀。

对于均匀腐蚀,腐蚀引起厚度均匀减小,直到不能保持材料的允许厚度为止的时刻,这就是腐蚀寿命。均匀腐蚀的概率计算与磨损概率的计算方法相同。

例 6-13　某火箭发动机喷管裙部采用玻璃钢结构,其内壁防热层在高温燃气中以近似均匀的烧蚀速度炭化。最大烧蚀深度许用值为 $h_{max} = 6.5\ mm$,烧蚀速度均值 $\mu_u = 0.045\ 3\ mm/s$,标准差 $\sigma_u = 0.004\ 5\ mm/s$。求(1)当喷管工作 110 s 时,其耐烧蚀的可靠度;(2)当规定可靠度为 0.999 9 时,喷管的工作寿命。

解:

(1) $$R(t=100) = \Phi\left[\frac{h - (0 + \mu_u t)}{\sqrt{0 + \sigma_u^2 t^2}}\right] = \Phi(3.065) = 0.998\ 9$$

(2) $$\Phi^{-1}(0.999) = \frac{h_{max} - (0 + \mu_u t)}{\sqrt{0 + \sigma_u^2 t^2}}$$

解以上方程得喷管的工作寿命为

$$t = 104.8 \text{ s}$$

6.4.5 机构功能的可靠性

机构可靠性与结构可靠性所涉及的内容不同。随着大型机械向高精密化、自动化的方向发展,在机械可靠性的研究中,机构可靠性的研究越来越受到重视。通常结构可靠性主要是考虑机械结构的强度以及由于疲劳、磨损、断裂等引起的失效;而机构可靠性则是在满足强度和刚度的可靠性要求基础上,考虑机构在动作过程中由于运动学原因而引起的故障。机构除需满足强度和刚度的可靠性要求以外,还需满足机械动作要求或机械功能的可靠性要求。也就是说,对运动机构要进行运动学、动力学、精度学、摩擦磨损等多方面的综合研究,以确定这些因素对其可靠性的影响。

对机构可靠性的研究起步于 20 世纪 80 年代,至 20 世纪 90 年代初,欧美与俄罗斯已在其研究及应用方面取得了很大进展。例如,飞机起落架不能按要求完成其收放功能,卫星通信设备的可收放天线不能按要求完成其收放功能,军用及民用各种阀门的控制功能失效等这些性质恶劣的事件促使人们对机构的运动及系统可靠性进行更加深入的研究。

6.4.5.1 机构的基本概念

把构件通过运动副实现可动连接并能够实现预期运动功能,承受并传递动力功能的构件系统称为机构。机构的形式随构件和运动副的变化有多种多样,常见的机构有摇臂机构、连杆机构、齿轮机构、螺旋机构等。

实现预期运动和承受或传递动力是机构的两大基本功能,而可靠性正是针对产品功能而言的。因此,根据机构的两大基本功能可将机构可靠性问题划分为与承载能力相关的可靠性问题和与运动功能相关的可靠性问题。前者一般可归结为机械结构零部件的可靠性问题;后者属于机构功能可靠性问题,是本章论述的主要内容。

机构的运动功能可靠性是指机构在规定的使用条件下和使用时间内,能精确、及时、协调地完成规定机械动作(运动)的能力,用概率表示就是机构运动可靠度。与一般可靠度定义略有差别的是,机构的运动功能可靠性强调了"精确""及时""协调",即强调了机构动作在几何空间内运动的精确度,在时间域内的准确性以及构件间的协调性、同步性,同时它强调的是机构动作循环周期内的精确性、及时性和协调性。它区别于"使用期"的时间条件。因此,机构动作要求其本质就是一种运动的功能要求。机构的运动功能包括:

(1)完成一定的运动形式。例如飞机起落架收放机构执行收和放动作的功能。

(2)在完成规定运动形式时,机构的运动参数保持在规定的范围内,包括机构运动位移、速度、加速度和时间等运动参数。例如,飞机起落架收放机构要求起落架在十秒钟内收起。

从机构可靠性定义可知,机构可靠性不仅取决于设计、制造,还取决于使用过程中工作对象、环境条件对机构的作用,从而引起其运动学、动力学特性参数的变化。故影响机构可靠性的因素主要有以下几点:

(1)设计因素。设计因素主要包括机构的工作原理、动力源及驱动元件(电机、气液动马达等)的特性变化。如电源容量、电压波动、驱动元件转矩转速以及质量和转动惯量的随机特性等。

（2）生产因素。生产因素主要包括加工精度，如机械加工、热处理、各构件和零件制造的尺寸精度、形状位置精度及装配调整质量等。

（3）环境因素。环境因素主要包括高（低）温、沙尘、腐蚀等。

（4）使用因素。使用因素主要包括运动副的磨损、润滑条件的变化、动力源的恶化以及机构在载荷、环境应力作用下抗磨损、抗变形能力的变化等。

（5）人为因素。人为因素主要包括机构得不到及时维护、更换等。

从以上机构可靠性定义及其影响因素的分析可以看出，进行机构可靠性研究需综合应用机构运动学、机构动力学、机构精度学、摩擦磨损理论及可靠性工程等多学科的理论。机构是由机械零件组成的系统，机构的可靠性要求规定了机构中各零件结构除满足强度和刚度的可靠性要求外还要满足机构动作与机构功能的可靠性要求。机构的可靠性也和其他产品的可靠性一样，是与其设计、制造、储存、使用、维修等各环节紧密相关的。因此，机构可靠性问题是一种综合性的系统工程问题。只有将机构可靠性分析作为系统工程，才能科学地构建起机构在整个产品周期（设计、制造、使用与维修）的可靠性计算与分析框架，才能正确估计机构的可靠性，从而影响其设计、制造等环节，最终达到提高机构可靠性、提高机构性能、降低成本的目的。现阶段机构可靠性研究还很不成熟，因此以下仅介绍机构功能分析和干涉理论相结合的机构功能可靠性的基本分析方法。

6.4.5.2 机构功能可靠性的基本分析方法

1. 机构可靠度的计算方法

机构可靠性分析的主要任务是建立机构性能输出参数与影响机构性能输出参数变化的主要随机变量间函数或相关关系的数学模型。

根据机构运动学可靠性的定义，对于一个给定机构，它的位置误差表达式为

$$\Delta S = \sum_{i=1}^{n} \frac{\partial D}{\partial x_i} \Delta x_i \tag{6-122}$$

由式（6-122）可以看出，机构从动件的位置误差 ΔS 是各原始误差 Δx_i 引起的局部误差之和，而 $\partial D / \partial x_i$ 是各元件的原始误差传递到从动件时的传递系数，又称为误差传动比。

对于按同一设计图纸成批生产的机械，从可靠性观点看，各原始误差是在一定公差范围内的随机值，故机构的位置误差是随机变量的函数。根据式（6-122），机构位置误差是相互独立的各原始误差的线性函数。由概率分布组合大数定律知，尽管各原始误差的分布规律不同，但它们综合作用的结果仍服从正态分布。求出机构位置误差的均值 μ 和方差 σ^2 后，根据机构运动精度可靠度定义，即机构运动输出误差落在最大允许误差范围内的概率为

$$R = P(\varepsilon'_m < \Delta S < \varepsilon''_m) \tag{6-123}$$

再由正态分布规律，可以得到可靠度计算公式，即

$$R = P(\varepsilon'_m < \Delta S < \varepsilon''_m) = P(\Delta S < \varepsilon''_m) - P(\Delta S < \varepsilon'_m)$$

$$= \Phi\left(\frac{\varepsilon''_m - \mu}{\sigma}\right) - \Phi\left(\frac{\varepsilon'_m - \mu}{\sigma}\right) \tag{6-124}$$

上述可靠度计算都是在以下基本假设情况下进行的：

(1)机构具有足够的刚度和配合精度,即各构件的弹性变形和配合间隙对输出构件位置的影响可以忽略不计。

(2)各运动尺寸的加工误差为服从正态分布的随机变量。

(3)机构输出构件位置误差 ΔS 为服从正态分布的随机变量。

2. 机构可靠性指标

机构可靠性有多种指标。

(1)可靠度 R。

设机构的输出参数为 $Y(t)$ 是随机变量,机构输出参数的允许值范围 $[Y_下,Y_上]$,当 $Y_下 < Y(t) < Y_上$ 时,被认为机构工作可靠,则事件 $[Y_下 < Y(t) < Y_上]$ 发生的概率 $P[Y_下 < Y(t) < Y_上]$ 即为机构的功能可靠度,可表示为

$$R = P(Y_下 < Y(t) < Y_上) \tag{6-125}$$

(2)可靠性储备系数 K。

当对某机构可靠性要求很高时,即可靠度 $R(t)$ 接近于 1 或几乎等于 1 时,例如航空航天器中的某些机构及核电站中防止核泄露的关键性的安全机构,在设计时要求有较大的可靠性裕度,即要有足够的可靠性储备。

设在时刻 $t = T_0$ 时,机构的输出参数 Y 为某一任意值,是一个随机变量。Y_{max} 是按机构功能要求事先确定的允许最大值,当 $Y \geqslant Y_{max}$ 时,机构处于失效状态。而 $Y_{极限}$ 是该机构在规定时间和规定使用条件下可能达到的极限输出参数,则 $Y_{极限}$ 与 Y_{max} 间的差值即为该机构的可靠性储备,表示机构保持功能的潜力,所以,机构可靠性储备系数 $K_{可靠}$ 可表示为

$$K_{可靠} = \frac{Y_{max}}{Y_{极限}} > 1 \tag{6-126}$$

而当输出参数 Y 不超出 $Y_{极限}$ 的概率为 $R = P(Y \leqslant Y_{极限})$ 时,式(6-126)可改写为含可靠度的可靠性储备系数 K_r,即

$$K_r = \frac{Y_{极限}}{Y_R} \tag{6-127}$$

因为工作过程中,机构工作能力是变化的,所以可靠性储备系数就成为时间的函数 $K_r(t)$。随着机构的使用时间增加,$K_r(t)$ 会逐渐减少,故可靠性储备系数的变化速度 $\gamma_{可靠}$ 可表示为

$$\gamma_{可靠} = \frac{\mathrm{d}K_r}{\mathrm{d}t} \tag{6-128}$$

3. 机构可靠性通用数学模型

设某机构由使用要求确定的性能输出参数为 $Y_k(k=1,2,3,\cdots,s)$,它是随机变量 x_1, $x_2,x_3,\cdots,x_m$ 的函数,故 Y_k 也是随机变量,有

$$Y_k = f_k(x_1,x_2,x_3,\cdots,x_m) \tag{6-129}$$

又设机构性能输出参数的允许极限值为 $z_k(k=1,2,3,\cdots,s)$,当定义事件 $(Y_k \leqslant z_k)$ 为机构可靠时,则有

$$R_k = P(Y_k \leqslant z_k) \quad (k=1,2,3,\cdots,s) \tag{6-130}$$

式中 R_k——机构第 k 项性能输出参数达到规定要求的可靠度。

式(6-130)是机构单侧性能输出极限(上极限)下的可靠度公式。同理,可以延伸出单侧下极限和双侧性能输出限制的可靠度表达式。

(1)机构运动学数学模型。

机构运动学数学模型,实际上是建立机构多元随机变量下的运动函数,即建立机构的输入运动与输出运动的函数表达式。

运动方程

$$F(Y,X,q)=0 \tag{6-131}$$

式中　$Y=\begin{bmatrix} y_1 & y_2 & y_3 & \cdots & y_\lambda \end{bmatrix}^T$——机构广义输出运动;

$\quad X=\begin{bmatrix} x_1 & x_2 & x_3 & \cdots & x_m \end{bmatrix}^T$——机构广义输入运动;

$\quad q=\begin{bmatrix} q_1 & q_2 & q_3 & \cdots & q_n \end{bmatrix}^T$——考虑各种随机误差情况下机构有效结构参数向量;

$\quad F=\begin{bmatrix} f_1 & f_2 & f_3 & \cdots & f_\lambda \end{bmatrix}^T$——为 λ 个独立运动方程,正好解出 λ 个输出运动。

输出位移、速度、加速度与输入运动的关系式:

位移

$$Y=Y(X,q) \tag{6-132}$$

速度

$$\dot{Y}=-\left(\frac{\partial F^{-1}}{\partial Y}\right)\left(\frac{\partial F}{\partial X}\right)\dot{X} \tag{6-133}$$

加速度

$$\ddot{Y}=-\left(\frac{\partial F^{-1}}{\partial Y}\right)\left[\frac{\mathrm{d}}{\mathrm{d}t}\left(\frac{\partial F}{\partial Y}\right)\dot{Y}+\left(\frac{\partial F}{\partial X}\right)\ddot{X}+\frac{\mathrm{d}}{\mathrm{d}t}\left(\frac{\partial F}{\partial X}\right)\dot{X}\right] \tag{6-134}$$

式中

$$\frac{\partial F}{\partial Y}=\begin{bmatrix} \dfrac{\partial f_1}{\partial y_1} & \dfrac{\partial f_1}{\partial y_2} & \cdots & \dfrac{\partial f_1}{\partial y_\lambda} \\ \dfrac{\partial f_2}{\partial y_1} & \dfrac{\partial f_2}{\partial y_2} & \cdots & \dfrac{\partial f_2}{\partial y_\lambda} \\ \vdots & \vdots & & \vdots \\ \dfrac{\partial f_\lambda}{\partial y_1} & \dfrac{\partial f_\lambda}{\partial y_2} & \cdots & \dfrac{\partial f_\lambda}{\partial y_\lambda} \end{bmatrix}$$

$$\frac{\partial F}{\partial X}=\begin{bmatrix} \dfrac{\partial f_1}{\partial x_1} & \dfrac{\partial f_1}{\partial x_2} & \cdots & \dfrac{\partial f_1}{\partial x_\lambda} \\ \dfrac{\partial f_2}{\partial x_1} & \dfrac{\partial f_2}{\partial x_2} & \cdots & \dfrac{\partial f_2}{\partial x_\lambda} \\ \vdots & \vdots & & \vdots \\ \dfrac{\partial f_\lambda}{\partial x_1} & \dfrac{\partial f_\lambda}{\partial x_2} & \cdots & \dfrac{\partial f_\lambda}{\partial x_\lambda} \end{bmatrix}$$

(2)计算可靠度。

与应力-强度干涉模型类似,零件在规定条件下和规定时间内正常工作,必须满足

$$Z=\delta-\Delta Y>0 \tag{6-135}$$

式中 ΔY——输出误差；

$\quad\quad \delta$——允许极限误差，则式（6-135）表示输出误差要小于允许极限误差。

假设 ΔY 与 δ 均为正态分布，即

$$\Delta Y = \frac{1}{\sqrt{2\pi}\,\sigma_u} \exp\left[-\frac{1}{2}\left(\frac{x-\mu_u}{\sigma_u}\right)^2\right] \quad\quad (6-136)$$

$$\delta = \frac{1}{\sqrt{2\pi}\,\sigma_0} \exp\left[-\frac{1}{2}\left(\frac{y-\mu_0}{\sigma_0}\right)^2\right] \quad\quad (6-137)$$

则有

$$f(z) = \frac{1}{\sqrt{2\pi}\,\sigma_z} \exp\left[-\frac{1}{2}\left(\frac{z-\mu_z}{\sigma_z}\right)^2\right] \quad\quad (6-138)$$

可靠度 R 为

$$R = P(Z>0) = \int_0^\infty f(z)\mathrm{d}z = \int_0^\infty \frac{1}{\sqrt{2\pi}\,\sigma_z} \exp\left[-\frac{1}{2}\left(\frac{z-\mu_z}{\sigma_z}\right)^2\right]\mathrm{d}z \quad (6-139)$$

化为标准正态分布，设 $\beta = \dfrac{\mu_z}{\sigma_z}$，则

$$R = \int_0^\infty f(z)\mathrm{d}z = \int_{-\beta}^\infty \frac{1}{\sqrt{2\pi}} \exp\left[-\frac{1}{2}\mu^2\right]\mathrm{d}\mu = \Phi(\beta) \quad\quad (6-140)$$

式中

$$\beta = \frac{\mu_z}{\sigma_z} = \frac{\mu_0-\mu_u}{\sqrt{\sigma_0^2+\sigma_u^2}} \quad\quad (6-141)$$

在知道输出误差及允许极限误差分布特征值后，即可求出可靠度 R。

4. 机构工作过程的分解

机构的形式虽然千差万别，且完成的功能也各不相同。但是，总的来说，它们往往有以下共同特点：

（1）机构的整个过程是由一个或几个动作来完成的。例如飞机起落架收放机构要完成收上动作、放下动作、开锁动作和上锁动作等；某坦克自动装弹机要完成回转、提升、推送、抛射等动作。

（2）机构附在机体上，在运动之前机构相对于机体是静止的。为完成规定的动作，机构相对于机体要做相对运动，在动作完成后，又要求机构相对于机体静止。

根据以上特点，研究人员把机构工作过程分解为若干动作，把每个动作分解为若干阶段。划分的原则是把机构从静止到运动再到静止这一完整过程定义为一个动作，而每个动作又可划分为 3 个阶段，即启动阶段、运动阶段及定位阶段。

5. 功能可靠性分析

对应机构动作的不同阶段，进行相应的功能可靠性分析。

（1）启动功能可靠性分析。

机构实现启动，从静止状态到相对运动状态，必须保证驱动力（矩）M_d 大于阻抗力（矩）M_r，即

$$M_d > M_r \tag{6-142}$$

因此，启动可靠度就是驱动力（矩）大于阻抗力（矩）的概率，即

$$R = P(M_d > M_r) \tag{6-143}$$

当已知驱动力（矩）和阻抗力（矩）的分布特性时，即可求出机构的启动可靠度。当驱动力（矩）和阻抗力（矩）都为正态分布且无关时，有

$$\beta = \frac{\overline{M}_d - \overline{M}_r}{\sqrt{\sigma_{M_d}^2 + \sigma_{M_r}^2}} \tag{6-144}$$

式中　$\overline{M}_d$、σ_{M_d}——驱动力（矩）的均值和标准差；

$\overline{M}_r$、σ_{M_r}——阻抗力（矩）的均值和标准差。

一般情况下，驱动力（矩）和阻抗力（矩）都是若干基本随机变量的函数，此时可用一次二阶矩法计算启动的可靠度。

（2）运动功能可靠性分析。

对于某些只要求从初始位置运动到指定位置的机构，对运动过程中的参数（如速度、加速度、时间和位移等）并无明确要求，其机构运动正常的判定准则为

$$W_d > W_r \tag{6-145}$$

此时机构运动可靠度即运动过程中驱动力（矩）所做的功（称为主动功 W_d）大于阻抗力（矩）所做的功（称为被动功 W_r）的概率，即

$$R = P(W_d > W_r) \tag{6-146}$$

当已知主动功和被动功的分布特性时，即可求出机构的启动可靠度。当主动功和被动功都为正态分布且无关时，有

$$\beta = \frac{\overline{W}_d - \overline{W}_r}{\sqrt{\sigma_{W_d}^2 + \sigma_{W_r}^2}} \tag{6-147}$$

式中　$\overline{W}_d$、σ_{W_d}——主动功的均值和标准差；

$\overline{W}_r$、σ_{W_r}——被动功的均值和标准差。

（3）定位阶段可靠性分析。

定位阶段是机构从运动状态到静止状态的过渡阶段。定位阶段的失效模式除强度类失效模式外，主要是不能到达指定位置和不能保持在规定位置。机构定位时一般会发生碰撞，因此使问题复杂化。如果不考虑碰撞，对于弹簧定位机构，在失掉驱动力情况下，定位可靠度可按机构动能大于阻力功的概率计算，此时的计算公式与运动过程相同。

6.4.6　相关失效现象与机理

早在 1962 年就有研究者指出，由 n 个零件构成的串联系统的可靠度 R_n 的值在其零件可靠度 R（假设各零件可靠度相等）与各零件可靠度乘积 R^n 之间。系统可靠度取其上限 R 的条件是零件的强度标准差趋于零，取其下限 R^n 条件是载荷的标准差趋于零。

对于工程实际中的绝大多数系统，组成系统的各零件处于同一随机载荷环境下，它们的失效一般不是相互独立的。或者说，系统中各零件的失效存在统计相关性。因此，相关失效问题是系统可靠性问题的重要内容之一。系统失效相关的根源可划分为 3 大类：一是各子

系统存在共用的零件或零件间的失效具有传递性；二是各子系统或零部件共享同一外部支撑条件（动力、能源等）；三是被称为"共因失效"的统计相关性。

前两种失效相关性都能通过系统功能图或可靠性逻辑框图清楚地表达，数学模型处理也比较简单。共因失效（Common Cause Failure，CCF），或称共模失效（Common Mode Failure，CMF）是各类系统中广泛存在的、零件之间的一种相关失效形式，这种失效形式的存在严重影响冗余系统的安全作用，也使得一般系统的可靠性模型变得更为复杂。

从工程的角度来看，共因失效事件是无法显式地表示于系统逻辑模型中、零件之间的相关失效事件。"相关"是系统失效的普遍特征，忽略系统各部分的失效相关性，简单地在各部分失效相互独立的假设条件下进行系统可靠性分析与评价，常常会导致过大的误差，甚至得出错误的结论。

目前，系统可靠性分析还大都假设各零件的失效是相互独立的事件。已有的研究指出，对于电子装置，这样的假设有时是正确的；对于机械零件，这样的假设几乎总是错误的。由于共因失效对冗余系统的可靠性有重要影响，近年来得到了广泛的重视和研究。到目前为止，已提出了许多共因失效模型或共因失效概率分析方法。然而，在传统的研究中，大都是用 CCF 事件来反映一组零件的失效相关性，据此再从工程应用的角度提出相应的经验或半经验模型。

根据载荷-强度干涉理论，零件破坏是由于载荷大于其强度造成的。因此，在零件失效分析中，既应同时包括环境载荷与零件性能这两方面因素，又需对这二者区别对待。这里，环境载荷指的是导致零件失效的外部因素，如机械载荷、温度、湿度等。相应地，零件性能指的是零件对相应各种环境载荷的抗力，如强度、耐热性、耐湿性等。

对于各零件承受同一环境载荷或相关环境载荷的系统，载荷的随机性是导致系统共因失效的根本原因。系统中各零件之间的失效相关程度是由载荷的分布特性与零件性能（强度）的分布特性共同决定的。载荷-强度干涉分析表明，系统中各零件完全独立失效的情况只是在环境载荷为确定性常量而零件性能为随机变量时的一种极特殊的情形。在一般情况下，环境载荷和零件性能都是随机变量，因而都不同程度地存在失效相关性。在数学上，任何系统（如串、并联系统，表决系统）的失效相关性（共因失效）都可以借助于环境载荷-零件性能干涉分析进行评估与预测。

在恒定载荷 X_c 作用下，零件失效概率等于零件性能随机变量 X_p 小于该载荷 X_c 的概率。在这样的载荷条件下，系统中各零件的失效是相互独立的，因为各零件失效与否完全取决于其自身的个体性能情况。就整个系统而言，在这种情况下不存在零件间的失效相关性，即不存在共因失效问题。这正是系统失效的一种特殊情形——完全独立的零件失效。导致这种情形的必要条件是环境载荷为确定性常量，而零件性能为随机变量。系统失效的另一种特殊情形是其各零件完全相关的失效。导致完全相关的失效的条件是，零件性能是确定性常量（即所有的零件性能都完全相同，没有分散性），而环境载荷为随机变量。显然，在这样的场合，或者没有一个零件失效[若载荷的某一实现（样本值）小于零件性能指标]，或者所有零件都同时失效[若载荷某一实现（样本值）大于等于零件性能指标]。

在绝大多数情况下，环境载荷和零件性能都是随机变量，因而系统中各零件的失效一般既不是相互独立的，也不是完全相关的。系统失效的相关性来源于载荷的随机性，零件性能的分散性则有助于减轻各零件间的失效相关程度。

相关失效分析方法可以分为定性分析和定量计算两类。定性分析包括问题的定义、建立逻辑模型(如可靠性框图、事件树、故障树)数据分析等。由于相关失效在系统可靠性和概率风险评价中都不能忽略,所以其定量计算更为重要。定量计算主要是依靠参数模型,通过特定的共因参数的使用,定量地解释共因失效的影响。迄今为止,提出的模型有 β 因子模型、二项失效率(BFR)模型、共同载荷(CLM)模型、基本参数(BP)模型、多希腊字母(MGL)模型、α 因子模型等。由于这些模型和方法都有其各自的缺陷,所以很难在工程实际中得到广泛应用。

6.4.7　传统共因失效模型

6.4.7.1　β 因子模型

β 因子模型是应用于核电站概率风险评价中的第一个参数化模型,同时也是一种比较简单的模型。该模型的基本思想是,部件有两种完全互相排斥的失效模式,第一种失效模式以角标 I 标记,代表部件本身的独立原因引起的失效;第二种失效模式以角标 C 标记,代表某种"共同原因"导致的集体失效。因此,在该模型中,零件的失效率被分为独立失效(只有一个零件失效)和共因失效(所有零件全部失效)两部分,即

$$\lambda = \lambda_I + \lambda_C$$

式中　λ——零件的总失效率;

λ_I——独立失效率;

λ_C——共因失效率。

由此定义了一个共同原因因子 β,即

$$\beta = \frac{\lambda_C}{\lambda} = \frac{\lambda_C}{\lambda_I + \lambda_C} \tag{6-148}$$

共因因子 β 可以由失效事件数据统计来确定。

根据 β 因子模型,由两个失效率皆为 λ 的零件构成的并联系统的失效率为

$$\lambda^{2/2} = [(1-\beta)\lambda]^2 + \beta\lambda \tag{6-149}$$

对于高于二阶的系统,β 因子模型给出的各阶失效率为

$$\lambda_k = \begin{cases} (1-\beta), & \lambda k = 1 \\ 0, & 1 < k < m \\ \beta\lambda, & k = m \end{cases} \tag{6-150}$$

在此需要说明的是,工程中(例如核电站概率风险评价)习惯用失效率 λ 这个指标,因此 β 因子模型是以失效率(而不是失效概率)表达的。

β 因子模型有明显的局限性。当系统中的单元数多于两个时,会出现其中几个单元同时失效的失效率为零的情况。实际上,由外部载荷因素所导致的共因失效,可能导致系统中任意个单元同时失效。所以严格地讲,β 因子模型只适用于二阶冗余系统,而对于高阶冗余系统,计算结果偏于保守。但由于该模型简单、易于掌握,故曾广泛地用于概率风险评价。

6.4.7.2　α因子模型

α因子模型实际上是为了克服β因子模型的缺陷，考虑任意阶数失效的情况，对于 m 阶冗余系统引入了 m 个参数 $\lambda_1,\lambda_2,\cdots,\lambda_m$。单个零件的失效率 λ 与这 m 个参数的关系为

$$\lambda = \sum_{k=1}^{m} C_{m-1}^{k-1} \lambda_k \tag{6-151}$$

式中　λ_k——特定 k 个零件的失效率。

通常，零件的失效率可以根据已知数据求得。此外，α因子模型中还引入了参数 $\lambda_k(k=1,2,\cdots,m)$，其意义是由于共同原因造成的 k 个单元的失效率与系统失效率之比，即

$$\alpha_k = C_m^k \frac{\lambda_k}{\lambda_s} \tag{6-152}$$

式中　$\lambda_s = \sum_{k=1}^{m} \lambda_k$——系统失效率。

α因子模型的具体应用方法是，用概率统计的知识（如极大似然估计法），根据已知的失效数据确定参数，从而求得各阶失效率 λ_k。

6.4.7.3　二项失效率模型

二项失效率（BFR）模型认为有两种类型的失效：一种是在正常的载荷环境下零件的独立失效，另一种是由冲击（shock）因素引起的、能导致系统中一个或多个零件同时失效。冲击因素又分为致命性冲击和非致命性冲击两种。非致命性冲击出现时，系统中的各个零件的失效概率为常量 p，且各零件的失效是相互独立的。当致命性的冲击出现时，全部零件都以 100% 的概率失效。

根据环境载荷–零件性能干涉概念，BFR 模型考虑的失效情形可解释为有 3 种相互独立的环境因素。这 3 种环境因素与 3 种相应的零件性能之间的关系分别如图 6-20(a)(b)(c)所示。第一种环境载荷是以 100% 的概率出现的确定性载荷 s_1，这种环境载荷是只能导致零件独立失效的确定性载荷。在该载荷作用下，零件的失效概率记为 Q_i。第二种环境载荷是以概率 μ 出现的载荷 s_2，对应于非致命性冲击。在该载荷作用下，零件的失效概率记为 p。而第三种环境载荷是以概率 w 出现的极端载荷 s_3，对应于致命性冲击。在该极端载荷作用下，零件的失效概率为 100%。也就是说，所有的零件都同时发生失效。可见，实际上所有这 3 种环境载荷都分别对应于独立的零件失效的情形，相应的零件失效概率（以相应的环境载荷为条件）分别为 Q_i，p 和 1。这些参数就是 BFR 模型所定义的，即

（1）Q_i 为在正常环境下每个零件的独立失效概率；

（2）μ 为非致命冲击载荷出现的频率；

（3）p 为在非致命冲击载荷条件下，零件的失效概率；

（4）w 为致命冲击载荷出现的频率。

因此，得到各阶失效概率的数学表达式为

$$p_k = \begin{cases} Q_i + \mu p(1-p)^{m-1}, & k=1 \\ \mu p^k (1-p)^{m-k}, & 1<k<m \\ \mu p^m + w, & k=m \end{cases} \tag{6-153}$$

对于 2/3 冗余系统，BFR 模型把系统失效概率估计为

$$Q_s = 3[Q_i + \mu p(1-p)^2]^2 + 3\mu p^2(1-p) + \mu p^3 + w \tag{6-154}$$

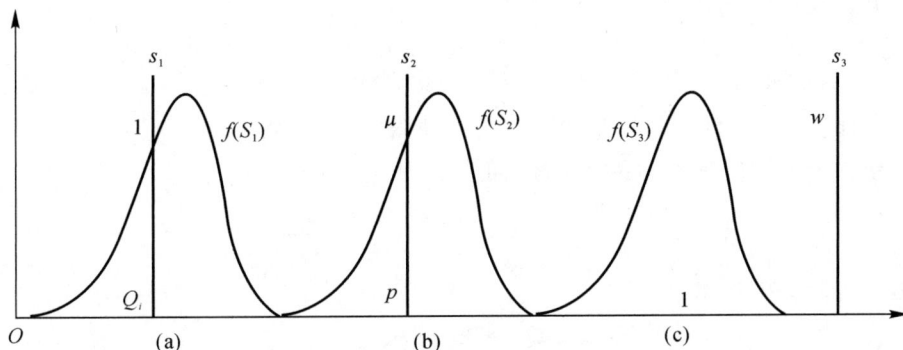

图 6-20　环境载荷与零件性能间的三种关系

6.4.7.4　共同载荷模型

共同载荷模型（CLM）是通过应力-强度干涉理论来建立共因失效概率的，其中所有共同的原因机制（如环境应力、人为差错等）通过应力变量分布表达，而一些非直接的共因失效机制（如系统的退化、零件性能的变化）通过强度分布描述。所以，该模型的表达式为

$$Q_{k/m} = C_m^k \int_0^\infty f_L(x_L) \left[\int_0^{x_L} f_S(x_S) \mathrm{d}x_S \right]^k \left[\int_{x_L}^\infty f_S(x_S) \mathrm{d}x_S \right]^{m-k} \mathrm{d}x_L \tag{6-155}$$

式中　$Q_{k/m}$——m 阶冗余系统中，k 个零件同时失效的概率；

　　　$f(x_L)$——载荷 X_L 的概率密度函数；

　　　$f_S(x_S)$——强度 X_S 的概率密度函数。

该模型的最大缺点是应力及强度的分布无法精确表达，而只能用"试凑法"计算系统失效概率。

6.4.7.5　MGL 方法

多希腊字母（the Multiple Greek Letter，MGL）方法也是 β 因子法的进一步发展。下面以 3 个部件并联的系统为例来说明冗余系统中的共因失效问题。记 A,B,C 为部件 A,B,C 的独立失效事件，如图 6-21 所示。AB,BC 和 AC 为两部件的同时失效事件，ABC 表示三部件的同时失效事件，事件发生的概率分别记为

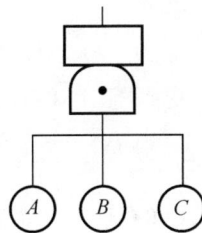

图 6-21　三部件并联系统

$$\left. \begin{array}{l} Q_1 = Q_A = Q_B = Q_C \\ Q_2 = Q_{AB} = Q_{BC} = Q_{AC} \\ Q_3 = Q_{ABC} \end{array} \right\} \tag{6-156}$$

两重以上失效事件发生是由于共同原因所致，为了计算每一个部件在需要它投入时而可能失效的总的概率为

$$Q_A(T) = Q_B(T) = Q_C(T) = Q_A + Q_{AB} + Q_{AC} + Q_{ABC} = Q_B + Q_{AB} + Q_{BC} + Q_{ABC}$$

$$= Q_C + Q_{AC} + Q_{BC} + Q_{ABC} = Q_1 + 2Q_2 + Q_3 = Q \qquad (6-157)$$

定义共因失效因子 β

$$\beta_A = \beta_B = \beta_C = \beta = \frac{2Q_2 + Q_3}{Q_1 + 2Q_2 + Q_3} = \frac{2Q_2 + Q_3}{Q} \qquad (6-158)$$

β 是指两个以上部件同时发生失效时的条件概率,另一个共因比例因子 γ 定义为系统 3 个部件由于共因而同时失效的条件概率,可表示为

$$\gamma_A = \gamma_B = \gamma_C = \gamma = \frac{Q_3}{2Q_2 + Q_3} \qquad (6-159)$$

综上可得到各阶失效概率

$$\left. \begin{array}{l} Q_1 = (1-\beta)Q \\[2mm] Q_2 = \dfrac{(1-\gamma)\beta Q}{2} \\[2mm] Q_3 = \gamma\beta Q \end{array} \right\} \qquad (6-160)$$

式(6-160)为 MGL 模型的计算公式,可以用这组公式来求解 2/3 冗余系统共因失效问题。

对于 2/3 冗余系统,按照系统的成功准则,可求出以下的最小割集——包括 3 对独立失效割集,3 对两部件共因失效割集,以及一个 3 部件同时共因失效的割集,即

$$\{A,B\}, \{B,C\}, \{A,C\}, \{AB\}, \{BC\}, \{AC\}, \{ABC\}$$

其他可能组合的割集不是最小割集。所以,根据容斥原理可求出

$$Q_s(2/3) = 3Q_1^2 + 3Q_2 + Q_3 - 3Q_1^2 Q_3 - 9Q_1^2 Q_2 - 3Q_2 Q_3 + 9Q_1^2 Q_2 Q_3$$

$$= 3Q_1^2(1 - Q_3 - 3Q_2 + 3Q_2 Q_3) + 3Q_2(1 - Q_3) + Q_3 \qquad (6-161)$$

$$= 3Q_1^2 [1 - Q_3 - 3Q_2(1 - Q_3)] + 3Q_2(1 - Q_3) + Q_3$$

将(6-160)代入式(6-161),得

$$Q_s(2/3) = 3(1-\beta)^2 Q^2 \left[1 - \gamma\beta Q - \frac{3}{2}(1-\gamma)\beta Q(1-\gamma\beta Q) \right] +$$

$$\frac{3}{2}(1-\gamma)\beta Q(1-\gamma\beta Q) + \gamma\beta Q \qquad (6-162)$$

在工程实际的计算中,有时可以应用近似计算公式,忽略三阶的 β 和 Q 值,即

$$Q_s(2/3) = 3Q^2 + \frac{3}{2}(1-\gamma)\beta Q + \gamma\beta Q \qquad (6-163)$$

式(6-163)中的第一项代表两部件独立失效贡献,第二项为共同原因导致二部件同时失效贡献,第三项为共同原因造成 3 个部件全部失效。

习　题

1. 某零件材料为碳素钢,其强度极限均值 $\overline{S} = 48.6$ MPa,标准差 $\sigma_S = 2.2$ MPa;该零件使用时的应力均值 $\overline{L} = 40.16$ MPa,标准差 $\sigma_L = 2.46$ MPa;在强度和应力均服从正态分布的情况下,问:(1)该材料的可靠度是多大?(2)如果该材料因热处理不当,σ_L 由 2.46 MPa

增加至 4 MPa 时,可靠度下降至多少?

2. 已知某零件的强度和应力都符合对数正态分布,而强度和应力的正态分布参数为
$$\overline{S} = 100 \text{ MPa}, \quad \sigma_S = 10 \text{ MPa}, \quad \overline{L} = 85 \text{ MPa}, \quad \sigma_L = 18 \text{ MPa}$$
求该零件在对数正态分布下的可靠度。

3. 设计空心轴,求可靠度 $R = 0.999\ 9$ 时轴的尺寸。已知,扭转力矩 $M_t(\overline{M}_t, \sigma_{M_t}) = (1\ 400, 70)\text{N} \cdot \text{m}$,许用扭应力 $S_r(\overline{S}_r, \sigma_{S_r}) = (32, 1.5)\text{N} \cdot \text{m}$,设 $d_i/d_0 = \dfrac{2}{3}$,$\sigma_{d_0} = 0.015\overline{d}_0$。

4. 某受脉动循环应力作用下的零件,当应力水平 $S_1 = 13 \text{ kN/cm}^2$,$S_2 = 22 \text{ kN/cm}^2$ 时,其失效循环次数分别为 $N_1 = 1.3 \times 10^5$ 和 $N_2 = 0.6 \times 10^4$。若该零件常在应力水平 $S = 16 \text{ kN/cm}^2$ 条件下工作,试求其疲劳寿命。

5. 某静定梁所受最大弯矩 M 服从指数分布,最大弯矩均值 $\overline{M} = 800 \text{ N} \cdot \text{m}$。临界极限弯矩 M_F 服从正态分布,均值面 $\overline{M}_F = 20\ 000 \text{ N} \cdot \text{m}$,标准差 $s_{M_F} = 2\ 000 \text{ N} \cdot \text{m}$。求梁不失效的可靠度。

6. 已知某机械零件的应力和强度服从对数正态分布,其均值和标准差分别为 $\mu_s = 60 \text{ MPa}$,$\sigma_s = 20 \text{ MPa}$,$\mu_\delta = 100 \text{ MPa}$,$\sigma_\delta = 10 \text{ MPa}$。求零件的可靠度。

7. 某机械零件的主要失效形式为磨料磨损。工作时压力 $p = (16 \pm 4.5) \text{ MPa}$,相对滑动速度 $v = (2 \pm 0.6)\text{m/s}$,通过在平均使用规范下的试件磨损试验得知,在 100 h 内的磨损度为 $2\ \mu\text{m}$。已知载荷谱近于正态分布。试估算损速度以及 $1\ 000$ h 内损量的均值及标准差。

8. 需测定 10 辆使用时间相同的车辆制动闸瓦磨损量,其磨损量为 $0.204, 0.231, 0.157, 0.191, 0.261, 0.127, 0.173, 0.244, 0.291$(单位:mm)。若最大允许磨损量 $\omega_{max} = 0.30$。试估计制动闸瓦的可靠度。

第 7 章　可靠性试验

为了分析、验证与提高产品可靠性指标而进行的各种试验统称为可靠性试验。可靠性试验是产品研制和生产中的重要组成部分。在产品和系统的研制初期,可靠性往往低于预期的要求,因此必须经过一系列可靠性试验,发现并分析各种多发故障和设计缺陷,进而采取措施改进设计和工艺,使产品的可靠性渐提高。产品从研制到定型及批量生产,始终都伴随着可靠性试验。由于可靠性试验常常规模较大、花费较高,所以,研究和采用正确的试验方法不仅可较准确地评价产品的可靠度,还可节省时间、人力和物力。综上,可靠性试验是可靠性工程技术的一个重要领域。

7.1 概　　述

可靠性试验在产品研制和生产的各个阶段中,有着不同的目的和内容,图 7-1 表示了可靠性试验的分类情况。根据试验的对象、地点、应力和试验所处的可靠性计划阶段,可靠性试验可分为不同的类型。可靠性试验分类:按试验地点可分现场试验、模拟试验;按应力强度可分为正常工作应力试验,超负荷、破坏性试验,加速寿命试验;按试验结束方式可分为完整试验,(定时、定数、序贯)截尾试验;按可靠性计划阶段可分为环境应力筛选试验、可靠性增长试验、可靠性鉴定试验、可靠性验收试验;按抽样数和抽样方法可分为抽样试验和全数试验。可靠性试验多数情况是按试验项目来分类,大致可分为 4 大类,即寿命试验、环境试验、现场使用试验和筛选试验。

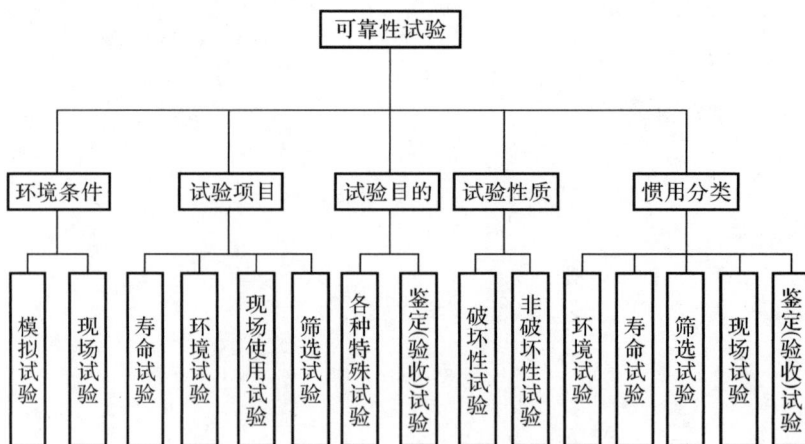

图 7-1　可靠性试验的分类

7.1.1　寿命试验(Longevity Test)

寿命试验是对产品的可靠性进行调查、分析和评估的一种必要手段,是可靠性试验的主要内容。具体的方法是从一批产品中随机抽取 n 个产品组成样本,然后把此样本放在规定的条件下进行试验,观察每个产品发生失效的时间,然后对失效数据进行统计分析以获得对产品可靠性的认识并研究产品失效机理,以此作为依据来改进产品设计与制造,从而不断提高产品可靠性。

寿命试验的类型很多,如果用试验场所进行分类,寿命试验可分为如下两类。

1. 现场寿命试验

顾名思义,现场寿命试验是指将产品放在实际使用条件下来获得失效数据,如轴承的额定寿命、汽车的行驶里程等都是在现场寿命试验中进行的。如此得到的寿命数据是最有说服力的,但此种试验投资大、时间长。此外,由于现场环境因素多变,不同试验现场得到的数据差别也很大,所以现场寿命试验通常只在不得已场合下才采用,其他场合很少使用。

2. 模拟寿命试验

模拟寿命试验是在实验室内模拟主要的实际工作条件,并通过人工控制,使得样本都在相同条件下进行试验,如电子元器件在恒温箱内做寿命试验,机械零件在一定载荷下做寿命试验或者直接在工业软件中进行仿真试验等。此种试验管理简便、投资小、有重复性、便于产品间的比较,但由于模拟环境与现场环境总是存在差别,所以在试验中通常只能选择那些对产品寿命最有影响的一两项工作条件如温度、电压、电流、速度、振动、载荷等进行模拟。如今几乎所有的电子元器件、机械零件和小型设备都采用模拟寿命试验。

7.1.2　环境试验(Environment Test)

环境试验是评价产品可靠性的重要试验方法之一,其目的是为了考核产品在各种环境(如冲击、振动、高低温、潮湿、腐蚀等)条件下的耐受能力。在产品出厂前,通过有针对地向产品施加合理的环境应力,促使其内部的潜在缺陷加速发展成为早期故障,探测可能发生的故障模式并加以排除,从而提高使用产品的可靠性。在研制后期,环境试验也可以用以探索并验证设备或系统受环境强度影响下可靠性指标的变化规律。

环境试验应力基本上采用极值,即采用产品在贮存、运输和工作中会遇到的最极端的环境作为试验条件。这一准则是基于这样的设想:产品若能在极端环境条件下不损坏或能正常工作,则在优于极值条件下也一定不会损坏或能正常工作。此极值应是对实测数据进行适当处理(如取一定的风险因子等)得到的合理极值。

7.1.3　现场使用试验

现场使用试验是指在使用现场对产品工作可靠性所进行的测量、试验。产品在现场使用试验中,一般应附有设备履历表,包括使用环境条件、工作时间、维护修理记录、失效记录与失效原因分析等。通过统计分析,就可得到产品的失效率、平均寿命与有效度等可靠性数据,并找出失效原因,采取改进措施,提高产品的可靠性。同时,这些现场统计数据还为新产品设计时,进行可靠性分配和可靠性预测提供必要的可靠性数据。

由于大多数机电产品具有相当高的可靠性,所以要通过现场使用试验以获得可靠性的全部信息,往往要花费很长的时间,有时甚至不可能完成。一般情况下,现场使用试验只能得到有限时间内的可靠性指标。

7.1.4 筛选试验(Screening Test)

筛选试验是通过各种方法将不符合规范要求的产品剔除出去,将合格产品保留下来的试验程序。筛选只能提高产品使用可靠性而不能提高其固有可靠性,因产品的潜在失效机理在生产出来后已经固定,通过筛选剔除早期失效产品后,剩余产品的平均寿命将比筛选前平均寿命延长,但在筛选过程中应注意选择合适的筛选应力,以避免对好的产品造成损伤。筛选不同于一般质量检验,前者是对全部被认为合格的产品进行在特定环境条件下的试验,试验结果是剔除少量早期失效产品,而后者是对批量产品进行抽样检验,检验结果是判定该批产品是否可以接收。筛选试验与质量检验的区别如表7-1所示。

表7-1 筛选试验与质量检验的区别

比较内容	筛选试验	质量检验
应用对象	对全部合格品进行	在批量产品中抽取样本进行
试验目的	剔除少量早期失效产品	判别该批产品可否接收
试验环境	有针对性地施加环境条件	使用常规检验仪器

筛选试验具有如下3个特点:

(1)筛选试验对于不存在缺陷而性能良好的产品来说,是一种非破坏试验,筛选试验对于有潜在缺陷的产品来说,应该能够诱发其失效。

(2)筛选试验的目的不是检查产品在检验时是否合格,而是选出不合格的产品,故对所有产品进行筛选检查。

(3)筛选试验不能提高产品的固有可靠性,只能将早期失效产品剔除,提高该批产品的可靠性水平。

可靠性筛选一般都采用环境应力筛选,其试验方案包括以下几项:

(1)筛选项目:可靠性筛选是针对元器件的失效机理和失效而进行的,必须把那些能有效地激发并剔除早期失效产品的试验项目列入筛选方案。

(2)筛选程序:应力筛选必须在前,检查测试性筛选在后,要将筛选项目的次序与失效次序相对应,选择能充分暴露失效模式的顺序。

(3)筛选应力:要选择那些能灵敏地显示产品寿命特性的参数作为筛选参数,但要以不损坏产品作为试验准则,也不能使产品出现新的失效模式。

(4)试验时间:指无失效间隔及平均每个产品最大环境应力筛选试验时间。各种元器件在不同筛选项目中的筛选时间,是通过反复试验后确定的。

(5)筛选判据:筛选程序中,可以采用合格/不合格的判据,也可以采取参数漂移极限判据。

7.2　寿命试验的设计与参数估计

7.2.1　寿命试验的分类

寿命试验是可靠性试验的重要内容,因为产品随着使用时间的增加其可靠度会下降,通过寿命试验即可以确定产品寿命的概率分布及其参数,从而给产品的设计和使用提出参考。按寿命试验的进行方式分类,寿命试验可以分为完全寿命试验和截尾寿命试验两大类。

1. 完全寿命试验

完全寿命试验是指试验进行到投试样本全部失效为止。一般机械零件的常规疲劳试验就是这种试验。它要花费较长的试验时间。

2. 截尾寿命试验

把 n 个投试样品试验到部分失效就停止的试验称为截尾寿命试验。在截尾寿命试验中,依次记录的失效数据 $t_1 \leqslant t_2 \leqslant \cdots \leqslant t_r$ 称为截尾样本,其中 r 为失效数,一般 $r \leqslant n$,特别地,当 $r=n$ 时,截尾寿命试验就成为完全寿命试验。因此完全寿命试验是截尾寿命试验的一个极端情况。一般说来常用的截尾寿命试验有如下两种。

(1)定时截尾寿命试验:试验进行到规定的时间 t_0 时停止,即投试样本数 n 及试验时间 t_0 是定值,而产品失效数 r 是随机变量。为了不使失效数过少或过多,恰当地规定试验停止时间是实施定时截尾寿命试验的关键。

(2)定数截尾寿命试验:试验进行到规定的失效数 r 时停止,即样本数 n 与失效数 r 是常数,而失效时间 t_0 是随机变量。该试验关键在于恰当地规定失效比例,不使试验时间过长。

无论定时截尾试验还是定数截尾试验都可分为无替换与有替换两种情形。无替换情形,即参试样品发生失效时不用新的样品替换。有替换情形是在试验中每发生一个样品失效,就换上一个新的样品继续试验,自始至终保持样本数 n 不变。

综上所述,截尾寿命试验可分成 4 种类型,即无替换定数截尾试验、有替换定数截尾试验、无替换定时截尾试验、有替换定时截尾试验。

7.2.2　寿命试验的准则

(1)试验对象。样品必须在筛选试验后的合格产品批中随机抽取,抽样时必须保证产品批中每一个产品都以相同概率被抽中。至于对样本量的要求,原则上是越大越好,以保证统计分析结论可靠,但也要考虑到试验代价大小。

(2)试验条件。寿命试验总在一定条件下进行,这与产品在工作状态下产品失效机理有关,视试验目的而定,施加一定的环境应力。试验条件要严格控制,以保持在允许的误差范围内,从而保证试验的一致性。

(3)试验截止时间。寿命试验不大可能做到全部样品都失效为止,在产品寿命分布已基本了解的情况下,只要做到部分产品失效就可停止。这里"部分产品"具体是多少由试验成本而定,对于小样本,至少有一半以上产品失效,对于大样本,至少有 30% 产品失效。

(4)测试要求。对于有自动报告失效记录的设备,要求该测试设备精确可靠,以获得高质量数据。对于无自动报告失效记录的设备,要合理选择测试周期,如果周期太密,会增加工作量,太疏又会失掉一些有用的信息量,一般是使每个测试周期内测到的失效样本数比较接近,并且测试的次数要有足够的数量。这就需要对产品失效规律有初步了解,可由经验获得。

(5)失效标准。一个产品往往有好几个技术指标,如只要其中任一项指标超出了标准就应判为失效,因此每项技术指标的标准要写得明确,不会引起歧义。

(6)数据处理。在设计和安排寿命试验时要想到失效数据处理的统计方法如何进行才是合理和有效的。在处理数据时要想到失效数据是在什么情况产生的,如试验应力条件是什么? 是定时截尾还是定数截尾? 有无替换? 样本是否需要分组?

7.2.3 指数分布寿命试验中的参数估计

指数分布在可靠性试验及其统计分析中占有相当重要的地位,许多产品特别是电子产品的失效分布均为指数分布,其主要特征是失效率为常数,且与平均寿命互为倒数。因此有关指数分布的参数估计主要围绕平均寿命 θ 与失效率 λ 进行。下面将介绍指数分布在不同寿命试验场合下的参数估计方法。

7.2.3.1 无替换定数截尾寿命试验

1. 点估计

正如前面所介绍的,无替换定数截尾寿命试验是对 n 个样品同时开始试验,并规定试验进行到恰有 r 个产品失效时就停止试验。这 r 个产品失效时间分别为 $t_1, t_2, \cdots, t_n$。其总试验时间为

$$T = \sum_{i=1}^{r} t_i + (n-r)t_r \qquad (7-1)$$

这时平均寿命 θ 与参数 λ 的矩估计值为

$$\hat{\theta} = \frac{T}{r} = \frac{1}{r} \left[\sum_{i=1}^{r} t_i + (n-r)t_r \right] \qquad (7-2)$$

$$\hat{\lambda} = \frac{r}{T} = \frac{r}{\sum_{i=1}^{r} t_i + (n-r)t_r} \qquad (7-3)$$

2. 区间估计

通过数学推导可得寿命呈指数分布时,参数 λ 乘以 2 倍的总实验时间 T 服从自由度为 $2r$ 的 χ^2 分布,记为 $\chi^2(2r)$,r 为失效数,即 $2\lambda T \sim \chi^2(2r)$。

由 χ^2 分布的分位表可得 λ 的 $1-\alpha$ 置信区间为 $\left[\dfrac{\chi^2_{\alpha/2}(2r)}{2T},\dfrac{\chi^2_{1-\alpha/2}(2r)}{2T}\right]$，其中 T 为总实验时间。再由 θ 与 λ 的关系可以得到 θ 的 $1-\alpha$ 置信区间为

$$\left[\frac{2r}{\chi^2_{1-\alpha/2}(2r)}\hat{\theta},\frac{2r}{\chi^2_{\alpha/2}(2r)}\hat{\theta}\right]$$

单侧 α 置信区间为

$$\frac{2r}{\chi^2_{1-\alpha}(2r)}\hat{\theta}$$

7.2.3.2　无替换定时截尾寿命试验

1. 点估计

同样对 n 个样品同时开始试验，一直试验到事先规定的时刻 t 并停止试验。在试验停止前，如有 r 个产品失效，其失效时间分别为 $t_1,t_2,\cdots,t_n$，其总试验时间为

$$T=\sum_{i=1}^{r}t_i+(n-r)t_0 \tag{7-4}$$

这时平均寿命 θ 与参数 λ 的估计值为

$$\hat{\theta}=\frac{T}{r}=\frac{1}{r}\left[\sum_{i=1}^{r}t_i+(n-r)t_0\right] \tag{7-5}$$

$$\hat{\lambda}=\frac{r}{T}=\frac{r}{\displaystyle\sum_{i=1}^{r}t_i+(n-r)t_0} \tag{7-6}$$

2. 区间估计

在定时截尾场合，失效率 λ 与平均寿命 θ 的精确 $1-\alpha$ 置信区间尚未找到，因此转向去寻求 λ 和 θ 的近似置信区间，下面介绍一种构造近似置信区间的方法。

在定时截尾场合，设在截尾时间 t_0 前有 r 个产品失效，因此 t_0 就介于第 r 个产品失效时间 t_r 和第 $r+1$ 个产品失效时间 t_{r+1} 之间，即 $t_r\leqslant t_0\leqslant t_{r+1}$。若分别以这 3 个时刻为截尾时间可算得如下 3 个总试验时间，即

$$\left.\begin{array}{l}T_r=\displaystyle\sum_{i=1}^{r}t_i+(n-r)t_r\\[2mm]T_0=\displaystyle\sum_{i=1}^{r}t_i+(n-r)t_0\\[2mm]T_{r+1}=\displaystyle\sum_{i=1}^{r+1}t_i+(n-r-1)t_{r+1}\end{array}\right\} \tag{7-7}$$

并且它们之间仍有如下不等式：

$$\left.\begin{array}{l}T_r\leqslant T_0\leqslant T_{r+1}\\[2mm]2\lambda T_r\leqslant 2\lambda T_0\leqslant 2\lambda T_{r+1}\end{array}\right\} \tag{7-8}$$

因此可近似的采用 $\chi^2(2r)$ 的 $\dfrac{\alpha}{2}$ 分位点，与 $\chi^2(2(r+1))$ 的 $1-\dfrac{\alpha}{2}$ 分位点构造一个区间，

近似的认为参数 $2\lambda T_0$ 落在这个区间的置信度为 $1-\alpha$。从而得到 θ 的近似 $1-\alpha$ 置信区间为

$$\left[\frac{2r}{\chi^2_{1-\alpha/2}(2r+2)}\hat{\theta}, \frac{2r}{\chi^2_{\alpha/2}(2r)}\hat{\theta}\right]$$

近似单侧 α 置信下限为

$$\frac{2r}{\chi^2_{1-\alpha}(2r+2)}\hat{\theta}$$

7.2.3.3 有替换定数截尾试验

有替换下的与无替换下的截尾试验的区间估计相同,因此仅讨论其矩估计方法。

这种试验是将 n 个样品同时开始试验,一旦有样品失效就立即用好的样品替换,一直试验到规定的失效个数 r 时就停止试验。这时投入样品总数为 $n+r$ 个,如果在试验中有 r 个样品失效,其总试验时间为

$$T = nt_r \tag{7-9}$$

这时平均寿命 θ 的估计值为

$$\hat{\theta} = \frac{T}{r} = \frac{nt_r}{r} \tag{7-10}$$

7.2.3.4 有替换定时截尾寿命试验

类似于有替换定数截尾试验,其区间估计与无替换下的相同,其总试验时间为

$$T = nt_0 \tag{7-11}$$

这时平均寿命 θ 的估计值为

$$\hat{\theta} = \frac{T}{r} = \frac{nt_0}{r} \tag{7-12}$$

上面 4 种截尾寿命试验平均寿命 θ 的估计公式,其分子恰好都是参加试验样本的实际试验时间的总和,称它们为总试验时间,以 T 表示,而分母均为失效数,以 r 表示,综上可用下面统一的公式来表示,即

$$\hat{\theta} = \frac{\text{总试验时间}}{\text{失效数}} = \frac{T}{r} \tag{7-13}$$

平均寿命估计值 $\hat{\theta}$ 出来后,即可估计出指数分布的失效率 $\hat{\lambda}$ 为

$$\hat{\lambda} = \frac{1}{\hat{\theta}} = \frac{r}{T} \tag{7-14}$$

式中 r——试验中样本的失效数;

T——总试验时间,对不同类型的截尾寿命试验,分别按式(7-1)、式(7-4)、式(7-9)、式(7-11)计算。

可靠度 $R(t)$ 的估计值为

$$\hat{R}(t) = e^{-\hat{\lambda}t} = e^{-t/\hat{\theta}} \tag{7-15}$$

表 7-2 所示为 4 种截尾寿命试验的平均寿命估计。

表 7-2　4 种截尾寿命试验的平均寿命估计

试验	总实验时间 T	点估计 $\hat{\theta}$	置信区间	单侧置信下限
(有, t_0)	nt_0	nt_0	$\left[\dfrac{2r}{\chi^2_{1-\alpha/2}(2r+2)}\hat{\theta},\right.$	$\dfrac{2r}{\chi^2_{1-\alpha}(2r+2)}\hat{\theta}$
(无, t_0)	$\sum\limits_{i=1}^{r} t_i + (n-r)t_0$	$\dfrac{1}{r}\left[\sum\limits_{i=1}^{r} t_i + (n-r)t_0\right]$	$\left.\dfrac{2r}{\chi^2_{\alpha/2}(2r)}\hat{\theta}\right]$	
(有, t_r)	nt_r	nt_r	$\left[\dfrac{2r}{\chi^2_{1-\alpha/2}(2r)}\hat{\theta},\right.$	$\dfrac{2r}{\chi^2_{1-\alpha}(2r)}\hat{\theta}$
(无, t_r)	$\sum\limits_{i=1}^{r} t_i + (n-r)t_r$	$\dfrac{1}{r}\left[\sum\limits_{i=1}^{r} t_i + (n-r)t_r\right]$	$\left.\dfrac{2r}{\chi^2_{\alpha/2}(2r)}\hat{\theta}\right]$	

在一些产品试验中,有时只有到试验结束后才知道样本是否失效,因此不知道每个样本的具体失效时间,只知试验时间 t 后,n 个样本中有 r 个失效,在现场试验中,用户提供的往往只有这种统计数据。当 n 足够大时(如 $n>50$),可以用估计可靠度的近似公式计算其估计值:

$$\hat{R}(t) = e^{-t/\theta} \approx \frac{n-r}{n} \qquad (7-16)$$

对式(7-16)等号两边取对数则得到平均寿命 θ 的近似估计值:

$$\hat{\theta} = \frac{t}{\ln n - \ln(n-r)} \qquad (7-17)$$

例 7-1　对某种设备进行无替换定时截尾试验,规定试验进行到 $t_0 = 850$ h 时停止,试验中共出现故障 6 次,已知该设备寿命服从指数分布且要求平均寿命下限 $[\theta_L] = 75$ h,请问能否在置信度 $\alpha = 90\%$ 的条件下认为这批产品合格?

解:对于定时截尾试验,对平均寿命作点估计有

$$\hat{\theta} = \frac{T}{r} = \frac{850}{6}\ \text{h} = 141.67\ \text{h}$$

置信度为 $\alpha = 90\%$,根据表 7-2 查 χ^2 分布分位表得单侧置信下限为

$$\hat{\theta}_L = \frac{2r}{\chi^2_{1-\alpha}(2r+2)}\hat{\theta} = \frac{12}{\chi^2_{0.1} \times 14} \times 141.67\ \text{h} = 80.7\ \text{h}$$

$$\hat{\theta}_L = 80.7\ \text{h} > [\theta_L] = 75\ \text{h}$$

故该批次产品合格。

7.3　加速寿命试验

随着科学技术的发展,高可靠、长寿命的产品越来越多,截尾寿命试验也不能适应这种需要。譬如,不少电子元器件的寿命是很长的,在正常工作温度下可达数百万小时以上。若取 1 000 个这样的电子元器件,进行数万小时的试验,可能只有一两个失效,甚至还会出现没有失效的情况。这些情况的出现对估计元器件的可靠性指标都是不利的,甚至很难给出估计。假如把工作温度升高一些,只要失效机理不变,由于工作环境变得恶劣一些,所以试

验中产品的失效个数会增多,再根据试验数据,运用加速寿命曲线或加速寿命方程推算出正常应力下的产品寿命,从而快速得到其寿命分布结果,这样节约试验时间和成本。这种在超过正常应力水平下的寿命试验就称为加速寿命试验。

7.3.1 加速寿命试验的前提与分类

进行加速寿命试验要满足以下基本条件。

(1)在加速寿命试验条件下,产品的失效机理与正常条件下的失效机理相同。

(2)在加速寿命试验条件下,产品的寿命分布模型不会改变,即其应力变化要在产品正常性能的允许范围之内。

(3)产品特征寿命与所加应力(载荷、温度、电压)存在确定函数关系(通常称为加速寿命方程)。

根据已有经验,许多产品可以满足以上条件,即可以进行加速寿命试验。根据应力施加的方式,加速寿命试验可分为恒定应力、步进应力、序进应力等3种。

恒定应力加速寿命试验是将试样分成几组,每组固定一个应力水平进行试验。该种方法试验简便,数据易于处理,较常采用。步进应力加速寿命试验是以累积损伤失效模型为理论依据,试验时按时间段逐级升高应力,直到足够数量的样品失效为止。这种试验的优点是试验周期短,缺点是应力在升级后的试验排除不了前一级应力试验遗留的影响,因此计算精度较低,一般用于比较定性分析。序进应力加速寿命试验实际相当于把步进应力的升级变为连续化小步长,该种试验的控制和数据处理有一定复杂性,较少采用。

加速寿命试验的 3 种应力加载方法如图 7-2 所示。

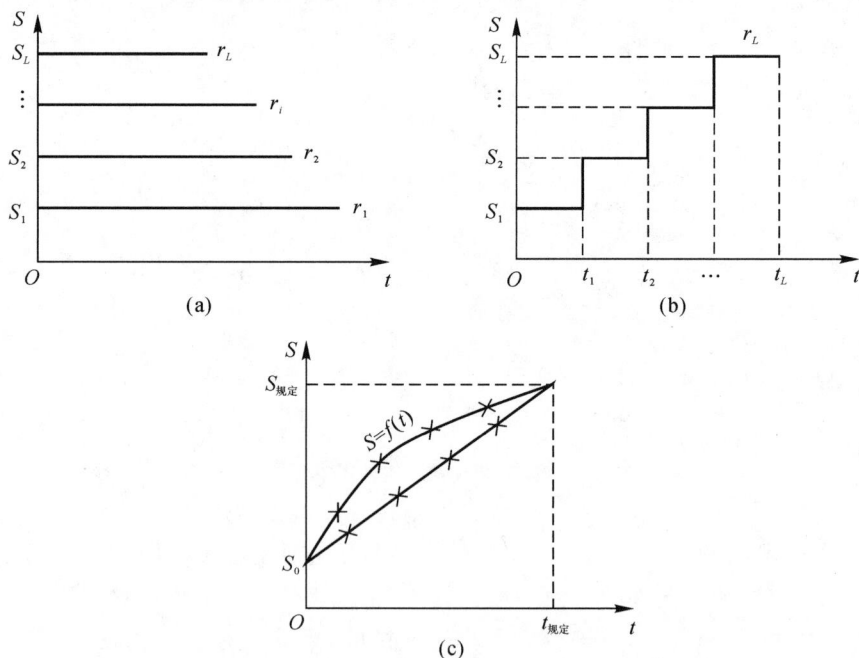

图 7-2 加速寿命试验的 3 种应力加载方法

(a)恒定应力加速寿命试验; (b)步进应力加速寿命试验; (c)序进应力加速寿命试验

上述 3 种加速寿命试验在我国都有应用,并且都有一批成功的实例,但以恒定应力加速寿命试验的实例最多,这是因为恒定应力加速寿命试验方法操作简单,数据处理方法也较为成熟。尽管它所需试验时间不是最短的,但仍比一般寿命试验成倍地缩短试验时间,故经常在实际中采用。下面将详细介绍恒定应力加速寿命试验的具体步骤。

7.3.2　恒定应力加速寿命试验

在安排恒定应力加速寿命试验(简称恒加试验)时,应考虑以下几个方面。

7.3.2.1　加速应力(Acceleration Stress)S 的选择

选择加速应力时,首先应选择那些对产品主要失效机理起促进作用最大,并且又容易进行人工控制的应力作为加速应力。避免选用对产品主要失效机理起不到加速作用的因素来作为加速变量。通常,在电子元器件、绝缘材料、弹药贮存等领域选择温度作为加速应力,在电子产品中选择电压、电流、功率等作为加速应力,在机械产品中选择载荷、速度等作为加速应力。

7.3.2.2　确定加速应力水平 $S_1, S_2, \cdots, S_k$

在恒加试验中,安排多少组应力为宜呢? k 取得越大,即水平数越多,则求加速方程中两个系数的估计越精确。但水平数多了,投入试验样品数就要增加,试验成本也要增加,因此在单应力恒加试验中一般要求应力水平数 k 不得少于 4,在双应力恒加试验情况下,水平数应适当再增加。加速应力水平的确定有一个重要原则,就是在高应力水平下产品的失效机理与在正常应力水平下产品的失效机理是相同的。

其中最低应力水平 S_1 应选取接近实际工作应力水平的量值,以提高由其试验结果推算正常应力水平下的寿命特征的准确性;最高应力水平 S_k,则应尽量选取稍低于产品失效极限的量值,这样既能在不改变产品失效机理的前提下试验,又能达到最佳的加速效果。应力水平之间一般有 3 种间隔分配方法:

(1)k 个应力水平按平均间隔取值。这种方法通常用在选取载荷、速度、功率等作为加速应力的机械系统试验上,这也是最常用的分配方法。

(2)在选取温度作为加速应力 T 时,k 个加速应力水平 $T_1 < T_2 < \cdots < T_k$ 可按它们的倒数等间隔取值,即

$$T_j = \left[\frac{1}{T_1} - \frac{j-1}{k-1} \left(\frac{1}{T_1} - \frac{1}{T_k} \right) \right]^{-1} \qquad (7-18)$$

(3)在选取电压、电流等作为加速应力 T 时,k 个加速应力水平可按它们的对数等间隔取值,即

$$T_j = \exp\left[\ln v_1 + \frac{j-1}{k-1} (\ln T_k - \ln T_1) \right] \qquad (7-19)$$

7.3.2.3　试验样品的选取和分组

每一个加速应力水平要做一组寿命试验,即加速应力水平数为 k 时,就要做 k 组寿命

试验。设在应力水平 S_i 下,投入 $n_i(i=1,2,\cdots,k)$ 个产品,那么整个恒定应力加速寿命试验所需的样品总数为 $n=n_1+n_2+\cdots+n_k$。

选取 n 个样品时,必须在同一批产品中随机地抽取。然后将这 n 个样品随机地分为 k 组,使第 i 组有 n_i 个样品,每组样品数 n_i 可以相等,也可以不相等。在不相等的情况下,低应力水平组的试样数不应低于高应力水平组的试样数。

7.3.2.4 确定测试周期

为了缩短试验时间和节约试验费用,通常采用截尾寿命试验方法。一般要求每组试验的截尾数 r_i,占该组样品数 n_i 的 50% 以上,且应使 $r_i \geqslant 5(i$ 为试验分组数),以保证统计分析的准确度。

7.3.2.5 试验停止时间的确定

最好能做到所有试验样品都失效,这样统计分析的精度高,但是对于不少产品,要做到全部失效会导致试验时间太长,此时可采用定数截尾或定时截尾寿命试验,但要求每一应力水平下有 50% 以上样品失效。如果确实有困难,至少也要有 30% 以上样品失效,否则统计分析的精度较差。

7.3.2.6 加速模型

加速寿命试验的基本思想是利用高应力下的寿命特征去外推正常应力水平下的寿命特征。实现这个基本思想的关键在于建立寿命特征与应力水平之间的关系。这种关系称为加速模型,又称为加速方程。寿命特征(常用中位寿命、平均寿命、某一个 p 分位寿命)与应力之间的关系常是非线性的。但是可以通过适当的变换,如对数变换、倒数变换等将这种非线性关系变成线性关系。由于线性关系不仅容易拟合,而且方便外推,所以便于工程使用。因此在建立特征寿命与应力之间的关系时,应尽量使之线性化。在此简单地介绍两种广泛使用的加速模型。

1. 阿伦尼斯模型

在加速寿命试验中用温度作为加速应力是常见的,因为高温能使产品(如电子元器件、绝缘材料等)内部加快化学反应,促使产品提前失效。阿伦尼斯在 1880 年研究了这类化学反应,在大量数据的基础上,提出如下加速模型

$$\varepsilon = A\mathrm{e}^{E/KT} \tag{7-20}$$

式中 ε——某寿命特征,如中位寿命、平均寿命等;

  A——正常数;

  E——材料激活能;

  K——波尔兹曼常数;

  T——绝对温度,它等于摄氏温度加 273。

式(7-20)称为阿伦尼斯模型,它表明,寿命特征将随着温度上升而按指数下降,对此模型两边取对数,可得

$$\ln\varepsilon = \ln A + E/KT \tag{7-21}$$

阿伦尼斯模型表明,寿命特征的对数与温度的倒数呈线性关系。

2. 逆幂律模型

在加速寿命试验中采用电应力(电压、电流、功率等)与机械应力(应力、应变、应力循环次数等)作为加速应力也是常见的。譬如,加大电压亦能促使产品提前失效,加大载荷能够加速材料破坏。产品的某些寿命特征与应力有如下的关系

$$\varepsilon = AV^{-c} \tag{7-22}$$

式中 ε——某寿命特征,如中位寿命、平均寿命、特征寿命等;

A——正常数;

C——与激活能有关的正常数;

V——应力。

式(7-22)称为逆幂律模型,它表示产品的某寿命特征是应力 V 的幂函数。对式(7-22)两边取对数,就可将逆幂律模型线性化,即

$$\ln\varepsilon = \ln A - c \ln V \tag{7-23}$$

在逆幂律模型中,寿命特征的对数与应力的对数呈线性关系。

例 7-2 第一组 10 个试件在应力水平为 300 MPa 下进行试验,直到全部试件失效。第二组 10 个试件在 180 MPa 下进行试验,在第 5 个装置发生失效后停止试验。试验结果如下:

第一组试件的加速寿命(10^6 次)分别为 2.3,3.1,4.0,4.9,5.5,6.4,7.5,3,10.1,11.9;

第二组试件的加速寿命(10^6 次)分别为 8.8,10.5,13.7,17.8,22.1。

试确定这些试件在应力水平为 90 MPa 下使用寿命的最小期望值。

解:对于机械应力采用逆幂律模型,寿命特征 ε 取最小加速寿命值,则有

$$\frac{\varepsilon_{180}}{\varepsilon_{300}} = \frac{8.8}{2.3} = \left(\frac{300}{180}\right)^c$$

解得 $c = 2.62$。

因此得到应力水平 90 MPa 下的最小寿命为

$$\varepsilon_{90} = \varepsilon_{300}\left(\frac{300}{0}\right)^c = 2.3 \times 10^6 \times 23.47 = 53.97 \times 10^6 \text{(次)}$$

习　　题

1. 已知某组样本寿命属于指数分布,估计它的平均寿命约为 2 000 h,希望在 1 000 h 左右的试验中,能观测到 $r = 8$ 个失效,试问应投试多少样本?

2. 已知某产品寿命分布为指数分布,试作无替换定数截尾寿命试验。规定 $n = 20$,$r = 5$,测得 5 个失效时间(h):$t_1 = 26$,$t_2 = 64$,$t_3 = 119$,$t_4 = 145$,$t_5 = 182$。求平均寿命 T、失效率 λ 在 $t = 50$ h 的可靠度 $R(50)$ 的估计值。

第8章 可靠性控制工程

8.1 概　述

随着科技的不断发展,设备技术的要求也越来越高。在如今的市场竞争中,产品的质量和可靠性是企业获得竞争优势的关键因素之一。因此,实施有效的质量和可靠性控制是保证产品的质量和可靠性的基础。产品在设计完成后,只是有了内在的可靠性,但产品生产制造过程中若无适当的质量控制或可靠性控制措施,就会引起可靠性退化现象。因此,必须加强产品生产全周期的可靠性控制和管理。

保障产品的可靠性就是预防产品在使用中发生随机失效。要预防随机失效,使其发生概率小到可以忽略的程度,只能依靠系统、周密的控制,也就是可靠性控制。可靠性控制要考虑到产品整个寿命周期的所有环节,即从开始研制到使用期终了的所有环节。可靠性控制计划是产品研制生产计划的一部分,制订可靠性控制计划时需要考虑的一般因素如下:

(1)产品生产加工过程中的可靠性控制;

(2)产品生产全周期过程中的设备可靠性控制;

(3)产品交付后使用过程和维修过程的可靠性控制。

在产品设计完成后,为了在后续的生产、检测、运输、配件采购、使用及维护过程中,保证产品的使用可靠性接近其固有可靠性的控制方法,称为可靠性控制工程(Reliability control engineering)。可靠性控制的目的是通过采取一系列的措施,提高产品的可靠性性能。通过可靠性分析、可靠性测试和可靠性改进等措施,企业可以降低产品的故障率和维修率,提高产品的可靠性。

可靠性管理是从系统的观点出发,对产品寿命全周期中的各项可靠性控制活动进行组织协调,利用统计分析的方法,建立产品可靠性数据管理系统,对产品数据进行分析处理和交流反馈,以实现既定的可靠性目标。

8.2　产品生产制造可靠性控制

可靠性控制是在生产制造过程中确保产品质量和稳定性的关键要素之一。实施可靠性控制措施可以降低产品生产过程中出现错误和缺陷的风险,保证产品符合预期的性能指标和规范要求。产品生产制造过程中的可靠性控制主要分为两个方面:一是产品生产工艺过程,二是产品加工工艺过程。

产品生产工艺过程涉及多个步骤和工艺,通过机械加工的方法,如切削、车削、铣削、磨削、铸造、锻造、冲压、焊接等步骤将毛坯加工装配成达到目标质量和性能的产品。产品生产工艺过程的可靠性控制是从产品的整个生产周期着手,对产品加工方案、加工设备和产品检测等环节进行可靠性分析,以改善产品的工艺质量。而产品加工工艺过程通常是针对产品中的某个零件加工工艺过程中具体的某道工序而言,零件的多个加工工艺过程一同构成零件的生产工艺过程,而所有的零件经过装配和检测成为可靠性得到保证的产品。

产品生产工艺过程应该以最短的时间和最小资金消耗来满足产品技术条件。工艺过程参数同可靠性的关系是极其复杂的,并且可靠性同工艺过程要求——生产率和经济性往往是有矛盾的。产品生产工艺过程按照技术条件的要求规定了生产工序的种类、顺序和工序结构,还包括加工规范和加工方法等。这些内容决定了工艺过程的输出参数——产品精度、表面质量、机械性能等,即产品的质量参数。而可靠性指标不取决于工艺过程的输出参数,只同产品的使用性能:耐磨性、疲劳强度、耐腐蚀性、耐热性等有关。产品的使用性能与质量指标的关系是很复杂的。首先,机器工作能力的耗损过程是随机性的;其次,由于大多数工艺过程和伴生现象的复杂性,真正影响产品性能的工艺过程参数未必能显露出来。工艺过程的完善程度往往决定了可靠性能够达到何种水平,因为设计要求的可靠性是在制造过程中给予保证的。工艺方法对于保证可靠性的作用,也同设计和使用一样,有决定性的意义。

产品加工工艺过程是一个复杂的动态过程,包括加工设备、夹具、刀具、检测设备、加工对象及工艺操作控制人员等。以机械加工过程作为研究对象,分析其对产品可靠性的保障能力,其不同于普通产品,无论是研究对象还是分析内容都具有其特殊性,因此相关的可靠性概念不能简单地采用通常的系统可靠性定义,而需要根据对其规定的功能来加以定义。参考可靠性的通用定义,结合机械加工过程的特点,将机械加工的工艺可靠性定义为:机械加工过程在规定的条件下和规定的时间内,保证加工出来的产品达到规定的可靠性水平的能力。

机械加工的工艺可靠性是一个比较抽象的概念,对一个具体的加工过程,要全面客观地评价其工艺可靠性水平,这就要求在理解机械加工过程功能的基础上,确定评价加工过程保障产品可靠性能力的定量指标。机械加工过程的工艺可靠性是产品设计可靠性的延伸,是产品可靠性的重要保证。工艺可靠性应与产品开发过程的其他要求(如产品的功能、性能指标、质量、可制造性、维修性、生产成本、生产周期和环境等)全面考虑、综合权衡、统一协调。工艺可靠性工作应与其他工作有效结合起来,做到信息互通、资源共享,以避免矛盾、减少重复、提高效率、节约经费等。

8.2.1 工艺可靠性

工艺可靠性是指保证工艺过程合乎技术要求的可靠程度。它不仅保证产品品质,而且还保证生产率。工艺可靠性是个动态过程,包括加工精度、工艺稳定性、最后工序可靠性及工艺遗传性等问题。评定工艺可靠性指标,同评定其他任何系统可靠性指标是一致的。在这种情况下,工艺可靠性是工艺过程无故障的概率。工艺系统的故障可能是逐渐发生的(同设备、工具、工装和检验工具的磨损过程,温度引起的变形,化学作用等有关),或突然发生的(同调整工、检验工的过失,毛坯或配套产品有缺陷而不充分检验等有关)。依据工艺可靠性的定义,提出如下指标来评价生产制造的工艺可靠性。

8.2.1.1 工艺可靠度

工艺可靠性研究的目的就是分析和控制机械制造过程、保障产品可靠性的能力。因此需要一个总体指标——工艺可靠度,来描述机械制造过程,保证产品生产满足技术规范要求的程度,它是工艺可靠性的概率度量。

工艺可靠度可用 $R(t) = P(T > t)$ 来表示,其中时间 T 表示产品生产满足技术规范要求的持续时间。对产品生产满足技术规范要求是指机械制造过程保障产品的可靠性符合技术要求并能够按进度完成加工任务。

设产品制造的工艺可靠性由 n 个关键孔位特征的加工过程来保证,当且仅当这 n 个孔位特征的加工过程均不发生工艺故障时,加工过程才能够保证其工艺可靠性符合要求,或只要一个关键孔位特征的加工过程发生工艺故障,则生产过程会发生工艺故障,这时加工过程是由 n 个关键孔位特征的加工过程构成的工艺可靠性串联系统。令第 i 个关键孔位特征的加工过程保证加工误差在规定范围内的时间为 X_i(也即出现工艺故障的时间),其完成任务所需时间为 t_i,则该加工的任务可靠度为 $P_i = P\{X_i > t_i\}$,即为第 i 个关键孔位特征的加工过程满足工艺规范要求的概率。

设整个机械制造过程保证产品的可靠性指标符合要求的加工时间为 X,其完成任务时间为 t,则整个机械制造过程的工艺可靠度为 $P(t) = P(X > t)$。如果 n 个关键孔位特征的加工过程互不相关,即 $X_1, X_2, \cdots, X_n$ 相互独立,那么以下关系式成立:

$$P(t) = P(X_1 > t_1, \cdots, X_n > t_n) = \prod_{i=1}^{n} P(X_i > t_i) = \prod_{i=1}^{n} P_i(t_i)$$

孔位特征的加工过程可靠性框图如图 8-1 所示。

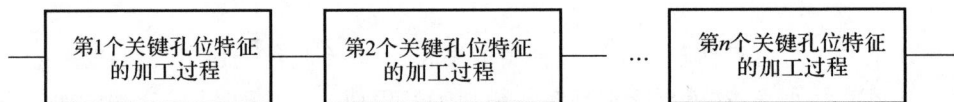

8-1　孔位特征的加工过程可靠性框图

例 8-1　以两个孔位特征的加工过程组成的工艺过程为例,若两个加工过程出现工艺故障的时间都服从指数分布且相互独立,求该机械制造过程的工艺可靠度,并分析加工过程和工艺可靠性的关系。

解:第一个孔位特征的加工过程能够在 X_1 时间内保证该孔位特征的加工符合工艺规范的要求,则 X_1 服从参数为 λ_1 的指数分布,那么当第一个孔位特征的加工过程完成当前任务的时间为 t_1 时,其任务可靠度为 $P_1(t_1) = e^{-\lambda_1 t_1}$。同理,第二个孔位特征的加工过程的任务可靠度为 $P_2(t_2) = e^{-\lambda_2 t_2}$,则该机械制造过程的工艺可靠度为 $P(t) = \prod_{i=1}^{2} e^{-\lambda_i t_i}$。

从上述分析可知,当孔位特征的加工过程互不相关时,机械制造过程的工艺可靠度等于各加工过程任务可靠度的乘积,由此可见,机械制造过程涉及的关键孔位特征加工过程越多,工艺可靠性越低。

8.2.1.2　工艺故障发生率

一旦制造过程发生了工艺故障,无论是加工完成后产品的可靠性达不到规定要求的"软故障",还是制造设备自身出现的影响其完成加工任务的"硬故障",势必影响加工任务的顺利完成,为生产商带来损失。因此,制造过程中应该尽量避免工艺故障的发生。在生产实践中,由于多种因素的影响,所以工艺故障总是不可避免的,但是对一个工艺可靠性水平令人满意的机械制造过程来讲,其工艺故障的发生必然较少。工艺故障发生率这个指标用来评价一个制造过程发生工艺故障的频度。

工艺故障发生率即机械制造过程发生工艺故障的故障率。作为衡量机械制造过程发生工艺故障的评价指标,工艺故障发生率是机械制造的工艺可靠性研究的重要指标。工艺故障发生率的指标分为工艺故障发生强度和工艺故障瞬时发生率。

工艺故障发生强度:是一种统计平均故障率,反映了机械制造过程在单位时间内发生工艺故障的强度,采用与可修复系统故障强度函数类似的度量方法,在时刻 t 的工艺故障发生强度 $h(t)$ 定义为

$$h(t) = \lim_{\Delta t \to 0} \frac{E(\Delta N(t))}{\Delta t} \tag{8-1}$$

式中　$N(t)$——时间 $[0,t]$ 内发生故障的次数,它是一个随机变量。

因此,时间 $[t, t+\Delta t]$ 内发生故障的次数 $\Delta N(t)$ 也是一个随机变量,$E(\Delta N(t))$ 表示 $\Delta N(t)$ 的期望。与常用的可修复系统类似,在考虑维修对故障率可能的影响时,工艺故障发生强度仅代表统计平均故障率,不能反映制造过程实际运行中故障率的局部变化。

机械制造过程在时刻 t 的工艺故障瞬时发生率 $\lambda(t)$ 定义为:机械制造过程运行到时刻 t 后在单位时间内发生工艺故障的概率,即

$$\lambda(t) = \frac{p(t < T < t + \Delta t \mid_{T > t})}{\Delta t} \tag{8-2}$$

式中　T——机械制造过程在无工艺故障条件下的运行时间。

8.2.1.3　工艺故障平均维修时间 T_P(PFMTTR)

工艺故障平均维修时间 T_P 的计算同样采用一段时间内的统计概念,其度量方法为:在规定的任务时间内和规定条件下,机械制造过程发生工艺故障后调整为正常状态的平均时间,表示为机械制造过程发生工艺故障后的维修时间之和与发生工艺故障次数的比值。设在规定的时间内(一般指制造任务时间),制造过程发生了 n 次工艺故障,每次工艺故障的维修时间分别为 $T_i(i=1,2,\cdots,n)$,则

$$T_P = \frac{\sum_{i=1}^{n} T_i}{n} \tag{8-3}$$

T_P 反映了制造过程对工艺故障的修复能力,值越小说明修复能力越强。

8.2.1.4 工艺稳定性

工艺稳定性通过综合工序能力指数来衡量。工序能力一般采用工序质量特性值分布的分散性特征来度量。设某孔加工工序的质量特性值 X 的数学期望为 μ,标准差为 σ,孔位特征的标称值为 M,则其工序能力为 $B=6\sigma$。在大批量生产的条件下,孔位特征值 X 服从正态分布,X 落在 $(\mu-3\sigma,\mu+3\sigma)$ 区间内的概率为 99.73%。显然 B 越小,工序能力越强。令 T 表示产品孔位特征值的规定要求即公差范围,则工序能力指数 C_P 的计算公式如下:

$$C_P = \frac{T}{6\sigma} \tag{8-4}$$

工序能力指数 C_P 用于衡量工序能力满足规定质量要求的程度。作为评价工序对技术要求满足程度的指标,值越大说明工序能力越强,越能够满足技术要求。

但式(8-4)给出的工序能力指数的定义只能对工序加工过程中的波动进行评价,不能反映工序对加工精度要求的满足情况。因此,引入偏移系数 $k=2|\mu-M|/T$ 反映工序的分布中心与标准要求的偏离程度,从而工序能力指数 C_{Pk} 的计算公式如下:

$$C_{Pk} = (1-k)C_P = \frac{T-2|\mu-M|}{6\sigma} \tag{8-5}$$

工序能力指数 C_{Pk} 从工序的加工精度和加工波动两个方面反映了工序能力对孔位特征加工要求的满足程度,即该工序加工的稳定程度。表 8-1 所示的工序能力评价表对工序能力指数反映出来的工序能力的等级评价。由 C_{Pk} 的计算结果对照表 8-1,可以对单道工序的工序能力进行评价。

表 8-1　工序能力评价表

等级	工序能力指数 C_P	工序评价
特级	$C_P > 1.67$	工序能力过于充分
一级	$1.67 \geqslant C_P > 1.33$	工序能力充分
二级	$1.33 \geqslant C_P > 1$	工序能力尚可
三级	$1 \geqslant C_P > 0.67$	工序能力不足
四级	$C_P \leqslant 0.67$	工序能力严重不足

一般产品都需要经过多道工序的加工才能完成,因此为了评价机械制造过程的整个工艺路线在产品加工过程中的稳定程度,需要将各道工序的工序能力指数综合起来生成机械制造的综合工序能力指数。设工艺路线由 n 道工序组成,令 C_{Pk_i} 表示第 i 道工序的工序能力指数。首先根据不同工序在产品特征的生成过程中的不同贡献,设置所有工序的权重集为

$$\left\{ w_i \,\Big|\, \sum_{i=1}^{n} w_i = 1, w_i > 0, i = 1, 2, \cdots, n \right\}$$

则定义机械制造过程的综合工序能力指数为

$$C_{sp} = \sum_{i=1}^{n} w_i C_{Pki} \qquad (8-6)$$

综合工序能力指数 C_{sp} 从整个工艺路线的角度出发,根据不同工序的作用大小来综合评价机械制造过程在加工产品的过程中工艺的稳定程度,即制造过程对产品加工的规范要求的满足程度。

8.2.1.5　产品可靠加工效率

产品可靠加工效率即机械制造过程加工符合可靠性要求产品的效率。参照全员生产维护(TPM)对设备综合效率(OEE)指标的定义,定义机械制造过程的可用度 h 为

$$h = \frac{T_{Pa} - T_f}{T_{Pa}} \qquad (8-7)$$

式中　T_{Pa}——产品计划运行时间;

　　　T_f——产品不能运行时间。

计划运行时间 T_{Pa} 执行一项生产任务的计划运行时间,不能运行时间 T_f 是由于工艺故障、设备调整和换装夹具等造成的制造过程在计划运行的时间内不能运行的时间。制造过程的实际运行时间为计划运行时间和不能运行时间之差,即可用度的分子部分。

定义性能效率(performance efficiency) E_P 为

$$E_P = \frac{N}{T_{Pb}} \qquad (8-8)$$

式中　N——产品生产数量,生产数量是指任务周期内的产品生产数量;

　　　T_{Pb}——产品实际运行时间。

定义可靠性通过率(quality rate) P_q 为

$$P_q = \frac{N - N_d}{N} \qquad (8-9)$$

式中　N——生产数量;

　　　N_d——可靠性不达标数量。

可靠性不达标数量是指生产的产品中可靠性指标不能达到要求的数量。因此,为了评价机械制造过程加工符合可靠性要求产品的效率,定义可靠产品加工效率(overall equipment effectiveness) E_e 为

$$E_e = h E_P P_q \qquad (8-10)$$

通过可靠产品加工效率这个指标,可以评定机械制造过程在一定时间(例如一个任务周期、一天或一个月)内加工完成的产品符合可靠性要求的能力。

8.2.2　生产工艺对可靠性的影响

一般说来,生产工艺由生产制造加工方法、设备、工序、作业标准(规程)、检测方法等要素构成。同一种产品往往可采用各种不同的工艺制造,不同的工艺其构成要素的参数表述不同,对产品可靠性影响的作用也会有所不同。生产工艺对可靠性指标的作用与影响示意图如图 8-2 所示。

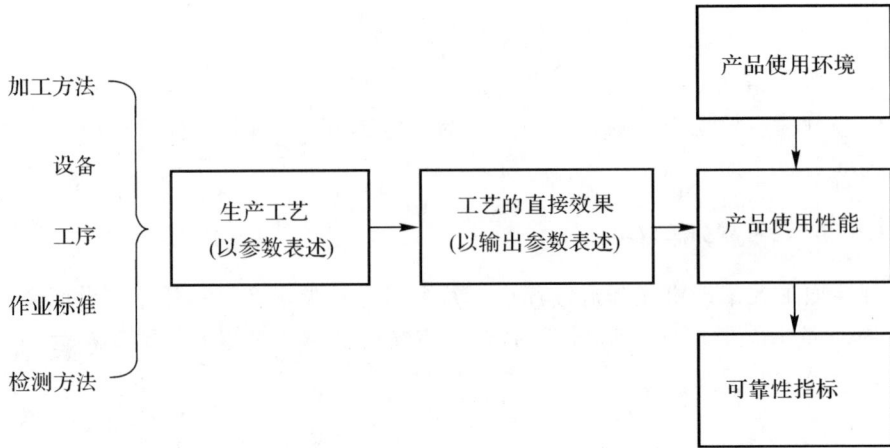

图 8-2 生产工艺对可靠性指标的作用与影响示意图

机械加工工艺可靠性是产品质量与性能可靠性的重要保障。研究显示,影响机械加工的工艺可靠性因素主要是由于机械加工误差造成的。机械加工误差包括毛坯零件定位的误差、毛坯零件自身材料加工的误差、夹具的误差、刀具的误差以及机床的误差,其中机床误差中主轴误差是影响机器零件加工误差的主要因素。

8.2.2.1 定位误差

机械加工工艺中产生的定位误差是由于机器设备中的零件在加工时,设计基准与定位基准未吻合导致的。定位误差的衡量方式一般是采用毛坯零件定位面与定位基准之间是否存在缝隙,或者是定位符自身的误差造成毛坯零件的晃动程度。定位误差与机械加工方法有着直接的关系,并且在使用调整法加工毛坯零件时更会产生定位的误差。

以薄板零件装配为例,其加工过程失效原因主要有两方面:一是定位销本身发生故障,如定位销磨损导致产品装配质量达不到规定要求;二是定位孔加工质量不足,引起定位误差。由此可得,定位过程工艺系统的可靠度 $R(t)$ 由两部分构成,即

$$R(t)=P(T>t)=R_f(t)R_q(t) \tag{8-11}$$

式中 P——概率形状参数;

T——定位销的寿命;

$R_f(t)$——系统结构可靠度;

$R_q(t)$——面向装配质量的可靠度。

对薄板零件进行定位与夹紧。在装配过程中,使用两个定位销,每个定位销的故障相互独立,则在整个装配过程中,由定位销故障引起的结构可靠性可用下式描述:

$$R_f(t)=\prod_{i=1}^{2}R_{fi}(t) \tag{8-12}$$

式中 R_{fi}——定位销 P_i 的结构可靠度。

对每一个定位销而言,其寿命 T_i 是一个随机分布,假设寿命 T_i 服从指数分布,因此单个定位销结构可靠度表述为

$$R_{fi}(t) = P(T_i > t) = \exp(-\lambda_i t) \qquad (8-13)$$

式中　λ_i——定位销 P_i 的故障率。

在装配过程中，λ_i 不仅受到定位销自身质量的影响，而且受零件孔的加工质量的影响。这是由于不同的零件孔尺寸，在装配过程中会产生不同的接触力，而且定位销受力频繁改变，更容易引起疲劳破坏和螺栓松弛。定位销故障率 λ_i 可由下式表示：

$$\lambda_i = \lambda_{0i} \exp(\tau\sigma) \qquad (8-14)$$

式中　λ_{0i}——不考虑零件孔的影响下定位销的初始故障率；

　　　σ——零件孔的标准差；

　　　τ——校准系数。

综上得出薄板装配工艺系统结构可靠性模型为

$$R_f(t) = \prod_{i=1}^{2} \exp(-\lambda_{0i}t \cdot \exp(\tau\sigma)) \qquad (8-15)$$

8.2.2.2　毛坯零件误差

在对毛坯零件进行机械加工时，毛坯件的硬度低于机床、夹具与刀具的硬度，因此毛坯零件在进行切割加工时更容易出现变形的现象，进而影响了毛坯零件的加工精度。不同的机械加工方式对毛坯零件的影响程度和变形程度也存在差异。因此在机械加工毛坯零件时，切割力度的变化对毛坯零件的误差的产生有较大影响。

8.2.2.3　夹具误差

夹具的主要功能是将等待机械加工的毛坯零件与机械加工用具、刀具夹于正确的位置，夹具的过松或过紧都会产生不同的工艺效果，因此夹具对毛坯零件机械加工的结果有一定程度的影响。

夹具的定位质量是评价夹具性能的重要指标，它直接影响工件的装夹质量和工件后期的加工质量。工件在夹具中实际位置与理想位置的偏差就是定位误差。理想的定位位置是指工件的加工表面相对于加工坐标系处于正确的位置。造成夹具定位误差的主要原因是工件毛坯的尺寸误差和夹具定位元件的尺寸误差，具体体现在：

（1）工件毛坯制造过程中形成的尺寸误差。毛坯与毛坯之间存在尺寸误差，经过夹具定位之后，不同工件的加工表面之间存在偏移。

（2）夹具定位元件制造过程中形成的尺寸误差，造成工件在夹具中安装时，工件的基准与夹具基准不重合，或者是基准发生偏移。

（3）工件装夹带来的定位误差，在工件上料、机械臂上料和夹爪夹紧过程中，都会使工件产生一定偏移。

8.2.2.4　刀具误差

刀具在机械加工工艺程序上起着至关重要的作用，刀具的误差主要是因为刀具在长期进行机械加工过程中出现磨损，它在对毛坯零件进行切割时对毛坯零件加工后的形状与尺寸产生误差。磨损的影响因素有很多，但主要因素有机床主轴的转速、刀具切削深度、进给速度。刀具误差大小还与所使用的刀具形状也有一定关系,大多数时候使用普通的刀具进行机械加工不会对毛坯零件产生影响,反倒是使用定制尺寸的刀具进行机械加工会对毛坯零件产生误差影响。

8.2.2.5 机床误差

机床包含多个零部件,机床的误差多与各个零部件有关。机床误差包括传动链间的误差、导轨误差以及主轴误差。传动链间的误差是因为传动链在进行制造与装配时出现的误差以及机床长时间使用产生的磨损导致的误差;导轨误差是由导轨在长期使用过程中造成的磨损为主,在制造与安装导轨时产生的磨损占较小一部分;主轴误差是由主轴的同轴度误差、回转误差导致的,并且主轴误差是影响机器零件加工误差最主要的因素。在机床切削加工过程中,切削振动会伴随发生,其振动大小与瞬时切削力、刀具参数、机床固有特性参数等相关。切削振动的产生会对工件表面加工质量以及切削加工过程的平稳性产生影响。

数控机床各项误差可分为静态误差和动态误差,并且误差的分布具有随机项,属于不确定性变量。工件定位误差总在某个范围内波动,通常符合随机离散分布。因此,数控机床铣削加工精度也具有不确定性。

设 δ 为数控机床铣削加工的最大容许误差,则加工精度可靠性模型为

$$G(X,t)=|\Delta E|-\delta \tag{8-16}$$

式中　X——随机变量集合。

这里主要考虑数控机床夹具定位误差对加工精度的影响,其中可靠性模型中的变量 X 可以表示为工件在空间由平移和旋转引起的中三项误差:

$$X=[\Delta E_x,\Delta E_y,\Delta E_z] \tag{8-17}$$

使用蒙特卡罗方法对工件定位误差分布求解。蒙特卡罗方法是通过对随机变量及其响应值的大量抽样来统计求解问题近似解的模拟实验的方法。利用蒙特卡罗方法,对工件定位位姿误差进行抽样试验,通过判断其是否满足约束方程,保留满足条件的随机数,得到工件位姿的实际误差分布。使用蒙特卡罗方法求解的具体步骤如下:

(1)确定工件位姿误差的抽样模型。在对误差进行具体求解时,一般采用统计学中的随机变量及其概率分布来描述误差分布。定位误差一般为正态分布,其分布函数为

$$\varphi(x)=\frac{1}{\sigma\sqrt{2\pi}}\exp\left[\frac{-(x-u)^2}{2\sigma^2}\right],\quad -\infty<x<+\infty,\ \sigma>0 \tag{8-18}$$

式中　u——算术平均值;

　　　σ——均方差;

　　　x——变量。

在抽样模型中,抽样的范围为定位误差区间变动范围,从而建立抽样模型参数与公差的关系。据此确定工件 $\Delta x,\Delta y,\Delta z$ 三项误差抽样模型的均值和标准差。

(2)按概率分布函数对定位误差参数进行抽样。

(3)将抽样参数代入约束不等式进行判别,将满足约束条件的样本保留,即可得到工件的定位误差分布。

根据运动精度可靠度,即在一定条件下和时间范围内,机械结构传动系统输出最终运动

误差在允许误差范围内的概率,设数控机床加工过程在某一点的空间误差表征为 ΔX,相应误差允许范围为 $[\delta',\delta'']$,运动精度可靠度可以表示为

$$R=P,\quad \delta'\leqslant\Delta X\leqslant\delta'' \tag{8-19}$$

由加工误差对工艺可靠性的影响可知,优良的工艺方法是生产过程中可靠性增长的保证。众所周知,产品在生产与使用过程中又常会有许多随机事件发生,这就使直接辨识或定量表示生产工艺对可靠性指标的影响有相当困难,但可以把工艺引起的故障原因分析归类,如图 8-3 所示。

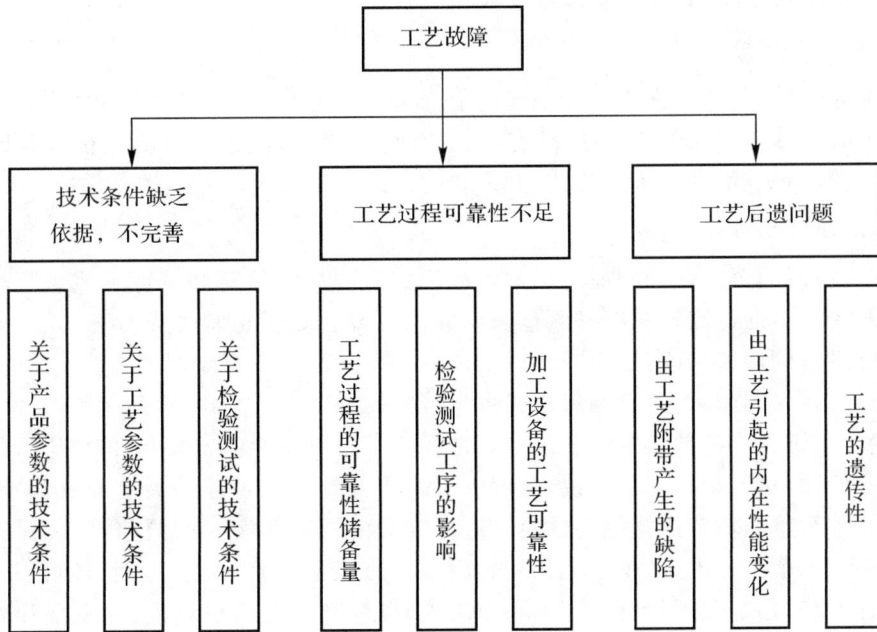

图 8-3　工艺引起的故障原因分析归类

第一类是对产品参数的技术条件没有根据,工艺文件不完善,主要分为 3 部分:一是加工过程不能满足产品设计时要求的技术参数要求,加工后得到的产品参数和设计参数不一致;二是加工工艺流程安排有问题或者工艺条件没有完全按照加工规范,没能考虑各工序的顺序、工序结构、加工规范、加工方法等导致产品性能受损;三是检测测试条件没有满足所需的技术指标,得到错误的检验测试结果,影响可靠性评估。

第二类是工艺过程本身可靠性不高,工艺过失造成的故障,主要分为 3 部分:一是工艺过程的可靠性储备量不足,小规模可靠性试验得到的数据不一定适用于大批量实际生产,可靠性指标得不到保证;二是检验测试环节工序的不合理对产品性能的影响;三是加工设备的稳定性问题,加工设备磨损、振动等使得产品加工质量受到影响。

第三类是随工艺过程而产生的残留现象和附带现象所引起的故障,主要分为 3 部分:一是加工过程因加工误差导致工艺质量得不到保证,出现外部缺陷;二是工艺过程使得加工件内部存在残余应力,材料结构发生改变;三是前道工艺的加工误差使得后续工艺加工精度得不到保证。

工艺引起的故障大部分都是生产过程中可靠性退化造成的。因此,可以归纳出在生产工艺方面实行可靠性控制的两大任务。工艺可靠性控制,一部分是控制产品可靠性不发生退化,另一部分是提高产品的固有可靠性。前者主要通过制定与实施产品作业标准,改善生产工艺方法,完善产品工艺结构来实现;后者通过对产品进行产品生产工艺可靠性分析、评审,找出影响产品质量的因素,进而改进设计质量。

8.2.3 生产工艺可靠性控制实施

在生产工艺过程中,可靠性控制的实施可以通过以下几个方面来实现。

1. 设计可靠性控制

在产品设计阶段,必须考虑到产品的功能需求和性能要求,并进行合理的设计。通过使用可靠性设计方法,如失效模式与效应分析(FMEA)、故障模式与效应分析(FMECA)等,可以在设计阶段识别潜在的失效模式,并采取适当的措施来提高产品的可靠性。

2. 生产过程控制

在生产过程中,可靠性控制应包括对产品原材料的质量控制和关键工艺参数和工作环境的监控和控制。通过定期检查和测试来确保生产设备处于正常工作状态,并根据生产数据进行生产过程的调整和改进,以减少因工艺变异而引起的不可预知的失效。首先,需要建立健全的供应链管理体系,确保原材料的质量符合标准要求。其次,对每个生产环节进行详细分析,确定关键工艺参数。关键工艺参数是影响产品质量的主要因素,需要进行仔细的监控和控制。例如,对于某些工艺来说,温度、时间、压力等参数可能是关键参数,需要进行精确的控制。各个生产环节的关键参数应该进行合理的设定和实时的监控,以确保工艺参数能够稳定在可控范围之内,减少因工艺变异而引起的产品质量问题。同时,还可以通过数据分析和统计方法,确定合理的容限范围和控制限,以及建立预警机制,及时发现和处理异常情况。

3. 员工培训和质量管理

员工的技能培训和质量管理是生产过程可靠性控制的重要方面。员工应接受必要的培训,了解产品质量标准和生产工艺要求,并掌握正确的操作技能和工艺控制方法。同时,还可以建立员工技能管理体系,对员工的技能进行评估和跟踪,定期进行培训和考核,以不断提升员工的综合素质和能力。此外,建立完善的质量管理体系,保证各个生产环节都按照质量标准进行操作,及时发现和处理质量问题,确保产品符合规范要求。

4. 验证和验证测试

在生产过程中,需要进行定期的验证测试来确保产品质量和可靠性。通过对产品进行性能测试、可靠性测试和环境适应性测试等,可以评估产品的可靠性和性能指标,并确认产品是否满足规范和标准要求,及时发现和解决潜在的问题。测试针对生产环节检验和整个生产工艺过程中的关键环节和参数,确认生产过程的一致性和稳定性。通过模拟实际使用条件和环境,对产品进行全面的性能测试。通过测试的结果,可以及时发现和解决潜在的问题,改进产品设计和生产过程,从而提高产品的可靠性和性能。

总之,生产工艺过程的可靠性控制是确保产品质量和稳定性的重要手段。通过设计可靠性控制、生产过程控制、员工培训、质量管理以及验证测试等措施,可以降低生产过程中的风险和错误,并确保产品的质量和可靠性。这些措施将有助于提高产品的竞争力和可持续发展能力。生产工艺过程的可靠性控制不仅仅是为了确保产品质量和稳定性,还可以提高生产效率和降低生产成本。如果生产过程中存在频繁的故障和失效,将会导致生产线停机时间增加,生产效率下降,并且需要额外的修复和维护费用。实施可靠性控制措施不仅可以提升产品的品质,还可以提高企业的竞争优势。因此,可靠性控制是产品生产制造工艺过程中不可或缺的一环。

8.3　设备可靠性控制

设备的工艺可靠性是指在规定范围和时间内,设备保持满足工艺过程中与其有关的质量指标数值的性质。它是引起产品可靠性退化的重要因素。设备可靠性控制主要包括三方面:首先是生产设备的工艺可靠性控制;其次是检测设备的工艺可靠性控制;最后是运输设备的工艺可靠性控制。

8.3.1　生产设备的工艺可靠性控制

生产设备的工艺可靠性与其本身的完善程度、自动化水平、工作原理与控制方式等情况有密切联系。

8.3.1.1　生产设备可靠性控制

1. 自动控制的生产设备

自动控制的生产设备,应重视和保证传感器、计算机程序等硬、软件的可靠性,以保证设备的工艺可靠性。通常自动化系统由几种不同类型的子系统、自动化设备和配件组成,并且要求自动化系统和自动化设备的可靠性数据具有一致性。系统的可靠性需要考虑硬件的可靠性,包括接口,通信等。除硬件可靠性外,还可以考虑其他因素,如软件、人为因素、网络安全等。

一般来说,可靠性数据可以从以下几个方面考虑。首先是常见可靠性数据,如 MTBF, MTTF 或 $\lambda(t)$;其次是参考条件,即有关计算系统可靠性的部署条件的信息,如工作时间、暴露时间、工作电压、工作电流、占空比等;最后是参考环境条件,假定为系统环境的参考环境条件的信息,如温度、湿度、压力、腐蚀、振动等。可参照串、并联系统和混联系统的失效率计算方法,进行自动化系统的可靠性控制。

2. 人为操作的生产设备

用来减轻工人劳动强度或弥补工人工作能力的生产设备,因其使用效果取决于工人的技术熟练程度(如手工操作的电焊机等),故其工艺可靠性控制由操作工人素质(如技术水平、工作责任心等)来保证。因此,要重视和强化生产操作工人的质量意识和业务技能培训,制定并坚决实施先进、合理的作业标准,通过人的控制,完成工艺任务的设备装置工艺可靠性。因加工结果与设备装置的调整及工艺参数密切相关,故应明确规定需控制的工艺参数值,严密监控工艺流程或工序,以保证工艺参数值稳定,从而保证这些设备装置的工艺可靠性。

在机械加工过程中,人在制造系统中占据举足轻重的作用。从生产实践的经验来看,人的可靠性对制造系统的可靠性非常重要,在机械加工中,人的失误小则引起产品质量不合格,大则导致设备故障停机甚至造成重大安全事故,造成很大的损失。据统计,制造系统停机故障有 70% 左右是人为失误引起的,并且此数字还在逐年增加。

在机械加工过程中,操作人员产生失误的操作可以分为 3 种,分别是离散型失误操作、连续型失误操作、监查失误,操作人员失误形式如表 8-2 所示。

表 8-2 操作人员失误形式

失误类型	表现形式
离散型失误操作	动作遗漏(遗漏一项必要动作); 动作多余(多余一项不必要动作); 顺序错误(动作顺序错误); 动作不到位(一项动作执行不到位)
连续型失误操作	一定时间内工作没有取得满意结果; 一定时间内工作不能保持满意水平
监查失误	未能及时监查到相应的警告信号; 警告信号的错误反馈动作

在可靠性研究中,把人的作业方式主要分为连续型作业和离散型作业两种,其可靠性模型分别如下:

(1)操作人员连续型作业的可靠性模型。操作人员连续型作业的可靠性建模可以通过可靠性相关理论、运用失误率和操作时间构建可靠度函数,其函数表达式如下:

$$R_{h_1}(t) = \exp\left[-\int_0^t \lambda(t)\mathrm{d}t\right] \qquad (8-20)$$

式中　R_{h_1}——连续型作业时操作人员的可靠度;

　　　t——操作人员连续作业时间;

　$\lambda(t)$——操作人员的失误率。

(2)操作人员离散型作业的可靠性模型。操作人员离散型作业的可靠性模型可以通过总的操作次数和无失误操作次数的比值表示,具体表达式如下:

$$R_{h_2} = \frac{C_r}{C_t} \qquad (8-21)$$

式中　R_{h_2}——离散型作业时操作人员的可靠度;

　　　C_t——总的操作次数;

　　　C_r——无失误操作次数。

8.3.1.2　生产设备可靠性控制措施

1. 可靠性控制措施

为了提高生产设备的稳定性和可靠性,可以采取以下几个方面的质量控制手段和措施。

(1)设备选型。在购买设备时,要选择具有良好稳定性和可靠性的品牌和型号,可以参考用户评价、生产厂家的信誉等因素进行选择。

(2)设备安装与调试。对于新购买的设备,在安装和调试过程中要严格按照厂家的操作手册和要求进行,确保设备可以正常运行。

(3)维护保养。定期进行设备的维护保养是确保设备稳定性和可靠性的重要手段,包括设备的清洁润滑、紧固等工作。同时,要建立设备维护记录,及时发现和解决潜在问题。

(4)检测监控。通过对设备进行定期的检测和监控,可以及时发现设备的异常情况,以便及时采取措施进行修复或更换。可以利用传感器、监控系统等技术手段进行设备状态的实时监控。

(5)培训和管理。对设备操作人员进行培训,提高其对设备的操作技能和质量意识。同时,建立良好的设备管理制度,规范操作流程和作业规范。

(6)过程改进。分析设备运行过程中的问题和故障,找出原因并进行改进。可以采用质量管理工具,如计划—执行—检查—行动(PDCA)循环、故障分析等方法,逐步提高设备的稳定性和可靠性。

2. 生产工艺可靠性控制示例——刮板运输机

以刮板运输机生产为例,其零部件的生产计划包括 3 部分,即下料计划、零件加工工艺的制定和相关生产设备的配备。刮板运输机生产工艺可靠性控制主要有以下几个方面:

(1)原材料可靠性管理。在原材料加工之前,需要按照生产部门的要求,对采购部采购的原材料进行一次质量检验,检验合格才能进行加工。

(2)加工工艺可靠性管理。现在的刮板输送机制造企业,为了保证制造的刮板输送机上面的核心零部件,比如链轮、中部槽、刮板链等部件满足设计可靠性指标,应当重视工艺流程,包括加工设备的状况、加工工艺好坏和操作人员的技术水平等内容。

1)加工工具管理。刮板运输机机械零部件在加工过程中使用的加工工具很多,应当妥善、合理地存放这些工具,这是保证零部件质量的前提,可以采用分级管理来妥善管理这些加工工具。督促员工严格按照工具使用规程使用工具,以防止工具发生意外损坏和非正常损坏;建立健全刀具使用制度,安排专门的人员对刀具的名称、规格、数量、领取及归还情况进行监督与记录,保证刀具顺畅运行,同时避免刀具丢失;定期对刀具进行检查和清点,做好对精密仪器的维护和保养工作等。

2)工人专业素质管理。现代企业遵循"以人为本"的原则,重视人才的培养,在刮板运输机机械系统零部件的生产制造过程中,员工的专业技术水平对产品质量好坏影响很大。

3)加工工艺管理:①在零部件加工前,首先应该检查相关资料是否完整,包括图纸信息、工艺规程等相关技术资料；②机械加工人员应当了解零部件加工要求，熟悉加工工艺和图纸信息，并准备所需测量器具和加工工具；③根据工艺规程准备和检查加工设备，发现问题及时处理；④加工之前，需要再次检查加工材料是否满足设计图纸要求，如果发现被加工件不符合图纸上面的形状、尺寸，或者发现存在明显缺陷的，不能进行加工；⑤加工前熟悉夹具、量具的使用方法和操作规程。

4）加工要求：①粗加工的时候，转折部位适当加大倒圆角、槽深等，以保证加工后的零部件满足设计要求；②在机械加工过程中，应该保持夹具紧固，防止松动导致零部件加工质量下降，同时避免发生安全事故；③零部件在粗加工后、精加工前，应当放置一段时间，保证发生弹性变形的零部件能够自由恢复到变形前的状态。

（3）外购件可靠性管理。为了合理利用资源，很多厂家形成一种"相互帮助"的行为，在刮板运输机生产制造过程中，在装配前必须对外购件进行严格的检验，检验合格的外购件才能进行装配，一般检测方法包括力学性能试验、金相分析和无损检测。

8.3.2 检测设备的工艺可靠性控制

8.3.2.1 设备检测过程

设备检测通常是指运用温度、振动、电流、油液分析、无损检测以及噪声等检测技术，采用各类检测仪器对设备各项指标进行检测，以达到保障设备安全使用的目的。

检测设备用于测量生产过程中工艺参数或检验产品（半成品）的质量状况。检测过程直接影响工艺过程的可靠性，检测不准确既会影响对上道工序工艺可靠性做出正确评估，又影响下道工序的工艺可靠性。因此，检测设备必须按《计测设备的质量保证要求》（ISO10012）配备齐全，检定合格，严格管理。检测设备精度一定要满足工艺参数测量要求，并与其相匹配，量值传递和溯源要保证计量准确、量值可靠。

整个设备检测过程可分为检测前准备阶段、检测过程中阶段、检测后阶段，因此在实施质量管理时要从影响质量的因素入手，进行预防管理。

检测前准备阶段主要包括编制检测方案，明确检测的任务、时间、节点、预期达到的检测目标以及检测质量风险评估等，做到有预案、有分析、有评估。该阶段如果准备不足，可能影响检测过程的实施和开展，存在一定的风险。

检测过程中阶段主要包括分析检测过程中检测人员和设备的状态、识别环境和测量的偏差，尽量避免导致检测质量可靠性低于检测前计划的设计值或预期值。受多重因素的影响，这个阶段的质量分析明显高于检测前准备阶段。

检测后阶段需要及时对检测数据进行处理和分析，合理评价检测数据，科学公正地出具检测报告，这是检测质量的具体体现和结果。此阶段受检测人员的分析水平、检测评价标准的应用以及综合要素的影响，其检测质量风险达到检测全过程的最高点。

作为专业化的设备检测机构和单位，检测质量的好坏直接决定着顾客的评价，影响检测质量的因素主要有人、机、料、法、环、测等 6 大因素：

（1）人员：人员培训不足，现场操作不熟练无法满足检测要求；

（2）设备：检测设备的完好率、设备的检定和校准；

（3）材料：消耗材料不齐全影响检测过程；

（4）方法：检测标准方法未及时查新导致检测项目和数据的偏差；

（5）环境：环境不达标、环境条件不符合检测要求；

（6）测量：检测流程不优化，检测项目不完善从而影响检测质量。

8.3.2.2　设备检测评估

1. 设备检测评估方法

对设备检测过程的质量风险开展分析和评估，主要采取定性和定量评价两种方式。评价风险的 3 个参数：严重度 S（Severity）、频度 O（Occurrence）和探测度 D（Detection），其中严重度 S 表示失效影响的严重程度，频度 O 表示失效起因的发生频率，探测度 D 表示已发生的失效起因或失效模式的可探测程度。S、O 和 D 的评估分别采用 1～10 分制，10 代表最高风险。

等量评级公式：RPN（风险优先数量等级）$= S \times O \times D$。

风险等级（R）是指严重性和可能性结合在一起来评价风险等级，其用公式：$R = S \times O$ 来评价；而风险优先性是将风险等级（R）和可检测性合并在一起来确定风险优先性。

对设备检测质量风险评估采取 FMEA 分析，严重度（S）、发生度（O）和探测度（D）3 者数据之积（RPN）为 FMEA 结果，凡 RPN 值大于一定阈值的风险需要立即采取措施进行处理。对检测设备的检测质量评估分析（FMEA）如表 8-3 所示。

表 8-3　检测质量评估分析（FMEA）

潜在失效模式	潜在失效后果	严重度 S	潜在失效机理	频度 O	现行设计控制	探测度 D	RPN
人员素质	影响检测质量	5	检测项目不达标；检测数据不合格；能力和水平满足不了顾客要求	10	开展技术培训；招聘高素质复合型人才；提升检测人员的综合素质和能力水平	4	200
设备完好率	影响检测质量	3	满足不了现场检测的设备需要；无法检测到真实可靠的数据	5	设备定期检定和校准	3	45
消耗材料不齐全	影响检测质量	3	满足不了检测过程中的材料需要，导致检测中断或滞后等	3	按照检测计划，及时准备齐必需的消耗材料	3	27
检测方法不适宜	影响检测质量	3	在检测现场导致检测项目和数据的偏差，影响后续的检测评价分析	2	加强检测标准方法的查新、培训等	3	18

续表

潜在失效模式	潜在失效后果	严重度 S	潜在失效机理	频度 O	现行设计控制	探测度 D	RPN
环境不合适	影响检测质量	3	检测现场环境温度、湿度不符合检测要求；检测现场其他环境因素满足不了检测需要	0	开展检测现场环境识别和评估	3	0
检测流程不规范	影响检测质量	4	影响检测项目的完整性；导致检测数据的偏差；加大检测设备的损耗；影响检测质量	8	加强检测流程管理和设计；强化检测过程的管理和优化	4	128

RPN 值分布虽然可以提供一些有助于识别风险的参考依据，但它对 S、O、D 三者的权重相等，从而导致了不同组合产生的类似风险数的风险水平没有明显的区别。此时建议使用其他方法，如 $S \times O$ 对类似的 RPN 结果进行优先级排序。

2. 设备检测评估示例——弹药合膛检测

以弹药合膛检测工作过程为例进行检测设备可靠性分析，其检测过程为合膛规通过力传感器安装在皮带传动装置上，并与直线导轨滑动连接，合膛规与安装在架体顶部的配重系统连接，夹具设于架体的底部并位于合膛规下方，皮带传动装置驱动合膛规沿直线导轨上下滑动，从而对安装在夹具上的弹药产品进行测量。弹药合膛检测工作过程如图 8-4 所示。

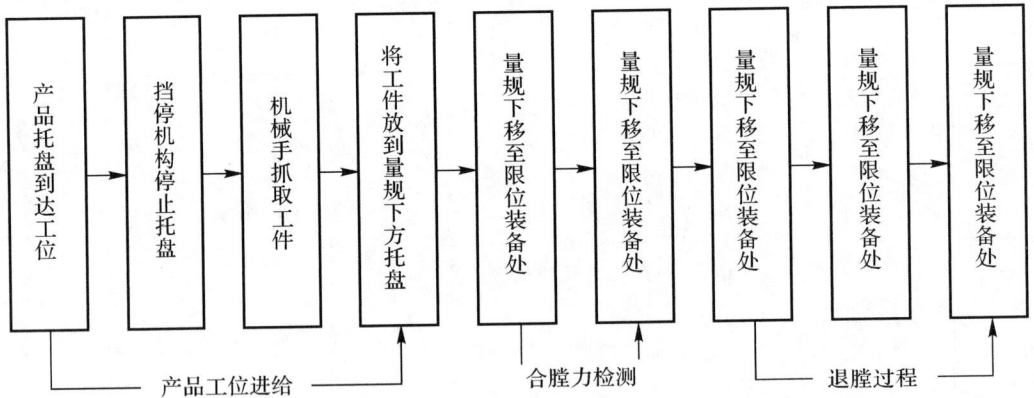

图 8-4 弹药合膛检测工作过程

通过对弹药合膛检测工作过程以及结合自动合膛检测设备在工厂实际运行情况分析，弹药合膛在合膛检测过程中发生检测失效的主要原因有如下几点：①合膛规内壁磨损；②合膛规加工过程中的形状误差；③膛规位置偏移；④温度影响；⑤弹簧弹性下降；⑥传动误差；⑦传感器老化；⑧传感器偏差；⑨工位底面平整度误差；⑩底座中心的偏移。自动合膛检测设备 FMEA 分析如表 8-4 所示。

表 8 - 4　自动合膛检测设备 FMEA 分析

零部件名称	功能	潜在失效模式	测量结果	严重度 S	发生度 O	探测度 D	风险数 RPN
合膛规	测量弹药合膛轴线	合膛规内壁磨损	偏小	6	8	3	144
		合膛规的形状误差	偏大	5	1	2	10
		合膛规位置偏移	偏小	5	3	2	30
		温度影响	失效	2	3	2	12
弹簧	支撑合膛规	弹簧的金属疲劳,使得弹簧弹性下降,对平衡偏差能力下降	偏小	2	3	3	18
皮带	带动合膛规下降	由于皮带磨损形变,啮合松动导致的带传动误差	失效	4	5	2	40
传感器	检测合膛力	长时间使用导致的传感器老化,测量结果失效	失效	7	4	2	56
		测量前调试偏差	失效	7	2	2	28
检测工位底座	放置待检测弹药	底座中心的偏移	偏小	7	2	3	42
		底面平整度误差	偏小	7	6	3	126
导轨	支撑合膛规上下滑动	导轨磨损	失效	3	6	2	36

8.3.3　运输设备的工艺可靠性控制

生产过程中,免不了产品、半成品或零部件的搬运、包装、保管和运输等工序,也就必然要使用一些传递、运输方面的设备。这就要注意和防止振动、冲击、压力及环境等因素对产品可靠性的影响,并加以严格控制,以防止可靠性退化。

最常见的导致产品在贮存、运输过程中可靠性退化的原因可归结为温湿度、振动、冲击。例如,在装卸过程中产品可能受到由于跌落而导致的冲击力;在运输过程中,产品可能由于周围环境的突然变化(如振动、冲击等)而受到损坏。另外,环境的温湿度也会影响某些物品(如药品和图纸等)的质量,可能会导致发霉、掉色等。

1. 产品运输管理

每台产品生产制造出来以后,需要依据设计阶段制定的可靠性指标对产品或部件进行功能检验、性能调试,对于满足设计要求的产品,便贮存起来,以便运输到使用地点进行安装使用。贮存与运输在保证设备可靠性方面非常重要。

(1)贮存管理。产品在运输到企业之前,都要经过一段时间的存放,有数据显示,产品从存放阶段便开始了寿命损耗。为了减缓损耗,必须合理存放,产品零部件贮存管理需要注意以下几个方面:

1)零部件的验收。由于零部件在存放前,已经经过了性能测试,可以省略验收环节,直接入库,存放在厂区库房。如果将新产品存放在买家企业,由于包装运输的原因,加上制造厂家水平差异,在贮存前必须对零部件进行验收,评估可靠性水平,填写验收表,对于验收合格的零部件可以入库。

2)产品机械系统零部件的存放。零部件入库以后,需要合理保存,以便减缓贮存损耗,在存放的过程中,应该注意防潮、防尘、防锈和保温,以避免零部件的老化,从而维持原来的可靠性水平。

(2)运输管理。由于有些产品整机质量大、体积大,不能整机运输,必须拆成零部件方便运输,在这个过程中需要注意:根据运输条件,合理拆卸机器,装配烦琐部件则尽量不拆,遵守运大不运小的原则,对于拆卸下来的零部件,做好标记和详细记录;各零部件包装完好,做到防潮、防震、防撞等;合理选择运输方案,首选水路运输,其次陆地运输,最后是空运,尽量避免颠簸。

2. 货物运输包装可靠性

运输包装可靠性是指包装在规定的条件下和规定的时间内,保持运输货物不受振动冲击而损坏的能力。运输包装的可靠性更多强调的是货物的安全可靠性。对于运输货物而言,货物受到的振动峰值加速度与其脆值息息相关。产品的脆值是一个重要的评价标准,表征物品抵抗冲击激励的强度,又称物品的易损度,一般用字母 G 表示。实际上脆值就是产品在破损失效点上受到的冲击强度值,也就是说脆值是一个临界值。通常脆值用产品激励的最大加速度值与重力加速度的比值来表示,比值越大说明产品抵抗冲击振动的能力越强。通过改进包装结构或者产品材料来提高产品的脆值,可以直接提高运输包装的可靠性。货车在经过脉冲块时产生的剧烈冲击和振动是导致运输货物可靠性受到威胁的最直接原因,当振动的加速度最大值超过运输货物的脆值时,将会导致产品结构或功能上的损坏。对于运输货物可靠性的评价可以参考产品的振动脆值,常见产品的振动脆值,如表 8-5 所示。

表 8-5 常见产品的振动脆值

G 值	产品类型
<10	大型电子计算机、精密校准仪器、大型变压器
10～24	高级精密电子仪器、晶体震荡器、机密测量仪、航空测量仪、导弹制导装置、陀螺仪、惯性导航仪、复印机
25～39	大型电子管、变频装置、电子仪器、普通精密仪器、精密显示器、录像机、机械测试仪表、真空管、雷达及控制系统、大型精密仪器、瞄准仪器
40～59	航空精密零件、微型计算机、自动记录仪、大型电讯装置、电子打字机、办公电子设备、大型磁带录音机、一般仪器仪表、航空附件、一般电器装置、示波器、彩色电视机
60～90	移动式无线电装置、光学仪器、油量计、压力计
90～120	洗衣机、普通钟表、阴极射线管、打字机、收音机、计算器、热交换机、油冷却机、电暖炉、散热器
>120	陶瓷器、机械零件、小型真空管、航空器材、液压装置

设货物的加速度响应为 $A(t)$，货物的脆值用 G 表示，运输的时间为 T，那么定义货物的可靠性可以用货物不发生损坏的概率来表示：

$$P = P\{X(t)_{max} \leqslant G \bigcap X(t)_{min} \geqslant -G, 0 \leqslant t \leqslant T\} \tag{8-22}$$

根据缓冲包装设计的原则，货物在运输过程中是不允许其加速度响应超过脆值的。

$$P = P\{n(G,T) = 0 \bigcap N(-G,T)\} = \exp\left[-\int_0^T [r_G(t) + r_{-G}(t)dt\right] \tag{8-23}$$

式中　$r_G(t)$——加速度响应 $A(t)$ 在单位时间内以正斜率与脆值界限相交次数的期望值；

$r_{-G}(t)$——加速度响应 $A(t)$ 在单位时间内以负斜率与脆值界限相交次数的期望值。

$$r_G(t) = r_{-G}(t) = \frac{\sigma_{\dot{g}}}{2\pi\sigma_g} \exp\left[-\frac{1}{2}\left(\frac{G}{\sigma_g}\right)^2\right] \tag{8-24}$$

式中　σ_g——$A(t)$ 的标准差；

$\sigma_{\dot{g}}$——$\dot{A}(t)$ 的标准差。

联立式(8-22)~式(8-24)可以得到运输包装可靠性的最终计算公式：

$$P(G,-G) = \exp\left[-\frac{T\sigma_{\dot{g}}}{\pi\sigma_g}\exp\left(-\frac{G^2}{2\sigma_g^2}\right)\right] \tag{8-25}$$

3. 重要设备运输过程需要控制的因素

在军用领域，同样也有很多军用设备在装卸和运输过程中，存在类似的破损和失效隐患。例如，在弹药进行运输的过程中，不仅要做到防火防爆，还要控制好整个运输过程中的温湿度，以免由于过热或过湿而致使弹药性能减退或失效；在枪支或精密设备的运输过程中，要特别防止发生碰撞和冲击，一旦发生碰撞，很可能致使相关设备失效（如碰撞致使枪支的瞄准器产生误差，精密设备的某些装置变形），其造成的后果将不堪设想。因此需要对设备装卸运输过程中的环境参数进行测试，通过读取和分析这些数据，得出该设备或装置在该次装卸运输过程中受到了什么样的环境力（如冲击、振动等），由此推测出该装置性能减退甚至失效的可能性，进而避免由于军用设备误差造成的不可估量的损失。

对于特殊设备，需要使用装卸运输测试系统对其运输过程进行数据记录，将其安装在设备的包装箱内部，与设备都固定于包装箱内，由于刚性连接不产生相对位移，所以能够感受与包装箱相同的冲击、振动以及温湿度。

包装箱在装卸时，无论是机械还是人工，都有可能因为人的疏忽或者其他非人为的偶然因素造成包装箱跌落或与其他物件碰撞，致使包装箱受到冲击。其所受冲击的大小除了包装的缓冲装置和接触面的材质外，主要取决于包装箱的重量和跌落的高度。据统计，冲击加速度同包装件的重量有如下关系：

高冲击值

$$G_{\mathrm{H}} = 801W^{-0.704} \tag{8-26}$$

中冲击值

$$G_{\mathrm{M}} = 203W^{-0.306} \tag{8-27}$$

低冲击值

$$G_{\mathrm{L}} = 53.2W^{-0.100} \tag{8-28}$$

式中 G——冲击加速度值；

W——包装箱重量。

据统计，人工装卸时的跌落加速度通常在 $10g$ 左右（g 为重力加速度），相关资料显示，包装箱正常装卸中的冲击值如表 8-6 所示。非正常机械装卸，即机械装卸时发生跌落或碰撞时，对同一包装箱而言，其跌落冲击加速度与以下参数有关：跌落高度和姿态、碰撞的地面状况。

表 8-6 包装箱正常装卸中的冲击值

类别		包装箱所受冲击值
卡车装卸	卡车装载作业	$0.9g \sim 42g$
港内货船装卸	叉车装卸作业	$1.1g \sim 45g$
	堆装作业	$4.0g \sim 50g$
	装船作业	$2.0g \sim 60g$
	移动作业	$15g$（最大值）
	装运作业	$3.5g \sim 50g$

另外，在运输过程中，由于路况和驾驶状况的不同，包装箱会受到不同程度的振动。通过测试，包装箱在运输过程中受到的振动情况如表 8-7 所示。

表 8-7 包装箱运输过程中的振动情况

运输工具	车速 $/(km \cdot h^{-1})$	上下方向		左右方向		前后方向	
		加速度峰值 $/(m \cdot s^{-2})$	振动频率/Hz	加速度峰值 $/(m \cdot s^{-2})$	振动频率/Hz	加速度峰值 $/(m \cdot s^{-2})$	振动频率/Hz
载重卡车	55（路况差）	2.8	2～50	1.5	8～50	0.7	8～50
	55（路况好）	2.0	2～50	1.3	8～50	0.5	8～50
	30（路况差）	2.4	2～50	1.4	8～50	0.6	8～50
	30（路况好）	1.8	2～50	1.2	8～50	0.5	8～50
货运火车	70	5.0	2～80	4.6	—	2.1	2～80
	105	7.5	2～80	5.4	—	3.8	2～80
	130	18.7	2～80	9.7	—	5.2	2～80

除了振动、冲击，在特殊设备的装卸运输过程中，温湿度对货物的影响也不容忽视。通常情况下，温度在一天中的变化有一定的规律性，凌晨 5、6 时，气温最低；日出之后，气温逐渐上升，到 14、15 时，气温上升到最高值；之后气温又逐步下降；气温呈周期性变化，一天中温差约为 10 ℃。而相对湿度的变化规律与温度基本相反，一天中湿度差约为 30％RH。

8.4　外购、使用与维修可靠性控制

8.4.1　外购器材的可靠性控制

由于社会化、专业化的社会大生产方式已形成,现代企业无一例外要采购原材料、元器件或零部件。因此,必须对外购件的可靠性实行严格控制。随着专业化程度的加深,企业更多专注于自身的核心技术,从而使得外购件的数量不断增加。据统计,机床零部件中的80%属于外购件。受到机床本身特点的限制,除了极个别零部件外(如滚珠丝杠、直线导轨、主轴部件等),机床的大多数外购件往往属于小批量生产,供应商的质量保证能力不强,产品质量问题频出。为了保证零部件的质量和可靠性,必须从供应商质量管理能力提升和产品质量入厂把关两个方面入手。

1. 外购件可靠性控制体系

外购件可靠性控制体系由供应商管理规范、外购件选择规范、外购件可靠性验收规范以及外购件使用可靠性控制等 4 个方面组成。

外购件可靠性控制体系的框架模型如图 8-5 所示。

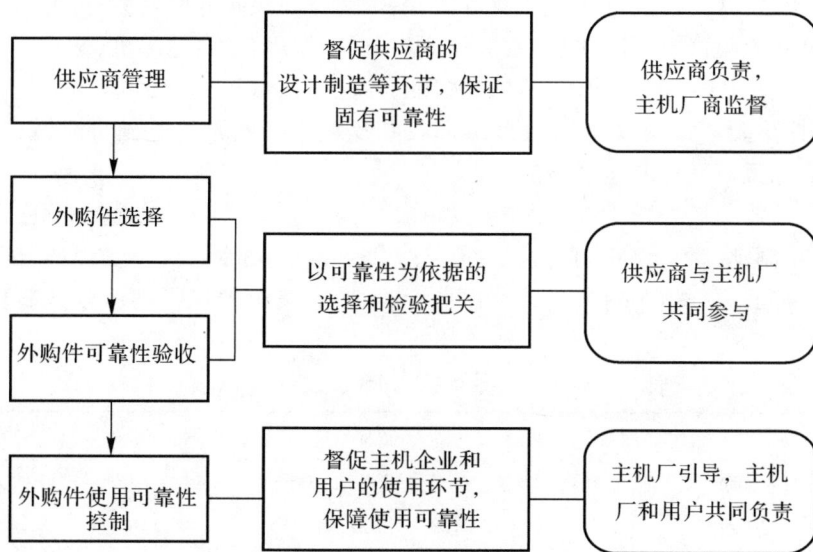

图 8-5　外购件可靠性控制体系的框架模型

依据 GB/T19000—ISO9000 系列标准,对外购件可靠性的控制主要有:
(1)合格供货方的选择;
(2)采购文件(包括物料质量标准与采购合同等)质量控制;
(3)对外购器材的接收检验、试验和质量控制;
(4)对供货方及分供方质量保证能力的审查等。
采购部门负责采购加工所需的原材料和成品零部件。在采购的时候,必须对供应商提供的原材料、零部件进行严格的质量监测与管理,确保采购件具有较高的可靠性水平。根据生产部门要求,把采购件划分为原材料、外协件和外购件等3大类。

所采购的原材料,必须经过企业的抽样检查,对原材料的机械性能、化学成分进行检验。经过检验,满足要求的原材料才能由负责人签字,不满足设计部门要求的原材料应当退回加工单位,并及时发出通知和警告,避免因为原材料问题影响企业正常生产计划,同时避免更大的资源浪费。

对于外协件,企业根据设计、使用要求,给外协件加工单位提供加工图纸,加工单位根据企业的技术要求,生产外协件。生产企业根据提供给外协件加工单位的技术要求对外协件进行质量检验,验收合格的产品,记录相关信息,负责人签字后便可入库,不合格的退回加工单位。

对于外购件,根据使用要求,对外购件制造厂商提供的零部件进行严格的质量检验,在检验过程中,记录相关零部件信息,对于合格品,经过负责人签字以后便可以入库,对于验收不合格的产品,退回给制造厂商,督促他们按照要求生产制造。

2. 外购件可靠性控制实例——冲床离合器外购件

以冲床离合器外购件为例,冲床离合器外购件可大致分为液压、气动件,电子元器件,机械零部件以及其他辅件(如密封件、紧固件等)。研究对象属于高档精密冲床,其外购件种类多、数量大。考虑实际试验费用、场地设备条件、工作时间限制等因素,不可能所有种类外购件都进行可靠性验收试验。因此,对关键外购零部件,如离合器、油冷机、球头连杆等可进行可靠性验收试验;对于一般外购件,其尺寸精度、性能参数、理化检验可满足一定的可靠性要求,采用试用性检验方式,通过可靠性数据回收和反馈来判断是否达到可靠性要求,并督促外购件供应商加强可靠性鉴定试验的力度。

离合器是冲床关键外购零部件之一。冲床离合器连接飞轮,带动曲轴,通过正常工作时离合、行程停止制动、紧急停止制动控制冲床工作,并且在故障分析中发现离合器故障率较高。以冲床摩擦式离合器为对象设计可靠性验收试验,离合器可靠性验收试验检测项目如表8-8所示。

表 8-8　离合器可靠性验收试验检测项目

检测项目	检测原因	参数正常范围	检测工具	检测方式
离合器离合时气压大小	防止摩擦片打滑,离合失效	离合时正常压力值波动范围 0.4～0.5 MPa	压力仪	实时监测,由数据采集系统自动记录参数
摩擦片温度	由于摩擦片过度磨损导致摩擦片温度过高	摩擦片温度正常波动范围 70～110 ℃	温度传感器	实时监测,由数据采集系统自动记录参数
制动角大小	制动角大会造成加工材料报废或安全事故	按最高转速计算 $a < 800°$	旋转编码器	发出制动信号,由数据采集系统自动记录参数
导向销与导向套之间间隙的检测	间隙过大导致噪音过大;过小导致基板离合制动时移动困难	导向销与套间隙 (1.5 ± 0.5) mm	卡尺	在一个应力循环后,试验人员使用卡尺进行测量

一般冲床企业对于入厂验收环节,除了关键零部件验收有一些指导性大纲外,大部分电子元器件、机械零部件及辅件都没有检验规范。因此首先需要按照可靠性控制的要求建立或完善各外购件验收工艺规程,在此基础上运用检核表技术,规范验收实施程序,对外购件入厂可靠性验收进行有效控制。

冲床离合器可靠性验收可以分为外观检验和性能检验两部分:

(1)外观检验:①离合器配件应齐全;②壳体和端盖平面无锈迹和划伤;③中心孔径符合标准尺寸;④耳板长度符合标准;⑤摩擦盘表面无裂纹、杂质、扭曲等缺陷;⑥摩擦片表面应无破损;⑦摩擦片厚度应符合标准规定;⑧离合器内制动弹簧高度应一致;⑨摩擦片与摩擦盘之间间隙恰当,无干涉。

(2)性能检验:①离合器气缸、各接头处应无漏气;②套与销前后应能自由移动;③离合与制动时不应有打滑现象;④离合器空转、制动时无噪声与异响;⑤离合器制动角度应符合标准规定。

8.4.2　使用过程的可靠性控制

绝大多数产品在使用期内的失效率与其使用状况密切相关。产品的可靠性随使用条件、使用时间而变化,如超额使用时,失效率提高,有效使用期缩短。因此,使用过程中的可靠性控制就成为可靠性管理十分重要的环节了。

一般说来,随着使用时间的延长,产品系统在各种内外因素的影响下可靠性会降低。不同结构、不同用途的产品系统,其使用周期指从开始使用至报废的整个产品生命周期,即工作期、停工期和维修期,也不相同。

将产品按工作期特征进行分类,并根据这些特征采取可靠性控制措施,以延长产品保持正常工作能力的时间(见表 8-9)。

表 8-9　使用可靠性控制措施分类

工作期特征	示例产品	工作期间	无故障时间要求		可靠性控制措施
			修理	维护保养	
连续不断工作	发电站监控仪表	×	√	全部使用时间	载荷频谱分析; 技术辅助分析; 检测可靠度
周期性工作	机床		√	两次修理之间工作期	
季节性工作	农业机械; 渔业机械	×	√	季节工作持续时间	
断续工作	汽车	×	视情况而定	工作所需时间	
短期性工作	火箭弹药	×	×	贮存时间; 工作时间	

8.4.2.1　提高使用可靠性的措施

提高产品使用过程的可靠性可以从人、机和环境等 3 个方面来进行。

1. 操作人员

操作人员在作业过程中的可靠性,不仅受到自身状态的影响,还受到其他因素的影响,比如生产环境、技术水平、设备、管理制度等,要想提高操作人员的可靠性,可以参考以下方法:

(1)注重个体因素对可靠性的影响。对于操作重要设备的重要工序,应该安排年龄适合、受教育程度更高的操作人员。重视员工的身体和心理健康,尽可能给员工提供好的生产、生活条件,减少个体的不稳定因素对作业可靠性的影响。

(2)重视操作人员技术水平的提高。在机械加工过程中,操作人员会面临一些决策和技术操作,要重视操作培训,重视操作经验的积累,在操作过程中尽可能给操作人员安排更符合人体工程学的设备,减少操作人员因技术不足带来的失误。

(3)协调操作人员、设备、环境之间功能的匹配程度。操作人员在制造活动中受多种外在条件的制约,相比于设备更容易失误。特别在生产环境恶劣,设备可靠性水平低的情况下,操作人员的失误率会明显上升。因此,在实际的生产中,要尽可能创造好的生产环境,为操作人员提供安全、可靠性水平高的设备,减少操作人员因环境和设备问题带来的失误。

(4)对操作人员的工作失误要合理分析并加以纠正。在机械加工过程中,操作人员的失误是降低作业可靠性的主要因素,对操作失误的成因进行及时的分析,并对其进行防范是降低工作失误的主要途径。分析操作人员失误的原因包括:①对操作人员的工作进行细致的分析,判断操作人员的失误出现的可能后果;②分析现有的数据和信息,判断失误的可能性;③分析机器设备的故障和环境的改变对工作的影响;④重视操作人员的技术水平、健康状态、经验等因素的评价。

在分析操作人员失误的同时,要重视操作人员纠正错误。令操作人员的失误率为 λ,操作人员的纠错率为 μ,那么操作人员的作业可靠性为

$$R = 1 - \lambda(1-\mu) = 1 - \lambda + \lambda\mu \qquad (8-29)$$

式(8-29)说明操作人员的纠错能力越强,其作业可靠性越高。由于操作人员的纠错能力与自身的工作素养、技术水平、经验多少有关,所以合理的奖惩制度、全面的技能培训有利于操作人员总结经验,提升纠错能力,提高作业可靠性。

(5)运用合理的管理方法和健全的制度。由影响人的可靠性因素可知,管理水平不足也是影响操作人员可靠性的主要原因。在生产系统中,操作人员的很多失误都和管理人员的决策水平不足、管理制度不健全有关,甚至很多大的事故都是由于疏于管理造成的。因此,运用合理的管理方法与健全的制度,也可以提高操作人员的可靠性,这就要求管理人员提高管理和决策能力,健全已有的制度,从这两方面入手,可以减少操作人员因决策水平不够和管理不足引发的失误,提高生产系统的可靠性。

2. 机器设备

提高机器设备可靠性的措施如下:

(1)改变制造系统的连接方式。将串联系统变为并联系统,给重要设备的重要部件配置冗余部件等。改变系统和设备的连接方式会迅速提高制造系统的可靠性,但是需要增加设备和部件,会让制造系统复杂化,增加生产成本。因此这种方法适用于制造系统产能、交货期等指标的重要程度大于生产成本时使用。

（2）提高设备的管理和维护水平。对设备的管理应该建立合理的制度，重视设备的维护保养，通过系统性的培训，加强设备操作人员与维护人员的设备使用和维护水平，使操作人员减小因不当操作损坏设备的可能性，重视总结设备的故障类型和发生原因并加以避免。更重要的是，要建立合理的预防性维护计划，在节约系统成本的同时，保证设备的可靠性。

3. 使用环境

针对机械加工生产车间环境较差，光照强度低或光照产生眩光现象、温度过高、噪声大的问题，可以从以下几个方面进行改善：

（1）在工作面，要合理布置光源亮度和位置。首先工作面的照度一定要达到要求，要避免因照度不足产生的失误；其次要避免眩光现象的出现影响操作人员的正常工作。

（2）根据不同色彩在工作环境中的不同作用，构建合理的色彩效果。调整光照强度和色温来体现光源特性，从而对操作人员的工作环境产生一定的影响。良好的色温效果可以让操作人员精神更加饱满，对工作更加专注，能减少工作失误。例如大型设备的重要指示灯应该使用让人兴奋、专注的色彩光源。

（3）考虑给机械加工生产车间加装温度调节设备，如安装负压风机和水帘降温系统、光排管暖气片。负压风机和水帘降温系统在夏季高温期间可以有效降低车间温度，提升操作人员舒适度，降低操作人员失误率，也能减少车间的粉尘和异味。光排管暖气片主要用于工业厂房采暖系统，这种取暖方式既节约成本又能很好地提供相应的温度，并且不干燥，整体升温，面积大，有利于提升操作人员舒适度，减少其失误率。

（4）由于机械加工的生产车间有很多大型设备，所以在加工过程中往往噪声较大，过量的噪声会分散操作人员注意力，降低操作人员的作业可靠性，甚至会影响操作人员的身心健康。为了避免这种情况的产生，对生产车间应该采取隔绝噪声源、减少设备振动、厂房墙面用吸收噪声的材料、加装消声通风设备、管道的吸声降噪等办法，减少生产过程中的噪声。

8.4.2.2　使用可靠性控制实例——刮板运输机

以刮板运输机为例，各零部件运送到井下工作面以后，便要进行安装调试，安装调试完成便可以进行正常生产作业。安装使用是刮板运输机整个寿命过程最重要的阶段，有数据显示，安装使用过程占整个刮板运输机可靠性的 45％以上，因此应当引起足够的重视。

1. 安装调试管理

将产品的零部件按照装配要求组装成整机，安装调试阶段不合理会严重影响掌控、监管产品的装配情况。为了保存刮板运输机的固有可靠性，应当根据装配说明书，结合装配技术人员、装配工具、验收标准等制订装配作业计划。由于有的产品工作环境恶劣，所以需要有装配技能和经验的技术人员参与，或者联系厂家技术人员，严格控制装配过程。

2. 调试运行管理

和装配计划一样，调试运行前也需要全面的实施方案，主要包括调试项目、调试方案、结果验收等。根据调试方案调试完成以后，进行产品的试运行，对运行过程中出现的问题做好记录，找出原因，直到产品运行状态正确。

3．操作人员的管理

产品安装调试完成后，便可以开始正常作业。由于操作人员的业务水平参差不齐，所以应当制定一套基本操作规范，同时对操作人员进行培训，严格落实运行日志的填写，保证产品良好运行。

8.4.3　维修的可靠性控制

产品在使用过程中，一般都要损耗其工作性能，降低其可靠性，这就需要维修、恢复其损耗的工作性能，提高其可靠性。维修是更换、修理、保养或修改产品中某些零部件工作的组合，其目的在于保证产品能在规定的工作时间范围内有效地运行。

8.4.3.1　维修的分类

从维修的任务出发，一般将维修分为事后维修和预防维修两大类。

1．事后维修

事后维修是指产品在使用中出现故障或其性能低于允许条件而进行的维修活动，它是在设备发生故障后才进行维修，使出现故障的设备恢复正常功能的一种维修方式，有时也称为故障维修。

机械设备故障具有随机性，事后维修由于事先缺乏周密的准备，所以维修时间长，往往会带来较大的停机损失，一般不宜采用这种维修方式。但对于一些即使发生故障也不会造成重大损失的设备，如密封件一类的机械零部件和某些偶然故障，就没有必要进行预防维修，可以在故障发生后再进行维修或更换，这避免了设备零部件不必要的拆卸、检查和维修，反而提高了设备的有效使用度和使用经济性。

2．预防维修

预防维修是指在预定期限内，为减少产品性能损耗在规定的可接受水平之下的可能性，即减少产品不可靠性效应而进行的维修活动。预防维修是在机械设备零部件发生故障前进行定期检查、维修和更换，有防患于未然的思想。

预防维修的思想是将产品的故障消除于其发生之前，在故障潜伏期或正常运行期进行预防维修，提前更换即将损坏的零部件可以预防故障发生，可以有效减少机床产品的故障停机时间，提高机床的使用效率，为企业带来良好的经济效益。

做好预防维修管理，减少产品故障发生概率，充分发挥固有可靠性是关键。预防维修具体的方式有 3 种，即定期预防维修、视情维修和监控维修。

（1）定期预防维修。定期预防维修是每隔一段时间对设备进行一次计划性的维修，在规定时间前发生的故障采用事后维修方式。定期预防维修立足于概率统计，根据经验和设备的故障数据统计来确定维修方案，明确维修时机，便于维修工作的组织和计划，可以预防那些不拆开就难以发现和预防的故障。但定期预防维修必须在设备零部件将要进入耗损失效期前进行维修或更换，维修故障的对象针对性较差，导致维修工作量大，会造成较大浪费。

（2）视情维修。视情维修立足于失效物理分析，通过定期或不定期检测得到设备的状态，以此来确定设备维修时机。视情维修也叫状态维修，是以状态为依据的维修，在产品运行时,对其重要部位进行定期或连续的状态监测和故障诊断,判定产品所处的状态,预测产品状态的发展趋势而制订预测性维修计划。状态维修的理论依据:产品都有自己的状态,即将出现问题的产品会出现一些可观察、可感觉或可测量到的征兆,如噪声、振动、发热、裂纹或耗电量的改变等,并且这些征兆是与故障发生有直接关系的。因此,可以通过监测这些信号来预测产品的健康状态。

(3)监控维修。监控维修是指通过监控系统对设备工作状态进行连续监控,当发现设备出现某种故障征兆时进行维修。监控维修是一种综合利用设备的使用维修数据和运行状态连续在线监控相结合的维修方式,它属于视情维修的一种。另外也可以把监控维修看成是把设备运行状态的视情检测提高到连续监控阶段,即监控维修是视情维修发展的更高阶段,它能使设备零部件寿命得到充分利用,并减少了工作量,其缺点是监控系统所需费用高、投资较大,仅适用于重要设备。

近年来,随着维修理论和相关技术的发展,维修的观念正在发生深刻的变化。传统的修复性维修(故障后修理)与定期的预防维修方式,正在向结合预测性维修的预先维修方式逐渐转变,可针对关键部件的现场故障数据,结合故障预测技术,探讨有效的预防维修策略并加以实施。

维修不仅直接或间接地影响产品可靠性,而且也涉及经济效益。如美国国防部在第二次世界大战后,调整一些装备系统,发现其五年中的维修费用竟高达购置费用的十倍。设备综合工程学正是研究在产品寿命周期内如何降低维修费用的理论和方法,它要求改进维修管理工作,针对产品寿命周期中不同阶段的特点,处理影响维修效果的各种因素,从而大幅度降低维修费用。

我国宝山钢铁股份有限公司(简称宝钢)正是运用设备综合工程学,并借鉴了新日本制铁公司先进的维修方法,对生产设备实行点检定修为主要内容的预防维修方法,制定与认真实施点检标准、维修规程与作业指导书等一系列设备维修方面的标准,有效地保证了维修质量,也大大提高了这些设备在使用期的可靠性。

例 8 - 2　蜗杆砂轮磨齿机是一种利用展成法原理对齿坯进行磨削加工的高精密数控机床,是最常用的齿轮加工装备。通过对近年来故障维修记录的统计发现,磨削精度超标是所有故障模式中故障率最高的,对机床可靠性影响最大的故障,磨齿机故障模式统计表如表8 - 10所示。因此无论是从提高机床精度的角度还是从提高机床可靠性的角度,分析磨削精度故障产生的原因,并采取措施进行控制都显得十分必要。

表 8 - 10　磨齿机故障模式统计表

故障模式	故障次数/次	故障百分比/(%)
工作精度超标	84	25.69
元器件功能丧失	32	9.78
转位、移位不到位	28	8.56
零部件脱落	23	7.03
不能正常操作	21	6.42

续表

故障模式	故障次数/次	故障百分比/(%)
运动部件速度失调	19	5.81
零部件损坏	17	5.20
运动部件无动作	14	4.28
行程不当	12	3.67
温升过高	9	2.75
其他	68	20.80
总计	327	100

注：故障百分比保留两位小数。

解： 对磨齿机进行可靠性控制如下：

1. 磨削故障分析

齿轮的磨削精度一般包括公法线精度、齿形及齿向精度、粗糙度等，而每一种精度超差都会使工件报废或进行重新加工，同时精度超差也意味着机床加工过程中某个环节出现了故障。齿轮检验时常见的磨削故障如下：

（1）公法线超差。公法线长度是基圆切线与齿轮上两异名齿廓交点间的距离，它是用来衡量齿侧间隙的指标。公法线超差意味着被测齿厚发生了变化，并超过了允差范围。

（2）齿形超差。齿形是齿轮垂直于轴线的截面形状，齿形超差即在端面上进行测量的能包容实际齿形的两条设计的渐开线的最小法向距离超出公差范围。

（3）表面粗糙度超差。齿面粗糙度是保证齿轮啮合平稳低噪的重要指标。粗糙度超差主要是因为加工过程中工件或砂轮出现了较大的振动。

（4）齿向不好。沿齿轮螺旋线方向即为齿向，齿向超差是指分度圆柱面上，齿宽有效范围内，包容实际齿形最小两条设计齿线之间的端面距离超出允许公差范围，它主要造成载荷的不均匀分布。

（5）偏磨现象。偏磨即单边磨，是指相邻两齿相邻边的磨削精度差别较大。对于采用展成法磨齿的机床，此类故障多是由于工件架转动精度与砂轮精度超差造成的。

（6）累积公差超差。累积公差超差主要是指齿距累积误差，它反映了一转内任意个齿距的最大变化，它直接反映齿轮的转角误差，是几何偏心和运动偏心的综合结果。

（7）工件表面烧伤。表面烧伤主要是由于磨削时产生的高温使工件表面的金相组织发生变化，出现黄、褐、紫、青等烧伤色。此类故障通常是由于磨削参数设置过高加上冷却不足造成的。

2. 磨削故障树分析

图 8-6 所示为磨齿机齿形超差故障树，对影响齿形超差重要度前 7 项进行排序，并制定可靠性控制措施。

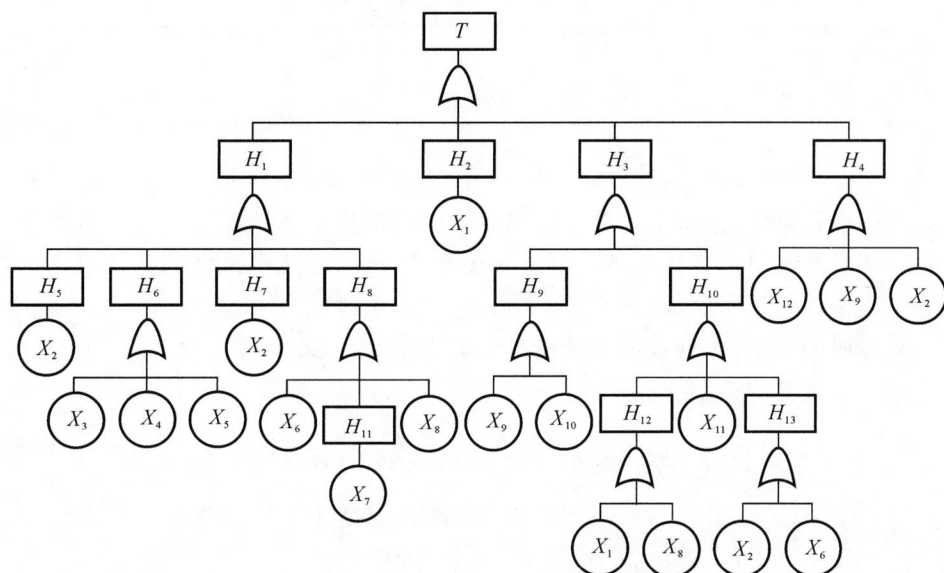

图 8-6　磨齿机齿形超差故障树

　　据售后维修记录统计,在 84 次磨削精度故障中,齿形超差一共发生了 31 次,是次数最多的故障。根据机床磨削原理,在分析齿形超差原因时,主要从砂轮主轴精度和修整精度入手。通过故障树分析发现,装配不良、工作参数设置不当以及轴承密封不好等现象是造成齿形超差的根本原因,齿形超差故障树对应事件表如表 8-11 所示。

表 8-11　齿形超差故障树对应事件表

事　件	具体内容	事　件	具体内容	事　件	具体内容
T	齿形超差	H_9	滚轮与砂轮平行度超差	X_5	动平衡仪故障
H_1	砂轮主轴精度走失	H_{10}	金刚滚轮精度超差	X_6	有杂质进入轴承
H_2	磨削程序错误	H_{11}	轴承润滑环境恶化	X_7	冷却液冲掉润滑油
H_3	砂轮修形误差	H_{12}	金刚滚轮磨损严重	X_8	外购件质量问题
H_4	滚针上面缺少约束	H_{13}	滚轮轴承磨损严重	X_9	误操作导致撞车
H_5	砂轮法兰盘松动	X_1	工作参数设置不合理	X_{10}	导轨滚子磨损严重
H_6	砂轮平衡不到位	X_2	装配不良	X_{11}	修整器消隙不当
H_7	轴承预紧不当	X_3	未对砂轮做动静平衡	X_{12}	导轨滚针上面没有约束
H_8	轴承磨损严重	X_4	工件模数超过规格		

　　通过对售后维修记录统计分析,计算出了底事件发生概率,如表 8-12 所示,x_i 是事件 X_i 的发生概率,即 $x_i = P(X_i)$。

表 8 – 12   底事件发生概率统计表

X_1	X_2	X_3	X_4	X_5	X_6	X_7	X_8	X_9	X_{10}	X_{11}	X_{12}
2.1	2.3	0.2	0.8	0.3	1.8	1.4	1.3	1.2	1.1	0.6	1.2

对齿形超差故障树进行定性分析,采用下行法找出故障树的最小割集。由于机床系统是一个庞大的串联系统,任何一个单元出现故障都会造成整个系统的失效。机械产品故障树的一大特征就是最小割集往往是由单一的底事件组成,因此底事件的发生概率的相对大小也代表了底事件的重要度,即 X_2、X_1、X_6、X_7、X_8、$X_9(X_{12})$、X_{10}、X_4、X_{11}、X_5、X_3。

根据故障树的结构,容易找出齿形超差的最小割集为 $M_j = X_j (j = 1, 2, \cdots, 12)$。因此可得齿形超差顶事件的概率计算式:

$$P(T) \approx 1 - \prod_{i=1}^{12} [1 - P(X_i)] = 1 - \prod_{i=1}^{12} (x_i) \qquad (8-30)$$

将表 8 – 12 中的 x_i 值代入式(8 – 30)中,可得出顶事件的发生概率:

$$P(T) = 1 - (1 - x_1)(1 - x_2) \cdots (1 - x_{12}) = 0.134$$

齿形超差故障发生的概率为 0.134,与齿形超差次数在总故障数中所占的比例较吻合。通过故障树定量分析能预测机床的故障率,如果可靠性控制得当,仅齿形超差这一故障模式可以有很大的改善。

3. 磨齿机可靠性控制

进行可靠性控制是改善产品可靠性的必要途径,进行可靠性控制时要兼顾成本和成效。现对齿形超差制定可靠性措施,此故障树底事件较多,如果全部采取措施必然增加成本。因此,考虑到此故障树全是"或"门结构,底事件的发生概率能代表事件的重要度,根据表8 – 12可对底事件进行重要度排序,并对重要度较高的前 7 项制定相应可靠性控制措施,如表8 – 13 所示。

表 8 – 13   可靠性控制措施

事 件	故障原因	可靠性控制措施	实施阶段
X_2	装配不良	(1)规范轴承、导轨等的装配工艺,避免装配过程中出现强行装入; (2)量化可检测的精度项目,并制定详细的装配检核表	装配过程
X_1	工作参数 设置不合理	在数控系统中嵌入专家知识系统,集成常用的工件材料所对应的最佳工作参数,便于为用户提供建议和实施在线监控	设计阶段
X_6	有杂质进入 轴承	(1)规范轴承的装配工艺,并在装配过程中保证清洁装配; (2)改进砂轮、滚轮主轴的轴承密封形式,保证密封可靠	装配过程
X_7	冷却液冲掉 润滑油	(1)分析密封失效形式,改进砂轮主轴的密封结构,采用更加可靠的密封材料; (2)分析冷却液进入主轴的过程,在保证加工的前提下调整冷却液的流量和流速	设计阶段
X_8	外购件质量 问题	(1)规范外购件入厂检验,制定入厂检验的详细的检核表; (2)增加关键入厂检验的项目,并升级相应的检测设备	采购过程

续表

事　件	故障原因	可靠性控制措施	实施阶段
X_9	误操作导致撞车	加强用户的操作培训,增加机床的在线监控功能	使用过程
X_{12}	导轨滚针上面没有约束	改进立柱导轨的结构,给滚针框增加约束,保证滚针框在运动时不跑出导轨	设计阶段

8.5　可靠性管理

8.5.1　可靠性改进

通过可靠性预测、分析、试验、分配等一系列可靠性设计活动,使产品有了一定的内在可靠性。产品在使用与维修过程中进行了可靠性控制,可以使产品的可靠性稳定在一定的水平上,也使人们找到了产品的可靠性要求与实际的可靠性水平之间的具体差距。

为了减少甚至消除这种差距,就十分有必要开展可靠性改进活动。依靠产品使用期的实际信息,进一步优化产品系统结构,采用新材料、新技术和新工艺,提高产品所用的各种元器件、零部件质量等级,调整其安全系数和降额系数,改善使用环境条件,以提高产品的可靠性水平,这些活动统称为可靠性改进,也是质量改进的重要组成部分。故障报告、分析及纠正措施系统(Failure Report Analysis and Corrective Action System,FRACAS)实现"信息反馈,闭环控制",使发生的产品故障能得到及时的报告和纠正,从而实现产品可靠性的提升,达到对产品可靠性和维修性的预期要求,防止故障再现。

FRACAS 是一种通过闭环反馈管理解决问题的机制,是一种设计制造者、供应商、用户等全员参与,共同来收集、报告、分析故障,并落实措施的一种技术。分析对象包括软件、硬件的故障信息。FRACAS 根据故障的类型利用专用的工具或专业软件,向供应商的相关机构汇报故障具体情况。供应商的故障审查组织,充分分析获知的故障情况来决定处理时间、经费和有要求的工程技术人员配备等因素,根据分析的结果决定采用纠正措施并且贯彻实施,考核措施的有效性防止类似故障的重复发生。在产品设计、研制、生产和使用阶段,对故障进行严格的闭环管理。FRACAS 流程图如图 8-7 所示。

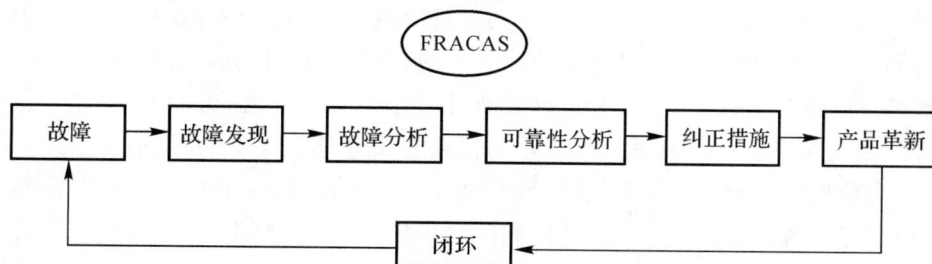

图 8-7　FRACAS 流程图

为了充分共享数据库信息,创建 FRACAS 信息化管理平台。在建立 FRACAS 信息化管理平台时,首先建立 FRACAS 管理工作体系,以保证 FRACAS 各个流程顺利进行,直到闭环;其次,需要有相应的管理规范,保证系统能够按科学化、规范化、制度化的方法对故障信息进行闭环管理;最后,还需建立 FRACAS 软件平台,通过对流程中产生的各项信息管理,保证数据的完整性和可利用性,提高 FRACAS 的运行效率。

FRACAS 信息化管理平台的建造流程如下:

1. 建立工作体系

实施 FRACAS 信息化的第一步是要根据企业的实际情况,创建一个信息化管理的工作体系。这个体系包括 FRACAS 系统管理员、故障报告员、数据分析员、纠正措施实施人员、故障闭环审核人员、其他相关的管理人员等。由于每位成员所属部门不同、从事的工作及职责权限可能各不相同,所以在创建工作体系时,应充分考虑各参与部门人员的职责权限。

2. 制定工作规范

FRACAS 包含的内容很多,涉及的范围很广,参与的部门、人员也非常多,要使该系统高效、协调一致地运转,必须制定科学的工作规范。在建立工作规范时,要依据中华人民共和国国家军用标准质量管理体系要求(GJB 9001B—2009)中 8.5.2 有关要求和中华人民共和国国家军用标准故障、报告和纠正措施系统(GJB 841—1990)的规定,还要注意对工作规范进行一定范围的评审,接受反馈并适当修改,确保充分事宜;对工作规范进行培训,在系统使用前得到相关人员的认同和支持。

3. 建立数据库平台

经过调研、沟通,建立统一的数据库,实现信息的共享。该数据库包含所有产品全寿命周期的故障信息,尤其包括详细的问题概述、定位及机理分析,并按照查询条件(包括课题工号、发生年度、责任部门、原因分类、是否归零)进行快速检索,完善可靠的闭环控制系统,积累丰富的故障处理全过程的经验数据,避免重大故障和重复故障的再次发生,提高产品的可靠性。

FRACAS 对产品可靠性的提高,不同于一般的可靠性工作,它是在全寿命周期内不断地提高产品的可靠性。这种方法可以在试验室数据、外场数据、生产和使用情况等各个过程使用,最终找到问题的设计根源。美军标 MIL‑STD‑2155(AS)的描述说明,在设计过程中纠正措施的选择和使用受益最大,措施得当,即使重大的设计更改也会因为对故障原因的控制而明显地降低故障的发生。一旦产品的设计完成,这种措施采纳的灵活性和柔性将变得十分有限和昂贵。越早认识到故障的原因并采纳合理地纠正措施,生产制造者和使用者越快意识到减少故障发生的益处。早期阶段采纳纠正措施,可以利用的空间更大,获益也更大。

信息化的可靠性管理信息系统对碎片式管理方式进行了变革,加强了信息的横向和纵向流动,有力地推动了企业的信息化建设。运用信息化的可靠性管理信息系统,能够报告并捕获与电子产品、流程等相关的所有故障和问题确定、实施和验证纠正措施,避免故障再次发生,给相关人员提供信息来促进可靠性增长和提供预先决策,减少或避免产品同类故障的重复发生。

8.5.2　可靠性数据管理

8.5.2.1　可靠性数据管理技术背景

可靠性数据是开展产品可靠性评估的基础,如何科学地采集、处理、分析和管理可靠性数据是可靠性管理工作的关键。目前可靠性试验数据主要来源于用户企业对产品的可靠性现场跟踪试验和实验室可靠性台架试验。试验数据包括故障数据、运行数据、载荷数据等。通过长时间采集试验数据,积累大量的可靠性数据,可以进行可靠性建模、故障分析和维修性分析等工作,实现产品的可靠性增长。

可靠性数据的采集周期长、试验费用高昂,每个试验数据都非常珍贵。可靠性数据的积累是一个漫长的过程,规范的数据存储方式对于可靠性管理工作尤为重要。借助数据库技术实现可靠性数据的管理和分析,为产品的全寿命周期提供数据支撑。建立产品可靠性数据管理系统是实现产品可靠性数据的规范化存储和共享的关键,能够极大地提高产品可靠性研究的效率。

以数控机床为例,专业的数据处理与分析软件对于数控机床可靠性研究的重要性是不言而喻的。随着我国企业和科研机构对可靠性研究的不断重视,研究人员开始长期跟踪和收集机床的可靠性数据。然而,目前数控机床的可靠性数据主要来自于人工现场采集,通过长时间的用户现场试验,现场跟踪人员将试验数据手工记录在纸质记录表中,然后将数据分类整理。在进行可靠性分析时,研究人员需要从原始数据中获取故障记录、维修记录等相关数据,建立可靠性模型、维修性模型,进行故障分析等研究工作。在进行可靠性分析工作时,研究人员需要处理大量的数据,这些工作伴随着烦琐的计算过程。对数据进行计算整理时,往往需要借助各类数学分析软件,仅靠人力分析计算,需要投入大量的时间,工作效率低且效果较差。因此能够进行数据分析和处理的软件已经成为可靠性研究工作必不可少的工具。

针对产品可靠性现场试验的数据采集方式,为了弥补人工采集和处理数据方面的不足,规范化数据存储,提高可靠性数据录入、查询和分析工作的效率,实现数据资源共享,避免数据独占和数据缺失等问题,建立可靠性数据库,开发便于存储、查询和计算的产品可靠性数据管理系统是非常有必要的。实现可靠性数据的长期规范化存储,有助于开展可靠性研究。

8.5.2.2　可靠性数据库应用

数据库技术从诞生至今已经过去了 60 余年,技术的发展已经趋近成熟。数据库按照数据库的模型可以划分为网状数据库、对象数据库、关系数据库和层次数据库等。随着计算机与网络技术的发展,产生了各种数据库访问技术,如开放式数据库互连(Open DataBase Connectivity,ODBC)、活动数据对象(Active Data Object,ADO)、数据库操作对象(DataBase Access Object,DAO)、Java 语言连接数据库等数据库访问技术(Java DataBase Connectivity,JDBC),以及各种模式架构的数据库系统。

产品可靠性数据库的构建,主要包含可靠性数据的采集、整理、分析、优化等,是智能制造中的重要环节。其中产品的可靠性数据分析是为了感知设备的可靠性。通过获取产品在设计、制造、试验和使用过程中的可靠性数据,研究人员运用观测方法分析、预测设备的故障和寿命,研究、分析其可靠性。

国外对可靠性数据分析系统的研究起步较早,从 20 世纪 60 年代开始,一些科技发达的国家率先意识到了可靠性数据分析的重要性,可靠性数据分析现在已经发展地比较成熟了。美国、德国、日本、以色列等国家都建立起了数控机床的工艺数据库、切削数据库、故障案例库等,并开发了具有可靠性分析功能的软件。

从国内外数据库技术的发展来看,数据库经历了从早期的大型化向小型化、专业化发展。随着人工智能、大数据分析等技术的发展,数据库必然朝向智能化、网络化发展。产品的数据采集是实现产品状态监控的基础。数字孪生作为智能制造的关键技术之一,能够实现信息系统和物理系统之间的虚实映射,在可靠性数据监控方面将发挥越来越大的作用。

8.5.2.3 可靠性数据管理系统

1. 可靠性管理存在的问题

为了提高产品的可靠性水平,需要积累大量的可靠性数据用于研究。随着可靠性研究工作的深入开展,国内企业和科研机构逐渐意识到可靠性管理工作的重要性,目前可靠性管理工作普遍存在以下问题:

(1)可靠性管理意识不强。目前许多企业尚未意识到可靠性管理工作的重要性,没有采取规范化的数据采集和管理方式。当产品出现故障时,企业往往没有及时记录信息,同时还存在记录不全面、不准确等问题。

(2)数据采集工作效率低。针对一些机电一体化的复杂系统,其本身由大量的零件和子系统组成,导致故障原因和故障类型繁多,给可靠性数据采集工作造成了一定的压力。目前企业和科研机构的数据采集方式主要依靠手工记录,这种记录方式不规范,并且通过纸质记录查询和提取有效数据效率低下,数据的采集和整理方式效率低。

(3)缺乏专业化的数据管理和分析平台。目前数据的存储和管理主要以纸质文档或电子表格的形式,没有专业化的存储和管理平台,无法实现可靠性数据完整、规范化地存储。数据的计算和分析往往需要借助专业的数学分析软件,没有建立专业的可靠性分析工具。

(4)缺乏有效的监控和管理。在实验室环境中开展可靠性试验是获取可靠性数据的重要方式,但对于可靠性试验过程缺乏全方位的监控方式,传统的视频监控和二维图表的监控方式存在监控弊端。对于试验数据往往只是以电子表格的形式进行存储,没有建立完备的数据监控和管理系统。

2. 可靠性管理系统的功能

可靠性数据管理系统应当致力于为可靠性研究工作提供服务支持,以实现可靠性数据的采集、分析、管理,以及试验过程的可视化监控,为用户提供准确、稳定、便捷的可靠性数据管理平台。结合可靠性数据的需求和特点,可靠性数据管理系统应实现以下功能:

（1）能够方便、快捷的录入可靠性现场数据和可靠性试验数据，将数据规范化存储到可靠性数据库中；

（2）系统应具有较好的响应速度，满足实时存储和查询数据的需求，提高用户的工作效率；

（3）具备完善的数据管理功能，能够存储并管理可靠性数据，对数据实现增、删、查、改等操作；

（4）具有权限管理功能，能够划分用户权限，限制不同权限用户的操作，还可以管理机床类型，并为用户配置不同机床的操作权限；

（5）能够监控产品可靠性试验中的运行状态，通过视频监控、二维图表状态监控以及三维可视化实时监控的方式，实现试验过程的全方位监控；

（6）根据存储的可靠性故障数据记录，进行产品的可靠性和维修性评估，计算 MTBF、MTTR 值，得出可靠性分析结果；

（7）能根据故障记录进行故障分析，包含整机分析和子系统分析，对整机和子系统的故障信息以图表的形式显示分析结果；

（8）系统应具有可扩展性，为系统升级预留接口，便于对系统进行升级和维护。

3．可靠性管理系统的架构

根据可靠性信息管理系统（Reliability Management Information System，RMIS）的设计需求，需要选择合理的系统架构，建立系统的体系结构。在常用的架构中，客户机/服务器（Client/Server，C/S）架构将系统任务分为两部分，客户机主要实现数据逻辑处理和交互显示，服务器实现对数据的管理。二者通过局域网通信，通信数据量较小，响应速度快，能应对复杂事务，处理能力较强，适合大量数据的处理。浏览器/服务器（Browser/Server，B/S）架构可以直接在浏览器上运行，但对服务器要求较高，浏览器只执行极少部分的逻辑处理，因此通信数据量较大。系统功能拓展简单，只需要添加网页即可拓展功能，且共享性强。

由于进行可靠性试验的地点和用户现场较为分散，采集的可靠性数据来源广泛，所以需要借助网络传输数据。根据系统需求和架构特点综合考虑，选用何种架构构建系统的体系结构。对于数据管理、数据分析等功能，常采用 B/S 架构开发 Web 端数据管理与分析系统，借助浏览器便可以随时随地进行访问。对于数据采集、信息查询等功能，常采用 C/S 架构开发移动端数据录入与检索系统，方便用户在分布广泛的用户现场收集、录入可靠性数据。对于三维可视化监控功能，由于其需要处理数据并进行图像渲染等操作，所以对架构处理能力要求较高，可采用 C/S 架构建立客户端可视化实时监控系统。

C/S 架构模型系统采用 C/S 三层体系结构。C/S 架构主要由客户机（Client）、中间件（Middle ware）和服务器（Server）3 部分组成。客户机需要安装专用的客户端软件；服务器采用高性能的计算机（PC）、工作站或小型机，并采用大型数据库系统；中间件则负责连接客户机和服务器。C/S 架构适用于企业内部网络，且系统不依赖外网环境。客户端放置用户访问界面，当需要处理数据时，系统会向服务器发送数据请求，数据库管理系统接收到这一请求后，对其进行分析，然后执行数据操作，并把操作结果返回到客户端。C/S 架构模型如图 8-8 所示。

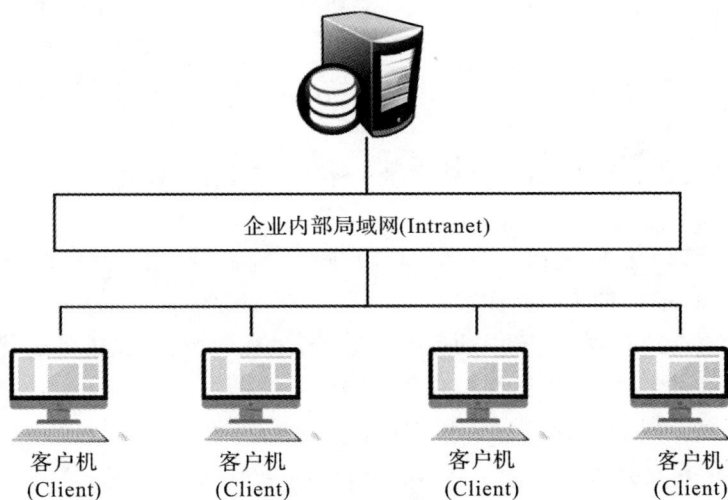

图 8-8　C/S 架构模型

B/S 架构是一种以 Web 技术为基础的新型系统结构，通过浏览器实现。B/S 架构如图 8-9 所示。

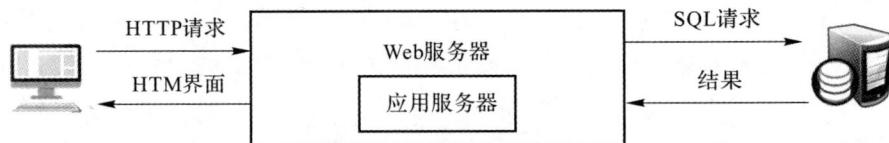

图 8-9　B/S 架构

（1）相比 B/S 架构，C/S 架构具有如下特点：

1）C/S 服务器运行数据负荷较轻、响应速度快。由于 C/S 架构是由客户机实现与服务器直接连接的，只具有一个交互层，当需要对数据库中的数据进行操作时，客户机程序就会自动寻找服务器并向其发送请求，服务器程序则会根据预先制定的规则执行任务，并返回结果，因此其数据负荷较轻且响应速度也快。而 B/S 架构由于页面经常动态刷新，其相应速度明显降低。

2）C/S 架构操作界面美观大方且形式多样，用户可根据自身的喜好做个性化设计。而 B/S 架构个性化程度比较低，无法实现个性化的功能要求。

3）在 C/S 架构下，信息管理系统具有较强的处理事务的能力，能实现各类复杂的业务流程。而在 B/S 模式下，系统功能弱化，较难实现 C/S 架构下某些特殊功能要求。

（2）相比 B/S 架构，C/S 架构也有一些缺点，其缺点如下：

1）C/S 架构各个客户端都需要安装专门的客户端程序，由于其分布能力较弱，具体针对一些不具备硬件条件的用户群体，其不能实现快速地安装及系统配置。而 B/S 架构避免了这种不足，无须多个客户端，且客户端只要有 Web 浏览器，并申请账号即可使用系统。

2）C/S 构架交互能力较弱，适应面窄，通常只适用于内部局域网。而 B/S 架构可直接放在广域网上，并能实现多用户同时访问，交互性较强。

3）C/S 架构维护成本高，当应用程序发生一次升级时，所有的客户端程序跟着都需要改变。而 B/S 架构成本主要花费在速度及安全问题上,更新程序时无需升级多个客户端,只需升级服务器即可。

可靠性信息管理系统可实现各类数据的添加、查询、删除以及报表打印等功能,还可设置可靠性预测、FMECA 分析和 FRACAS 闭环故障管理等模块。在预计产品可靠性水平的同时,还能方便对故障信息进行管理,及时采取纠正措施,可靠性信息管理系统功能结构如图 8 - 10 所示。

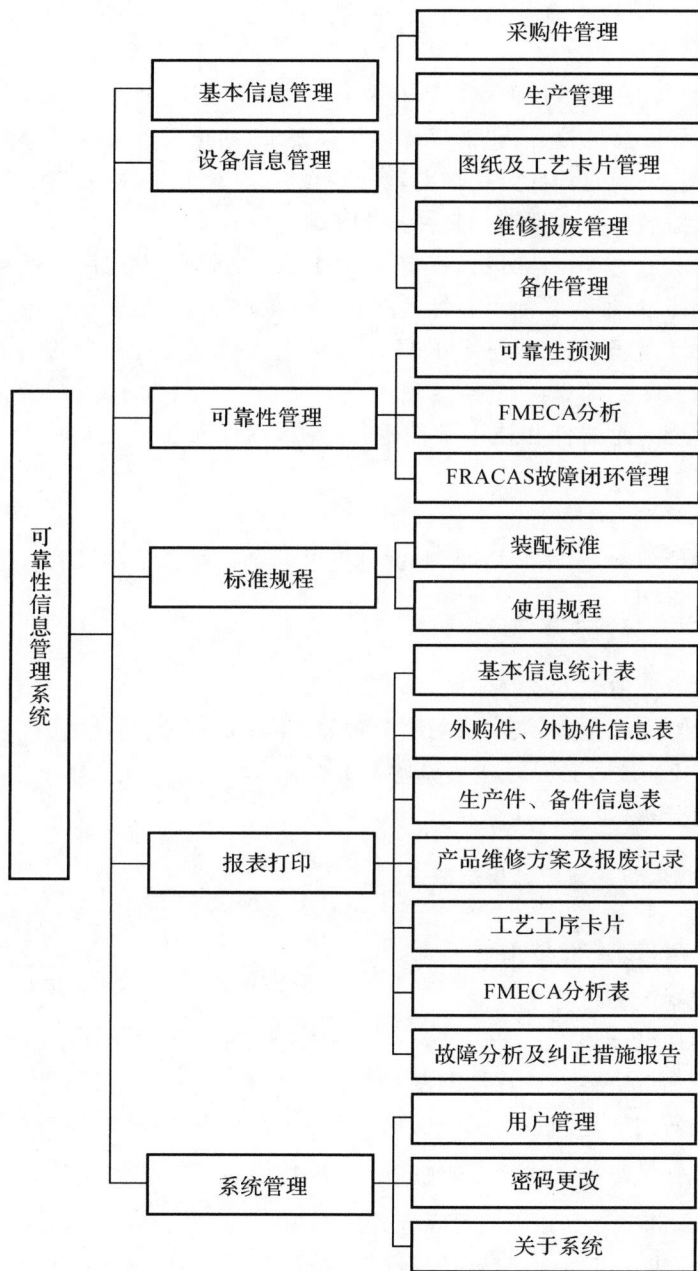

图 8 - 10 可靠性信息管理系统功能结构

8.5.3　可靠性保障体系

可靠性保障体系由可靠性专业单位、设计单位和领导人员 3 部分构成,各个部分分工明确,通力合作,共同保障产品的可靠性。

8.5.3.1　可靠性专业单位的可靠性保障职责

可靠性专业单位应以本企业的高级领导人为首,拥有各种高级技术人才。可靠性专业单位的主要任务如下:

(1)负责组织制订产品生产的可靠性控制计划,作为其研制计划的一部分;

(2)协助和指导可靠性设计,包括解释可靠性要求,指出设计上应考虑的问题,推荐元器件供设计人员选用,编制元器件应用指南,协助和指导设计人员进行 FMEA 和 FTA 等分析工作、向设计人员提供可靠性反馈信息并提出建议等;

(3)负责完成定量的可靠性分析,评定当前的可靠性水平,发现潜在的问题;

(4)参加设计评审,报告当前可靠性状况和存在的问题,并提出建议供讨论和决策;

(5)监视失效反馈,分析与改正系统的工作,检查失效趋势和存在的问题,提出改正措施建议;

(6)对图样所用的元器件和技术条件进行检查,确保所用元器件能合乎标准并可靠地工作;

(7)检查制造部门的质量控制工作程序;

(8)检查试验计划,了解试验情况,协助进行试验结果的分析和试验报告的编写。

8.5.3.2　设计单位的可靠性保障职责

(1)在可靠性专业单位的支持下负责可靠性设计;

(2)向可靠性专业单位提供详细的设计资料以供评审和分析;

(3)负责进行 FMEA,必要时建故障树等工作;

(4)进行应力分析,边缘性能分析。

8.5.3.3　领导人员的可靠性保障职责

1.　产品负责人在可靠性方面的职责

(1)掌握与控制产品可靠性计划;

(2)主持和参加设计评审;

(3)主持讨论和解决各种可靠性问题;

(4)在各种矛盾因素之间权衡轻重做出决策。

2.　企业领导干部在可靠性方面的职责

(1)尊重科学,带头学习和运用可靠性管理知识;

(2)明确分工,建立可靠性保障体系和工作制度并监督其实施,为可靠性保障工作配备必要的资源(人力、物力、财力);

（3）奖惩严明，思想工作第一。

事实证明，领导的积极性和主动性都是保障产品可靠性必不可少的条件，也是防止在可靠性保障体系方面流于形式的关键。

8.5.4　可靠性管理

管理在整个工业中的地位相当重要，管理是以人为中心，为了实现预期的目标而进行的协调活动。它包括以下 4 个含义：

（1）管理是为了实现组织未来目标的活动；

（2）管理的工作本质是协调；

（3）管理工作存在于组织中；

（4）管理工作的重点是对人进行管理。

管理就是制订、执行、检查与改进。制订计划（或规定、规范、标准、法规等）；按照计划去执行；检查执行过程或结果与计划差距，总结经验，再推广该经验并转变为长效机制，同时针对发现的问题制定纠正和预防措施。在产品全寿命周期中，管理主要包括对人的管理和对物的管理。

产品可靠性能够反映机械相关企业的产品质量稳定性，综合体现了一个企业的技术实力和可靠性管理水平。企业提高可靠性管理水平的措施如下。

8.5.4.1　基础管理

企业要提高可靠性管理水平首先要重视基础管理工作。

1. 加强基础资料管理

产品的相关基础资料很多，主要包括产品自身的资料信息和产品在加工运行过程中产生的数据信息。即使针对庞杂的信息数据，工作人员也要保证信息的真实性和时效性。加强全体员工的基础资料管理意识，明确其对设备可靠性管理工作的重要性，进而完成企业要求的可靠性指标。企业还应增加产品运行信息记录岗位，以保证有专门人员进行有关可靠性管理资料的信息收集。增强基础资料收集专业性还应当从以下两个方面着手：第一，加强资料管理人员的业务技术培训，真正提高其业务素质。第二，对专项业务培训要坚持严格考试制度，坚持持证上岗制度，使资料管理人员适应专业化的信息资料管理工作。

2. 加强对操作人员的管理

操作人员在使用设备时，设备的运行状态、工作时间、工作强度都必需符合相关操作规程的规定。即使在设备验收运行后，也应对相关参数进行记录监督。加强对设备操作人员的宣传、培训和管理工作，对出现故障的设备及时记录报告并且报修，进而减少因停机时间过长造成的损失。

3. 切实提高产品可靠性信息管理水平

对可靠性信息进行科学有效的管理，可以向企业各个部门分门别类地提供各种必要的信息，支持各部门的动态调整，能够大量减少由于信息不畅带来的重复性劳动，可节约大量的人力、财力资源，提高了管理的效率和水平。因此，每个管理人员都应当熟练地掌握各种信息工具、信息管理方法,特别是计算机信息化的管理模式,不断加强信息化管理的能力。

8.5.4.2 设备运行管理

企业要提高可靠性管理水平和加强设备运行管理,保证产品在使用期间健康、稳定地运行,对于企业提高生产效率和提高效益具有重要意义。

1. 加强设备预防试验、定期检修管理

在设备投入使用之前,应对其薄弱环节做好预防性试验。设备验收合格投入正常使用后,要进一步加强设备检修管理以及故障处理的质量,争取做到零返工。制定设备运行的巡检制度,特别是在设备连续作业期间,应高度注意其运行参数变化,一旦发现异常运行情况,应立即停机进行报告并记录,避免造成更大的损坏。

2. 加强设备巡视维护管理

首先应制定设备巡视维护制度,明确巡视人员、巡视目标、巡视措施,尽可能地及早发现设备的故障苗头,降低设备故障率,提高生产稳定性。其次对于设备的薄弱环节,也就是出现故障较多的部位,尤其是易损部位,应进行特殊的检查制度,做好维修备件工作以便快速排除故障恢复生产。

3. 加强设备缺陷管理

做好易损件的备件准备工作,主动检查易损件的自身状况是否还在性能要求范围内。必要时,对产品的核心部件实行目标管理,最大限度地保护产品不因故障而报废。

4. 提高故障抢修水平

首先加强抢修人员的培训力度,学习先进的抢修技术,不断提高其抢修能力。其次应制定完善的抢修保障制度,定期更新产品抢修预案,优化抢修流程,进一步缩短抢修时间,提高维修质量。最后还要制定科学有效的考核评价机制,对设备维修人员进行考核,设备维修后,维修人员还应积极提出避免此类故障再次发生的专业建议。

习　　题

1. 以运输机为例,进行产品的维修可靠性分析。
2. 以刮板运输机上刮板链发生断链故障为例,简述闭环信息管理系统。
3. 数控车床故障类型分类很多,通常发生的故障类型为机械故障、数控系统故障、伺服系统故障,试对其进行故障分析并列写可靠性控制措施。

第9章 产品六性分析技术

在现代工程和制造领域中,产品"六性"分析扮演着至关重要的角色,特别是在要求极高的军工领域。使用"六性"分析旨在确保产品在设计、制造和使用过程中始终如一地满足既定的标准和规格。这不仅提高了产品的性能并延长其使用寿命,同时也大大减少了因产品故障带来的风险和成本。

军工领域对产品质量和可靠性的要求尤为严苛,通常归纳为"军工六性",即可靠性、维修性、保障性、测试性、安全性和综合性。"六性"是装备重要的固有质量特性,它直接影响装备的战备完好性、任务成功性、生存性、持续性和周期费用,决定部队的战斗性。《装备质量管理术语》(GJB 1405A—2006)、《装备测试性工作通用要求》(GJB 2547A—2012)和《装备环境工程通用要求》(GJB 4239—2001)分别对"六性"进行了定义。产品"六性"主要涉及以下国家标准:

（1）GJB 368B—2009 装备维修性工作通用要求;

（2）GJB 450B—2021 装备可靠性工作通用要求;

（3）GJB 451A—2005 可靠性维修性保障性术语;

（4）GJB 900A—2012 装备安全性工作通用要求;

（5）GJB 1405A—2006 装备质量管理术语;

（6）GJB 1909A—2009 装备可靠性维修性保障性要求论证;

（7）GJB 2547A—2012 装备测试性工作通用要求;

（8）GJB 3872A—2022 装备综合保障通用要求;

（9）GJB 4239—2001 装备环境工程通用要求。

通过进行产品"六性"分析,能够有效提高产品的六性指标,从而达到高标准的要求。这样不仅能确保军事装备在复杂多变的战场环境中高效、可靠地执行任务,还能保障人员的安全,提升整体作战效能。因此,"六性"分析不仅是产品设计和制造的基础性工作,更是确保军工产品高性能、高可靠性的重要手段。

9.1 可 靠 性

9.1.1 可靠性的定义

在军工产品中,根据 GJB 1405A—2006 中的定义:产品在规定的条件下和规定的时间内完成规定功能的能力。

9.1.2 可靠性的指标

根据不同装备的研制、使用阶段的特点以及用户关注的特性,梳理出重要的可靠性定量指标如下:

(1)平均故障间隔时间(MTBF):可修复产品的一种基本可靠性参数,其定义为在规定的条件下规定的时间内,产品寿命单位总数与故障总次数之比。具体计算公式见第1章式(1-12)。

(2)平均故障间隔里程(MMBF):表示系统在行驶一定里程后的平均故障次数,关注系统在使用中的可靠性表现,其表达式为

$$MMBF = \frac{总行驶里程}{故障次数} \qquad (9-1)$$

(3)总寿命(SLL):在规定条件下,产品从开始使用到报废的寿命单位数。

(4)首翻期(TTFO):在规定条件下,产品从开始使用到首次大修的寿命单位数。

(5)翻修间隔期限(TBO):在规定条件下,产品从开始使用到报废的寿命单位数与翻修次数的比值。

9.1.3 适用范围

可靠性各指标的适用范围如表9-1所示。

表 9-1 可靠性各指标的适用范围

序号	指标名称	适用范围	备注
1	平均故障间隔时间	整机、分系统、部件	分系统级部件的可靠性指标应该由整机分配
2	平均故障间隔里程	整机、分系统、部件	
3	总寿命	整机	
4	首翻期	整机	\
5	翻修间隔期限	整机	

9.1.4 可靠性验证阶段及方法

军工装备的可靠性定量指标应采用可靠性预计、内场试验和外场试验或验证相结合的方法进行考核。按照国际惯例,可靠性指标的考核只考核其最低可接受值。

9.1.4.1 可靠性预计

在军工装备方案阶段及详细设计阶段,可根据《电子设备可靠性预计手册》(GJB/Z 299C—2006)对整机、分系统及部件的 MTBF 值进行预计,以评估当前阶段的设计是否满足可靠性指标定量要求,并找出设计中的可靠性薄弱环节,采取必要的改进措施。

9.1.4.2 外场验证

据以往的经验,军工装备整机、核心部件、功能系统以及因受条件限制不能在内场进行

试验的设备的可靠性指标均宜采用相关标准规定的"外场验证"方法进行考核,一般应在设计定型以后部队试用 2～4 年内完成(具体时间可在型号的《验证大纲》中规定)。外场验证的主要原则如下:

(1)应在部队的真实使用环境和保障条件下,结合部队的试用进行验证;

(2)验证前,使用方和研制方共同制定详细的验证大纲或验证计划;

(3)应建立验证的组织机构,包括领导小组和验证工作小组,领导小组负责可靠性外场验证过程中的领导工作,验证工作小组负责可靠性外场验证的组织实施工作;

(4)验证应使用设计定型后并经过一定时间的试用且基本剔除了早期故障的军工装备,验证的样本数、累计运行时间、单机累计运行时间均应有相关规定。

9.1.4.3 可靠性鉴定试验

军工装备采用设计定型前完成可靠性鉴定试验的办法考核,可靠性试验考核方式如表 9-2 所示。

表 9-2 可靠性试验考核方式

序 号	项 目	要 点
1	考核指标	整机分配给设备的 MTBF 最低可接受值
2	统计准则	基于我国国情,宜采用以下标准:MTBF 检验下限 θ_1,设备的 MTBF 最低可接受值; MTBF 检验上限 $\theta_0 = 3\theta_1$; 研制方的风险 $\alpha = 20\%$,使用方的风险 $\beta = 20\%$
3	试验方案	宜采用 GJB 899A—2009 规定的标准定时试验方案
4	试验剖面	对各设备在典型任务剖面内的应力进行实测摸底,依次拟定任务剖面
5	累积试验时间	受试设备的累积试验时间宜定为样本通电并正常工作的时间,加上 50%不通电但承受循环试验应力的时间的累计值,其中判决与故障状态的性能降级工作时间不计在内

9.1.4.4 可靠性验收试验

军工装备交付前的试验既是研制方的产品调整试验,也是使用方的产品验收试验。调整试验虽然也能初步检查军工装备整体的可靠性状况,但无法取得使用方满意的置信度。因此,需方有可能在具备试验条件的情况下对批生产的重要设备进行可靠性验收试验。

9.1.4.5 寿命及翻修期验证

考虑到军工装备一般均可更换,因此军工装备使用寿命一般指机体结构寿命,有两个主要指标:一是着眼于实际使用载荷作用下的疲劳寿命,二是着眼于腐蚀介质环境作用下的材料寿命。目前,确定整机寿命的方法主要是经验法。国内主要根据军工装备自然淘汰的统计和部分装备的实践、大修的经历来确定总寿命和翻修间隔。针对电子设备,可采用加速寿命试验的方式确定部件寿命,从而对部件更换周期进行评估。

9.2 维 修 性

9.2.1 维修性的定义

维修性是指产品在规定的条件下和规定的时间内,按规定的程序和方法进行维修时,保持或恢复到规定状态的能力。

9.2.2 维修性的指标

根据军工装备研制和使用阶段的特点以及用户关注的特性:

(1)平均修复时间(MTTR):产品维修性的一种基本参数,其定义为在规定的条件下和规定的期间内,产品在规定的维修级别上,修复性维修总时间与该级别上被修复产品的故障总数之比,具体计算公式见式(5-1)。

(2)最大修复时间(MTR):产品达到规定维修度所需的修复时间。

(3)重要部件更换时间(MCRT):在规定的条件下,为接近、拆卸和检查重要部件(如发动机、螺旋桨、减速器等)并使其达到可使用状态所需的时间。

9.2.3 适用范围

维修性各指标的适用范围如表9-3所示。

表9-3 维修性指标的适用范围

序号	指标名称	适用范围
1	平均修复时间(MTTR)	整机、分系统
2	最大修复时间(MTR)	整机、分系统
3	重要部件更换时间(MCRT)	重要部件

9.2.4 维修性验证阶段及方法

军工装备整机、核心部件、功能系统以及电子设备的维修性指标均宜采用相关标准规定的"外场验证"办法进行考核,一般应在设计定型以后部队试用2～4年内完成(具体时间可在型号的《验证大纲》中规定)。外场验证应遵循的原则同可靠性验证。

1. 维修性预计

在军工装备方案阶段及详细设计阶段,可根据《维修性分配与预计手册》(GJB/Z 57—1994)对整机、分系统及部件的MTTR值进行预计,以评估当前阶段的设计是否满足维修性指标定量要求,并找出设计中的可靠性薄弱环节,采取必要的改进措施。

2. MTTR验证(基层级)

系统级设备的MTTR验证样本量宜按故障发生的实际次数统计,但一般不应少于50

次。如果统计的故障次数太少,可以考虑适当设置模拟故障。如果规定采用固定样本量进行维修性验证,那么应采用按比例分层抽样法确定外场可更换单元的维修作业样本量,其模型如下:

$$N_i = N \cdot C_{pi} \tag{9-2}$$

式中　N_i——第 i 个外场可更换单元的维修作业样本量;

　　　N——系统或设备的维修作业样本量;

　　　C_{pi}——第 i 个外场可更换单元的故障分摊率,由下式决定

$$C_{pi} = \frac{\lambda_i}{\sum\limits_{i=1}^{k} \lambda_i} \tag{9-3}$$

式中　λ_i——第 i 个外场可更换单元的故障率(h^{-1});

　　　k——系统或设备所含可更换单元总数。

3. 整机的维修性验证(基层级)

军工装备整机的维修性验证宜与整机可靠性外场验证同步进行。一般说来,统计可靠性外场验证期间的自然故障和维修作业时间,能基本满足整机的维修作业样本量要求。

9.3　测　试　性

9.3.1　测试性的定义

测试性是指产品能准确地确定其状态(工作、不可工作或性能下降)并隔离其内部故障的一种设计特性。

9.3.2　测试性的指标

测试性主要包括以下指标:

(1)故障检测率(FDR):用规定的方法检测到的故障数与故障总数之比,用百分数表示,表示系统在测试中能够准确检测到的故障比例,影响系统的可诊断性。故障检测率表达式为

$$r_{FD} = \frac{N_{FD}}{N} \times 100\% \tag{9-4}$$

式中　r_{FD}——故障检测率;

　　　N_{FD}——成功检测故障数;

　　　N——总故障数。

(2)故障隔离率(FIR):用规定的方法将检测到的故障正确隔离到不大于规定模糊度的故障数与检测到的故障数之比,用百分数表示,表示系统在测试中能够准确隔离故障的比例,关联到系统的修复效率。故障隔离率表达式为

$$r_{FI} = \frac{N_{SQ}}{N} \times 100\% \tag{9-5}$$

式中　r_{FI}——故障隔离率;

N_{SQ}——成功隔离故障数。

（3）虚警率（FAR）：在规定的时期内发生的虚警数与同一期间内故障指示总数之比，用百分数表示。虚警率表达式为

$$r_{FA} = \frac{N_{FP}}{N} \times 100\% \tag{9-6}$$

式中 r_{FA}——虚警率；

N_{FP}——误报成故障的正常样本数。

9.3.3 适用范围

测试性指标的适用范围如表 9-4 所示。

表 9-4 测试性指标的适用范围

序 号	指标名称	适用范围
1	故障检测率（FDR）	整机、分系统、部件
2	故障隔离率（FIR）	整机、分系统、部件
3	虚警率（FAR）	整机、分系统、部件

9.3.4 验证阶段及方法

根据军工装备的特点及复杂性，对不同层次的产品，其测试性验证的类型和时机也不同，测试性验证包括测试性演示和测试性评定。

测试性演示（Testability Demonstration）是在设计定型或生产定型时，或在试验期间所进行的测试性验证，以判定产品是否达到规定的测试性要求。测试性演示应在尽量模拟实际使用的测试环境中进行。它一般以研制方为主，使用方审查演示方案并参加演示过程。对于整机及系统级的测试性要求应在试验过程中利用样机进行外场验证；对于设备或 LRU 级的测试性要求应在野战级进行验证。它在工程样机上通过在模拟实际使用环境中对被测单元注入故障进行验证。

测试性评定（Testability Evaluation）是在使用阶段，通过获取外场数据进行统计分析来评价产品的测试性是否达到规定的目标值要求。这是由使用方完成的工作，对外场维修级别的测试性要求进行评价。内置测试（BIT）的虚警率要求通常在投入外场使用后进行评定。

由于测试性与维修性、可靠性和性能密切相关，所以测试性验证可与维修性验证、可靠性试验和性能试验相结合，取得可用于测试性评估的数据，以避免不必要的重复工作，特别是与维修性验证通常结合在一起进行。但是，这种结合一般只是在某些项目上结合，它不能取代测试性验证试验。为了进行测试性验证，必须制定测试性验证计划、规定验证要求，对测试性试验数据进行分析和评估。

9.3.4.1 故障检测率和故障隔离率的验证

本节介绍一种常用的测试性验证方法——列表法。它通过注入故障进行验证，通常用

于验证机载系统或设备的故障检测率 r_{FD} 和故障隔离率 r_{FI}。

故障注入可以通过引入有故障的元器件，或使引线开路、元器件短路，或使被测单元失调等方法来实现。模拟故障样本的选择及分配可按 GJB 2072—1994 的附录 B 或美国军标 MIL—STD—471A 的 A10.4、A10.5 的规定实施。对每个模拟故障应进行分析，以确定它是否能真实反映产品的故障。同时，还应对每个模拟故障进行分析，以确定产品的 BIT、外部测试设备或人工测试完成外场级故障隔离的模糊度以及野战级、后方级故障隔离的模糊度，并把上述分析结果填入产品测试性验证及评定表，如表 9-5 所示。

表 9-5　测试性验证及评定表

故障序号	故障检测			外场级隔离				野战级隔离				后方级隔离			
	立即确定故障	有迹象，不能立即确定故障	故障未被查出	BIT	外部测试设备	人工测试	模糊度	BIT	外部测试设备	人工测试	模糊度	BIT	外部测试设备	人工测试	模糊度

根据表中列出的信息，分别计算故障检测率 r_{FD} 和 BIT、外部测试设备和人工测试的故障隔离率 r_{FI} 在外场级、野战级和后方级的观测值，验证这些测试性参数值是否满足规定要求。

9.3.4.2　虚警率的验证

由于影响虚警率的因素很多，外场使用的虚警率远高于试验验证值，所以虚警率的验证一般均在外场试验期间或者在装备投入服役后验证。此外，还可利用可靠性试验、性能试验得出的虚警数据对虚警率进行验证。

下面介绍一种近似的验证方法，它基于虚警率定义为每 24 工作小时内虚警数的平均值。

（1）确定验证试验中设备的累积工作时间 T，它包括性能试验与可靠性试验时间，当要求在使用试验结束前结束试验验证时，虚警率验证应在承制方的可靠性试验结束时结束。

（2）计算期望的虚警数 N_F：

$$N_F = N_{FS} \times T/24 \tag{9-7}$$

式中　N_{FS}——规定虚警数的平均值（按每 24 h 设备工作时间计算）；

　　　T——被测单元的累积工作时间。

（3）利用下式验证是否满足规定要求：

$$N_{FA} \leqslant (N_F - 2) \times 0.9 \tag{9-8}$$

式中　N_{FA}——试验取得的虚警数观测值。

9.4　保　障　性

9.4.1　保障性的定义

保障性是指装备的设计特性和计划的保障资源满足战备和战时使用要求的能力。

9.4.2　保障性指标

根据军工装备研制的要求，保障性主要包括以下指标：

（1）使用可用度（A_0）：与能工作时间和不能工作时间有关的一种可用性参数，其定义为产品的能工作时间与能工作时间和不能工作时间的和之比。

（2）固有可用度（A_1）：仅与工作时间和修复性维修时间有关的一种可用性参数，其定义为产品的平均故障间隔时间与平均故障间隔时间和平均修复时间的和之比。

（3）任务前准备时间（STTM）：为使装备进入任务状态所需的准备时间，通常包括战备装备的启封、检修等时间。它是保障时间的组成部分。

（4）装备完好率（MRR）：能够随时执行任务的完好装备数与实有装备数之比，通常用百分数表示，主要用以衡量装备的技术现状和管理水平，以及装备对作战、训练、执勤的可能保障程度。

（5）能执行任务率（MCR）：装备在规定的期间内至少能够执行一项规定任务的时间与其由作战部队控制下的总时间之比。它是能执行全部任务率与能执行部分任务率之和。

（6）备件利用率（UR）：装备在规定的日历期间内所使用的平均寿命单位数或执行的平均任务次数，如飞机的出动架次率。

（7）备件满足率（SR）：执行任务时能够及时提供的装备和总共需求的装备之比，确保系统需要的备件能够及时提供。

9.4.3 适用范围

保障性指标的适用范围如表 9－6 所示。

表 9－6 保障性指标的适用范围

序号	指标名称	适用范围
1	使用可用度（A_0）	整机、分系统、部件
2	固有可用度（A_1）	整机、分系统、部件
3	任务前准备时间（STTM）	整机
4	装备完好率（MRR）	整机
5	能执行任务率（MCR）	整机
6	备件利用率（UR）	整机
7	备件满足率（SR）	整机

9.4.4 验证阶段及方法

9.4.4.1 验证阶段

保障性试验与评价贯穿于产品的整个寿命期，在不同阶段有不同的重点和目标。保障性试验与评价的总目标是：

（1）提供在预计的战争状态下装备系统保障性的保证；

（2）检查所开发的系统保障是否有能力达到既定的系统战备完好性水平；

（3）检查系统战备完好性目标是否能在使用期内的平时和战时使用率下实现。

为了充分利用有限的资源,应在产品总的试验与评价大纲中充分考虑综合后勤保障的有关内容,充分利用其他试验工作的结果实现上述目标。

试验与评价分为两大类型,即研制试验与评价、使用试验与评价。表 9-7 给出了在各个不同研制阶段的研制试验与评价、使用试验与评价工作中的产品综合保障目标。

表 9-7　产品综合保障目标

研制阶段	试验与评价目标	
	研制试验与评价	使用试验与评价
论证阶段	/	确定保障性目标要求,与保障有关的特性要求和保障资源要求
方案阶段	(1)选择优选的装备和保障方案; (2)找出优选的技术方法,确定后勤风险及相关的解决方法	(1)评估备选技术方案对使用的影响; (2)协助选择优选的系统和保障方案; (3)估算使用的兼容性和适用性
工程研制阶段	(1)找出有关保障性方面的设计问题及相应的解决方法; (2)找出保障要素存在的问题及相应的解决方法	(1)评估使用适用性; (2)评估保障资源规划要求的实现情况
设计定型阶段	找出保障系统各要素之间的联系及相应解决方法	评估设计的使用使用性,评估保障性目标要求、与保障有关的设计要求,评估保障资源规划所实现的指标
生产定型阶段	保障生产工艺能满足设计要求	评估生产出的产品所实现的保障性水平
生产/使用阶段	(1)保证生产出来的产品符合设计要求; (2)保证装备设计更改的充分性	(1)验证保障性目标的实现程度; (2)修改使用的保障费用估算; (3)评估设计更改使用适用性和保障性; (4)明确在保障性方面需要做的改进; (5)提供调整综合后勤保障要素所要求的数据

由表 9-7 可见,研制试验与评价主要是一些工程试验,利用这些工程试验的结果来找出问题及解决问题的方法,通过设计手段来真正解决这些问题,从而使得装备的保障性得以提高,使得保障系统的效能有所提高,使装备与其保障系统能相互匹配。

研制试验与评价工作主要在模拟环境下进行,其大多数工作是由研制方负责完成的。

使用试验与评价主要是一些统计试验,利用这些统计试验来评价装备所达到的保障性水平,评价保障系统的效能,找出保障性水平与要求存在的差距,或验证装备系统已经达到了规定的战备完好性要求和保障性要求。

使用试验与评价工作通常由独立于使用方和研制方的第三方来进行,一般在外场实际环境中进行。

9.4.4.2　试验方法

应根据不同的目的选择适当的试验方法:

(1)在只有原理或试验型样机时,主要目标是评价原理的正确性,寻找各种设计缺陷,以

便找出纠正措施,应采用实验室试验方式;

(2)在评价装备的保障性水平和保障系统的效能时,采用外场环境下进行试验。

9.4.4.3 评价方法

应根据不同的目的选择不同的评价方法,评价可分为定性评价和定量评价两种。

当主要目的是寻找设计缺陷时,一般应采用定性评价方法,找出设计所存在的缺陷,并对造成缺陷的原因进行认真细致的分析,从而找出消除这些缺陷的方法。

当主要目的是评价装备的保障性水平和保障系统的效能时,则要采用定量评价方法,指出装备现有的保障性水平和保障系统的效能,指出是否已经满足了规定的要求,指出与要求之间存在的差距。

9.5　安　全　性

9.5.1　安全性的定义

安全性是指不导致人员伤亡、危害健康及环境,不给设备或财产造成破坏或损失的能力。

9.5.2　安全性指标

安全性通常用以下指标进行评价:

(1)发生灾难的事件概率(P_{I}):军工装备发生灾难性故障导致坠毁或空中解体的概率,一般要求小于 1×10^{-9}。

(2)发生严重的事件概率(P_{II}):军工装备发生严重故障导致飞机遭到严重损坏(如发动机失效等),可能导致坠毁,一般要求小于 1×10^{-7}。

(3)绝缘电阻:绝缘物在规定条件下的直流电阻,是电气设备和电气线路最基本的绝缘指标,一般要求大于 $500 \ \mathrm{M\Omega}$。

(4)泄漏电流:在没有故障的情况下,流入大地或电路中外部导电部分的电流,一般要求小于 $2 \ \mathrm{mA}$。

9.5.3　适用范围

安全性指标的适用范围如表 9－8 所示。

表 9－8　安全性指标适用范围

序号	指标名称	适用范围
1	发生灾难的事件概率(P_{I})	整机
2	发生严重的事件概率(P_{II})	整机
3	绝缘电阻	部件
4	泄漏电流	部件

9.5.4　验证阶段及方法

军工装备在论证阶段、方案阶段、工程研制阶段、生产定型阶段及使用阶段均需开展相关的验证工作。

(1)论证阶段。根据相似产品的经验,并考虑新研制产品的特点对安全性要求进行验证与评估,保证安全性要求的正确与完整,并且在技术上是可验证的。通过验证决定在产品寿命周期中可能要放弃的某些安全性要求,最终确定安全性的验证要求,形成安全性验证要求文件。

(2)方案阶段。主要的安全性验证工作是对安全性工作计划进行评审验证,参与军工装备方案设计、关键技术攻关和新部件、分系统的试制与试验,结合模型样机或原理样机的研制进行安全性试验验证,确定安全性要求是否合理,确保安全性关键技术已解决,安全性工作计划切实可行。

(3)工程研制阶段。主要的安全性验证工作:首先是对安全性工作计划进行评审,如果某个产品有多个转研制方,通常应有综合的安全性工作计划,以协调各转研制方和研制方的安全性工作;其次对设计进行安全性评审,以确保其已经满足安全性要求,并保证已经消除或控制了以前识别出的危险;再次对所有试验进行评审,以确保不会引入新的危险;最后将本阶段中进行的安全性验证工作记录成文。

(4)生产定型阶段。安全性验证工作的主要目的是验证是否按批准的规范和设计文件生产满足安全性要求的产品。在该阶段,必须对生产过程进行安全性控制和检查,评审所提出的各种工程建议对安全性的影响。

(5)使用阶段。使用方要做的安全性验证工作主要是定期进行安全性评审,确定已发现问题的范围(是否在所有的现役系统中都存在)和发生的频率;同时对系统进行监控,以确定设计和使用、维修以及应急规程是否恰当。

9.5.4.1　部件安全性验证

部件安全性试验应在部件设计阶段开展,或由部件供应商自行开展并提交相关测试报告。部件安全性试验项目包括但不限于绝缘电阻、泄漏电流、介电强度、过压欠压保护等。部件安全性试验方法应参考相关产品的设计规范或标准,如飞机电气系统中用电设备应依据《飞机供电特性》(GJB 181B—2012)中规定的要求开展安全性验证工作。

9.5.4.2　整机安全性验证

针对特定损失事件或事故后果发生的概率(或频率)提出的定量要求,为明确并在工程中落实安全性定量要求,通常需要依据一定规则建立工程模型,即概率安全性模型,而对此类安全性目标的验证活动,通常可采用概率风险评价(PRA)或故障树分析(FTA)方法。

概率风险评价(PRA)是最有代表性的量化安全性评价方法之一。它是一种识别与评估复杂系统风险的结构化、集成化的逻辑分析方法,综合运用事件树、故障树等方法构建出风险事件链模型,集成工程各类定性和定量信息(如试验数据、现场数据、专家判断等)进行模型量化与不确定性分析,从而合理地预测系统的风险水平,分析影响风险的关键因素,为复杂系统寿命周期内的风险管理提供决策支持。通过构建系统概率安全性模型,实施定性或定量分析,识别系统的薄弱环节,评价系统的安全性水平,支持系统全寿命周期的改进和工程决策。概率风险评价主要适用于大型复杂系统,如飞机等。概率风险评价可以在研制不同阶段开展,在不同阶段实施重点不同。研制和使用不同阶段 PRA 实施重点如表 9-9 所示。

表 9-9　研制和使用不同阶段 PRA 实施重点

研制阶段	实施重点
方案阶段	评估个设计方案的风险,对方案进行权衡;识别主要的风险因素,提出降低风险的设计改进措施。
工程研制阶段	综合利用仿真数据、部分实验数据和专家判断数据,评估型号的安全风险和任务风险,及其对安全性和可靠性要求的满足程度;识别风险因素,提出降低风险的措施。
生产定型阶段	主要利用试验数据,并结合其他数据来评估型号的安全风险和任务风险,判别型号技术状态是否满足可靠性和安全性要求,支持发射、部署等工程决策。
使用阶段	利用使用过程的观测数据进行风险计算和自动风险监控;评估常规或应急的操作、维修程序对安全风险和任务风险的影响,提出降低风险的操作或维修策略;评估不同的技术升级方案的风险,提出风险最小、效益最高的技术升级方案。

FTA 的基本步骤如图 9-1 所示。

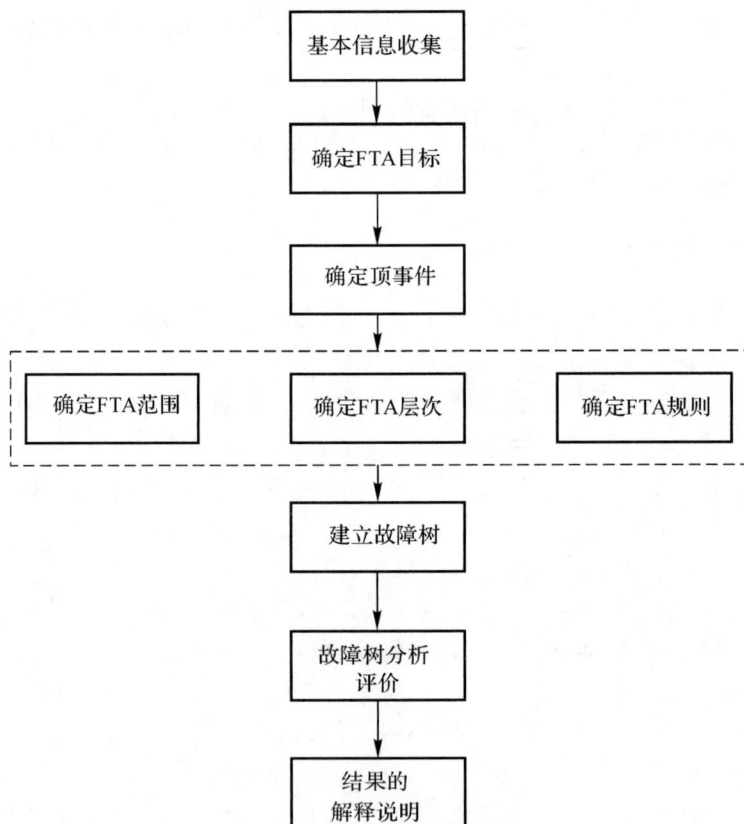

图 9-1　FTA 的基本步骤

9.6　环境适应性

9.6.1　环境适应性的定义

环境适应性是指装备(产品)在其寿命期预计可能遇到的各种环境作用下能实现其所有预定功能和性能和(或)不被破坏的能力,是装备(产品)的重要特性之一。

9.6.2　环境适应性的指标

环境适应性的指标针对不同的装备各不相同,以下是常用的指标。

(1)高温适应性:一般指装备在高温环境下能够维持正常工作的能力。如舰船舱室多处于高温环境下,当在热带或者夏季航行遭遇海洋暖流时,其高温环境将更加恶劣,个别部位甚至达到 50 ℃以上,会对舰船及其设备运作产生影响。

(2)低温适应性:一般指产品及设备在低温环境下能够维持正常工作的能力。低温环境会导致材料物理特性变化或变形,严重时甚至会导致设备功能减退或者失灵。以舰船为例,低温会改变变压器和电子元器件等的性能,或降低舰船设备减振性能。

(3)冲击适应性:一般指装备在受到冲击时能够维持正常工作的能力。通常军工设备的工作环境恶劣,受到冲击大,因此对冲击适应性的评价对其功能的实现有重要意义。

(4)湿热适应性:一般指设备在湿热的环境下维持正常工作的能力。如舰船多处于该环境中,结露凝水情况较为严重,易引起舱顶滴水,且舱壁都较为潮湿,致使金属腐蚀、电气绝缘降低或造成电子设备长霉失效,影响设备正常工作。

除以上提到的指标外,通常还有振动适应性、低气压适应性、淋雨适应性、太阳辐射适应性等指标。

9.6.3　适用范围

环境适应性指标的适用范围如表 9 - 10 所示。

表 9 - 10　环境适应性指标的适用范围

序号	指标名称	适用范围
1	高温适应性	整机、分系统、部件
2	低温适应性	整机、分系统、部件
3	冲击适应性	整机、分系统、部件
4	湿热适应性	整机
5	振动适应性	整机、分系统、部件
6	低气压适应性	整机、分系统、部件
7	淋雨适应性	整机

9.6.4 验证阶段及方法

9.6.4.1 工程研制阶段

在军工装备工程研制阶段,为验证设计措施的有效性,需要开展大量的研制试验,包括环境摸底试验、可靠性强化试验等。

环境摸底试验可能需要反复做,在本阶段是例行试验。例行试验可以在流程中发现可能存在的性能指标或质量方面的问题,从而加以纠正。例行试验的报告或记录也是作为进行产品开发、制造和交付管理中的可追溯的重要信息。例行试验通常是选择最关键的和必不可少的指标来进行测试,而不一定会验证战技指标要求的所有项目。环境摸底试验对象一般为部件,目的是在部件设计阶段尽早发现设计中的环境适应性薄弱环节,采取纠正措施,提高部件的可靠性。

9.6.4.2 生产定型阶段

在军工装备鉴定阶段需要开展完成环境鉴定试验。环境鉴定试验需在使用方代表的参与下完成,以验证环境适应性是否达到鉴定要求,是否满足用户的使用需求。环境鉴定试验应优先在独立于使用方和研制方的第三方实验室进行,承担环境鉴定试验的单位应通过资格认证和计量认证。

环境鉴定试验主要注意事项如下:

(1)为检测被试品防护装置的有效性,应确保服役中使用的插头、外罩和检测板处在便于测试的位置,且在操作时处于正常(防护或未加防护)方式。

(2)被试品上的正常电气连接和机械连接,若试验中不需要(例如试件不工作),则用模拟接头(按现场/载体使用进行连接和防护)代替,以确保试验真实。

(3)若被试品包括数个具有完整功能的独立单元,则可对各单元分别进行试验。若对各单元一并进行试验,且机械、电气和射频连接接口允许时,则各单元间及单元与试验箱内壁间至少应保持 150 mm 的距离,以确保空气能正常循环。

(4)在进行振动、冲击试验时,将专用夹具刚性固定在振动台附加台面上,然后将被试品按实际使用状态和规定轴向安装在专用夹具上。在夹具与被试品连接位置附近安装控制用传感器,振动试验采用多点平均控制方式,冲击试验采用单点控制方式。

(5)试验前、中、后测试均应在质量工程师、第三方测试机构人员的监督下进行,所有试验记录需由使用方代表确认。

9.7 六 性 分 析

9.7.1 六性工作流程

六性分析工作贯穿产品的每个阶段,六性分析的基本流程框图如图 9-2 所示。

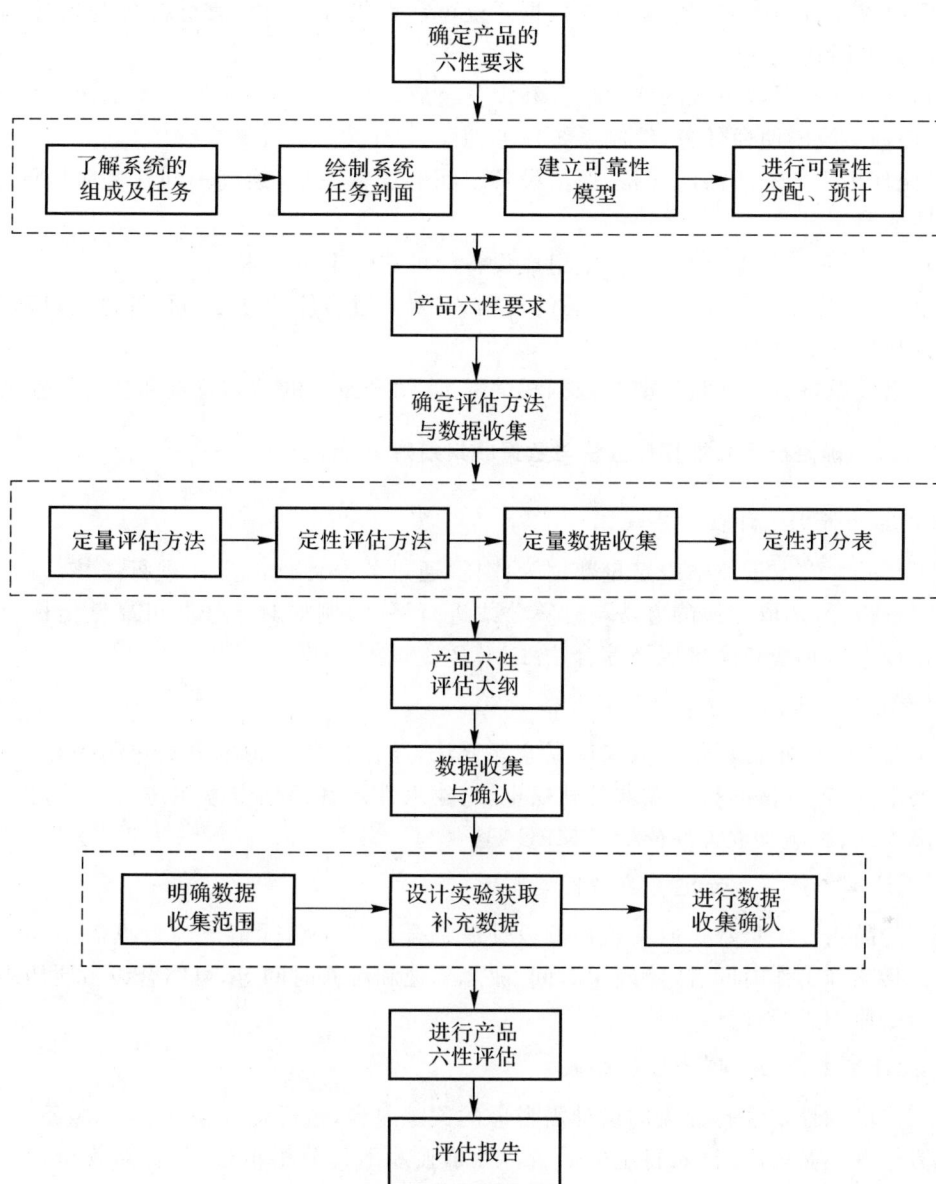

图 9-2　六性分析的基本流程框图

9.7.1.1　确定产品及其组成设备的六性要求

产品六性要求通过对下述内容进行反复论证来确定：

(1)部队的要求(研制总要求、设计任务书和合同要求)；

(2)标准的要求(即各类国军标、行军标)；

(3)产品用途(装备系统要求)；

(4)其他法律法规要求。

各个组成设备的可靠性定量要求根据系统可靠性指标通过可靠性分配与预计得到,具体的步骤如下所述:

(1)开展调研,了解系统的使命任务和设备组成。

(2)根据系统的使命任务,绘制系统任务剖面。

(3)梳理相应任务所需的设备,厘清设备之间的逻辑关系,绘制不同任务阶段的系统任务可靠性框图。

(4)开展可靠性分配与预计,确定组成设备的可靠性定量要求。

(5)可靠性分配与预计是一个动态的过程,需要通过多轮的分配与预计过程以确保所组成设备的指标分配更加合理。

各个组成设备的六性定性要求依据相关标准,结合设备的结构特点和功能特性来设计。

9.7.1.2 确定产品六性评估方法与数据收集细则

1. 产品六性定量评估方法

军工产品六性定量评估以定量数据为依托,通过数据评估的方式进行考核。针对不同的六性定量指标,选取合适的方法与计算公式进行评估,例如对于任务可靠性指标,可考虑选取修正极大似然法和序贯压缩综合法(CMSR)。

2. 确定军工产品六性定性评估方法

军工产品六性定性评估一般采用专家评分法,通过打分评价的方式进行考核。根据六性定性要求,确定具体的打分条款及其权重,组建六性定性评估专家组进行评价,例如是否开展故障模式、影响及危害性分析(FMECA)。

3. 设计军工产品六性定量数据收集表格

军工产品六性定量数据收集表格的设计需综合地考虑实际情况与数据需求,必不可少的信息包括累计工作时间、故障发生时间、故障部位和维修时间等,可结合设备履历表,依据简单清晰的原则进行设计。

4. 设计军工产品六性定性打分表

军工产品六性定性打分表的设计需考虑的关键内容,包括打分条款、条款权重和结果综合量化方法等。必要时,针对特定的质量特性单独地出具分析报告,如针对安全性的《军工产品危害性分析报告》。

9.7.1.3 进行产品六性数据收集与确认

1. 明确数据收集范围,进行数据收集

军工产品六性定量数据的收集范围包括产品设计定型期间的所有试验(如联调、系泊和航行等)与使用数据。六性定性数据的收集范围包括舰员、设计人员和六性专家等关于条款权重和定性评价的意见。具体的数据收集应该由六性评估组配合研制单位进行。

2. 设计试验,通过试验获取必要的信息

针对数据不充分的情况,可根据需求设计试验,如维修性试验、可靠性鉴定试验,通过试验来获取有用的信息,主要的工作包括试验大纲与细则的确定、进行试验和试验结果评估等。

六性数据收集为产品六性评估提供有效的信息,数据的可靠与否直接决定了六性评估结论的准确性,评估时需反复确认以保证其真实性。

9.7.1.4　进行产品六性评估

整理、汇总所收集的数据,依据前面选取的六性评估方法,进行军工产品六性定量和定性评估,与产品及其组成设备的六性要求进行对比,给出评估结论,并通过评审对最终结论加以确认。

在整个军工产品设计定型六性评估过程中,出具的材料至少包括:

(1)军工产品六性评估要求;

(2)军工产品六性评估方法;

(3)军工产品六性数据收集表格;

(4)军工产品六性评估大纲;

(5)军工产品六性评估报告。

必要时还应包括《军工产品及其组成设备环境与可靠性试验方案》《军工产品危险性分析报告》等。

9.7.1.5　六性分析技术案例分析

现阶段,我国军用标准集中制定可靠性、维修性、测试性的定量标准,其他通用质量特性仅给出定性要求。以航空保障系统为例,航空保障系统属于大型复杂系统,定量要求较高,结合可靠性设计标准和实际舰船可靠性评价工作,下面给出建议采用的最低指标:

(1)航空保障系统通常执行作战任务,其可靠度应采用任务可靠度,即完成规定作战任务的可靠度不得低于 0.875。

(2)应根据 GJB 2072—1994 中的规定检验维修指标是否符合要求。

(3)新研或改进电子设备测试性指标要求:故障检测率≥85%;故障隔离率≥85%;虚警率≤5%。

下面以某航空保障系统为例进行六性的定量与定性分析。

航空保障系统的二级系统的作战任务试验数据如表 9-11 所示,实验数据服从指数分布。

表 9-11　航空保障系统的二级系统的作战任务试验数据

二级系统名称	总工作时间/h	硬件故障个数/个
舰载机起降系统	1 290	3
舰载机着舰系统	1 325	3
舰载机调运系统	2 200	5
舰载机保障系统	960	2
航空弹药贮运系统	2 200	1

设航空保障系统的可靠度指标为 12 h 的作战任务可靠度。同时,航空保障系统中的某设备在进行维修性测试时,修复时间服从正态分布,对数方差的事前估计值为 $\sigma^2 = 0$,平均修复时间的可接受值为 $u_0 = 30$ min,不可接受值为 $u_1 = 45$ min,承制方风险 $\alpha = 0.05$,根据标准 GJB 2072—1994 中的规定,维修性试验流程如图 9-3 所示,根据试验要求及其他规定进行维修性指标的验证。

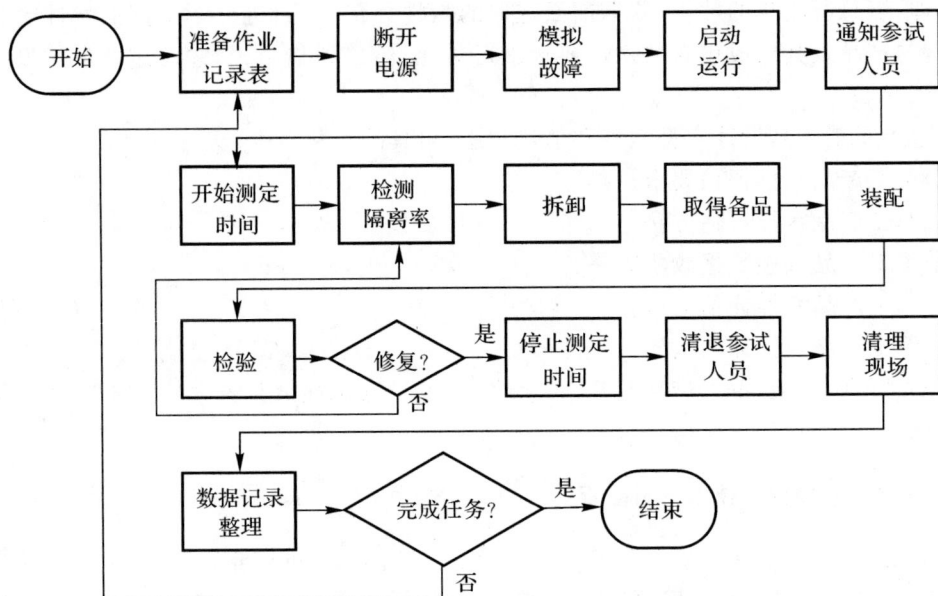

图 9-3 维修性试验基本流程

在航空保障系统中,某电子设备经过多次工作收集到测试数据。测试性水平如下:在该电子设备使用过程中,共出现 13 处硬件故障,检测故障 13 处,其中隔离到最小可更换单元的故障 12 处,没有虚警。根据上文提及的六性分析的方法,依据国家标准开展定量与定性分析。

1. 定量分析

(1)可靠性定量评价。

1)二级系统 MTBF。由表 9-11 可知,由第 1 章式(1-12)得,对于各二级系统,平均无故障工作时间分别为

$$1\ 290/3\ h = 430\ h$$
$$1\ 325/3\ h = 441.67\ h \approx 440\ h$$
$$2\ 200/5\ h = 440\ h$$
$$960/2\ h = 480\ h$$
$$2\ 200/1\ h = 2\ 200\ h$$

2)二级系统故障率。根据平均无故障工作时间及指数分布的性质可知寿命与失效率互为倒数,可得到二级系统的故障率分别为

$$1/430 = 2.326 \times 10^{-3}$$

$$1/440 = 2.273 \times 10^{-3}$$
$$1/440 = 2.273 \times 10^{-3}$$
$$1/480 = 2.083 \times 10^{-3}$$
$$1/2200 = 4.456 \times 10^{-3}$$

3)二级系统可靠度。根据故障率和 12 h 任务时间,由式(2-40)可得到二级系统的可靠度分别为:

$$e^{-\lambda t} = e^{-12 \times 2.326 \times 10^{-3}} = 0.972\ 5$$

$$e^{-\lambda t} = e^{-12 \times 2.273 \times 10^{-3}} = 0.973\ 1$$

$$e^{-\lambda t} = e^{-12 \times 2.273 \times 10^{-3}} = 0.973\ 1$$

$$e^{-\lambda t} = e^{-12 \times 2.083 \times 10^{-3}} = 0.975\ 3$$

$$e^{-\lambda t} = e^{-12 \times 4.456 \times 10^{-4}} = 0.994\ 6$$

根据串联系统可靠度计算公式,可得出该航空保障系统任务可靠度为

$$R = 0.975\ 3 \times 0.972\ 5 \times 0.973\ 1 \times 0.973\ 1 \times 0.994\ 6 \times 0.893\ 2 = 0.893\ 2$$

即该航空保障系统可靠度的点估计值为 0.893 2,满足定量指标要求。

(2)维修性定量评价。依据国标 GJB 2072—1994 中《维修性试验方法》的公式进行计算得

$$Z_{1-\alpha} = Z_{1-\beta} = 1.65$$

式中　$Z_{1-\alpha}$ 和 $Z_{1-\beta}$——对应下侧概率的标准正态分布分位数。

根据

$$n = \left(\frac{Z_{1-\alpha} + Z_{1-\beta}}{\ln u_1 - \ln u_0} \right)^2 \sigma^2 \tag{9-9}$$

得

$$n = \left(\frac{1.65 + 1.65}{\ln 45 - \ln 30} \right)^2 \times 0.5 = 33.12 \approx 34$$

因此,取样本量为 34,假设排除作为样本的 34 个自然故障后,得到修复时间的观测值(单位:h):26,14,21,30,70,69,20,21,18,65,16,3 526,16,40,28,42,33,19,19,43,54,12,18,13,2 610,50,21,31,42,30,46,24。

平均修复时间为:$\bar{X} = 30.824$ h。

Y 的样本均值计算公式为

$$\bar{Y} = \frac{1}{n} \sum_{i=1}^{n} \ln X_i \tag{9-10}$$

式中　Y——X 的自然对数,即

$$Y = \ln X \tag{9-11}$$

Y 的样本方差 S^2 计算公式如下:

$$S^2 = \frac{1}{n-1} \sum_{i=1}^{n} (\ln X_i - \bar{Y})^2 \tag{9-12}$$

将数据代入计算得

$$\overline{Y} = \frac{1}{34} \sum_{i=1}^{34} \ln X_i = 3.30$$

$$S^2 = \frac{1}{33} \sum_{i=1}^{34} (\ln X_i - \overline{Y})^2 = 0.26$$

$$\ln u_0 - \frac{1}{2} \sigma^2 + \frac{\sigma}{\sqrt{n}} Z_{1-\alpha} = \ln 30 - \frac{1}{2} \times 0.5 \times 1.65 \times \frac{\sqrt{0.5}}{\sqrt{34}} \approx 3.35$$

因为 3.30＜3.35，所以该装备的平均修复时间符合要求。

(3)测试性定量评价。运用计算公式，即可得到如下估计值：

故障检测率：13/13＝100.00%；

故障隔离率：12/13＝92.31%；

虚警率为 0。

2. 定性分析

通常六性定性评价以定性要求满足情况进行打分评价为纲领组织开展，以研制总要求或技术规格书为依据，组织专家组逐项审查相关定性要求的满足情况，最后组织专家和舰员等相关人员开展定性要求满足情况打分，分别侧重于研制和使用的角度进行质量控制。同样以评价航空保障系统六性工作为例，邀请了 6 个专家打分和 5 个舰员打分。专家打分如表9-12～表9-17 所示。

表 9 - 12　可靠性专家打分

评价对象	专家1	专家2	专家3	专家4	专家5	专家6
简化设计	100	90	80	90	90	100
余度设计	90	90	90	80	80	90
元器件、零部件的选择与控制	80	80	90	60	80	80
环境防护设计	80	80	80	80	80	80
成熟设计	90	90	80	90	100	80
软件可靠性设计	90	90	80	90	90	90
容差、容错设计	80	90	60	90	80	90
电磁兼容设计	90	80	80	90	90	60
人机工程设计	90	80	90	60	80	80
平均	88.5	86	81.5	80.5	85.5	84.5

(1)专家打分。

$$(88.5 + 86 + 81.5 + 80.5 + 85.5 + 84.5)/6 = 84.42$$

该航空保障系统可靠性专家打分为 84.42 分。

表 9 - 13　维修性专家打分

评价对象	专家 1	专家 2	专家 3	专家 4	专家 5	专家 6
良好的可达性	100	90	80	90	90	100
标准化互换性	90	90	90	80	80	90
防插错措施及识别标志	80	80	90	60	80	80
维修性的人机工程要求	80	80	80	80	80	80
预防性维修	90	90	80	90	100	80
平均	88	86	84	80	86	86

$$(88+86+84+80+86+86)/6=85$$

该航空保障系统维修性定性专家打分为 85 分。

表 9 - 14　测试性专家打分

评价对象	专家 1	专家 2	专家 3	专家 4	专家 5	专家 6
自诊断(自检)能力	100	90	80	90	90	100
维修检查方便	90	90	90	80	80	90
可诊断测试	80	80	90	60	80	80
平均	90	86.7	86.7	76.7	83.3	90

$$(90+86.7+86.7+76.7+83.3+90)/6=85.57$$

该航空保障系统测试性定性专家打分为 85.57 分。

表 9 - 15　保障性专家打分

评价对象	专家 1	专家 2	专家 3	专家 4	专家 5	专家 6
维修方案	100	90	80	90	90	100
标准化和通用性	90	90	90	80	80	90
人员的技术等级	80	80	90	60	80	80
保障设备确定	80	80	80	80	80	80
接口设计	90	90	80	90	100	80
平均	88	86	84	80	86	86

$$(88+86+84+80+86+86)/6=85$$

该航空保障系统保障性定性专家打分为 85 分。

表 9 - 16　安全性专家打分

评价对象	专家 1	专家 2	专家 3	专家 4	专家 5	专家 6
自然环境适应程度	100	90	80	90	90	100
安全作业培训	90	90	90	80	80	90

续表

评价对象	专家 1	专家 2	专家 3	专家 4	专家 5	专家 6
作业人员防护	80	80	90	60	80	80
防范措施	80	80	80	80	80	80
保护和报警功能	90	90	80	90	100	80
警示标志	90	90	80	90	90	90
运行指示	80	90	60	80	80	90
平均	87.1	87.1	80	81.4	85.7	87.1

$$(87.1+87.1+80+81.4+85.7+87.1)/6=84.7$$

该航空保障系统安全性定性专家打分为 84.7 分。

表 9-17 环境适应性专家打分

	专家 1	专家 2	专家 3	专家 4	专家 5	专家 6
耐气候变化	100	90	80	90	90	100
可承受海上日照	90	90	90	80	80	90
耐摇摆和倾斜	80	80	90	60	80	80
耐振动和冲击	80	80	80	80	80	80
抗盐雾、霉菌和油雾	90	90	80	90	100	80
平均	88	86	84	80	86	86

$$(88+86+84+80+86+86)/6=85$$

该航空保障系统环境适应性定性专家打分为 85 分。

(2)舰员打分。舰员打分要求打分人数在 4 人以上,研制单位、航母相关部门负责现场答疑。舰员打分应根据航空保障系统下二级子系统进行打分,相应工作岗位的舰员以问卷调查的方式开展针对性打分(没有等级限制,通过舰员实际主观感受打分),汇总各子系统的打分情况,进行一级系统(即航空保障系统)定性分析。舰员打分表如表 9-18～表 9-23 所示。

表 9-18 可靠性舰员打分表

评价特性	二级系统名称	具体问题	评分值
可靠性	起降系统	是否经常故障(20%)	
		可靠性水平是否满足作战要求?(20%)	
		故障发生频率是否随时间变高?(20%)	
		故障是否会自动恢复?(20%)	
		可靠性维护任务是否过重?(20%)	
合计			

表 9－19　维修性舰员打分表

评价特性	二级系统名称	具体问题	评分值
维修性	起降系统	是否明确需要自身维修的故障（25％）	
		是否有良好的维修故障环境？（25％）	
		是否有维修保护措施？（25％）	
		是否有预防差错设计？（25％）	
合计			

表 9－20　测试性舰员打分表

评价特性	二级系统名称	具体问题	评分值
测试性	起降系统	发生故障是否报警？（25％）	
		能够容易地找到可更换单元？（25％）	
		手动操作时，是否简单、易行？（25％）	
		是否经常发生虚警？（25％）	
合计			

表 9－21　保障性舰员打分表

评价特性	二级系统名称	具体问题	评分值
保障性	起降系统	是否因技术问题造成操作不便（16％）	
		备件备品是否多余缺少？（17％）	
		备件备品是否满足维护要求？（17％）	
		备件备品是否能够被快速拿到和使用？（17％）	
		能否良好地运用相关技术文件、指导手册？（16％）	
		维修工具是否齐全？（17％）	
合计			

表 9－22　安全性舰员打分表

评价特性	二级系统名称	具体问题	评分值
安全性	起降系统	环境应力变高是否会引起安全隐患？（20％）	
		危险区域是否与舰员活动区域隔离？（20％）	
		是否有安全警告标示？（20％）	
		是否经常发生安全事故？（20％）	
		坚硬、尖锐结构是否有防护措施以避免肢体伤害？（20％）	
合计			

表 9 - 23　环境适应性舰员打分表

评价特性	二级系统名称	具体问题	评分值
环境适应性	起降系统	是否耐气候变化、海上日照量变化、盐雾、霉菌和油雾？(17%)	
		在摇摆和倾斜界限状态下是否可以正常工作？(17%)	
		在强烈冲击和颠震冲击下是否可以有效工作？(17%)	
		是否有环境信息数据，以供舰员进行相应防护？(17%)	
		易损接插件、元器件是否齐全？(16%)	
		舰员是否了解元器件固有缺陷？(16%)	
合计			

3. 可靠性评分

(1)指挥管理系统。舰员对 5 项评分要求的评分分别是 94,95,95,89 和 96,则可靠性评分均值为

$$(94+95+95+89+96)/5=93.8$$

(2)起降系统。舰员的可靠性评分分别是 94,95,95,89 和 96,则可靠性评分均值为

$$(94+95+95+89+96)/5=93.8$$

(3)着舰引导系统。舰员的可靠性评分分别是 94,97,85,89 和 80,则可靠性评分均值为

$$(94+97+85+89+80)/5=89$$

(4)舰载机调运系统。舰员的可靠性评分分别是 96,85,80,85 和 89,则可靠性评分均值为

$$(96+85+80+85+89)/5=87$$

(5)舰载机保障系统。舰员的可靠性评分分别是 82,86,90,85 和 74,则可靠性评分均值为

$$(82+86+90+85+74)/5=83.4$$

(6)舰载机维修系统。舰员的可靠性评分分别是 82,86,90,85 和 74,则可靠性评分均值为

$$(82+86+90+85+74)/5=83.4$$

(7)航空弹药贮运系统。舰员的可靠性评分分别是 85,70,80,82 和 85,则可靠性评分均值为

$$(85+70+80+82+85)/5=80.4$$

综合以上数据,可以得到可靠性舰员评分为

$$(93.8+93.8+89+87+83.4+83.4+80.4)/7=87.26$$

即舰员可靠性评分为 87.26 分。

4. 维修性评分

(1)指挥管理系统。舰员对 4 项评分要求的评分分别是 95,95,89 和 96,则维修性评分均值为

$$(95+95+89+96)/4 = 93.75$$

(2)起降系统。舰员的维修性评分分别是 95,95,90 和 96,则维修性评分均值为
$$(95+95+89+96)/4 = 94。$$

(3)着舰引导系统。舰员的维修性评分分别是 97,85,89 和 80,则维修性评分均值为
$$(97+85+89+80)/4 = 87.75$$

(4)舰载机调运系统。舰员的维修性评分分别是 85,80,85 和 89,则维修性评分均值为
$$(85+80+85+89)/4 = 84.75$$

(5)舰载机保障系统。舰员的维修性评分分别是 86,90,85 和 74,则可靠性评分均值为
$$(86+90+85+74)/4 = 83.75$$

(6)舰载机维修系统。舰员的可靠性评分分别是 86,90,85 和 75,则可靠性评分均值为
$$(86+90+85+75)/4 = 84$$

(7)航空弹药贮运系统。舰员的维修性评分分别是 70,80,82 和 85,则维修性评分均值为
$$(70+80+82+85)/4 = 79.25$$

综合以上数据,可以得到维修性舰员评分为
$$(93.8+94+87.75+84.75+83.75+84+79.25)/7 = 86.75$$
即舰员维修性评分为 86.75 分。

5. 测试性评分

(1)指挥管理系统。舰员对 4 项评分要求的评分分别是 94,95,89 和 96,则测试性评分均值为
$$(94+95+89+96)/4 = 93.5$$

(2)起降系统。舰员的测试性评分分别是 94,95,90 和 95,则测试性评分均值为
$$(94+95+90+95)/4 = 93.5$$

(3)着舰引导系统。舰员的测试性评分分别是 94,97,89 和 80,则测试性评分均值为
$$(94+97+89+80)/4 = 90$$

(4)舰载机调运系统。舰员的测试性评分分别是 96,85,85 和 89,则测试性评分均值为
$$(96+85+85+89)/4 = 88.75$$

(5)舰载机保障系统。舰员的测试性评分分别是 86,90,85 和 74,则测试性评分均值为
$$(86+90+85+74)/4 = 83.75$$

(6)舰载机维修系统。舰员的测试性评分分别是 86,90,88 和 71,则测试性评分均值为
$$(86+90+88+71)/4 = 83.75$$

(7)航空弹药贮运系统。舰员的测试性评分分别是 85,80,82 和 85,则测试性评分均值为
$$(85+80+82+85)/4 = 83$$

综合以上数据,可以得到测试性舰员评分为
$$(88.75+93.5+93.5+90+83.75+83.75+83)/7 = 88.06$$
即舰员测试性评分为 88.06 分。

6. 保障性评分

(1)指挥管理系统。舰员对 6 项评分要求的评分分别是 96,94,95,95,89 和 96,则保障性评分均值为

$$(94+95+95+89+96+96)/6=94.17$$

(2)起降系统。舰员的保障性评分分别是 89,94,95,95,89 和 96,则保障性评分均值为
$$(89+94+95+95+89+96)/6=93$$

(3)着舰引导系统。舰员的保障性评分分别是 94,94,97,85,89 和 80,则保障性评分均值为

$$(94+94+97+85+89+80)/6=89.83$$

(4)舰载机调运系统。舰员的保障性评分分别是 96,96,85,80,85 和 89,则保障性评分均值为

$$(96+96+85+80+85+89)/6=88.5$$

(5)舰载机保障系统。舰员的保障性评分分别是 86,82,86,90,85 和 74,则保障性评分均值为

$$(86+82+86+90+85+74)/6=83.83$$

(6)舰载机维修系统。舰员的保障性评分分别是 90,82,86,90,85 和 74,则保障性评分均值为

$$(90+82+86+90+85+74)/6=84.5$$

(7)航空弹药贮运系统。舰员的保障性评分分别是 80,85,70,85,82 和 85,则保障性评分均值为

$$(80+85+70+80+82+85)/6=80.3$$

综合以上数据,可以得到保障性舰员评分为

$$(94.17+93+89.83+88.5+83.83+84.5+80.3)/7=87.73$$

即舰员保障性评分为 87.73 分。

7. 安全性

(1)指挥管理系统。舰员对 5 项评分要求的评分分别是 94,95,95,89 和 96,则安全性评分均值为

$$(94+95+95+89+96)/5=93.8$$

(2)起降系统。舰员的安全性评分分别是 94,95,95,89 和 96,则安全性评分均值为
$$(94+95+95+89+96)/5=93.8$$

(3)着舰引导系统。舰员的安全性评分分别是 94,97,85,89 和 80,则安全性评分均值为

$$(94+97+85+89+80)/5=89$$

(4)舰载机调运系统。舰员的安全性评分分别是 96,85,80,85 和 89,则安全性评分均值为
$$(96+85+80+85+89)/5=87$$

(5)舰载机保障系统。舰员的安全性评分分别是 82,86,90,85 和 74,则安全性评分均值为

$$(82+86+90+85+74)/5＝84$$

（6）舰载机维修系统。舰员的安全性评分分别是 82,86,90,85 和 74,则安全性评分均值为

$$(82+86+90+85+74)/5＝83.4$$

（7）航空弹药贮运系统。舰员的安全性评分分别是 85,70,80,82 和 85,则安全性评分均值为

$$(85+70+80+82+85)/5＝80.4$$

综合以上数据,可以得到安全性舰员评分为

$$(93.8+89+87+84+93.8+83.4+80.4)/7＝87.34$$

即舰员安全性评分为 87.3 分。

8. 环境适应性

（1）指挥管理系统。舰员对 6 项评分要求的评分分别是 89,94,95,95,89 和 96,则环境适应性评分均值为

$$(89+94+95+95+89+96)/6＝93$$

（2）起降系统。舰员的环境适应性评分分别是 93,94,95,95,89 和 96,则环境适应性评分均值为

$$(93+94+95+95+89+96)/6＝93.67$$

（3）着舰引导系统。舰员的环境适应性评分分别是 89,94,97,85,89 和 80,则环境适应性评分均值为

$$(89+94+97+85+89+80)/6＝89$$

（4）舰载机调运系统。舰员的环境适应性评分分别是 85,96,85,80,85 和 89,则环境适应性评分均值为

$$(85+96+85+80+85+89)/6＝85.83$$

（5）舰载机保障系统。舰员的环境适应性评分分别是 82,82,86,90,85 和 74,则环境适应性评分均值为

$$(82+82+86+90+85+74)/6＝83.4$$

（6）舰载机维修系统。舰员的环境适应性评分分别是 82,82,86,90,85 和 74,则环境适应性评分均值为

$$(82+82+86+90+85+74)/6＝83.17$$

（7）航空弹药贮运系统。舰员的环境适应性评分分别是 85,70,80,80,82 和 85,则环境适应性评分均值为

$$(85+70+80+80+82+85)/6＝80.33$$

综合以上数据,可以得到环境适应性舰员评分为

$$(93+89+87+85.83+83.4+83.17+80.33)/7＝85.96$$

即舰员环境适应性评分为 85.96 分。

9. 总计

最后计算可靠性定性要求综合评分结果,按照专家：舰员＝4：6 进行计算。

可靠性综合评分：86.124。

维修性的综合评分：86.05。

测试性的综合评分：87.064。

保障性的综合评分：86.638。

安全性的综合评分：86.284。

环境适应性的综合评分：85.576。

由得分可以看出整个航空保障系统的具体水平为良。对于得分低的项目，如环境适应性，应适当加强控制并进行改善，其他项目可以继续保持或采取适当措施进行提升。

通过六性分析，可以全面了解产品的性能和适用性，从而为产品的设计、制造和使用提供科学依据，提高效率，降低成本，提高安全性，增强可靠性，促进创新，提高产品的性能，确保其在实际应用中能够高效、可靠、安全地完成任务，同时为产品的持续优化和技术进步提供重要支持。

习　　题

1. "军工六性"的指标包括哪些内容？

2. 已知一个电机每天运行 8 h，每周运行 5 天，总共运行时间为一年，在此期间电机出现故障的次数为 4 次，求该电机的 MTBF。

3. 在某工业系统中有 A、B、C 三个传感器，它们用于监测机械设备的运行状态。传感器可能会出现故障，每个传感器独立故障概率分别为：$P(A)$、$P(B)$ 和 $P(C)$。此外，系统还有一种诊断方法，能检测出传感器故障概率为 $P(D|A)$、$P(D|B)$ 和 $P(D|C)$，表示传感器 A、B 或 C 故障的情况下检测故障的概率。已知：(1) $P(A)=0.05$，$P(B)=0.03$，$P(C)=0.02$；(2) $P(D|A)=0.9$，$P(D|B)=0.85$，$P(D|C)=0.8$。求系统的故障检测率和故障隔离率。

4. 请简述如何进行六性分析。

附表　标准正态分布表

$$\Phi(z) = \int_{-\infty}^{z} \frac{1}{\sqrt{2\pi}} e^{\frac{-t^2}{2}} dt$$

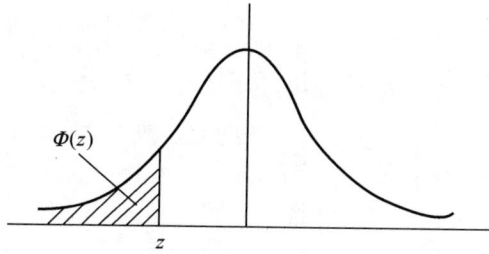

z	0.00	0.01	0.02	0.03	0.04	0.05	0.06	0.07	0.08	0.09
−3.0	0.001 3	0.001 0	0.000 7	0.000 5	0.000 3	0.000 2	0.000 2	0.000 1	0.000 1	0.000 0
−2.9	0.001 9	0.001 8	0.001 7	0.001 7	0.001 6	0.001 6	0.001 5	0.001 5	0.001 4	0.001 4
−2.8	0.002 6	0.002 5	0.002 4	0.002 3	0.002 3	0.002 2	0.002 1	0.002 1	0.002 0	0.001 9
−2.7	0.003 5	0.003 4	0.003 3	0.003 2	0.003 1	0.003 0	0.002 9	0.002 8	0.002 7	0.002 6
−2.6	0.004 7	0.004 5	0.004 4	0.004 3	0.004 1	0.004 0	0.003 9	0.003 8	0.003 7	0.003 6
−2.5	0.006 2	0.006 0	0.005 9	0.005 7	0.005 5	0.005 4	0.005 2	0.005 1	0.004 9	0.004 8
−2.4	0.008 2	0.008 0	0.007 8	0.007 5	0.007 3	0.007 1	0.006 9	0.006 8	0.006 6	0.006 4
−2.3	0.010 7	0.010 4	0.010 2	0.009 9	0.009 6	0.009 4	0.009 1	0.008 9	0.008 7	0.008 4
−2.2	0.013 9	0.013 6	0.013 2	0.012 9	0.012 6	0.012 2	0.011 9	0.011 6	0.011 3	0.011 0
−2.1	0.017 9	0.017 4	0.017 0	0.016 6	0.016 2	0.015 8	0.015 4	0.015 0	0.014 6	0.014 3
−2.0	0.022 8	0.022 2	0.021 7	0.021 2	0.020 7	0.020 2	0.019 7	0.019 2	0.018 8	0.018 3
−1.9	0.028 7	0.028 1	0.027 4	0.026 8	0.026 2	0.025 6	0.025 0	0.024 4	0.023 8	0.023 3
−1.8	0.035 9	0.035 2	0.034 4	0.033 6	0.032 9	0.032 2	0.031 4	0.030 7	0.030 0	0.029 4
−1.7	0.044 6	0.043 6	0.042 7	0.041 8	0.040 9	0.040 1	0.039 2	0.038 4	0.037 5	0.036 7
−1.6	0.054 8	0.053 7	0.052 6	0.051 6	0.050 5	0.049 5	0.048 5	0.047 5	0.046 5	0.045 5

续表

z	0.00	0.01	0.02	0.03	0.04	0.05	0.06	0.07	0.08	0.09
−1.5	0.066 8	0.065 5	0.064 3	0.063 0	0.061 8	0.060 6	0.059 4	0.058 2	0.057 0	0.055 9
−1.4	0.000 8	0.079 3	0.077 8	0.076 4	0.074 9	0.073 5	0.072 2	0.070 8	0.069 4	0.068 1
−1.3	0.096 8	0.095 1	0.093 4	0.091 0	0.090 1	0.088 5	0.086 9	0.085 3	0.083 0	0.082 3
−1.2	0.115 1	0.113 1	0.111 2	0.109 3	0.107 5	0.105 6	0.103 8	0.102 0	0.100 3	0.098 5
−1.1	0.135 7	0.133 5	0.131 4	0.129 2	0.127 1	0.125 1	0.123 0	0.121 0	0.119 0	0.117 0
−1.0	0.158 7	0.156 2	0.153 9	0.151 5	0.149 2	0.146 9	0.144 6	0.142 3	0.140 1	0.137 9
−0.9	0.181 4	0.181 4	0.178 8	0.176 2	0.173 6	0.171 1	0.168 5	0.166 0	0.163 5	0.161 1
−0.8	0.211 9	0.209 0	0.206 1	0.203 3	0.200 5	0.197 7	0.194 9	0.192 2	0.189 4	0.186 7
−0.7	0.242 0	0.238 9	0.235 8	0.232 7	0.229 7	0.226 6	0.223 6	0.220 6	0.217 7	0.214 8
−0.6	0.274 3	0.270 9	0.267 6	0.264 3	0.261 1	0.257 8	0.254 6	0.251 4	0.248 3	0.245 1
−0.5	0.308 5	0.305 0	0.301 5	0.298 1	0.294 6	0.291 2	0.287 7	0.284 3	0.281 0	0.277 6
−0.4	0.344 6	0.340 9	0.337 2	0.333 6	0.330 0	0.326 4	0.322 8	0.319 2	0.315 6	0.312 1
−0.3	0.382 1	0.378 3	0.374 5	0.370 7	0.366 9	0.363 2	0.359 4	0.355 7	0.352 0	0.348 3
−0.2	0.420 7	0.416 8	0.412 9	0.409 0	0.405 2	0.401 3	0.397 4	0.393 6	0.389 7	0.385 9
−0.1	0.460 2	0.456 2	0.452 2	0.448 3	0.444 3	0.440 4	0.436 4	0.432 5	0.428 6	0.424 7
−0.0	0.500 0	0.486 0	0.492 0	0.488 0	0.404 0	0.480 1	0.476 1	0.472 1	0.468 1	0.464 1
0.0	0.500 0	0.504 0	0.508 0	0.512 0	0.516 0	0.519 9	0.523 9	0.527 9	0.531 9	0.535 9
0.1	0.539 3	0.543 8	0.547 8	0.551 7	0.555 7	0.559 6	0.563 6	0.567 5	0.571 4	0.575 3
0.2	0.579 3	0.583 2	0.587 1	0.591 0	0.594 8	0.598 7	0.602 6	0.606 4	0.610 3	0.614 1
0.3	0.617 9	0.621 7	0.625 5	0.629 3	0.633 1	0.636 8	0.640 6	0.664 3	0.648 0	0.651 7
0.4	0.655 4	0.659 1	0.662 8	0.666 4	0.670 0	0.673 6	0.677 2	0.680 8	0.684 4	0.687 9
0.5	0.691 5	0.695 0	0.698 5	0.701 9	0.705 4	0.708 8	0.712 3	0.715 7	0.719 0	0.722 4
0.6	0.725 7	0.729 1	0.732 4	0.735 7	0.738 9	0.742 2	0.745 4	0.748 6	0.751 7	0.754 9
0.7	0.758 0	0.761 1	0.764 2	0.767 3	0.770 3	0.773 4	0.776 4	0.779 4	0.782 3	0.785 2
0.8	0.788 1	0.791 0	0.793 9	0.796 7	0.799 5	0.802 3	0.805 1	0.807 8	0.810 6	0.813 3
0.9	0.815 9	0.818 6	0.821 2	0.823 8	0.826 4	0.828 9	0.831 5	0.834 0	0.836 5	0.838 9
1.0	0.841 3	0.843 8	0.846 1	0.848 5	0.850 8	0.853 1	0.855 4	0.857 7	0.859 9	0.862 1
1.1	0.864 3	0.866 5	0.868 6	0.870 8	0.872 9	0.874 9	0.877 0	0.879 0	0.881 0	0.803 0
1.2	0.884 9	0.886 9	0.888 8	0.890 7	0.892 5	0.894 4	0.896 2	0.898 0	0.899 7	0.901 5
1.3	0.903 2	0.904 9	0.906 6	0.908 2	0.909 9	0.911 5	0.913 1	0.914 7	0.916 2	0.917 7
1.4	0.919 2	0.920 7	0.922 2	0.923 6	0.925 1	0.926 5	0.927 8	0.929 2	0.930 6	0.931S
1.5	0.933 2	0.934 5	0.935 7	0.937 0	0.938 2	0.939 4	0.940 6	0.941 8	0.943 0	0.944 1

续表

z	0.00	0.01	0.02	0.03	0.04	0.05	0.06	0.07	0.08	0.09
1.6	0.945 2	0.946 3	0.947 4	0.948 4	0.949 5	0.950 5	0.951 5	0.952 5	0.953 5	0.954 5
1.7	0.955 4	0.956 4	0.957 3	0.958 2	0.959 1	0.959 9	0.960 8	0.961 6	0.962 5	0.963 3
1.8	0.964 1	0.964 8	0.965 6	0.966 4	0.967 1	0.967 8	0.968 6	0.969 3	0.970 0	0.970 6
1.9	0.971 3	0.971 9	0.972 6	0.973 2	0.973 8	0.974 4	0.975 0	0.975 6	0.976 2	0.976 7
2.0	0.977 2	0.977 8	0.978 3	0.978 8	0.979 3	0.979 8	0.980 3	0.980 8	0.981 2	0.981 7
2.1	0.982 1	0.982 6	0.983 0	0.983 4	0.983 8	0.984 2	0.984 6	0.985 0	0.985 4	0.985 7
2.2	0.986 1	0.986 4	0.986 8	0.987 1	0.987 4	0.987 8	0.988 1	0.988 4	0.988 7	0.989 0
2.3	0.989 3	0.989 6	0.989 8	0.990 1	0.998 4	0.990 6	0.990 9	0.991 1	0.991 3	0.991 6
2.4	0.991 8	0.992 0	0.992 2	0.992 5	0.992 7	0.992 9	0.993 1	0.993 2	0.993 4	0.993 6
2.5	0.993 8	0.994 0	0.994 1	0.994 3	0.994 5	0.994 6	0.994 8	0.994 9	0.995 1	0.995 2
2.6	0.995 3	0.995 5	0.995 6	0.995 7	0.995 9	0.996 0	0.996 1	0.996 2	0.996 3	0.996 4
2.7	0.996 5	0.996 6	0.996 7	0.996 8	0.996 9	0.997 0	0.997 1	0.997 2	0.997 3	0.997 4
2.8	0.997 4	0.997 5	0.997 6	0.997 7	0.997 7	0.997 8	0.997 8	0.997 9	0.998 0	0.998 1
2.9	0.998 1	0.998 2	0.998 2	0.998 3	0.998 4	0.998 4	0.998 5	0.998 5	0.998 6	0.998 6
3.0	0.998 7	0.999 0	0.999 3	0.999 5	0.999 7	0.999 8	0.999 8	0.999 9	0.999 9	1.000 0

参 考 文 献

[1] 贺建民，黄英. 机电产品可靠性技术[M]. 重庆：重庆大学出版社，1998.

[2] 宋保维. 系统可靠性设计与分析[M]. 西安：西北工业大学出版社，2008.

[3] 谢里阳. 可靠性设计[M]. 北京：高等教育出版社，2013.

[4] 李良巧. 可靠性工程师手册[M]. 北京：中国人民大学出版社，2012.

[5] 谢里阳，王正，周金宇，等. 机械可靠性基本理论与方法[M]. 2版. 北京：科学出版社，2012.

[6] 谢永钦，黎可. 概率论与数理统计[M]. 4版. 北京：北京邮电大学出版社，2022.

[7] 闻良辰. 概率论与数理统计[M]. 北京：北京理工大学出版社，2023.

[8] 闫玉涛，孙志礼，印明昂. 机械可靠性工程[M]. 武汉：华中科技大学出版社，2020.

[9] 鄢伟安. 可靠性统计[M]. 西安：西北工业大学出版社，2022.

[10] 骆伟超. 基于 Digital Twin 的数控机床预测性维护关键技术研究[D]. 济南：山东大学，2020.

[11] 张志强，莫建军. 考虑故障模式相关性的 FMECA 分析[J]. 电子测试，2022(22)：43 - 46.

[12] 唐少波，王田宇，温业堃，等. 基于 FMECA 的产品可靠性分析方法[J]. 电子产品可靠性与环境试验，2022，40(5)：61 - 63.

[13] 中国标准研究中心. 质量管理体系　要求：GB/T 19001—2016[S]. 北京：中国标准出版社，2016.

[14] 中国人民解放军总装备部. 装备可靠性工作通用要求：GJB 450A—2004[S]. 北京：总装备部军标出版发行部，2004.

[15] 中国人民解放军总装备部. 可靠性维修性保障性术语：GJB 451A—2005[S]. 北京：总装备部军标出版发行部，2005.

[16] 中国人民解放军总装备部. 可靠性鉴定和验收试验：GJB 899A—2009[S]. 北京：总装备部军标出版发行部，2009.

[17] 中国人民解放军总装备部. 装备安全性工作通用要求：GJB 900A—2012[S]. 北京：总装备部军标出版发行部，2012.

[18] 中国人民解放军总装备部. 装备保障性分析：GJB 1371—1992[S]. 北京：总装备部军标出版发行部，1992.

[19] 中国人民解放军总装备部. 装备以可靠性为中心的维修分析：GJB 1378A—2007[S]. 北京：总装备部军标出版发行部，2007.

[20] 中国人民解放军总装备部. 装备可靠性维修性保障性要求论证：GJB 1909A—2009[S]. 北京：总装备部军标出版发行部，2009.

[21] 中国人民解放军总装备部. 维修性试验与评定:GJB 2072—1994[S]. 北京:总装备部军标出版发行部,1994.

[22] 中国人民解放军总装备部. 装备测试性工作通用要求:GJB 2547A—2012[S]. 北京:总装备部军标出版发行部,2012.

[23] 中国人民解放军总装备部. 装备维修性工作通用要求:GJB 368B—2009[S]. 北京:总装备部军标出版发行部,2009.

[24] 中国人民解放军总装备部. 装备综合保障通用要求:GJB 3872A—2022[S]. 北京:总装备部军标出版发行部,2023.

[25] 中国人民解放军总装备部. 装备测试性试验与评价:GJB 8895—2017[S]. 北京:总装备部军标出版发行部,2017.

[26] 中国人民解放军总装备部. 故障模式、影响及危害性分析指南:GJB/Z 1391—2006[S]. 北京:总装备部军标出版发行部,2006.

[27] 中国人民解放军总装备部. 可靠性增长试验:GJB 1407—1992[S]. 北京:总装备部军标出版发行部,1992.

[28] 中国人民解放军总装备部. 电子设备可靠性预计手册:GJB/Z 299C—2006[S]. 北京:总装备部军标出版发行部,2006.

[29] 中国人民解放军总装备部. 故障树分析指南:GJB/Z 768A—1998[S]. 北京:总装备部军标出版发行部,1998.

[30] 中国人民解放军总装备部. 电子产品环境应力筛选方法:GJB 1032—1990[S]. 北京:总装备部军标出版发行部,1991.

[31] 中国人民解放军总装备部. 电子产品定量环境应力筛选指南:GJB/Z 34—1993[S]. 北京:总装备部军标出版发行部,1993.

[32] 仲维彬. FMECA 在电子装备通用质量特性设计分析中的应用[J]. 环境技术,2023,41(8):31-35.

[33] 康京山. FMECA 对于装备通用质量特性的作用分析[J]. 电子产品可靠性与环境试验,2020,38(5):62-66.

[34] 张健,于水游,王雷. 装备通用质量特性关系概述[J]. 光电技术应用,2020,35(4):76-84.

[35] 杨见山,唐洪霞,任飞,等. 通用质量特性在航空装备修理中的应用研究[J]. 航空维修与工程,2023(10):77-80.

[36] 胡小利,郭周南,赵飞,等. FMECA 在舰船装备性能和"六性"一体化设计中的应用[J]. 兵工自动化,2023,42(5):20-23.

[37] 余琼,任志乾,孙映竹. 军工产品设计定型"六性"评估工作分析[J]. 电子产品可靠性与环境试验,2022,40(2):40-45.

[38] 张思璁. 新型舰船建成后的"六性"评价研究[D]. 大连:大连海事大学,2019.

[39] 姜震. 航空保障系统"六性"评价方法研究[D]. 哈尔滨:哈尔滨工程大学,2017.

[40] 李星新，叶飞，王松山. 装备通用质量特性基础与试验[M]. 北京：北京理工大学出版社，2020.

[41] 叶涛. 如何开展通用质量特性"六性"工作？：定量指标的分析与验证[Z/OL]. (2021-11-16)[2024-05-14]. http://www.svtest.cn/news/171.html.

[42] 陈循，陶俊勇，张春华，等. 机电系统可靠性工程[M]. 北京：科学出版社，2010.

[43] 吕川. 维修性设计分析与验证[M]. 北京：国防工业出版社，2012.

[44] 谢干跃，宁书存，李仲杰. 可靠性维修性保障性测试性安全性概论[M]. 北京：国防工业出版社，2012.

[45] 郝静如. 机械可靠性工程[M]. 北京：国防工业出版社，2008.

[46] 陈循，陶俊勇，张春华. 可靠性强化试验与加速寿命试验综述[J]. 国防科技大学学报，2002，24(4)：29-32.

[47] 蒋平，刑云燕，郭波. 机械制造的工艺可靠性[M]，北京：国防工业出版社.

[48] 胡骁. 薄板零件磨削加工翘曲变形仿真与试验研究[D]. 上海：同济大学，2019.

[49] 谭壮. 加工中心主轴箱体制造工艺可靠性保障方法的研究[D]. 长春：吉林大学，2016.

[50] 潘柏松，俞铭杰，项涌涌，等. 考虑刀具磨损的铣削加工精度可靠性分析及工艺优化设计[J]. 计算机集成制造系统，2020，26(11)：2982-2991.

[51] 刘新田，马牧洲，何佳龙. 基于模糊耦合的机床零件加工精度可靠性预测方法[J]. 吉林大学学报（工学版），2022，52(2)：377-383.

[52] 张威. 船用柴油机弱刚性机身加工工艺可靠性评价技术研究[D]. 镇江：江苏科技大学，2020.

[53] 李常有，张义民，王跃武. 恒定加工条件及定期补偿下的刀具渐变可靠性灵敏度分析方法[J]. 机械工程学报，2012，48(12)：162-168.

[54] 俞铭杰. 五轴铣削加工精度可靠性分析与加工工艺参数优化设计[D]. 杭州：浙江工业大学，2019.

[55] 刘建林. 工件与设备交互作用下制造系统可靠性研究[D]. 绵阳：西南科技大学，2022.

[56] 李朝勇. 基于全寿命周期的刮板输送机可靠性工程平台建设[D]. 太原：太原理工大学，2015.

[57] 刘雨. 刮板输送机可靠性寿命评价及可靠性分析[D]. 太原：太原理工大学，2011.

[58] 孔繁森. 制造系统可靠性分析的框架与动力学机制[J]. 机械工程学报，2020，56(20)：223-236.

[59] 岳岚雪，曾鹏飞，李轩，等. 基于FMEA与FTA的合膛检测设备可靠性分析[J]. 新技术新工艺，2023(12)：67-72.

[60] 史沛瑶. 重型货车运输过程动力学建模分析及货物可靠性影响因素研究[D]. 合肥：合肥工业大学，2013.

［61］　顾祖莉.现代物流中产品运输包装动力可靠性研究［D］.上海：上海大学，2005.

［62］　张根保，李磊."数控机床可靠性技术"专题：十二　使用可靠性保障技术［J］.制造技术与机床，2015(6)：5－12.

［63］　庞浩文.基于 MySQL 的多平台数控机床可靠性数据管理系统的设计和实现［D］.长春：吉林大学，2022.

［64］　张根保，李荣祖.外购件可靠性控制［J］.制造技术与机床，2015(5)：4－9.

［65］　刘恒.数控磨齿机磨削精度故障分析及可靠性控制研究［J］.机床与液压，2012，40(15)：151－155.